Ulrich Röseberg

Szenarium einer Revolution — Nichtrelativistische Quantenmechanik und philosophische Widerspruchsproblematik

Akademie der Wissenschaften der DDR
Zentralinstitut für Philosophie

Schriften
zur Philosophie und ihrer Geschichte

37

Ulrich Röseberg

Szenarium einer Revolution

Nichtrelativistische Quantenmechanik und philosophische Widerspruchsproblematik

Akademie-Verlag · Berlin
1984

Erschienen im Akademie-Verlag, DDR-1086 Berlin, Leipziger Str. 3—4

Lizenznummer: 202 · 100/246/84
Printed in the German Democratic Republic
Gesamtherstellung: VEB Druckerei „Thomas Müntzer", 5820 Bad Langensalza
Einbandgestaltung: Willi Bellert
Bestellnummer: 754 1760 (2178/37)
LSV 0155

01800

Inhalt

Vorwort

Der Prozeß der Herausbildung der nichtrelativistischen Quantenmechanik und die bis heute andauernden Diskussionen um die adäquate Interpretation der physikalisch bestens bewährten Theorie sind gut dokumentiert und in zahlreichen wissenschaftshistorischen und -philosophischen Arbeiten untersucht worden. Warum nun also eine Monographie, in der im Zusammenhang mit der philosophischen Widerspruchsproblematik die Phase der Herausbildung der nichtrelativistischen Quantenmechanik nochmals aufgearbeitet wird? Was kann man auf diesem Gebiet der physikhistorischen Forschung Neues erwarten? Inwiefern ist es berechtigt, daß ein Autor, dem es um die Klärung des *systematischen* Zusammenhangs von Philosophie und Physik geht, sich einer *historischen* Untersuchung zuwendet?

Im Mittelpunkt der folgenden Betrachtungen steht der revolutionäre Umbruch innerhalb jenes Theorieentwicklungsprozesses, der mit der Formulierung des Bohrschen Atommodells von 1913 einsetzt. Das Szenarium dieser wissenschaftlichen Revolution, die zwischen 1925 und 1927 zur nichtrelativistischen Quantenmechanik geführt hat, läßt sich *historisch* verstehen, wenn man die entsprechenden Prozesse nicht allein vom Standpunkt der „Sieger" her beurteilt, sondern versucht, sie auch aus ihren inneren Voraussetzungen zu begreifen. Derartige Feststellungen erscheinen zunächst als überflüssige Selbstverständlichkeiten, gelten sie doch für historisches Verständnis und historische Erklärung generell. Ein Blick in die Standarddarstellungen zur Geschichte der Quantenmechanik belehrt aber sehr schnell, wie schwer es ist, solche zweifelsfrei richtigen Forderungen methodisch einzulösen.

Das Problem verschärft sich noch, wenn man einige der „*Fallstudien*" zur Herausbildung der nichtrelativistischen Quantenmechanik heranzieht, die von Anhängern „starker" Methodologie vorgelegt wurden. Die „starke" Methodologie strebt bekanntlich die Formulierung allgemein verbindlicher Normative und Regeln wissenschaftlichen Vorgehens an. Vom Standpunkt einer solchen Methodologie muß die „rationale Rekonstruktion" der hier behandelten Etappe der Physikgeschichte zwangsläufig dann auf die Frage hinauslaufen, wie eigentlich die neue physikalische Theorie hätte entstehen müssen, wenn man in diesem Prozeß den entsprechenden methodologischen Vorgaben gefolgt wäre. Methodologen, die sich gar im Besitze der einzigmöglichen Theorie der Theorienentwicklung wähnen, sind so weit gegangen, die reale Geschichte zu tadeln, sie sei nicht so verlaufen, wie man das vom Standpunkt der eigenen, ahistorischen Rationalitätskonzepte erwarten mußte. Aus Protest gegen solchen methodologischen Dogmatismus wurde von Gegnern der „starken“ Methodologie schließlich die hilflose These verkündet: In der Wissenschaft ist alles erlaubt. Danach aber wäre jeglicher Versuch „rationaler Rekonstruktion“ realer Geschichte wissenschaftlich sinnlos, und Geschichte könnte dann nicht mehr sein als eine interessante Erzählung, wie es denn eigentlich wirklich war.

Weder „methodischer Anarchismus“ noch „starke Methodologie“ vermögen der wissenschaftshistorischen Forschung erfolgversprechende theoretische und methodische Konzepte zu offerieren. Ohne solche Konzepte aber läßt sich wissenschaftlicher Anspruch auch in der Wissenschaftsgeschichte nicht einlösen. Vor dem Hintergrund der internationalen Diskussion um die der Wissenschaftsgeschichte adäquaten theoretischen und methodischen Voraussetzungen (1.) wird hier an einem instruktiven Beispiel überlegt, zu welch weitreichenden Konsequenzen die Theorie, Methode und Methodologie der materialistischen Dialektik in wissenschaftshistorischen Untersuchungen führen. Wir wollen der Frage nachgehen, inwiefern die Herausbildung der nichtrelativistischen Quantenmechanik tatsächlich als ein Theorie*entwicklung*sprozeß anzusehen ist. Exemplarisch soll an diesem Fall diskutiert werden, wie die philosophische Analyse von Theorieentwicklungsprozessen dazu beitragen kann, Erkenntnisfortschritte in der weiteren Ausarbeitung der philosophischen Entwicklungstheorie zu erzielen, und wie die philosophische Entwicklungstheorie zum tieferen Verständnis von Theorieentwicklungsprozessen verhelfen kann.

Bei solcher Aufgabenstellung versteht sich, daß die realen Widersprüche des Erkenntnisprozesses und seiner in einzelnen Etappen fixierten Resultate nicht aus der historischen Untersuchung ausgeklammert werden können. Sie sind vielmehr daraufhin zu analysieren, inwiefern sie Quelle und Triebkraft des Erkenntnisfortschrittes wurden. Das hat natürlich auch Konsequenzen für die Darstellung des historischen Materials (3.).

Ist ein solcher theoretischer und methodischer Zugang zur Wissenschaftsgeschichte für sich genommen schon den Versuch wert, einen Prozeß nochmals aufzuarbeiten, der bereits mehrfach Gegenstand wissenschaftlicher Behandlung war, hat er darüber hinaus den Vorzug, interessantes und teilweise auch noch unbekanntes historisches Material für die Vertiefung unserer Erkenntnisse zur philosophischen Widerspruchsproblematik zu erschließen. Dabei geht es wegen des Inhaltes der neuen physikalischen Theorie nicht nur um die Widersprüche des Erkenntnisprozesses und seiner Resultate in Form mathematisierter Theorien bzw. einzelner experimenteller und theoretischer Ergebnisse, sondern nicht zuletzt auch um objektive dialektische Widersprüche in der Natur.

Waren bereits viele der erkenntnistheoretisch-methodologischen Probleme des Forschungsprozesses, der zur nichtrelativistischen Quantenmechanik geführt hatte, engstens mit *objektiven dialektischen Widersprüchen* des zu erforschenden Objektbereichs verbunden, so zeigte schließlich die ausgearbeitete Theorie insbesondere in den *Heisenbergschen Unbestimmtheitsrelationen* und im *Bohrschen Komplementaritätsprinzip*, daß die Physik bei ihrem Vordringen in die Gesetze der Mikrowelt zugleich auch tiefer in die Problematik objektiver dialektischer Widersprüche der Natur vorstößt, als das auf der Ebene der Gesetze der klassischen Makrophysik der Fall war. „Unbestimmtheit — Komplementarität — Widerspruch" bezeichnet daher ein philosophisches Programm, das geeignet erscheint, die Zusammenhänge von *objektiver Dialektik* im Objektbereich der Mikrophysik, deren Widerspiegelung in der entsprechenden wissenschaftlichen Theorie *(subjektive Dialektik)* und die *Dialektik des Erkenntnisprozesses* weiter aufzuklären. Dazu werden in (2.) die theoretischen und methodischen Positionen des Autors umrissen und in (4.) Verallgemeinerungen des historischen Materials diskutiert. Indem, ausgehend von diesen Untersuchungen, Präzisierungen dialektisch-materialistischer Erkenntnisse angestrebt werden, geht es um die heuristisch fruchtbarste philosophische Position für die Behandlung philosophischer Fragestellungen der gegenwärtigen physikalischen und physikhistorischen Forschung. Zugleich soll ein Beitrag zur Lösung ungenügend geklärter Fragen der Theorie, Methode und Methodologie der materialistischen Dialektik geleistet werden.

Die vorgeschlagene Darstellung der Geschichte der Herausbildung der nichtrelativistischen Quantenmechanik bedarf des wissenschaftlichen Meinungsstreites. Sie läßt sich innerhalb der angegebenen Grobstruktur beliebig weiter untersetzen. Das bereits aufgearbeitete historische Material steht weiteren — sicher nicht nur philosophischen — Verallgemeinerungen offen.

Die vorliegende Untersuchung ordnet sich in die Forschungen des Bereiches Philosophische Fragen der Wissenschaftsentwicklung im Zentralinstitut für Philosophie der AdW der DDR ein;[1] sie wäre für mich außerhalb der damit gegebenen Arbeitsbedingungen unvorstellbar. Besonderen Dank für die stete Förderung

[1] Die vorliegende Monographie ist die zum Druck überarbeitete Dissertation B des Verfassers (U. Röseberg, Unbestimmtheit — Komplementarität — Widerspruch, Berlin 1981). Dort wurde der Prozeß der Herausbildung der nichtrelativistischen Quantenmechanik als Fallstudie zur philosophischen Widerspruchsproblematik behandelt. Die Aufarbeitung umfangreichen Archivmaterials ging weit über das für die Vertiefung des philosophischen Problems Notwendige hinaus. Daraus resultierte schließlich der für die monographische Darstellung der Ergebnisse gewählte Titel.
Mit dieser Publikation knüpft der Autor direkt an folgende monographische Arbeiten an:
U. Röseberg, Determinismus und Physik, Berlin 1975;
U. Röseberg, Quantenmechanik und Philosophie, Berlin 1978;
Autorenkollektiv unter Leitung von H. Hörz und H.-D. Pöltz, Philosophisches Probleme der Physik, Berlin 1978;
H. Hörz/U. Röseberg (Hrsg.), Materialistische Dialektik in der physikalischen und biologischen Erkenntnis, Berlin 1981.
Den Einwand, daß in diesen Arbeiten der dialektische Widerspruch ungenügend thematisiert sei, habe ich als konstruktive Provokation empfunden. Das nun vorliegende Resultat betrachte ich zugleich als Vorleistung für weiterführende Forschungsarbeiten zur Widerspruchsproblematik innerhalb des im Zentralinstitut für Philosophie der AdW der DDR laufenden Forschungsprogramms zur materialistischen Dialektik.

meiner Versuche um eine Synthese von Philosophie und Physik in Systematik, Geschichte und Kritik schulde ich M. Buhr und H. Hörz. Für konstruktive Diskussionen und helfende Kritik zu dieser Publikation danke ich weiter K. F. Alexander, J. Erpenbeck, F. Gehlhar, H. Grunick, J. Gündel, N. Hager, H. Herwig, P. Hoyningen, H. Korch. V. I. Kupcov, E. Marquit, H.-D. Pöltz, H. Rechenberg und J. V. Sačkov.

Großzügige Unterstützung bei der Einsicht in die vorbereitenden Arbeiten zur Herausgabe der „Niels Bohr Collected Works“, das Material des Niels Bohr Archivs, insbesondere den wissenschaftlichen Briefwechsel (BSC) und die Manuskriptsammlung (MSS), sowie das Material des „Archive for History of Quantum Physics“ (AHQP) gewährten mir A. Bohr und E. Rüdinger. Darüber hinaus schulde ich ihnen sowie J. Kalckar, M. Pihl und S. Rozental Dank für mündliche Informationen und anregende Diskussionen.

Ich danke den Rechtsnachfolgern jener Wissenschaftler, aus deren Briefwechsel ich zitiert habe, für die entsprechenden Publikationsgenehmigungen. Dem Akademie-Verlag gilt mein Dank für die schnelle Drucklegung und dem Lektor L. Beyer für die Sorgfalt und Umsicht bei der Bearbeitung des Manuskriptes.

Berlin, Oktober 1982 — Ulrich Röseberg

1. Wissenschaftsforschung in Systematik, Geschichte und Kritik

Die Wissenschaftsentwicklung war immer schon Moment gesellschaftlicher Entwicklung. Angesichts der gegenwärtig wachsenden Bedeutung des wissenschaftlich-technischen Fortschritts für den gesellschaftlichen Fortschritt muß in den weltweit geführten geistigen Auseinandersetzungen um die Grundfragen unserer Zeit der Stellenwert jener Fragestellungen wachsen, die mittelbar oder unmittelbar mit der Wissenschaftsentwicklung zusammenhängen. Die internationalen Diskussionen zu dieser Problematik sind breit gefächert. Sie umfassen mindestens das Wissenschaftsverständnis selbst, die Bedeutung des wissenschaftlich-technischen Fortschritts für den gesellschaftlichen Fortschritt, den unterstellten Fortschrittsbegriff, die Sicherung der gesellschaftlichen Voraussetzungen einer Wissenschaftsentwicklung im Interesse der Menschen, die damit verbundenen Fragen der Wissenschaftsethik und schließlich die Vielfalt der Entwicklungsmechanismen wissenschaftlicher Methoden, Erkenntnisse und Theorien.

All diese Probleme werden innerhalb der Philosophie und der Wissenschaftstheorie thematisiert, aber nicht nur in diesen Disziplinen diskutiert. Marxistische und nichtmarxistische Theoretiker stellen sich den genannten Fragen sowohl in der systematischen als auch in der historischen Forschung in spezifischer Weise. Im folgenden kommt es darauf an, jene Punkte genauer zu umreißen, an denen unsere Untersuchung in die entsprechenden Auseinandersetzungen eingreifen kann.

1.1. Totalisierende Perspektive und Detailforschung

Wir gehen davon aus, daß die Spezifik wissenschaftlicher Tätigkeit darin besteht, objektive Beziehungen und Gesetze der Natur, der Gesellschaft und des Denkens in ihren systematischen und historischen Zusammenhängen zu erkennen sowie die gewonnenen Erkenntnisse in der materiell-gegenständlichen und in der geistigen Auseinandersetzung des Menschen mit der Natur, bei der menschenwürdigen Gestaltung der gesellschaftlichen Verhältnisse und in der Auseinandersetzung mit den Gegnern des gesellschaftlichen Fortschritts zu nutzen. „Wissenschaft ist

Wahrheitssuche, Wertung der Erkenntnisse und gesellschaftliche Verwertung des Erkannten."[1]

Die Hauptfunktion der Wissenschaft besteht in der Entwicklung der Produktivkräfte. Da die Produktivkraftentwicklung unter sozialistischen Produktionsverhältnissen auf größtmöglichen Freiheitsgewinn frei assoziierter Persönlichkeiten gerichtet ist, gerät sie hier nicht in Gegensatz zur Persönlichkeitsentwicklung; vielmehr bedingen und bestimmen Produktivkraft- und Persönlichkeitsentwicklung einander unter diesen Voraussetzungen wechselseitig. So verstandene Produktivkraftentwicklung kann nur auf wissenschaftlicher Grundlage erfolgen und setzt die Entwicklung von Wissenschaft, Technik und Technologie voraus. Wissenschaftsentwicklung im Interesse der Menschen verlangt Bedingungen, unter denen in Übereinstimmung mit den gesellschaftlichen Erfordernissen größtmöglicher Erkenntnisfortschritt erzielt werden kann. Zugleich ist der Wert wissenschaftlicher Erkenntnisse für den Menschen zu bestimmen. Bei den fundamentalen wissenschaftlichen Fragen mit hohem weltanschaulichem Wert gibt es kein zuverlässigeres Fortschrittskriterium als die Wahrung eines Höchstmaßes progressiver kultureller Traditionen der Vergangenheit und die Schaffung gesellschaftlicher Bedingungen, unter denen jeglicher Mißbrauch dieser Ideen zu inhumanen Zwecken ausgeschlossen ist.

Die an der Zukunft orientierte Wissenschaftsentwicklung ist mit ihren fundamentalen Fragestellungen tief in der Geschichte der materiell-gegenständlichen und geistigen Auseinandersetzung des Menschen mit der Natur und sich selbst verankert. Aus dieser Tatsache folgt jedoch nicht, daß historisch notwendige Eingriffe in die Wissenschaftspraxis unterbleiben sollten. Jede Wissenschaftsleitung und -planung aber muß die vergangenen und die eigenen Erfahrungen berücksichtigen und ihre Entscheidungen so weit als möglich wissenschaftlich absichern.

Das hier unterstellte Wissenschaftsverständnis überwindet die allzu engen Auffassungen, nach denen Wissenschaft entweder auf ein System von Erkenntnissen oder auf ein System spezifischer Tätigkeiten reduziert werden soll. Es läßt weder der metaphysischen Trennung wissenschaftlicher Disziplinen in nomothetische Wissenschaften (Gesetzeswissenschaften) und ideographische Wissenschaften (Ereigniswissenschaften), wie sie etwa von Windelband und Rickert vorgenommen wurde, noch der Konzeption der Einheitswissenschaft im Sinne des von einigen Theoretikern des „Wiener Kreises" vertretenen „Physikalismus" Spielraum. Erkennen und Bewerten werden im Rahmen einer solchen Konzeption nicht metaphysisch getrennt, wohl aber in ihrer jeweiligen Spezifik fixiert.[2] Daraus ergibt sich die Möglichkeit eines einheitlichen theoretischen Zuganges zur Behandlung beider

[1] H. Hörz, Wissenschaftlich-technischer Fortschritt und Humanismus, in: DZfPh, 3—4, 1981, S. 352.

[2] Siehe dazu: J. Erpenbeck, Motivation. Ihre Psychologie und Philosophie, Berlin 1984; B. Okun, Überzeugung, Berlin 1978.

Phänomene. Die innerhalb nichtmarxistischer Ansätze beklagte Dichotomie, derzufolge man Erkenntnisprobleme im Rahmen positivistischen Denkens, Wertungsprobleme hingegen innerhalb lebensphilosophischer Argumentationsstrukturen behandeln zu müssen meint, läßt sich eliminieren. Indem die gesellschaftliche Determiniertheit wissenschaftlicher Tätigkeiten untersucht wird, ohne deren Spezifik zu verwischen, und indem die gesellschaftliche Verwertung gesellschaftlich bewerteter wissenschaftlicher Erkenntnisse nicht länger als „Anwendungsproblem wertfreier Erkenntnisse" diskutiert wird, eröffnet das historisch-materialistische Herangehen neuartige Möglichkeiten, die gesellschaftliche Determiniertheit der Wissenschaftsentwicklung theoretisch adäquat widerzuspiegeln. Eine solche Wissenschaftskonzeption ist potentiell all jenen Ansätzen überlegen, die die Determinanten der Wissenschaftsentwicklung in metaphysisch getrennten „externen" und „internen" Faktoren suchen, die sozialen und kognitiven Dimensionen der Wissenschaftsentwicklung metaphysisch auseinanderreißen oder beide Ansätze innerhalb eines Vier-Felder-Tableaus vereinigen wollen.[3] Sie muß, um ihre Überlegenheit faktisch nachweisen zu können, in ihrer Totalität und in vielen Details mit hoher Präzision ausgearbeitet werden. Bei aller Notwendigkeit der weiteren Entwicklung des begrifflichen, theoretischen und methodischen Apparates der auf Gesetzeserkenntnis[4] orientierten marxistisch-leninistischen Wissenschaftstheorie kann man auch hier auf die Vielfalt interdisziplinär zu behandelnder spezifischer Fragestellungen nicht verzichten. Es wird darum gehen müssen, „die totalisierende Perspektive und die Detailforschung"[5] noch enger zu verbinden.

Eine der von der Philosophie zu bearbeitenden Fragestellungen betrifft das Entwicklungsproblem.[6] Hier gilt es, philosophische Erkenntnisse für das bessere theoretische Verständnis von Wissenschafts*entwicklung* zu nutzen, um schließlich unter konkret-historischen Voraussetzungen jeweils in der Praxis dann auch optimale Bedingungen für eine Entwicklung im Interesse des gesellschaftlichen Fortschritts schaffen zu können. Zugleich erlauben die Untersuchungen zur Wissen-

[3] Vgl. W. Krohn, „Intern — extern", „sozial — kognitiv". Zur Solidität einiger Grundbegriffe der Wissenschaftsforschung, in: C. Burrichter (Hrsg.), Grundlegung der historischen Wissenschaftsforschung, Basel—Stuttgart 1979, S. 123—148.

[4] Vgl. H. Hörz, Gesetze der Wissenschaftsentwicklung, in: K.-F. Wessel (Hrsg.), Struktur und Prozeß, Berlin 1977, S. 260—280; B. Kedrow, Die Wissenschaft und ihre Entwicklungsgesetze, in: Spektrum, 11/1972, S. 26—27; G. Kröber/H. Laitko, Wissenschaft und Sozialismus, Berlin 1972, S. 93; G. Kröber, Zur Spezifik von Gesetzmäßigkeiten der Wissenschaftsentwicklung, in: Objektive Gesetzmäßigkeit und bewußtes Handeln in der sozialistischen Gesellschaft, Berlin 1975; G. Kröber, Zu Stand und Problemen der Wissenschaftsforschung in der DDR, in: DZfPh, 2/1981, S. 133ff.

[5] H. J. Sandkühler in: M. Hahn/H. J. Sandkühler (Hrsg.), Bürgerliche Gesellschaft und theoretische Revolution. Zur Entstehung des wissenschaftlichen Sozialismus, Köln 1978, S. 315.

[6] Vgl. H. Hörz/K.-F. Wessel, Philosophische Entwicklungstheorie — Weltanschauliche, erkenntnistheoretische und methodologische Probleme der Naturwissenschaften Berlin 1983; U. Röseberg/K.-F. Wessel/S. Wollgast (Hrsg.), Struktur — Bewegung — Entwicklung (im Druck).

schaftsentwicklung philosophische Verallgemeinerungen für die Entwicklungstheorie, die wiederum in Handlungsorientierungen umzusetzen sind.

Das hier unterstellte Wissenschaftsverständnis verbietet es von selbst, Wissenschaftsentwicklung auf Theorienentwicklung insgesamt oder gar auf Theorieentwicklung innerhalb einer Wissenschaft einzuschränken. Klar ist aber auch, daß es keine Wissenschaftsentwicklung gäbe ohne die Entwicklung einzelner ihrer Theorien und Methoden.[7]

Während man eine wissenschaftliche *Theorie* philosophisch zunächst als Synthese erkannter wesentlicher Beziehungen (Gesetze) innerhalb eines in Aussagenform fixierten Gesetzessystems und seines entsprechenden Bedingungskomplexes für einen fixierten Gegenstandsbereich fassen kann, versteht man unter einer wissenschaftlichen *Methode* eine Gesamtheit von Verfahrensregeln der auf das zu erkennende Objekt gerichteten theoretischen und materiell-gegenständlichen Tätigkeiten von Wissenschaftlern.

Bleibt man sich der Konsequenzen bewußt, die die Analyse eines so spezifischen Theorieentwicklungsprozesses nach sich zieht, wie ihn die Herausbildung der nichtrelativistischen Quantenmechanik darstellt, so kann man mit der entsprechenden methodischen Vorsicht auch aus diesem konkreten Fallbeispiel faktisch vollzogener Wissenschaftsentwicklung philosophische und wissenschaftstheoretische Verallgemeinerungen von weitreichender Bedeutung gewinnen. Uns geht es im weiteren vor allem um die philosophische Problematik, d. h. die weltanschaulichen Verallgemeinerungen aus einem abgeschlossenen physikalischen Forschungsprozeß, die heuristische Funktion philosophischen Entwicklungsdenkens für die physikhistorische Forschung und die zukünftige physikalische Theorienentwicklung. Unsere Untersuchung ist zugleich ein spezifischer Beitrag zum Forschungsprogramm „Determinanten der Theorienentwicklung“[8], beansprucht aber nicht, eine Theorie der Theorienentwicklung zu implizieren.

Da der Zweck der historischen Untersuchung eines Kapitels *physikalischer* Theorieentwicklung mit der philosophischen Entwicklungsproblematik, insbesondere mit der auf Theorieentwicklung bezogenen philosophischen Widerspruchsproblematik, gegeben ist, fallen eine Reihe von Fragestellungen weg, die bei einer Analyse der Gesellschaftsentwicklung unter Einschluß der Wissenschaftsentwicklung im Zeitraum von 1913 bis 1927 unbedingt zu beachten wären. Dazu gehören u. a. die politisch-ideologischen Auffassungen der Akteure jenes Prozesses, der zur neuen physikalischen Theorie geführt hat.

Die Suche nach revolutionären Neuerungen in der Quantentheorie fiel zeitlich zusammen mit der Zuspitzung der Klassenauseinandersetzungen nach dem ersten

[7] Vgl. J. Erpenbeck/U. Röseberg, Wissenschaftsentwicklung, Theorienentwicklung und Entwicklungstheorie. Über Theoriendynamik und Weltanschauung in den Naturwissenschaften, in: DZfPh, 2/1977, S. 133—149.

[8] H. Hörz, Determinanten der Theorienentwicklung (unveröffentlichtes Manuskript).

Weltkrieg. Die Revolutionäre in der Physik waren nicht zwangsläufig Revolutionäre in der gesellschaftlichen Bewegung.

Die verheerenden Folgen des ersten Weltkrieges zwangen viele Menschen, über Mittel und Wege nachzudenken, wie ein solches Völkermorden zukünftig verhindert werden könne und wie eine Gesellschaft aussehen müsse, die nicht auf der Unterdrückung des Menschen durch den Menschen beruht. Das Spektrum der Antworten auf diese brennenden Fragen war dabei unter den Physikern so breit wie unter den Angehörigen anderer Berufsgruppen auch. Ob ein Physiker zum Befürworter der sozialistischen Revolution wurde oder mindestens seine Hoffnungen in den Sozialismus setzte, einer der vielen Spielarten bürgerlicher Demokratie zuneigte oder gar in einer starken Monarchie den gesellschaftlichen Fortschritt sah, hing nicht unmittelbar damit zusammen, wie er den Zustand in den theoretischen Grundlagen der Atomphysik einschätzte.

Wie zahlreiche Beispiele zeigen, ließ sich politischer Konservatismus mit revolutionären wissenschaftlichen Ideen genauso vereinbaren wie die Sympathie für revolutionäre gesellschaftliche Bewegungen mit wissenschaftlichem Konservatismus. Insofern bedarf die philosophische Untersuchung der physikalischen Theorieentwicklung nicht zwangsläufig der detaillierten Einschätzung gesellschaftlicher und politischer Vorstellungen der Träger dieses Prozesses. Die historisch-materialistischen Dimensionen des physikalischen *Theorieentwicklungsprozesses* erschließen sich vor allem über die diesen Prozeß flankierenden philosophisch-weltanschaulichen, erkenntnistheoretischen und methodologischen Erörterungen.

Als sich die revolutionären Veränderungen innerhalb der Atomphysik anbahnten, war kaum vorauszusehen, von welcher praktischen Bedeutung die neuen Erkenntnisse bald schon für die Menschheit werden sollten. Zur gleichen Zeit, als in der Grundlagenforschung die Voraussetzungen für die Erschließung der Atomenergie geschaffen wurden, entstand im Ergebnis der Großen Sozialistischen Oktoberrevolution 1917 der erste sozialistische Staat der Erde. Mit der Entwicklung der Sowjetunion, der Herausbildung des sozialistischen Weltsystems nach dem zweiten Weltkrieg und der Entfaltung einer machtvollen internationalen Friedensbewegung erstarkten jene gesellschaftlichen Kräfte, die gemeinsam imstande sind, einen die Existenz der Menschheit bedrohenden Mißbrauch der Atomenergie zu verhindern.

Die etwa gleichzeitig vollzogenen revolutionären gesellschaftlichen und wissenschaftlichen Entwicklungen hängen nicht kausal zusammen. Die erforderliche akademische Ruhe, über philosophische Fragen der Entwicklung der Atomphysik auf der Ebene der Theorieentwicklung nachzudenken, hat zur Voraussetzung, das atomare Inferno eines dritten Weltkrieges zu verhindern. In der täglichen Arbeit der harten politischen Auseinandersetzung mit den Gegnern der friedlichen Koexistenz ist uns die marxistisch-leninistische Weltanschauung ebenso Handlungsorientierung wie bei der weiteren Gestaltung der entwickelten sozialistischen Gesellschaft und bei der Lösung philosophischer Fragen der Wissenschaftsentwicklung.

Wir gehen im folgenden von dieser Weltanschauung aus, die Natur, Gesellschaft und menschliches Denken in ihrer Einheit erfaßt. In unseren speziellen Untersuchungen werden wir dabei methodisch zu berücksichtigen haben, daß es innerhalb jedes Determinationsgefüges eine Vielfalt von Graduierungen gibt. Der Untersuchungsgegenstand bestimmt, was mit welcher Wertigkeit zu berücksichtigen ist. Jede historische Untersuchung — auch die eines physikalischen Theorieentwicklungsprozesses — ist zwangsläufig mit Schellings These konfrontiert: „Der pragmatische Zweck der Geschichte schließt von selbst die Universalität aus und fordert notwendig einen beschränkten Gegenstand."[9]

Im wissenschaftlichen Meinungsstreit unter marxistischen Wissenschaftsforschern spielt nicht zuletzt im Zusammenhang mit den international umfangreich geführten Diskussionen um die Bedingungen des Schöpfertums die Bewertung der Rolle origineller wissenschaftlicher Ideen eine große Rolle. Wir gehen davon aus, daß die zukünftigen Entwicklungsmöglichkeiten der Produktivkräfte in wachsendem Umfange von der Originalität neuer Ideen schöpferischer Menschen abhängen werden und der Erfolg wissenschaftlicher Forschung heute schon auf allen Ebenen in hohem Maße von der Kreativität der Wissenschaftler im Ideenfindungsprozeß, dem konsequenten Umsetzen dieser Ideen in Experiment und Theorie, bei der Aus- und Abarbeitung entsprechender Forschungsprogramme, bei der Entwicklung entsprechender Methoden sowie bei den methodologischen Reflexionen ihres methodischen Vorgehens bestimmt ist. Deshalb darf das historisch-materialistische Wissenschaftsverständnis, welches zu Recht gegen eine als reine Ideenproduktion mißverstandene Wissenschaftsauffassung ins Feld geführt wird, nicht dahingehend mißverstanden werden, daß schließlich jede originelle wissenschaftliche Idee innerhalb philosophischer Untersuchungen der Wissenschaftsentwicklung zu einer prinzipiell vernachlässigbaren Größe degenerieren muß.

Wenn der historische Materialismus zeigt, daß und warum die Menschheitsgeschichte als gesetzmäßige Abfolge von Gesellschaftsformationen aufzufassen ist, für deren Entwicklung die Dialektik von Produktionsverhältnissen und Produktivkräften und letztendlich Klassenkämpfe verantwortlich sind, so bedeutet das keineswegs, daß jedes Phänomen der Wissenschaftsentwicklung in seinen Details aus entsprechenden sozialökonomischen Voraussetzungen zu „erklären" sei.

Die einfache Transformation ökonomischer oder soziologischer Sachverhalte in weltanschauliche, erkenntnistheoretische und methodologische hat bislang außer einer Diskreditierung der wissenschaftlichen Weltanschauung nichts bewirkt. H. J. Sandkühler ist deshalb vorbehaltlos zuzustimmen, wenn er mit Blick auf wissenschaftliche Ideen der Vergangenheit und natürlich der Gegenwart und Zukunft feststellt: „Die Aussage, etwas sei wohl ‚letztlich' ökonomisch determiniert, ist eine verlegene Ausflucht für Nicht-Wissen hinsichtlich des Determinationsgefüges, hinsichtlich der Hierarchie determinierender Faktoren ‚erster bis

[9] F. W. J. Schelling, Vorlesungen über die Methode des akademischen Studiums. Neu hrsg. v. W. E. Ehrhardt, Hamburg 1974, S. 103.

letzter Instanz'. Es geht um die Gewichtung innertheoretischer und materiell-gesellschaftlicher Entwicklungsantriebe."[10]

Dabei hat man die konzeptionell verdichteten Erfahrungen aus den bisherigen Arbeiten zu philosophischen Fragen der Wissenschaftsentwicklung zu berücksichtigen.[11] Die Konzeption von der „doppelten Determiniertheit des Erkenntnisprozesses und seiner Resultate" in „gegenständlicher" und „sozialökonomischer Determiniertheit"[12] scheint dies mindestens im gegenwärtigen Zustand ihrer theoretischen Ausarbeitung in ungenügendem Maße zu leisten. Sie legt einerseits den Gedanken nahe, Dialektik auf die Subjekt-Objekt-Beziehungen zu *reduzieren*[13], und berücksichtigt andererseits zu wenig die Dynamik und Komplexität von Erkenntnisprozessen, in denen sich auch die Wichtungen von Determinationsfaktoren in verschiedenen Entwicklungsphasen verändern.[14] Zu diskutieren bleibt die Berechtigung des Schlusses, wegen der im Kapitalismus und im Sozialismus/Kommunismus grundsätzlich unterschiedenen Produktionsweise auch die Erkenntnisweise in beiden Gesellschaftsordnungen als prinzipiell unterschieden zu unterstellen.[15]

So wichtig es ist, die tatsächlichen Unterschiede wissenschaftlicher Tätigkeit heute detailliert zu analysieren und theoretisch begründete Prognosen über die sich vertiefenden Divergenzen der weiteren Wissenschaftsentwicklung auszuarbeiten, so voreilig aber wären gegenwärtig beispielsweise Feststellungen über die

[10] H. J. Sandkühler in: M. Hahn/H. J. Sandkühler (Hrsg.), Bürgerliche Gesellschaft und theoretische Revolution. Zur Entstehung des wissenschaftlichen Sozialismus, a. a. O., S. 316.

[11] Siehe dazu: H. Hörz, Marxistische Philosophie und Naturwissenschaften, Berlin 1974, S. 121ff.

[12] D. Wittich/K. Gößler/K. Wagner, Marxistisch-leninistische Erkenntnistheorie, Berlin 1978, S. 86ff.

[13] Dieses Problems sind sich natürlich auch die Autoren des entsprechenden erkenntnistheoretischen Ansatzes bewußt. Vgl. D. Wittich, Fragen der systematischen Darstellung der marxistisch-leninistischen Erkenntnistheorie, in: DZfPh, 12/1981, S. 1459.

[14] Siehe dazu: H. Hörz, Wahrheit und Wert wissenschaftlicher Erkenntnis, in: W. Bahner u. a., Wissenschaftlichkeit — Objektivität — Parteilichkeit, Berlin 1981, S. 39ff.

[15] Die Entsprechung „Produktionsweise und Denkweise" scheint — mindestens in den vorliegenden Ausarbeitungen — dazu angetan zu sein, die *Spezifik* naturwissenschaftlichen Erkennens hinter der unbestritten richtigen Erkenntnis zurücktreten zu lassen, daß Naturwissenschaftler selbstverständlich nur *innerhalb* konkret-historischer gesellschaftlicher Verhältnisse erkennen. Bei aller Notwendigkeit, den historisch-materialistischen Ansatz auch in der Erkenntnistheorie und der Wissenschaftsforschung weiter auszuloten, gilt es aber zugleich, die Errichtung weltanschaulicher Hemmnisse für den naturwissenschaftlichen Erkenntnisfortschritt zu vermeiden. Vgl. D. Wittich/K. Gößler/K. Wagner, Marxistisch-leninistische Erkenntnistheorie, a. a. O., S. 350ff.; L. Läsker, Produktiver Charakter der Wissenschaft, in: DZfPh, 2/1981, S. 161—171; R. Mocek, Produktionsverhältnisse und Wissenschaft — Strukturen einer Forschungsthematik, in: Arbeitsblätter zur Wissenschaftsgeschichte 10/1981, S. 17ff. Als „aussichtsreiche" Hypothese formuliert H. Laitko, was für die vorgenannten Autoren schon gesichertes Wissen zu sein scheint. Vgl. H. Laitko, Zum Problem des Verhältnisses von Funktionalität und Historizität der Wissenschaft, in: C. Burrichter (Hrsg.), Grundlegung der historischen Wissenschaftsforschung, a. a. O., S. 66. Man sollte auch beachten: H. J. Sandkühler (Hrsg.), Betr.: Althusser. Kontroversen über den Klassenkampf in der Theorie, Köln 1977.

sozialökonomisch determinierten Unterschiede der mathematisch-naturwissenschaftlichen *Theorien*entwicklung als Moment des gesellschaftlichen Erkenntnisprozesses. Derartige Feststellungen können sich unmöglich aus der Analyse sozialökonomischer Strukturen und ihrer Entwicklungen allein ergeben. Sie bedürfen nicht zuletzt historisch-materialistischer Analysen *realer* Theorienentwicklungsprozesse. Insofern wird also auch die Analyse der Herausbildung der nichtrelativistischen Quantenmechanik auf Hinweise sozialökonomischer Determiniertheit zu befragen sein. Bislang jedenfalls muß man konstatieren, daß die sozialökonomischen Determinanten des naturwissenschaftlichen Erkenntnisprozesses immer dann von untergeordneter Bedeutung waren, wenn es sich nachweislich um *Erkenntnisfortschritte*, also um Zuwachs des Wahrheitsgehaltes von Erkenntnissen und Theorien gehandelt hat. Natürlich könnte man das mit einem Primat gegenständlicher Determiniertheit innerhalb dieses Objektbereiches *beschreiben*. Dann aber müßte man sich erstens die Frage vorlegen, was damit *theoretisch* gewonnen ist, zweitens wie man unter solchen Voraussetzungen die *generelle* Behauptung von der *prinzipiellen* Andersartigkeit der Erkenntnistätigkeit der Arbeiterklasse gegenüber der Erkenntnistätigkeit aller anderen Klassen argumentativ rechtfertigen will, wenn man zugleich die erkenntnistheoretischen Probleme tatsächlicher naturwissenschaftlicher Forschung nahezu vollständig ausspart.[16]

In der nichtmarxistischen Wissenschaftssoziologie geht man für die Wissenschaftsentwicklung zumeist von einer metaphysischen Trennung des „Kognitiven" und des „Sozialen" aus, was schließlich dann auch die Unterscheidung „interner" und „externer" Determinanten der Theorienentwicklung impliziert. So wie die obengenannte erkenntnistheoretische Konzeption „gegenständlicher" und „sozialökonomischer Determiniertheit" nicht wesentlich dadurch gewinnt, daß man beide Pole der „doppelten Determiniertheit" in dialektischer Wechselbeziehung unterstellt, läßt sich auch dieser wissenschaftssoziologische Ansatz unter Hinweis auf die Dialektik nicht wesentlich verbessern.[17]

Wenn H. H. Lanfermann gegen P. Weingart einwendet, daß die Analyse der Wechselbeziehungen zwischen Kognitivem und Sozialem nicht erst in einem Entwicklungsstadium beider beginnen könne, in dem sie sich bereits gegeneinander verselbständigt haben, erzwingt das keineswegs — wie er anzunehmen scheint — die Konsequenz, beide müßten sich im Verlaufe der weiteren Entwicklung auf

[16] Vgl. D. Wittich, K. Gößler, K. Wagner, Marxistisch-leninistische Erkenntnistheorie, a. a. O., S. 389ff.

[17] Das beweisen unter anderem auch Versuche, in denen das Starnberger „Finalisierungskonzept" schließlich die Lösungsrichtung für dialektisch-materialistische Ansätze markieren soll. Diese Ansätze sind vor allem deshalb theoretisch haltlos, weil von den Starnbergern im Prinzip weiterer Erkenntnisfortschritt für die zu „finalisierenden" (praktisch zu verwertenden) Wissenschaften ausgeschlossen wird. Vgl. dazu: G. Böhme/W. van den Daele/W. Krohn, Die Finalisierung der Wissenschaft, in: Zeitschrift für Soziologie, 2/1973, S. 128—144; Starnberger Studien 1. Die gesellschaftliche Orientierung des wissenschaftlichen Fortschritts, Frankfurt a. M. 1978.

qualitativ höherer Ebene wieder vereinigen.[18] Abgesehen davon, daß Lanfermann in diesem Zusammenhang teleologisch argumentiert, ist die Frage zu stellen, ob etwas, was seit einem bestimmten Zeitpunkt historisch verselbständigt vorliegt (Kognitives und Soziales), sich nicht auch zukünftig in dieser relativen Verselbständigung weiterentwickeln kann. Wenn man schon Kognitives und Soziales derart gegeneinander isoliert, darf diese Möglichkeit mindestens nicht ausgeschlossen werden.

Die Annahme sozialer Konstitution von Forschungsobjekten naturwissenschaftlicher Grundlagenforschung kann auf eine Korrespondenz mit der angeführten These von sozialökonomisch determinierten prinzipiellen Unterschieden in den Erkenntnistätigkeiten von Naturwissenschaftlern hinauslaufen, ohne allerdings dadurch die Plausibilität der fragwürdigen These signifikant zu erhärten.

Damit ist deutlich geworden, daß die historisch-materialistischen Diskussionen zur Theorienentwicklung als einem immanenten Moment der Wissenschaftsentwicklung auf Fragen führen, die für uns keineswegs als geklärt gelten können. Zugleich ist jeder Versuch, naturwissenschaftliche Theorienentwicklung und die dafür höchst bedeutsame Ideenproduktion in einem dialektisch-materialistischen Ansatz philosophisch aufzuarbeiten, mit wissenschaftstheoretischen Ansätzen konfrontiert, die von anderen philosophischen Voraussetzungen ausgehen.

Interessant ist dabei, daß nach wie vor die international meistdiskutierten Modelle der Theorien- und Methodenentwicklung maßgeblich durch die Analyse physikalischer Theorieentwicklung beeinflußt wurden. Angesichts dieser von vielen Wissenschaftstheoretikern beklagten Einseitigkeit gibt es inzwischen zahlreiche Bestrebungen, Alternativmodelle auf der Basis der Entwicklung einer anderen Wissenschaft oder durch den Vergleich der Entwicklung mehrerer Wissenschaften zu entwerfen. Diese Versuche blieben bislang meist wenig spektakulär; sie können aber für unseren Zweck schon aus inhaltlichen Gründen unberücksichtigt bleiben.

Die Tendenz der nichtmarxistischen Diskussionen erfaßt man, wenn man R. Carnap, K. R. Popper, I. Lakatos, T. S. Kuhn, S. Toulmin und P. Feyerabend erwähnt. Dabei ist allerdings nicht zu vergessen, daß diese Autoren ihre Modellvorstellungen von der Wissenschaftsentwicklung in ein vielfältig ausdifferenziertes System der „Philosophy of Science“ einspeisen, in dem gleichzeitig eine Reihe weiterer Modelle in der Diskussion sind. Die entsprechenden Modelle werden von weniger bekannten Autoren mit sehr unterschiedlichem technischem und intellektuellem Aufwand auf mögliche Konsequenzen untersucht und dabei teilweise in erheblicher Weise modifiziert. Unsere kritische Auseinandersetzung mit den philosophischen Voraussetzungen anderer Ansätze zur Theoriendynamik darf sich

[18] H. H. Lanfermann, Nichtmarxistische Wissenschaftssoziologie — Gegenstand kritischer Analyse, in: Arbeitsblätter zur Wissenschaftsgeschichte 10/1981, S. 46.

nicht im Bestreben nach möglichst vollständiger Erfassung der Vielfalt der einzelnen Strömungen innerhalb der nichtmarxistischen Wissenschaftstheorie verlieren. Die eigenen Ansätze können aber nur dann von anderen profitieren, wenn die für die prinzipielle Kritik notwendige Sicht auf das Ganze uns den Blick für die Feinheiten und technischen Details im Einzelnen nicht trübt. „Totalisierende Perspektive und Detailforschung" hier also auch in der Auseinandersetzung mit nichtmarxistischen Theorieansätzen!

1.2. Logisches und Historisches in der nichtmarxistischen Wissenschaftsphilosophie

Während die wesentlich vom Logizismus des „Wiener Kreises" geprägte analytische Wissenschaftstheorie und -philosophie wissenschaftliche Erkenntnisse einfach als gegeben voraussetzte und bei der Diskussion von „Begründungszusammenhängen" auf zahlreiche, bis heute nicht befriedigend gelöste Probleme stieß, kam es unter dem auch in den Reflexionen über die Wissenschaft spürbaren Zwang, vom Struktur- bzw. Prozeßdenken zum Entwicklungsdenken überzugehen, zunehmend zur Fragestellung, wie eigentlich eine wissenschaftliche Erkenntnis entsteht. Es galt zu klären, inwiefern sie als strukturell-funktional Vorfindbares ein historisch Gewordenes ist und ob sie als solches möglicherweise auch noch die Spuren ihrer Genesis mit sich führt. Neben „Begründungszusammenhängen" wurden zunehmend „Entdeckungszusammenhänge" in die systematischen Überlegungen der in der positivistischen Traditionslinie verbleibenden Wissenschaftsphilosophen eingebracht.[19]

K. R. Popper attackierte in seiner 1934 erstmalig veröffentlichten „Logik der Forschung" die von vielen Naturwissenschaftlern dieser Zeit aufgenommenen erkenntnistheoretischen Auffassungen Kants, übersah dabei aber weitestgehend dessen Verdienste in der Auseinandersetzung mit dem englischen Empirismus. Weil sich Popper Hume stärker verpflichtet fühlte als Kant, mußte seine kritisch-rationalistische Polemik gegen den Empirismus des „Wiener Kreises" zwangsläufig innerhalb der positivistischen Denkvoraussetzungen dieser Theoretiker selbst verbleiben. Für unseren Zusammenhang interessant und wichtig ist das Bild, welches Popper in der „Logik der Forschung" von der Wissenschaftsentwicklung entwarf. Es markiert einen Ausgangspunkt im Umdenken nichtmarxistischer Wissenschaftsphilosophen, wenngleich dieser auch erst später tatsächlich zum Tragen kam.

[19] Diese Tendenzwende innerhalb positivistisch orientierter Wissenschaftsphilosophie läßt sich mit L. Wittgensteins Übergang vom „Tractatus logico-philosophicus" (1921) zu den „Philosophischen Untersuchungen" (1952) markieren. Auf den Begriff gebracht wird sie in: N. R. Hanson, Patterns of Discovery, Cambridge 1961.

In direkter Polemik mit H. Weyl und M. Born sowie den maßgeblich von R. Carnap beeinflußten wissenschaftslogischen Argumentationen des „Wiener Kreises“ machte Popper darauf aufmerksam, daß „die empirische Basis der Wissenschaft nichts ‚Absolutes‘ “ sei, und stellte gleichzeitig fest: „Die Wissenschaft baut nicht auf Felsengrund. Es ist eher ein Sumpfland, über dem sich die kühne Konstruktion ihrer Theorien erhebt; sie ist ein Pfeilerbau, dessen Pfeiler sich von oben her in den Sumpf senken — aber nicht bis zu einem natürlichen ‚gegebenen‘ Grund. Denn nicht deshalb hört man auf, die Pfeiler tiefer hineinzutreiben, weil man auf eine feste Schicht gestoßen ist: wenn man hofft, daß sie das Gebäude tragen werden, beschließt man, sich vorläufig mit der Festigkeit der Pfeiler zu begnügen.“[20]

Wegen ihrer antidialektischen Grundhaltung waren für die Anhänger von Poppers „kritischem Rationalismus“ bis in die 60er Jahre entwicklungstheoretische Überlegungen in der Wissenschaftslogik unannehmbar. Dafür gab es weltanschaulich-ideologische Gründe, die Popper selbst mit aller Deutlichkeit in seiner in den Grundzügen bereits 1919/1920 entworfenen „Abrechnung“ mit der Hegelschen und der Marxschen Dialektik des historischen Prozesses dargelegt hat.[21] Ihm ging es damals schon um ein theoretisches Fundament für seinen Antikommunismus. Die methodischen Überlegungen, die er bereits zu diesem Zeitpunkt zum Begriff der „historischen Notwendigkeit“ anstellte, waren eindeutig ideologiegeleitet, also alles andere als frei von Parteilichkeit. Popper vermochte weder damals noch später die Gesetzmäßigkeiten des historischen Prozesses anders denn als metaphysische Notwendigkeit im Sinne des mechanistischen Determinismus zu fassen und lehnte eine solche Vorstellung für die Geschichte strikt ab. Charakteristischerweise hinderte ihn diese politisch motivierte Polemik wider die in ihr Gegenteil verkehrten Hegelschen und Marxschen Auffassungen zur Geschichte als gesetzmäßiger Entwicklungsprozeß nicht, in der Physik mit Vehemenz für die Beibehaltung des mechanistischen Determinismus zu streiten.[22] Auf der Basis von derartig inkonsistenten theoretischen Auffassungen ist es ausgeschlossen,

[20] K. R. Popper, Logik der Forschung, Tübingen 1971, S. 75, 76. Inwiefern dieses Bild tatsächlich eine originäre Idee von Popper war, muß hier dahingestellt bleiben. Erinnert sei in diesem Zusammenhang lediglich an Marx' Feststellung: „Im Unterschied von andern Baumeistern zeichnet die Wissenschaft nicht nur Luftschlösser, sondern führt einzelne wohnliche Stockwerke des Gebäudes auf, bevor sie seinen Grundstein legt.“ (K. Marx, Zur Kritik der politischen Ökonomie, in: Karl Marx/Friedrich Engels, Werke (im folgenden MEW), Bd. 13, Berlin 1959, S. 43.)

[21] Vgl. K. R. Popper, Das Elend des Historizismus, Tübingen 1971, S. VIIff.; K. R. Popper, Ausgangspunkte, Braunschweig 1979, S. 38ff. Den innigen *Zusammenhang* von Poppers Wissenschafts- und Gesellschaftstheorie haben M. Buhr, H. Horstmann, A. Gedö, I. S. Narski, V. Ruml, J. Schreiter, R. Steigerwald mit aller Deutlichkeit gezeigt. Siehe dazu M. Buhr/J. Schreiter, Erkenntnistheorie — kritischer Rationalismus — Reformismus, Berlin 1979, und die dort zitierte Literatur.

[22] Vgl. K. R. Popper, Logik der Forschung, a. a. O., 152—162; 167—197; 397—418; K. R. Popper, Ausgangspunkte, a. a. O., S. 125—136; 184—189; 195—199; 221ff.

eine einheitliche, Natur, Gesellschaft und Denken umfassende wissenschaftliche Weltanschauung auch nur für denkmöglich zu halten.

Der zum Programm erhobene theoretische und methodische Pluralismus setzt heute die positivistische Tradition angeblichen Weltanschauungsverzichts fort. Zugleich wird versucht, die Mängel der ahistorischen Rationalitätsvorstellungen des „kritischen Rationalismus" in aufwendigen philosophiehistorischen Studien zu beheben, um die Überflüssigkeit eines *historisch-materialistischen* Rationalitätskonzepts zu erweisen.[23] Diese Dimensionen philosophisch-weltanschaulicher Auseinandersetzungen darf man auch dann nicht aus dem Auge verlieren, wenn es sich, wie in unserem Fall, um das spezielle Problem der Tendenzen gegenwärtiger wissenschaftsphilosophischer Überlegungen zur Theoriendynamik und die entsprechende Vorgeschichte der aktuellen Diskussionen handelt.

Die strikte Ablehnung des Entwicklungsgedankens bei gleichzeitigem Hinweis auf die Einseitigkeit der Vorstellung, das Ideal wissenschaftlicher Theorien ausschließlich im Sinne Hilberts im axiomatisch-deduktiven Aufbau zu sehen, führte seit den 30er Jahren zu wesentlichen Erweiterungen wissenschaftslogischer Untersuchungen (Induktionslogik, konstruktivistische Logik u. a.). Gleichzeitig wurden nun aber auch von einigen Wissenschaftsphilosophen der positivistischen Traditionslinie (und zwar im Verfolg empiristischer *und* rationalistischer Ansätze) die auf P. Duhem, E. Mach, H. Poincaré zurückgehenden und besonders in der französischen Epistemologie gepflegten wissenschaftshistorischen Traditionen wieder stärker in die systematischen Erörterungen einbezogen. Diese Tendenz verstärkte sich in den 50er und 60er Jahren und führte schließlich längere Zeit nach Erscheinen des heute noch vieldiskutierten Buches von T. S. Kuhn „Die Struktur wissenschaftlicher Revolutionen" zu einer Tendenzwende. Seitdem ist die Dominanz formallogischer Analysen in den wissenschaftstheoretischen und -philosophischen Arbeiten nichtmarxistischer Autoren aufgehoben. Unter dem Druck verschiedener evolutionstheoretischer Ansätze denken heute Wissenschaftslogiker über Möglichkeiten nach, wie die strukturellen Analysen der Statik wissenschaftlicher Theorien durch entsprechende Analysen der Dynamik in der Struktur wissenschaftlicher Theorien bzw. der Theoriendynamik selbst zu ergänzen wären. Heute steht die Aufgabe, Kalküle der Prozeß- und Entwicklungslogik zu entwerfen.

Die Einbeziehung wissenschaftshistorischer Überlegungen in die systematische Wissenschaftsforschung ist zwar eingebettet in die seit den 50er Jahren sich ver-

[23] Vgl. H. F. Spinner, Begründung, Kritik und Rationalität, Bd. 1, Braunschweig 1977. Mit der in den kapitalistischen Ländern zu beobachtenden Wiederbelebung vielfältiger Formen des Konservatismus scheint gegenwärtig der verhältnismäßig liberale „kritische Rationalismus" an Einfluß zu verlieren, lebensphilosophisch-irrationalistisches Denken dagegen weiter an Einfluß zu gewinnen. Zur Relativität dieser Unterscheidungen siehe: K. Bayertz/J. Schleifstein, Mythologie der „kritischen Vernunft", Köln 1977; J. Kahl, Positivismus als Konservatismus, Köln 1976.

stärkende Tendenz des Abrückens vieler Wissenschaftler von positivistischen Thesen, sie aber einfach als „Antipositivismus" oder „Postpositivismus" zu diagnostizieren ist mindestens aus zwei Gründen einseitig. Erstens gibt es innerhalb der nichtmarxistischen Geschichtswissenschaften und nicht zuletzt in einer Reihe wissenschaftshistorischer Schulen einen nicht zu verkennenden Einfluß des Positivismus. Zweitens gewinnt mit der Hinwendung zur Problematik der „Entstehung des Neuen"[24] zugleich auch ein *im* positivistischen Denken immer schon latent vorhandenes Faktum an Bedeutung, nämlich die Möglichkeit lebensphilosophisch-irrationalistischer Ausfüllung weltanschaulicher „Leerstellen". Manche Wissenschaftspsychologen und -soziologen versuchen die von ihnen selbst zunächst mit dem Schleier von Mystik und Irrationalismus umgebenen Ideenfindungsprozesse im wissenschaftlichen Forschungsprozeß dadurch zu „erklären", daß sie sich einerseits positivistischer Argumentationsstrukturen bedienen und damit andererseits zugleich die lebensphilosophisch-irrationalistischen Positionen verfestigen.[25]

Worin besteht nun die „Kuhnsche Wende" innerhalb der nichtmarxistischen Wissenschaftsphilosophie und -theorie? Inwiefern wird mit den Diskussionen um die „Struktur wissenschaftlicher Revolutionen" tatsächlich eine Diskontinuität in den entsprechenden Modellen der Wissenschaftsentwicklung deutlich? Gibt es in diesem Prozeß auch Kontinuität?

K. R. Popper hatte in der Auseinandersetzung mit den Theoretikern des „Wiener Kreises" betont, daß die Verifizierbarkeit wissenschaftlicher Theorien eine zu starke Forderung ist. Allaussagen könnten nur innerhalb einer induktiven Logik verifiziert werden. Die aber gibt es bis heute nicht. Um die Entwicklung einer solchen Logik hat sich R. Carnap vergeblich bemüht. Popper hingegen schlug ein anderes Abgrenzungskriterium wissenschaftlicher Theorien von nichtwissenschaftlichen Aussagensystemen vor. Er forderte, jede wissenschaftliche Theorie — bei Popper ebenso wie bei Carnap als wissenschaftliches Aussagensystem unterstellt — müsse prinzipiell falsifizierbar sein. Von einer wissenschaftlichen Theorie ist danach zu verlangen, daß sie mindestens ein „entscheidendes Experiment" anzugeben vermag. Wenn die von der Theorie vorausgesagten Ereignisse in diesem Experiment nicht eintreten, so ist diese Theorie zu verwerfen. Ein theoretisches Konstrukt, das keine solche Erfahrungen nennen kann, mit denen es sich möglicherweise auch falsifizieren läßt, sollte man nach Popper nicht als wissenschaftliche Theorie anerkennen. Vom Standpunkt seines Theorieverständnisses war es nicht erforder-

[24] T. S. Kuhn, Die Entstehung des Neuen. Studien zur Struktur der Wissenschaftsgeschichte, Frankfurt a. M. 1977. Zur kritischen Auseinandersetzung mit den einflußreichsten Konzeptionen, die diese Tendenz verkörpern, siehe: K. Bayertz, Wissenschaft als historischer Prozeß. Die antipositivistische Wende in der Wissenschaftstheorie, München 1980; A. V. Panin, Dialektičeskij materializm i postpozitivizm, Moskva 1981.

[25] Vgl. L. S. Feuer, The Scientific Intellectual. The Psychological and Sociological Origins of Modern Science, New York—London 1963.

lich, zwischen wissenschaftlichen Erkenntnissen und wissenschaftlichen Theorien zu unterscheiden. In einem wissenschaftslogischen Konzept, das Theorien auf Aussagensysteme reduziert, läßt sich lediglich eine logische Struktur ausmachen, nicht aber die reale Bedeutung unterschiedlicher Aussagen wichten.

Poppers Modell der Wissenschafts„entwicklung" lief auf kumulatives Wachstum hinaus. Wissenschaftliche Erkenntnisse und wissenschaftliche Theorien sollten einem ständigen Prozeß von „Versuch und Irrtum" ausgesetzt sein. Falsifizierte Erkenntnisse und Theorien waren logisch zu negieren, noch nicht falsifizierte beizubehalten, bis auch an ihre Stelle nach entsprechender Falsifikation andere treten. Mit diesen Überlegungen konnte man dem erkenntnistheoretischen Relativismus nicht mehr ausweichen. Popper scheint dies aber nicht als Mangel empfunden zu haben. Eine seiner Rechtfertigungen liegt wohl in der Fehlinterpretation der von ihm so hoch bewerteten Einsteinschen Arbeiten zur Relativitätstheorie.

Die Entwicklung der relativistischen Mechanik durch Einstein wurde von Popper als *logische* Negation der klassischen Mechanik gedeutet.[26] Einsteins spezielle und allgemeine Relativitätstheorie mußten nach seiner Meinung deshalb als *wissenschaftliche* Theorien akzeptiert werden, weil angebbar war, unter welchen experimentellen und beobachtungsmäßigen Voraussetzungen sie im Prinzip falsifizierbar waren. Daß die entsprechenden Experimente genau die von der Relativitätstheorie vorausgesagten Resultate lieferten, sollte nichts über die Wahrheit der Theorien besagen, sondern lediglich bedeuten, daß sie bislang noch nicht falsifiziert seien und folglich keine Notwendigkeit bestand, sie durch bessere zu ersetzen. Der Verzicht auf die Begründung wissenschaftlicher Erkenntnisse und Theorien ging für Popper mit einem Verzicht auf den Wahrheitsbegriff einher. Anstelle von „Wahrheit" sollte man „Bewährung" sagen.

In beiden Punkten folgte T. S. Kuhn den Vorstellungen Poppers. Aus dem von ihm analysierten wissenschaftshistorischen Material aber schloß er, daß Poppers Auffassung von der Wissenschaftsentwicklung als einfacher Wachstumsprozeß unhaltbar sei. Neben Phasen kumulativen Wachstums (von ihm als „normale Wissenschaft" bezeichnet) sah er Phasen revolutionärer Umbrüche („wissenschaftliche Revolutionen").[27] Mit dieser Betonung von Kontinuität und Dis-

[26] Zur Kritik dieser Auffassung siehe: F. Gehlhar, Dialektik von Relativem und Absolutem in der Relativitätstheorie, in: H. Hörz/U. Röseberg (Hrsg.), Materialistische Dialektik in der physikalischen und biologischen Erkenntnis, Berlin 1981, S. 145—161, und die dort angegebene Literatur.

[27] Vgl. T. S. Kuhn, Die Struktur wissenschaftlicher Revolutionen, Frankfurt a. M. 1973 (1. Auflage in Englisch 1962). Aus der Fülle kritischer Auseinandersetzungen seitens marxistisch-leninistischer Philosophen sei hier lediglich auf folgende verwiesen: G. Domin (Hrsg.), Wissenschaftskonzeptionen, Berlin 1978; G. Kröber/H. Steiner (Hrsg.), Wissenschaft. Studien zu ihrer Geschichte, Theorie und Organisation, Berlin 1972; S. R. Mikulinskij/L. A. Markova, Osnovnye metodologičeskie napravlenija v zarubežnoj istorii nauki, Moskva 1971; S. R. Mikulinskij, Scheinkontroversen und reale Probleme der Theorie von der Entwicklung der Wissenschaft, in: Sowjetwissenschaft — Gesellschaftswissenschaftliche Beiträge, 7/1978, S. 756—775;

kontinuität in der Wissenschaftsentwicklung kam Kuhn einen wesentlichen Schritt über Poppers Reduktion realer Entwicklung auf Kontinuität hinaus. Die Auseinandersetzungen um Kuhns Modell der Wissenschaftsentwicklung konzentrieren sich nicht zuletzt auf das darin unterstellte theoretische Verständnis der in der Wissenschaftsgeschichte zu beobachtenden Dialektik von Kontinuität und Diskontinuität.[28] Es geht in diesen Diskussionen also vor allem um die rationale Rekonstruktion von Geschichte innerhalb eines konkreten wissenschaftstheoretischen Modells, nicht so sehr um das Kuhnsche Verständnis bestimmter Momente realer Wissenschaftsgeschichte.

Innerhalb der wissenschaftstheoretischen Vorstellungen Kuhns kommt dem schillernden Paradigmabegriff entscheidende Bedeutung zu. Kuhn selbst betont nach langen Kontroversen um diesen Begriff, daß er ihn in erster Linie eingeführt habe, um jenen geistigen Konsensus zu bestimmen, der erforderlich ist, um Wissenschaftler zu einer Gemeinschaft mit annähernd gleichen Erwartungen an die zukünftige Theorienentwicklung und einem mehr oder minder einheitlichen Vorgehen bei der Lösung aktueller Forschungsprobleme werden zu lassen.[29] Diese wissenschaftssoziologische und -psychologische Komponente unterscheidet die wissenschaftstheoretischen Vorstellungen Kuhns stärker als alles andere von denen Poppers.

Popper hat bis zur inzwischen erzwungenen Aufnahme evolutionstheoretischer Momente in seine erkenntnistheoretischen und wissenschaftstheoretischen Überlegungen immer die Objektivität, von ihm verstanden als absolute Subjektunabhängigkeit, wissenschaftlicher Erkenntnisse betont. Sein erkenntnistheoretisches Ziel ist es nachgerade, die reale Subjekt-Objekt-Dialektik des Erkenntnisprozesses theoretisch zu eliminieren.[30] Kuhn hingegen geht von dem Phänomen aus, daß Erkenntnisse nur von erkennenden Subjekten gewonnen werden, die sich dabei zu Gemeinschaften zusammenschließen.

In diesem Zusammenschluß spielen soziale und psychologische Momente eine bedeutende Rolle. Die Einseitigkeit des Kuhnschen Ansatzes besteht darin, daß Wissenschaftlergemeinschaften gegenüber allen anderen sozialen Strukturen

R. Mocek, Gedanken über die Wissenschaft, Berlin 1980; Wissenschaftliche Revolutionen, in: Arbeitsblätter zur Wissenschaftsgeschichte, 4/1979; D. Wittich, Die gefesselte Dialektik, in: DZfPh, 6/1978, S. 785—797.

28 Vgl. dazu: W. Diederich (Hrsg.) Theorien der Wissenschaftsgeschichte, Frankfurt a. M. 1974; I. Lakatos/A. Musgrave (Hrsg.), Kritik und Erkenntnisfortschritt, Braunschweig 1974; E. Ströker, Wissenschaftsgeschichte als Herausforderung, Frankfurt a. M. 1976.

29 Vgl. T. S. Kuhn, Die Entstehung des Neuen. Studien zur Struktur der Wissenschaftsgeschichte, a. a. O. S. 42.

30 Vgl. K. R. Popper, Objektive Erkenntnis, Hamburg 1973.

zu stark verselbständigt werden.[31] Diese Gemeinschaften sind bei Kuhn ausschließlich über den Besitz eines bestimmten „Paradigmas" konstituiert. „Ein Paradigma ist das, was den Mitgliedern einer wissenschaftlichen Gemeinschaft und nur ihnen gemeinsam ist. Umgekehrt macht der Besitz eines gemeinsamen Paradigmas aus einer Gruppe unverbundener Menschen eine wissenschaftliche Gemeinschaft."[32] Damit aber weiß man noch lange nicht, wie dieses geheimnisumwobene „Paradigma" inhaltlich bestimmt ist. Hier enttäuscht Kuhn seine an formale Strenge gewöhnten Anhänger analytischer und konstruktivistischer Wissenschaftstheorie wohl nach wie vor am meisten. Es kann nämlich Theorie und Methode, Theorieansatz, Modell u. a. meinen. Hinzu kommen die von der jeweiligen Gemeinschaft akzeptierten fachwissenschaftlichen und philosophischen Verallgemeinerungen, unabhängig davon, ob sie expliziert vorliegen oder nur implizit unterstellt werden. Das Ganze wird nun „disziplinäre Matrix" genannt[33], und es bleibt mehr oder minder der subjektiven Willkür jedes Wissenschaftshistorikers überlassen, wie weit oder eng er ein solches Konstrukt im konkreten Fall fassen will.

Der Kern des Kuhnschen Theorieentwicklungsmodells besteht darin, daß in der Wissenschaftsgeschichte immer wieder Situationen auftreten, in denen — vorausgesetzt, die entsprechende Disziplin hat sich schon so weit verselbständigt, daß sie über mindestens ein Paradigma verfügt — ein bestehendes Paradigma durch ein anderes ersetzt werden muß. Mit dem Auftreten eines neuen Paradigmakandidaten tritt die entsprechende Wissenschaft aus einer vorangegangenen „Krise" in ein revolutionäres Stadium. Mit der Annahme eines neuen Paradigmas durch eine entsprechende Wissenschaftlergemeinschaft wird die wissenschaftliche Revolution abgeschlossen. Damit ist die der Revolution vorangehende Krisensituation überwunden. Die Anhänger des neuen Paradigmas gehen zur normalwissenschaftlichen Phase über. Diese ist dem festen Regeln folgenden Rätsellösen vergleichbar. Die Anhänger des alten Paradigmas können nun zwar noch beliebig lange Nachzugsgefechte liefern, werden aber damit den weiteren Gang kumulativer Wissensanhäufung kaum noch irgendwie nennenswert beeinflussen können. Poppers Idealkonstruktion „Versuch und Irrtum" wird in Kuhns Idealkonstruktion zur „Normalwissenschaft" und „revolutionären Wissenschaft" transformiert. Damit ergeben sich weit mehr Möglichkeiten, die Strukturen des Überganges von einer Theorie zu einer anderen zu analysieren, als bei Poppers Falsifikation. Bei aller Überlegenheit des Kuhnschen über das Poppersche Bild bleibt aber der Theorie-

[31] Diese Einseitigkeit ist mehr oder minder stark ausgeprägt allen nichtmarxistischen wissenschaftssoziologischen Ansätzen eigen. Vgl. G. Basalla (Hrsg.), The Rise of Modern Science. External or Internal Factors?, Lexington 1968; P. Weingart (Hrsg.), Wissenschaftssoziologie, Bd. 1: Wissenschaftliche Entwicklung als sozialer Prozeß, Frankfurt a. M. 1973; P. Weingart (Hrsg.), Wissenschaftssoziologie, Bd. 2: Determinanten wissenschaftlicher Entwicklung, Frankfurt a. M. 1974.

[32] T. S. Kuhn, Die Entstehung des Neuen. Studien zur Struktur der Wissenschaftsgeschichte, a. a. O., S. 390.

[33] Ebenda, S. 393.

entwicklungsprozeß „ein Prozeß der Evolution von primitiven Anfängen *her*", nichts vermag ihn für Kuhn „zu einem Prozeß der Evolution auf etwas *hin*" zu machen.[34]

Dieser erkenntnistheoretische Relativismus mag Kuhn noch wünschenswert erscheinen, weil damit teleologische Argumentationen über den von ihm verselbständigten Theorienentwicklungsprozeß ausgeschlossen werden. Eine Erkenntnistheorie, die davon ausgeht, daß die Quelle des Wissens in den Objekten liegt, und die Aktivität des erkennenden Subjekts betont, muß die Frage nach der Übereinstimmung der theoretisch abgebildeten Zusammenhänge mit den objektiv-realen stellen. Sie sieht im Verzicht auf den Wahrheitsbegriff den Hauptmangel des Kuhnschen Modells. Darüber hinaus verlangt dieses Modell, Theorienentwicklung schematisiert auf zwei Phasen zu bringen, was sicher einseitig ist. Man kann weiterhin weder die von Kuhn nahegelegte Unterschätzung der „normalwissenschaftlichen" Arbeit noch die Überbewertung der Rolle „revolutionärer Wissenschaft" akzeptieren. Trotzdem aber sollte bei aller berechtigten und im folgenden noch zu erweiternden Kritik nicht verkannt werden, daß der Kuhnsche Ansatz die weitestgehend logisch orientierten Überlegungen nichtmarxistischer Wissenschaftstheoretiker mit Nachdruck auf den Evolutionsgedanken hingewiesen hat.[35]

Den einmal gefaßten Gedanken, die historisch-genetische Theorienabfolge als Evolutionsprozeß im Sinne Darwins zu deuten und theoretisch auszuarbeiten, hat S. E. Toulmin wohl in der nichtmarxistischen Wissenschaftstheorie am konsequentesten verfolgt. Er hat Mutation und Selektion der Ideenproduktion innerhalb der Theorienevolution analog zur biologischen Evolution gefaßt und festgestellt: „. . . in jedem Stadium zirkuliert ein Pool von wetteifernden intellektuellen Varianten und in jeder Generation ist ein Selektionsprozeß am Werk, durch den bestimmte dieser Varianten akzeptiert und der betreffenden Wissenschaft einverleibt werden . . ."[36] Bei einer solchen Interpretation theoretischen Bemühens von Wissenschaftlern ergibt sich dann auch, wie L. Krüger festgestellt hat, ohne weiteres die Möglichkeit, Kuhns Plädoyer für erkenntnistheoretischen Relativismus zurückzuweisen. Es besteht in der Tat kein Grund, den Wahrheitsbegriff nur während nichtrevolutionärer Phasen des Erkenntnisfortschrittes zu benutzen (Kuhn tut ja selbst dies nicht). Wahrheit „könnte eben der Selektionsfaktor sein, der eine

[34] T. S. Kuhn, Die Struktur wissenschaftlicher Revolutionen, a. a. O., S. 223.

[35] Das Phänomen, warum frühere Ansätze anderer Autoren nahezu folgenlos geblieben sind und eigentlich erst in den Kuhn-Debatten wieder ins wissenschaftliche Bewußtsein gehoben werden, soll hier nicht diskutiert werden. Siehe dazu: M. Polanyi, Personal Knowledge, Chicago 1958; D. Wittich, Eine aufschlußreiche Quelle für das Verständnis der gesellschaftlichen Rolle des Denkens von Thomas S. Kuhn, in: DZfPh, 1/1978, S. 105—113.

[36] S. E. Toulmin, Die evolutionäre Entwicklung der Naturwissenschaft, in: W. Diederich (Hrsg.), Theorien der Wissenschaftsgeschichte, Frankfurt a. M. 1974, S. 265. Zur Gesamtproblematik siehe auch: S. E. Toulmin, Human Understanding Bd. 1, London 1972.

unter anderen Entwicklungsmöglichkeiten der Wissenschaft auswählt".[37] Es fragt sich dann allerdings, welche Wahrheitsauffassung unterstellt ist und welche Mechanismen gewährleisten, daß im realen Theorieentwicklungsprozeß der Wahrheitsgehalt theoretischer Konstrukte an den Umschlagspunkten (qualitative Sprünge) tatsächlich sprunghaft zunimmt.

Bei der Diskussion dieses Problems ist man zugleich mit dem Irrationalitätsvorwurf gegenüber dem Kuhnschen Modell konfrontiert. Dieser Vorwurf ist vor allem von I. Lakatos im Zusammenhang mit Kuhns Inkommensurabilitätsthese für den Paradigmenwechsel erhoben worden. Damit, so meinte er, müsse eine wissenschaftliche Revolution letztlich auf rational nicht begründbare Änderung von Überzeugungen der Wissenschaftler hinauslaufen und sei folglich methodisch von religiösen Bekehrungen nicht unterscheidbar.[38] Da auch ihm in der Gefolgschaft Poppers der Wahrheitsbegriff nicht zur Verfügung stand, vermochte er die weltanschaulich determinierten erkenntnistheoretischen Auffassungen Kuhns nicht durch bessere zu ersetzen. Den Ausweg sah er in einer Änderung der Methodologie wissenschaftlicher Forschung. Er schlug eine „Methodologie wissenschaftlicher Forschungsprogramme" vor.[39]

Forschungsprogramme haben theoretische Erkenntnisse zur Voraussetzung, die aus einem „harten Kern" wissenschaftlicher Gesetze und einer mehr oder minder umfangreichen „Schutzzone" von Hilfshypothesen bestehen. Letztere sichern die Möglichkeit, mit Anomalien fertigzuwerden, ohne das Programm aufzugeben. Insofern verfügen sie also zugleich über eine Heuristik, die Problemlösungen auch für Fälle zuläßt, in denen es noch keine eindeutigen normativen methodischen Regeln gibt. Das macht Forschungsprogramme dem Kuhnschen Paradigma überlegen. Lakatos unterschied „voranschreitende" und „degenerierende" Forschungsprogramme. Zu einer wissenschaftlichen Revolution sollte es dann kommen, wenn zwei konkurrierende Forschungsprogramme vorliegen und

[37] L. Krüger, Die systematische Bedeutung wissenschaftlicher Revolutionen, pro und contra Thomas Kuhn, in: W. Diederich (Hrsg.), Theorien der Wissenschaftsgeschichte, a. a. O., S. 242.

[38] Hier führt der eingangs festgestellte Mangel entsprechender Philosophie (siehe Fußnote 2), Wertungsprobleme rationaler Behandlung für unzugänglich zu halten, schließlich dazu, innerhalb eines Modells der Wissenschaftsentwicklung Irrationalitäten auszumachen, und verlangt, entweder dieses Modell zu verwerfen oder Wissenschaftsentwicklung als irrationales Unternehmen zu erklären. Kuhn hat sich gegen beides zur Wehr gesetzt. 1965 erklärte er, daß die wissenschaftlichen Theorien im Verlaufe eines historischen Prozesses „an zahlreichen Punkten und mit immer wachsender Genauigkeit an die Natur angepaßt" werden (T. S. Kuhn, Logik der Forschung oder Psychologie der wissenschaftlichen Arbeit?, in: I. Lakatos/A. Musgrave (Hrsg.), Kritik und Erkenntnisfortschritt, a.-a. O., S. 20/21). In Erwiderung auf seine Kritiker betonte er, es sei nirgends seine Absicht gewesen zu behaupten, „daß die Wissenschaftler eine beliebige Theorie wählen können, solange sie übereinstimmen und daran festhalten. Die meisten Rätsel der Normalwissenschaft werden durch die Natur selbst gestellt, und all diese Rätsel involvieren indirekt die Natur" (ebenda, S. 255). Siehe dazu auch: E. A. Mamčur, Problema vybora teorii, Moskva 1975; I. Scheffler, Science and Subjectivity, New York 1967.

[39] I. Lakatos, Philosophische Schriften, Bd. 1, Die Methodologie wissenschaftlicher Forschungsprogramme, Braunschweig 1982.

ersichtlich wird, daß eines degeneriert und deshalb aufgegeben werden muß. Wie seine Fallstudien zeigen, neigte er dazu, normativ festzulegen, was ein degenerierendes Forschungsprogramm sei. Seine Methodologie war insofern noch strenger und schematischer als die Kuhns. Das aber hatte auch philosophisch-weltanschauliche Gründe.

Lakatos übertraf nämlich Kuhn in der Bewertung der Autonomie der theoretischen Forschung noch bei weitem. Nachdem er die Möglichkeit „entscheidender Experimente" in der Auseinandersetzung mit Poppers Falsifikationismus auf das heftigste bestritten hatte, kam er in Fortführung des Popper zugeschriebenen (in Wirklichkeit mindestens bis auf Kant zurückverfolgbaren) Gedankens von der „Theoriegebundenheit" empirischer Erkenntnisse zu der Überzeugung, daß Theorienentwicklung prinzipiell in der auch von Popper unter Rückgriff auf Platon postulierten „dritten Welt", der Welt der Ideen, abläuft: „Die Richtung der Wissenschaft ist vor allem durch die schöpferische Phantasie bestimmt und nicht durch die Welt der Tatsachen, die uns umgibt."[40]

Damit aber waren wissenschaftliche Revolutionen in der Theorienentwicklung als Alltagsereignisse möglich; sie hingen schließlich im wesentlichen nur noch von der Kreativität der Theoretiker ab. Wollte man diesen Gedanken von der „permanenten Revolution" wirklich ernst nehmen, war es eigentlich konsequent, auf Methodologie letztlich zu verzichten. Dies jedenfalls verkündet P. Feyerabend. Das Anliegen seiner „anarchistischen Erkenntnistheorie" läßt sich auf den Grundsatz bringen: „Anything goes (Mach, was du willst)."[41]

Fraglos ist diese auf die Spitze getriebene Konsequenz der bisherigen Entwicklung nichtmarxistischer wissenschaftstheoretischer und -philosophischer Ansätze zur Theorienentwicklung für die meisten Theoretiker analytischer und konstruktivistischer Schulen unannehmbar. Daher laufen gegenwärtig zahlreiche Bemühungen, die innerhalb der vorgelegten Modelle auftauchenden Mängel mittels verbesserter wissenschaftslogischer Ansätze zu mildern oder zu beheben.[42]

[40] Ebenda, S. 99.
Hervorzuheben ist, daß I. Lakatos die von T. S. Kuhn u. a. eingeleitete methodologische Kritik am „logischen Atomismus" (B. Russell, Die Philosophie des Logischen Atomismus, München 1979) fortführt. Insofern gehen beide über R. Carnap (Der logische Aufbau der Welt, Berlin 1928), K. R. Popper (Logik der Forschung, a. a. O.) und deren späte Nachfolger in der analytischen Philosophie hinaus. Daß die Annahme des „logischen Atomismus" nicht notwendigerweise an die Voraussetzungen dieser Philosophie gebunden ist, beweist J. D. Sneed, The Logical Structure of Mathematical Physics, Dordrecht 1971.

[41] P. Feyerabend, Wider den Methodenzwang, Frankfurt a. M. 1976, S. 45.

[42] Vgl. dazu beispielsweise: T. S. Kuhn, Theoriewandel als Strukturwandel. Bemerkungen über den Sneedschen Formalismus, in: K. Bayertz (Hrsg.), Wissenschaftsgeschichte und wissenschaftliche Revolution, Köln 1981, S. 114—135; T. Nickles (Hrsg.), Scientific Discovery, Logic, and Rationality, Dordrecht 1980; W. Stegmüller, Structures and Dynamics of Theories. Some Reflections on J. D. Sneed and T. S. Kuhn, New York 1976; W. Stegmüller, The Structuralist View of Theories, Berlin(West)—Heidelberg—New York 1979; F. Suppe, The Structure of Scientific Theories, Urbana—Chicago—London 1977.

Die „rationalen Rekonstruktionen der Geschichte" von Popper über Kuhn, Lakatos und Toulmin münden in logischen Strukturen, welche in unterschiedlichem Grade evolutionstheoretisches Denken zum Ausdruck bringen. Die „rationale Rekonstruktion der Geschichte" von Feyerabend gipfelt in dem Vorschlag, jegliche Methodologie der Wissenschaften überhaupt zu negieren. In allen diesen Stellungnahmen nichtmarxistischer Denker über die Beziehungen von Logischem und Historischem sind Positionen zur Problematik wissenschaftlicher Revolutionen enthalten, zugleich tritt die Analyse des historischen Materials wieder stärker hinter die Erörterung allgemeiner logischer Strukturen zurück.[43]

1.3. Wissenschaftliche Revolutionen als Gegenstand wissenschaftlicher Forschung

Mancherorts wird heute der Eindruck erweckt, als sei das Phänomen wissenschaftlicher Revolution erst durch Thomas S. Kuhn zum Gegenstand wissenschaftlicher Forschung geworden. Wer solches annimmt, verkennt erstens Kuhns tatsächliche Leistung innerhalb der nichtmarxistischen Wissenschaftsphilosophie, -theorie und -geschichte. Was aber weitaus schlimmer ist, er blendet damit zweitens eine philosophiehistorische Dimension aus allen weiteren Überlegungen aus, die dem Thema schließlich erst seine ganze, weit über bloße geistesgeschichtliche Relevanz hinausreichende, gesellschaftspolitische Brisanz verleiht.[44]

Die Einsicht in die *Notwendigkeit* revolutionärer Veränderungen innerhalb des wissenschaftlichen Theorien- und Methodengefüges ist keine Einsicht evolutionstheoretischer Überlegungen des späten 19. oder gar erst des 20. Jahrhunderts. Sie

[43] Zu den Diskussionen über wissenschaftliche Revolutionen siehe die Beiträge von S. Mikulinski und B. Kedrov in: Sowjetische Forschungen zur Geschichte der Wissenschaft, Moskau 1977; ferner K. Bayertz (Hrsg.), Wissenschaftsgeschichte und wissenschaftliche Revolution, a. a. O.; A. Diemer (Hrsg.), Die Struktur wissenschaftlicher Revolutionen und die Geschichte der Wissenschaften, Meisenheim am Glan 1977; P. S. Dyševij/V. M. Najdyš, Materialističeskaja dialektika i problema naučnych revoljucij, Kiev 1981; A. T. Gevorkjan, Filosofskij analiz revoljucij v fizike, Erevan 1979; R. Harré (Hrsg.), Problems of Scientific Revolution. Progress and Obstacles to Progress in the Sciences, London 1975; G. Holton, Thematische Analyse der Wissenschaft, Frankfurt a. M. 1981; L. Krüger, Wissenschaftliche Revolutionen und Kontinuität der Erfahrung, in: Neue Hefte für Philosophie. 6/7/1974; Reason, Experiment and Mysticism in Scientific Revolution, New York 1975.

[44] Darauf verweisen: G. Domin/H.-H. Lanfermann/R. Mocek/D. Pälike, Bürgerliche Wissenschaftstheorie und ideologischer Klassenkampf, Berlin 1973; G. Domin/H.-H. Lanfermann/R. Mocek/D. Pälike, Bürgerliche Wissenschaftsauffassungen in der Krise, Bd. 1, Berlin 1976; M. Hahn/H. J. Sandkühler (Hrsg.), Gesellschaftliche Bewegung und Naturprozeß, Köln 1981; Koncepcii nauki v buržuaznoj filosofii i sociologii, Moskva 1973; D. Wittich, Hegel und der gegenwärtige wissenschaftstheoretische Relativismus, in: M. Buhr/T. I. Oiserman (Hrsg.), Vom Mute des Erkennens, Berlin 1981, S. 346—356; A. F. Zotov/J. V. Voronzova, Buržuaznaja filosofija nauki, Moskva 1978.

ist als Produkt philosophischer und geschichtswissenschaftlicher Reflexionen über die französische bürgerliche Revolution von 1789 ein Moment des sich an der Wende vom 18. zum 19. Jahrhundert in der Aufklärungsphilosophie herausbildenden neuen Geschichtsverständnisses. So wie für die Vertreter der klassischen bürgerlichen Philosophie und die damals theoretisch tiefsten Historiker die Geschichte der Menschheit spätestens zu diesem Zeitpunkt aufhörte, eine Sammlung von Geschichten zu sein, sondern zunehmend als gesetzmäßiger Prozeß, als Entwicklungsprozeß begriffen wurde, so entstand gleichzeitig auch der Gedanke, die Wissenschaftsgeschichte von dieser revolutionären Neubewertung der Geschichte durch die historischen Wissenschaften nicht auszunehmen. Dieser Gedanke trat, wie alles Neue, in sehr widersprüchlicher Weise auf den Plan.

Während G. W. F. Hegel, bei dem das neue Geschichtsverständnis in der theoretisch ausgereiftesten Form begründet und zugleich auch auf die Geschichte der Philosophie bezogen wurde, die Natur und die mathematisierten Naturwissenschaften noch ausdrücklich von der Vorstellung der Gesetzmäßigkeit des Geschichtsprozesses ausgenommen hat, war für F. W. J. Schelling Natur innerhalb seiner Naturphilosophie als sich gesetzmäßig entwickelnde Natur vorausgesetzt. Das führte Schelling schließlich auch zu weitreichenden Schlußfolgerungen im theoretischen Verständnis des naturwissenschaftlichen Erkenntnisfortschrittes. Er hielt bereits in seinen „Vorlesungen über die Methode des akademischen Studiums“ fest: „Den Bewegungen der äußeren Welt entsprechen nach einem notwendigen Gesetz die stilleren, aber deswegen nicht minder tiefgreifenden Metamorphosen, die in dem Geiste des Menschen selbst vorgehen. Zu glauben, daß die geistigen Veränderungen, die *Revolutionen der Wissenschaften* ... ohne Notwendigkeit seien, und nicht nach einem Gesetz, sondern durch Zufall entstehen, ist die höchste Barbarei.“[45]

Solcher „Barbarei“ haben sich keineswegs nur Wissenschaftslogiker und positivistisch orientierte Wissenschaftshistoriker des 20. Jahrhunderts schuldig gemacht, die meinten, Wissenschaftsentwicklung auf kumulatives Wachstum verifizierbarer bzw. falsifizierbarer Aussagen innerhalb theoretischer Systeme reduzieren zu können. Schellings Kritik trifft im Prinzip selbst noch Hegels Auffassung von der Geschichte der Mathematik und der mathematisierten Naturwissenschaften. Wenn er diese als „eine Sammlung von zufälligen Taten und Begebenheiten“ schilderte,[46] dann mag er zwar für die meisten der zu seiner Zeit verfügbaren und auch für manche der später geschriebenen Geschichten dieser Wissenschaften eine richtige Phänomenbeschreibung gegeben haben. Er selbst hat mit seiner Behandlung der Philosophiegeschichte und mit vielen Bemerkungen zur Begrifflichkeit der Wissenschaften auch die Frage nach einem anderen Ver-

[45] F. W. Schelling, Vorlesungen über die Methode des akademischen Studiums, neu hrsg. v. W. E. Ehrhardt, a. a. O., S. 20.
[46] G. W. F. Hegel, Einleitung in die Geschichte der Philosophie, Berlin 1966, S. 92.

ständnis der Geschichte der Natur und der Naturwissenschaften aufgeworfen.[47] Wenn er schließlich aber doch meinte, daß diese Geschichte Erzählung inhaltlicher Erweiterungen bleiben müsse,[48] dann war dies seinem objektiv-idealistischen philosophischen Ausgangspunkt geschuldet. Der Natur und den mathematisierten Wissenschaften wurde im Rahmen seines Verständnisses einer in der Philosophie zu sich selbst findenden absoluten Idee letztendlich Historizität abgesprochen.

Diese aus dem objektiv-idealistischen Ansatz resultierende Inkonsistenz der Hegelschen Dialektik konnte erst in der Theorie der materialistischen Dialektik konsequent überwunden werden. Marx und Engels konstituierten den philosophischen Materialismus als Natur, Gesellschaft und Denken gleichermaßen umspannende Weltanschauung. Damit waren in der objektiven Realität und in den Widerspiegelungen über die objektive Realität ahistorische Enklaven ausgeschlossen. Geschichte nun als gesetzmäßigen Entwicklungsprozeß zu denken bedeutete, die historische Forschung auf die Erforschung objektiver Entwicklungsgesetze zu orientieren und dabei das theoretische Instrumentarium der materialistischen Dialektik auch methodisch zu nutzen.

Das verlangt in den gegenwärtigen Bemühungen um die Erforschung von Gesetzen der Wissenschaftsentwicklung, die bislang erarbeiteten Ergebnisse internationaler Dialektikforschung zu beachten. Es kann nicht mehr darum gehen, die Existenz von wissenschaftlichen Revolutionen in der Wissenschaftsentwicklung anzuerkennen oder abzulehnen. Vielmehr ist zu klären, *wie* diese qualitativen Sprünge innerhalb eines konkreten Entwicklungsprozesses zu bestimmen sind und ob sie nur innerhalb totalisierender Perspektive der Wissenschaftsforschung oder auch in der Detailforschung bei der Analyse spezifischer Ausschnitte der Theorienentwicklung in mathematisierten Wissenschaften nachweisbar sind. Wenn letzteres zu bejahen ist, dann gilt es, spezielle theoretische und methodische Instrumentarien zur Erforschung der Gesetze solcher wissenschaftlicher Revolutionen zu erarbeiten. All dem dient die nachfolgende Analyse des Szenariums *einer* wissenschaftlichen Revolution. Die in ihren Tendenzen analysierten Diskussionen nichtmarxistischer Theoretiker verweisen auf die Notwendigkeit, die philosophischen Fundamente bei solchen Analysen zu vertiefen.

Es hat sich auch in den Auseinandersetzungen um die Modelle der Wissenschaftsentwicklung gezeigt, daß immer dann, wenn *Entwicklungs*probleme diskutiert werden, letztlich zwei schon von Lenin charakterisierte Konzeptionen aufeinanderstoßen: „Die beiden grundlegenden (oder die beiden möglichen? oder die beiden in der Geschichte zu beobachtenden?) Konzeptionen der Entwicklung (Evolution) sind: Entwicklung als Abnahme und Zunahme, als Wiederholung, *und* Entwicklung als Einheit der Gegensätze (Spaltung des Einheitlichen in einander aus-

[47] Vgl. die Beiträge von H. Ley, H. H. Holz, M. Buhr, T. I. Oiserman, B. M. Kedrov, R. Wahsner, H.-J. Treder, A. I. Wolodin und S. Dietzsch, in: M. Buhr/T. I. Oiserman (Hrsg.), Vom Mute des Erkennens, a. a. O.

[48] Vgl. G. F. W. Hegel, Einleitung in die Geschichte der Philosophie, a. a. O., S. 17.

schließende Gegensätze und das Wechselverhältnis zwischen ihnen)."[49] Während uns die erste (von Lenin als „tot, farblos, trocken" bezeichnete) Konzeption in einigen der wissenschaftstheoretischen Modellen in reiner Form entgegentritt, ist die zweite (als „lebendig" bezeichnet), die allein „den Schlüssel zu den ‚Sprüngen', zum ‚Abbrechen der Allmählichkeit', zum ‚Umschlagen in das Gegenteil'"[50] liefert, nur in Ansätzen in den entsprechenden Modellen erkennbar. Diese Ansätze werden dann durch die dem Neopositivismus geschuldete antidialektische Grundorientierung zumeist sofort wieder gefährdet. — Für uns kommt es darauf an, Entwicklung als „,Kampf' der Gegensätze"[50] zu fassen, einen theoretischen Zugang zur Geschichte zu gewinnen, der es erlaubt, ihre Komplexität einschließlich der Vielfalt ihrer Widersprüche zu rekonstruieren[51].

Zum anderen hatten wir gesehen, wie die nichtmarxistischen Theoretiker sich in immer stärkerem Maße auf die „tiefgreifenden Metamorphosen, die in dem Geiste des Menschen selbst vorgehen", konzentrieren und dabei deren bereits von Schelling vermerkte Entsprechung in „den Bewegungen der äußeren Welt" zunehmend aus dem Auge verlieren. Der materialistische Ansatz gebietet deshalb in erster Linie, die Engelsschen und Leninschen Überlegungen zur *objektiven* Dialektik der Natur in unsere Untersuchungen einzubringen und die Entwicklung der Widerspiegelungen der objektiven Dialektik in den entsprechenden mathematisierten physikalischen Theorien erkenntnistheoretisch als Sekundäres, Abgeleitetes zu betrachten. Das bedeutet, daß unser Ausgangspunkt nicht in wissenschaftssoziologischen und -psychologischen Überlegungen liegen kann. Da wir in Übereinstimmung mit dem vorausgesetzten Modell des philosophischen Verallgemeinerungsprozesses den Wahrheitsgehalt philosophischer Erkenntnisse (also auch den über die objektive Naturdialektik) nur über den Wahrheitsgehalt der jeweils vorausgesetzten fachwissenschaftlichen Erkenntnisse erschließen können, verlangt dieses Vorgehen aus der Genesis des physikalischen Erkenntnisprozesses und der Analyse seiner Resultate die philosophischen Erkenntnisse über die objektive Dialektik zu vertiefen. Dabei ist dann unbedingt die für jeden Erkenntnisprozeß notwendigerweise vorhandene Subjekt-Objekt-Dialektik zu beachten. Sie aber, wie das verschiedentlich versucht wurde, zum Ausgangspunkt materialistischen Herangehens zu machen[52] würde bedeuten, die marxistisch-leninistische Philosophie der Gefahr auszuliefern, sich in Praxis-Philosophie aufzulösen.

Von den Kritikern des Kuhnschen Modells der Wissenschaftsentwicklung ist zu Recht der erstaunliche Fakt festgehalten worden, daß Kuhn zwar dem Phänomen der Akzeptanz einer neuen wissenschaftlichen Theorie und des entsprechen-

[49] W. I. Lenin, Zur Frage der Dialektik, in: Werke, Bd. 38, Berlin 1968, S. 339.

[50] Ebenda.

[51] Vgl. W. Eichhorn I, A. Bauer, Zur Dialektik des Geschichtsprozesses, Berlin 1982.

[52] Vgl. K. Bayertz, Über Begriff und Problem der wissenschaftlichen Revolution, in: K. Bayertz (Hrsg.), Wissenschaftsgeschichte und wissenschaftliche Revolution, a. a. O., S. 23ff.; H.-H. v. Borzeszkowski/R. Wahsner, Über die Notwendigkeit der Philosophie für die Naturwissenschaft, in: Dialektik, Bd. 1, Beiträge zu Philosophie und Wissenschaften, Köln 1980, S. 56—80.

den Paradigmas große Aufmerksamkeit gewidmet hat (wobei auch die vielumstrittenen sozialpsychologischen Faktoren eingebracht wurden), nicht aber dem Entstehungs*prozeß* einer neuen Theorie.[53] Erstaunlich ist dieser Fakt vor allem deshalb, weil Kuhn sich als Historiker große Verdienste bei der Sicherung der Quellen für die Analyse eines solchen Prozesses erworben hat.[54] Nachfolgend soll auf der Grundlage eben dieses Materials der Entstehungsprozeß der nichtrelativistischen Quantenmechanik genauer untersucht werden. Um das Szenarium dieser wissenschaftlichen Revolution in der Retrospektive adäquat zu erfassen, bedarf man anderer philosophisch-weltanschaulicher Voraussetzungen, als sie Kuhn benutzt hat. Dazu ist vor allem die antidialektische Grundhaltung des kritischen Rationalismus aufzugeben, die sich mindestens in Kuhns Wahrheitsauffassung; der metaphysischen Trennung von Subjekt und Objekt der Erkenntnis, der Unterschätzung der Bedeutung der Aktivität des Erkenntnissubjekts einerseits und der Rolle der objektiv vorhandenen Gesetze des Erkenntnisobjektes andererseits; einer letztlich metaphysischen Trennung von Kontinuität und Diskontinuität und der Verabsolutierung der Diskontinuität; der metaphysischen Trennung von Kognitivem und Sozialem und der Verabsolutierung von auf Wissenschaftlergemeinschaften reduzierten sozialen und psychologischen Faktoren; der metaphysischen Trennung von Empirie und Theorie, der Verselbständigung der Theorie und ihrer Begriffe sowie der metaphysischen Trennung von Logischem und Historischem manifestiert[55].

Unsere historischen Untersuchungen setzen dialektisch-materialistische Einsichten voraus, die es noch zu explizieren gilt. In diesem Zusammenhang aber ist zunächst die Problematik von theoretischen und methodischen Voraussetzungen historischer Untersuchungen zu diskutieren. Es geht um die Rolle der systematischen Wissenschaftsforschung für die historische und die Bedeutung der historischen für die systematische. Das aber heißt schließlich, die Frage aufzuwerfen, ob

[53] Vgl. H. Poldrack, Kritische Bemerkungen zu Th. S. Kuhns Theorie der Wissenschaftsentwicklung, in: DZfPh, 2/1981 S. 238.

[54] Dies geschah zur gleichen Zeit, als er seine Überlegungen zur „Struktur wissenschaftlicher Revolutionen" überarbeitet und zum Druck gegeben hat. Es besteht kein Zweifel daran, daß er selbst ebenso wie seine Mitarbeiter am Projekt „Geschichte der theoretischen Physik des 20. Jahrhunderts" der „American Physical Society" und der „American Philosophical Society" damals in Übereinstimmung mit der Mehrzahl der von ihnen interviewten Physiker die Herausbildung der nichtrelativistischen Quantenmechanik als einen revolutionären Einschnitt in der Theoriendynamik der Physik gesehen hat. Vgl. T. S. Kuhn/J. L. Heilbron/P. L. Forman/L. Allen, Sources for History of Quantum Physics. An Inventory and Report, Philadelphia 1967. Kuhn selbst ist gegenwärtig stärker an den wissenschaftsphilosophischen und linguistischen Dimensionen seiner „Inkommensurabilitätsthese" interessiert als an wissenschaftshistorischer Detailarbeit.

[55] Zur Kritik der Antidialektik in der „philosophy of science" siehe: H. Hörz/U. Röseberg (Hrsg.), Materialistische Dialektik in der physikalischen und biologischen Erkenntnis, a. a. O., S. 400—409; H. Poldrack, Historische Hintergründe des „new approach" in der bürgerlichen Wissenschaftsforschung, in: DZfPh, 7/1983, S. 856—860.

und was man aus der Geschichte lernen kann. Wenngleich wir uns dieser Frage in einem sehr speziellen Zusammenhang stellen, muß daraus keineswegs folgen, daß die entsprechende Antwort nur auf diesen einen Fall einzuschränken sei. .

1.4. Möglichkeiten und Grenzen wissenschaftshistorischer Untersuchungen in der systematischen Wissenschaftsforschung

Seit den 60er Jahren sehen sich die in der positivistischen Traditionslinie stehenden Anhänger analytischer und konstruktivistischer wissenschaftstheoretischer Ansätze eines strukturellen Theorieverständnisses gezwungen, vor allem unter dem Druck von Wissenschaftshistorikern, die meist von ähnlichen philosophischen Positionen wie die Systematiker ausgehen, den Problemen der Theoriendynamik verstärkt Aufmerksamkeit zu schenken. Umgekehrt fühlen sich die um theoretische Tiefe besonders bemühten Wissenschaftshistoriker nunmehr ihrerseits durch die methodische Strenge der Wissenschaftstheoretiker herausgefordert. In dieser wechselseitigen Herausforderung liegen die Ursachen der vor allem seit den 70er Jahren besonders intensiv geführten Diskussionen über die Beziehungen von wissenschaftstheoretischer und wissenschaftshistorischer Forschung in der nichtmarxistischen Wissenschaftsforschung. Dabei ist zu beachten, daß dort in positivistischer Tradition philosophisch-weltanschauliche Fragen als prinzipiell eliminierbar gelten und Wissenschaftsphilosophie daher oft unter Wissenschaftstheorie subsumiert wird. Mit dem Rückgang des Einflusses positivistischen Denkens gewinnt auch in den nichtmarxistischen Reflexionen der Wissenschaftsentwicklung Philosophie wieder als systematische Wissenschaftsdisziplin an Bedeutung. Damit stehen dann Wissenschaftsphilosophie, Wissenschaftstheorie und Wissenschaftsgeschichte gegenüber.

Von Wissenschaftshistorikern, -theoretikern und -philosophen wird die Notwendigkeit engeren Zusammenrückens systematischer und historischer Forschungen betont. Es kommt sogar zu programmatischen Forderungen, „Wissenschaftstheorie als Rekonstruktion der Wissenschaftsgeschichte“ zu entwickeln und eine dafür erforderliche „Logik der Prozesse“ zu schaffen.[56] Die Mehrzahl der

[56] E. Oeser, Wissenschaftstheorie als Rekonstruktion der Wissenschaftsgeschichte, Bd. 1, Wien—München 1979, S. 11ff. In beiden Bänden dieses Werkes löst der Autor das im Titel zum Ausdruck gebrachte Programm in Form von Fallstudien für die klassische Mechanik ein. Dabei konstruiert er sein Modell der Wissenschaftsentwicklung nicht im „wissenschaftsgeschichtlichen Vakuum“, sondern weist es als „Abstraktionsprodukt einer geschichtlichen Entwicklung aus“. Er kommt zu der Auffassung, daß auch die entsprechenden „normativen erkenntnistheoretisch-logischen Grundlagen eine geschichtliche Entwicklung aufweisen, die der gesamten Wissenschaftsgeschichte deswegen parallel verläuft, weil sie nicht außerhalb der Wissenschaftsgeschichte, sondern in ihr selbst stattgefunden hat“ (S. 9). Damit plädiert er schließlich für eine „evolutionäre Erkenntnistheorie“.

Theoretiker lehnt aber weiterhin die Vereinheitlichung der theoretischen Ansätze ab. Dies geschieht keineswegs nur aus pragmatischen Gründen der Beibehaltung disziplinär organisierter Wissenschaftsforschung.[57] Obgleich die in Paraphrase zu Kant formulierte These von Lakatos „Wissenschaftsphilosophie ohne Wissenschaftsgeschichte ist leer; Wissenschaftsgeschichte ohne Wissenschaftsphilosophie ist blind"[58] heute unter nichtmarxistischen Wissenschaftsforschern weitestgehend akzeptiert sein dürfte, werfen nach wie vor viele Wissenschaftstheoretiker und -philosophen der Masse der Wissenschaftshistoriker empiristische Theorielosigkeit vor. Diese revanchieren sich dann ihrerseits mit der Kritik, daß die „logischen" oder „rationalen Rekonstruktionen" in rationalistischer Tradition überhaupt nicht oder völlig unzureichend mit der tatsächlichen Geschichte der Wissenschaften konfrontiert seien. Die meisten dieser Vorwürfe erfolgen nicht grundlos.

Die Bandbreite der in der Diskussion vertretenen Meinungen reicht innerhalb der nichtmarxistischen Wissenschaftsforschung von der Reduktion jeglicher systematischer Theorie auf eine Vielzahl historischer Fallstudien, über die Anerkennung der Bedeutung mehr oder minder theoriegeleiteter historischer Fallstudien als Verifikations-, Falsifikations-, Begründungs- oder Beweisverfahren analytisch-deskriptiver bzw. konstruktivistischer systematischer Theorieansätze bis zur völligen Ablehnung dieses methodischen Instrumentariums innerhalb der systematischen Wissenschaftsforschung.[59]

Während die *analytisch-deskriptive* Richtung eher dazu neigt, die bestehende Wissenschaftspraxis zu akzeptieren, und bestenfalls hofft, „daß, langfristig gesehen, so etwas wie eine *Rückkopplung von Wissenschaftstheorie, Spezialwissenschaft und Wissenschaftswissenschaft* stattfindet",[60] tritt die konstruktivistische Richtung in der Regel weitaus unbescheidener auf. So beispielsweise faßt J. Mittelstraß Reorganisation der Wissenschaftspraxis ins Auge, weil man schließlich mittels *normativ-kritischer* Wissenschaftstheorie *Fehlentwicklungen* dieser Praxis diagnosti-

[57] Vgl. H. M. Baumgartner/J. Rüsen (Hrsg.), Geschichte und Theorie, Frankfurt a. M. 1976; A. C. Danto, Analytische Philosophie und Geschichte, Frankfurt a. M. 1974; W. Diederich, Rationale Rekonstruktion der Wissenschaftsgeschichte, in: H. J. Sandkühler (Hrsg.), Die Wissenschaft der Erkenntnis und die Erkenntnis der Wissenschaft, Stuttgart 1978, S. 318—326; J. G. Droysen, Historik, Darmstadt 1967; R. Kosseleck/W. O. Stempel (Hrsg.), Geschichte — Ereignis und Erzählung, München 1973; T. S. Kuhn, Die Entstehung des Neuen. Studien zur Struktur der Wissenschaftsgeschichte, a. a. O., S. 194ff.; H. Lübbe, Geschichtsbegriff und Geschichtsinteresse, Basel 1977; J. Mittelstraß, Rationale Rekonstruktion der Wissenschaftsgeschichte, in: P. Janich (Hrsg.), Wissenschaftstheorie und Wissenschaftsforschung, München 1981; K. Müller/H. Schepers/W. Totok (Hrsg.). Die Bedeutung der Wissenschaftsgeschichte für die Wissenschaftstheorie, Hannover 1977 (Studia Leibnitiana, Sonderheft 6).

[58] I. Lakatos, Die Methodologie der wissenschaftlichen Forschungsprogramme, Braunschweig 1982, S. 108.

[59] Vgl. C. Burrichter (Hrsg.), Grundlegung der historischen Wissenschaftsforschung, a. a. O.; P. Janich (Hrsg.), Wissenschaftstheorie und Wissenschaftsforschung, a. a. O.

[60] W. Stegmüller, Probleme und Resultate der Wissenschaftstheorie und Analytischen Philosophie, Bd. 4/1, Personelle und statistische Wahrscheinlichkeit, Berlin (West)—Heidelberg—New York 1973, S. 15.

zieren und zugleich eine Vorstellung erarbeiten könne, „wie eine Wissenschaftspraxis vernünftig zu organisieren ist".[61] Von einer solchen wissenschaftstheoretischen Position her müssen natürlich Wissenschaftshistoriker wie T. S. Kuhn konservative Denker sein. Sie wollen schließlich Geschichte nur verstehen. Zwar ist für Mittelstraß klar: „Lehren aus der Geschichte haben . . . keinen *handlungsorientierten* Charakter";[62] wenn aber schon Geschichte betrieben wird, dann sollte man auch dabei selbstredend normativ-kritische Maßstäbe, sprich konstruktivistische, anlegen. Das allerdings bringt ebenso wie in der systematischen Forschung Überraschungen mit sich.[63]

So forsch wie die Konstruktivisten gehen keineswegs alle Wissenschaftsforscher zu Werke, die sich gleich ihnen anschicken, die bestehende Wissenschaftspraxis in den kapitalistischen Ländern zu verändern. Manche von ihnen meinen, zukünftig werden „historische Kenntnisse von den Entwicklungsmustern der Wissenschaft ein planmäßiges Handeln in der Wissenschaft erlauben".[64] Eine der Invarianten in allen nichtmarxistischen Debatten aber liegt nach wie vor in der Annahme, daß Geschichte nicht als gesetzmäßiger Entwicklungsprozeß zu fassen sei.[65] Das hat einerseits philosophisch-weltanschauliche Voraussetzungen, welche sich aus dem Ausschluß des marxistisch-leninistischen Geschichtsverständnisses ergeben. Andererseits drücken sich darin methodische Schwierigkeiten der nach wie vor dominant an der Physikentwicklung orientierten Wissenschaftsforschung aus, *Entwicklungsgesetze* mit den Mitteln der Physik zu fassen. Es ist zu erwarten, daß letztere auch im Rahmen nichtmarxistischer Theorieansätze in dem Maße behoben werden können, wie die Physik dazu übergeht, physikalische

61 J. Mittelstraß, Theorie und Empirie, in: C. Burrichter (Hrsg.), Grundlegung der historischen Wissenschaftsforschung, a. a. O., S. 98.

62 Ebenda.

63 Diese lösen ihrerseits entsprechend heftige Debatten aus. Siehe dazu: G. Böhme (Hrsg.), Protophysik. Für und wider eine konstruktive Wissenschaftstheorie in der Physik, Frankfurt a. M. 1976; J. Friedmann, Kritik konstruktivistischer Vernunft, München 1981; K. Lorenz (Hrsg.), Konstruktionen versus Positionen. Beiträge zur Diskussion um die konstruktive Wissenschaftstheorie. 2 Bde., Berlin(West)—New York 1979. Die polemische Schärfe dieser Auseinandersetzungen täuscht darüber hinweg, daß Konstruktivismus und Analytik *gemeinsam* jene sozialökonomisch determinierte Wissenschaftspraxis wissenschafts*theoretisch* zu rechtfertigen haben, die sie reflektieren; ihre wissenschafts*politische* Relevanz scheint mindestens gegenwärtig noch gleichermaßen unbedeutend zu sein.

64 G. Böhme, Kann es theoretische Wissenschaftsgeschichte geben?, in: C. Burrichter (Hrsg.), Grundlegung der historischen Wissenschaftsforschung, S. 108.

65 T. S. Kuhn hält das „Gesetzesmodell einer Theorie der Erklärung" für ein Spezifikum der Naturwissenschaften und lehnt es deshalb für die Wissenschaftsgeschichte strikt ab. (T. S. Kuhn, Die Entstehung des Neuen, Studien zur Struktur der Wissenschaftsgeschichte a. a. O., S. 66.) Die Parallelen zu W. Windelband und H. Rickert liegen auf der Hand. Zu den ideologischen Ursachen und historischen Dimensionen solchen Denkens siehe: M. Buhr/R. Steigerwald, Verzicht auf Fortschritt, Geschichte, Erkenntnis und Wahrheit, Berlin 1981; A. Gedö, Philosophie der Krise, Berlin 1978.

Evolutionstheorien zu entwerfen[66], bzw. wie man die bisherige Dominanz der Orientierung der Wissenschaftsforschung an der Physik durchbricht. In beiden Richtungen gibt es Ansätze. Deshalb sind die philosophisch-weltanschaulichen Voraussetzungen von entscheidender Bedeutung. Diese zu überwinden würde aber bedeuten, die ideologischen Barrieren gegenüber der marxistisch-leninistischen Weltanschauung niederzureißen.

Konsequent dialektisches Denken eröffnet nämlich die Chance, den in den internationalen Diskussionen viel beklagten Teufelskreis gegenseitiger Anschuldigungen der Systematiker und Historiker zu durchbrechen. Dabei hilft jedoch disziplinäres Abwarten sicher nicht weiter. Interdisziplinäre Bemühungen sind keineswegs in jedem Falle notwendigerweise an große Kollektive verschiedenster Spezialisten gebunden. Einmal ausgearbeitet, unterliegen sie ebenso wie auch jeder disziplinäre Ansatz dem weiteren wissenschaftlichen Meinungsstreit. Die Auseinandersetzungen mit nichtmarxistischen Auffassungen hindern nicht, den wissenschaftlichen Meinungsstreit unter Marxisten sowohl im Interesse theoretischer Klarheit als auch praktischer Wirksamkeit der eigenen Überlegungen zu führen.

Die Diskussionen marxistischer Theoretiker über die Beziehungen von Systematik und Geschichte bei der Erforschung von Problemen der Wissenschaftsentwicklung werden über das konkrete Verständnis des Prinzips der dialektischen Einheit von Logischem (Resultat) und Historischem (Prozeß) geführt.[67] Keinem Dialektiker kommt es in den Sinn, das Resultat eines Prozesses in metaphysischer Isolation vom Prozeß zu unterstellen oder den Prozeß ohne seine innere Strukturiertheit zu betrachten, wie man das in den dominant wissenschaftslogisch oder in den dominant wissenschaftshistorischen systematischen Untersuchungen nichtmarxistischer Wissenschaftstheoretiker und -philosophen antrifft, die zudem nicht selten die Ausschließlichkeit ihres jeweiligen theoretischen Ansatzes verkünden.

Obgleich in den Diskussionen unter marxistisch-leninistischen Theoretikern die Wissenschaftsgeschichte nie in Gegensatz zur Behandlung philosophischer Fragen der Wissenschaftsentwicklung gebracht worden ist, spielte die Analyse des *Entstehens* neuer Erkenntnisse in den entsprechenden philosophischen Arbeiten in der Vergangenheit nicht immer eine herausragende Rolle. Während gegenwärtig eher die Gefahr besteht, die Spezifik des Philosophischen allein in Erkenntnis*tätigkeiten* zu sehen, gab es vorher Versuche, Philosophie auf die Interpretation *vorhandener Erkenntnisse* festzulegen. Gebraucht wird beides: die Untersuchung

[66] Vgl. W. Ebeling/R. Feistel, Physik der Selbstorganisation und Evolution, Berlin 1982; G. Nicolis/I. Prigogine, Self-Organization in Non-Equilibrium Systems, New York 1977; I. Prigogine, Vom Sein zum Werden, München 1979.

[67] Vgl. H. Hörz, Marxistische Philosophie und Naturwissenschaften, a. a. O., S. 172—175, 345; H. Hörz/J. Erpenbeck, Philosophie contra Naturwissenschaft? Berlin 1977, S. 62—64; G. Kröber, Zur Einheit von Logischem und Historischem bei der Erfassung der Wissenschaftsentwicklung, in: NTM II (1974); D. Wittich/K. Gößler/K. Wagner, Marxistisch-leninistische Erkenntnistheorie, a. a. O., S. 482—489.

von Erkenntnis*prozessen* ebenso wie die ihrer *Resultate*. Es geht heute um die Synthese von Historischem und Logischem.

Trotz guter Ansätze zur Analyse konkreter Theoriebildungsprozesse, zur Untersuchung der Struktur wissenschaftlicher Theorien und zu Einzelproblemen der genetischen Abfolge und des Vergleichs von Theorien[68] haben die dialektisch-materialistischen Arbeiten noch nicht zur Formulierung von *Gesetzen* der Theorienentwicklung geführt. Was für die Wissenschaftsentwicklung insgesamt noch nicht geleistet werden konnte, ist auch im spezielleren Fall der Theorienentwicklung noch nicht erreicht. Es besteht kein Zweifel daran, daß zur Gewinnung von Gesetzeserkenntnis auch in der marxistisch-leninistischen Wissenschaftsforschung *mehr* erforderlich ist als die Bearbeitung der entsprechenden weltanschaulichen, erkenntnistheoretischen und methodologischen Fragestellungen. Dazu bedarf es sicher interdisziplinärer Arbeit, die den Rahmen von Philosophie und Wissenschaftsgeschichte überschreitet. Deshalb wäre es natürlich auch im Rahmen einer so speziellen Untersuchung wie der vorliegenden verfehlt, aus dem historischen Material Verallgemeinerungen zu erwarten, die Gesetzescharakter haben. Solche Analysen aber scheinen geeignet, um die einzuschlagenden Forschungsstrategien zu diskutieren, die schließlich zu Gesetzeserkenntnis führen können. Auch hier kann es — ausgehend von der konkreten Aufgabenstellung — zunächst nur um die Klärung einiger philosophischer Voraussetzungen gehen. Dazu gehört vor allem die Frage nach den Möglichkeiten und Grenzen wissenschaftshistorischer Untersuchungen innerhalb der systematischen Wissenschaftsforschung.

In diesem Zusammenhang gilt es, einen Vorschlag von D. Wittich zur Klassifikation von Entwicklungsphasen einer wissenschaftlichen Theorie und das damit verbundene erkenntnistheoretisch-methodologische Forschungsprogramm zu diskutieren. Wittich geht davon aus, „daß die bereits bekannten Anfangs-, Zwischen- und Endresultate jeder Theorienontogenese die geradezu ideale Chance bieten, *deduktiv* auf den noch unbekannten Ablauf einer Theorienontogenese schließen zu können".[69] Ihm geht es um die deduktive Bestimmung jener Phasen der Theorienontogenese, „die *notwendig* gegeben sein müssen, wenn nur die vorausgesetzten

[68] Vgl. L. B. Baženov, Stroenie i funkzii estestvennonaučnoj teorii, Moskva 1978; Ė. M. Čudinov, Priroda naučnoj istiny, Moskva 1977; N. Hager, Modelle in der Physik, Berlin 1982; H. Hörz/M. E. Omeljanovskij (Hrsg.), Experiment — Modell — Theorie, Berlin 1982; H. Korch, Die wissenschaftliche Hypothese, Berlin 1972; H. Laitko/R. Bellmann (Hrsg.), Wege des Erkennens, Berlin 1969; E. A. Mamčur, Problema vybora teorii, Moskva 1974; Metodologičeskie principy fiziki, Moskva 1975; H. Parthey/D. Wahl, Die experimentelle Methode in Natur- und Gesellschaftswissenschaften, Berlin 1966; G. I. Ruzavin, Naučnaja teorija logiko-metodologičeskijj analiz, Moskva 1978; V. S. Stepin, Stanovlenie naučnoj teorii, Minsk 1976; M. Strauss, Intertheory Relations in: M. Strauss, Modern Physics and its Philosophy, Dordrecht 1972, S. 105—118, 152—185, 250—272; Fizičeskaja teorija, Moskva 1980; H. Wessel (Hrsg.), Logik und empirische Wissenschaften, Berlin 1977.

[69] D. Wittich, Notwendige und vermeintliche Entwicklungsphasen einer wissenschaftlichen Theorie, in: Wiss. Ztschr. der Karl-Marx-Universität Leipzig, Ges.- und Sprachwiss. R., 2/1981, S. 159.

Anfangs-, Zwischen- und Endresultate jeder Theorienontogenese wie deren zeitliche Abfolge zutreffend erkannt wurden". Das soll die Mühen empirischer Untersuchungen ersparen, ohne den Wahrheitsgehalt der gewonnenen Erkenntnisse zu gefährden. Der Philosophie könnten somit nach Wittichs Überzeugungen „sich ins Uferlose ausweitende empirische Untersuchungen" erspart bleiben. Fraglos wäre eine solche „Bestätigung von deduktiv erreichten theoretischen Behauptungen durch den Entwicklungsgang tatsächlicher Theorien" wirklich „wesentlich ökonomischer" als die ohnehin nur begrenzt aussagefähigen empirischen Fallstudien.[70] Kann man es aber tatsächlich philosophisch mit diesem deduktiven Vorgehen bewenden lassen?

Sicher vermögen die sechs von Wittich ausgemachten notwendigen Phasen der Theorienontogenese in der historischen Forschung heuristisch hilfreich zu sein. Sie können sie aber nicht ersetzen. Schon gar nicht dürfen derartige Strukturen dazu verleiten, wissenschaftshistorische Forschungen innerhalb der Philosophie zu Bestätigungsinstanzen von philosophisch Vorgedachtem zu degradieren. Theoretisch und methodisch kontrollierte Fallstudien vermögen, wie die nachfolgenden Untersuchungen für das Entwicklungsproblem und speziell die Widerspruchsproblematik zeigen werden, sehr wohl einen spezifischen Beitrag für die systematische philosophische Forschung zu erbringen. Den Wert wissenschaftshistorischer Untersuchungen in der systematischen Wissenschaftsforschung anzuerkennen bedeutet nun aber keineswegs, die marxistisch-leninistische Philosophie oder Wissenschaftstheorie auf sich uferlos ausweitende empirische Untersuchungen zu orientieren. Natürlich gilt methodisch auch dabei die notwendige Beschränkung auf das praktisch Machbare und theoretisch Aussichtsreiche. Angesichts des zu erwartenden Aufwandes gilt der Wahl des jeweiligen „Falles" besondere Aufmerksamkeit. Wenn sich das Interesse des an systematischen Fragestellungen interessierten Philosophen mit den Interessen der Wissenschafts- und der Philosophiehistoriker verbinden läßt, so können alle nur gewinnen. Der Wert der entsprechenden historischen Untersuchung hängt wesentlich davon ab, inwiefern es gelingt, den jeweiligen „Fall" wirklich historisch aufzuarbeiten, also Geschichte in ihrer Geschichtlichkeit zu fassen.[71]

[70] Ebenda.

[71] Zu den marxistischen Diskussionen dieses Problems siehe: E. Fabian, Traditionen in der Wissenschaft, in: DZfPh, 2/1981, S. 213—219; M. Guntau, Zu einigen Gesichtspunkten für die Analyse der Herausbildung naturwissenschaftlicher Disziplinen in der Geschichte der Wissenschaft, in: K.-F. Wessel (Hrsg.), Struktur und Prozeß, Berlin 1977, S. 334—351; J. Kuczynski, Prolegomena zu einer Geschichte der Wissenschaften, Berlin 1974; W. Küttler, Voraussetzungen für Gesetzesaussagen in der Dialektik von Ereignis, Struktur und Entwicklung des historischen Prozesses, in: U. Röseberg/K.-F. Wessel/S. Wollgast (Hrsg.), Struktur — Bewegung — Entwicklung (im Druck); S. R. Mikulinskij/N. I. Rodnyj, Wissenschaftsgeschichte und Wissenschaftskunde, in: G. Kröber/H. Steiner (Hrsg.), Wissenschaft, Studien zu ihrer Geschichte, Theorie und Organisation, a. a. O., S. 58ff.; G. Kröber, Wissenschaftsgeschichte und Wissenschaftswissenschaft (Vortrag im Berliner Wissenschaftshistorischen Koloquium am 26. 1. 1977); S. R. Mikulinskij, Sovremennoe sostojanie i teoretičeskie problemy istorii estestvoz-

H. Poldrack hat unter Hinweis auf T. I. Oiserman T. S. Kuhn zu Recht Mangel an „konsequente(m) und wirkliche(m) Historismus" vorgeworfen.[72] Gestützt auf Marx' bekanntes Aperçu, wonach die Anatomie des Menschen der Schlüssel zur Anatomie des Affen ist, betont er gleichzeitig, daß der Standpunkt, von dem aus die Geschichte einer Wissenschaftsdisziplin zu schreiben ist, „zweifelsohne der jeweils fortgeschrittenste Entwicklungsstand einer wissenschaftlichen Disziplin" sein muß, „denn er *ermöglicht* das zu seiner Zeit tiefste und umfassendste Verständnis ihrer Geschichte".[73]

Dieser Ausgangspunkt ermöglicht zweifelsohne das tiefste und umfassendste Verständnis des jeweils *erreichten Erkenntnisfortschritts* und hat damit fraglos seine wissenschaftliche Berechtigung. Ist ein solches Verständnis aber schon identisch mit dem tiefsten und umfassendsten Verständnis der *Geschichte*, des historischen *Prozesses*? Wollte man das annehmen, müßten schließlich Logisches und Historisches zusammenfallen, nicht aber das Historische im Logischen dialektisch aufgehoben sein. Wegen dieser *dialektischen* Beziehung von Historischem und Logischem erfordert „konsequente(r) und wirkliche(r) Historismus" mehr, als nur vom fortgeschrittensten Entwicklungszustand einer wissenschaftlichen Disziplin auszugehen. Er fordert, auf jeder Stufe des historisch zu rekonstruierenden Erkenntnis*prozesses* von den heute bekannten *Resultaten* wieder abzusehen, die *Prozesse* so zu rekonstruieren, wie sie den Zeitgenossen erfahrbar waren, und die jeweiligen Resultate (Ideen, Hypothesen, Modelle, Programme, Theorieansätze, Theorien u. a.) in ihren damaligen Bewertungen zu analysieren.

Im Forschungsprozeß gehen nahezu alle Beteiligten davon aus, daß sie — falls ihre Arbeiten erfolgreich verlaufen — zu Ergebnissen gelangen werden, die vorher objektiv schon festliegen, das „schließlich erreichbare Endergebnis feststeht".[74] In den meisten evolutionstheoretischen Reflexionen des wissenschaftlichen Erkenntnisfortschrittes werden die Unterschiede natürlicher Evolutionen (etwa des Kosmos oder der Lebewesen) zu jener von erkennenden Subjekten gemachten evolutionären Annäherung an die objektive Wahrheit hervorgehoben.[75] Kann man daraus aber schließen, daß dem einen Historizität zugeschrieben, während sie dem anderen abgesprochen werden muß? Ist es wirklich willkürlich, an welchem Punkt wir der Wahrheit eher näher kommen und an welchem später? Lassen sich die Erkenntnisprozesse, welche schließlich zu vorher festliegenden Resultaten

nanija kak nauki, in: Voprosy filosofii, 6/1976; R. Mocek, Thesen zu einer Theorie der Wissenschaftsgeschichte, in: Arbeitsblätter zur Wissenschaftsgeschichte; 1/1977; R. Mocek, Gedanken über die Wissenschaft, Berlin 1980; S. Wollgast, Zum Verhältnis von Wissenschafts- und Philosophiegeschichte, in: Wiss. Ztschr. d. Humboldt-Universität zu Berlin, Ges.-u. Sprachwiss. R., 1/1976, S. 37—42.

72 H. Poldrack, Kritische Bemerkungen zu Th. S. Kuhns Theorie der Wissenschaftsentwicklung, in: DZfPh, 2/1981, S. 241.

73 Ebenda, S. 240.

74 P. Mittelstaedt, Die Sprache der Physik, Mannheim 1972, S. 83.

75 Vgl. F. Hund, Geschichte der Quantentheorie, Mannheim 1975, S. 11/12.

führen, anders kombinieren, als sie historisch abgelaufen sind? Innerhalb welcher Grenzen liegen derartige Modifikationsmöglichkeiten? Welche Rolle spielen hier objektive Zufälle?

Die Antwort auf diese Fragen fallen verschieden aus; sie lassen sich in systematische und historische Argumentationsstrukturen differenzieren. Aber auch die auf den ersten Blick systematisch-strukturellen Argumente, wie etwa das der prinzipiellen Gebundenheit von Erkenntnissen an menschliche Sprache, haben historischen Dimensionen. Bei den gesellschaftlichen Erfahrungen, kulturellen Traditionen, Weltanschauungen, Denkstilen, Weltbildern u. a. sind diese ohnehin unübersehbar. Wer allerdings wie etwa P. Mittelstaedt ausschließlich Strukturanalysen innerhalb des vorhandenen physikalischen Theoriengebäudes betreibt, kann in Verabsolutierung des Logischen zu der Auffassung kommen, der Physik Historizität abzusprechen. Eine der philosophischen Ursachen dafür ist in einer undialektischen Wahrheitsauffassung zu sehen.

T. S. Kuhn stellte deshalb die Frage, ob es für den Forscher wirklich eine Hilfe sei, wenn er sich vorstelle, „daß es eine vollständige, objektive, allein richtige Erklärung der Natur gibt und daß das wahre Maß einer wissenschaftlichen Leistung der Grad ist, in dem sie uns zu dem endgültigen Ziel näherbringt".[76] Er vermochte die Historizität nicht anders denn im Verzicht auf den Wahrheitsbegriff überhaupt zu „retten".

Wir gehen davon aus, daß der *metaphysische* (undialektische) Wahrheitsbegriff durch einen dialektisch-materialistischen zu ersetzen ist, und müssen in diesem Zusammenhang die Frage stellen, ob der in der marxistisch-leninistischen Erkenntnistheorie fixierte Begriff der „absoluten Wahrheit" eine Funktion im Forschungsprozeß hat und wenn ja, welche. Darauf werden wir zurückkommen. Hier gilt es zunächst erst einmal festzuhalten, daß dieser Begriff nicht in metaphysischer Isolation vom Begriff der „relativen Wahrheit" oder als Summe über relative Wahrheiten unterstellt werden darf. Wir haben im Erkenntnisprozeß *nirgends* die Möglichkeit, Erkanntes an die Meßlatte „vollständiger, objektiver und allein richtiger Erklärung der Natur" anzulegen. Deshalb gewinnt Lenins Hinweis fundamentale Bedeutung, daß wir die Leistungen von Persönlichkeiten nicht danach beurteilen, was sie, gemessen an heutigen Erfordernissen und Erkenntnisse, nicht geleistet haben, sondern danach, was sie im Vergleich zu ihren Vorgängern geleistet haben.[77]

Ersichtlicherweise kann aber auch eine solche Orientierung unserer Versuche zur dialektisch- und historisch-materialistischen „Rekonstruktion der Geschichte" nicht auf das bekannte Endresultat verzichten. Wenn es darum geht, die Geschichte der Herausbildung der nichtrelativistischen Quantenmechanik als Entwicklungsprozeß mit den vermuteten Widersprüchen zu rekonstruieren, muß man dort

[76] T. S. Kuhn, Die Struktur wissenschaftlicher Revolutionen, a. a. O., S. 223, 224.

[77] Vgl. W. I. Lenin, Zur Charakteristik der ökonomischen Romantik, in: Werke, Bd. 2, Berlin 1966, S. 180.

ansetzen, wo intensiv an jenen Problemen gearbeitet wurde, welche mit dieser Theorie dann schließlich gelöst werden konnten. Das aber bedeutet Auswahl und Diskussion von entsprechenden Bewertungskriterien.

Wir sollten hier festhalten, daß es mindestens zwei mögliche Grundorientierungen für wissenschaftshistorische Forschungen und Darstellungen gibt und diese Grundorientierungen für spezifische Aufgabenstellungen beliebig weiter auszudifferenzieren sind. Einerseits braucht man Arbeiten zum besseren Verständnis des Erreichten. Diese orientieren sich an den Problemen gegenwärtiger systematischer Forschung auf den entsprechenden Gebieten und sollen dazu beitragen, die *heute* eingesetzten Theorien und Methoden als Entwicklungs*produkte* zu begreifen. Andererseits aber braucht man ein besseres Verständnis der tatsächlichen Geschichte. Nur solche am historischen *Prozeß* orientierten Untersuchungen erlauben, aus der Geschichte wirklich zu lernen, und haben eine heuristische Funktion in der aktuellen systematischen Forschung.

Es besteht kein Mangel an guten Darstellungen der Geschichte der Quantenmechanik vom Standpunkt der Sieger.[78] Das *historische* Verständnis der Herausbildung dieser Theorie aber ist damit noch nicht erreicht. Es gibt Ansätze, die Historizität und damit Entwicklung auch für diesen Bereich deutlich zu machen.[79] Ausbau des Erreichten, philosophische Vertiefung des Verständnisses der Herausbildung der nichtrelativistischen Quantenmechanik und Verallgemeinerung des historischen Materials für die aktuelle philosophische Forschung sind die Ziele unserer Untersuchungen.

Über die jeweilige Orientierung einer wissenschaftshistorischen Untersuchung muß man sich am Beginn des entsprechenden Forschungsprozesses klarwerden. Bei dieser Entscheidung kann es nicht darum gehen, nur das eine oder das andere für richtig zu halten. Gebraucht wird beides, machen aber kann man jeweils nur eins.

[78] B. Cline, Men Who Made a New Physics: Physicist and the Quantum Theory, New York 1969; J. G. Dorfman, Vsemirnaja istorija fiziki s načala XIX do serediny XX vv. Moskva 1979; F. L. Friedman/L. Sartori, Origins of Quantum Physics, Reading 1965; G. Gamow, Thirty Years That Shooks Physics, Garden City—New York 1966; V. Guillemin, The Story of Quantum Mechanics, New York 1968; D. ter Haar, Quantentheorie. Einführung und Originaltexte, Berlin 1970; F. Herneck, Bahnbrecher des Atomzeitalters, Berlin 1965; G. Ludwig, Wellenmechanik. Einführung und Originaltexte, Berlin 1969; B. I. Spasskij, Istorija fiziki, Bd. 2, Moskva 1977; S.-I. Tomonaga, Quantum Mechanics, Bd. 1: Old Quantum Theory, Amsterdam 1962; Bd. 2: New Quantum Theory, Amsterdam 1966; B. L. van der Waerden (Hrsg.), Sources for History of Quantum Physics, Amsterdam 1967.

[79] Hier vor allem die im weiteren oft herangezogenen Arbeiten: F. Hund, Geschichte der Quantentheorie, Mannheim—Wien—Zürich 1979; M. Jammer, The Conceptual Development of Quantum Mechanics, New York 1966. Siehe auch: J. L. Heilbron, A History of the Problem of Atomic Structure from the Discovery of the Electron to the Beginning of Quantum Mechanics, Ann Arbor 1967; J. Mehra, H. Rechenberg, The Historical Development of Quantum Theory, Vol. 1ff., New York—Heidelberg—Berlin (West) 1982ff. Auf entsprechende Detailuntersuchungen wird im Zusammenhang mit dem jeweiligen Problem hinzuweisen sein.

Hat man allerdings einmal den tatsächlichen Verlauf eines historischen Prozesses mit vielen seiner Widersprüche analysiert, dann lassen sich die dabei gefundenen Strukturen schließlich auch in Schemata fixieren. Damit kommt man letztlich zur Darstellung der Linien des Erkenntnisfortschritts. — Fixiert man die historischen Untersuchungen von Anfang an nur auf diese Linien, ist es andererseits jedoch kaum möglich, die tatsächliche Geschichte zu rekonstruieren. Jedes aus diesen Linien ausbrechende Ereignis ist unter diesen Voraussetzungen nur noch als Abweichung vom geraden Weg aufzufassen und wird — mit entsprechenden Wertungen versehen — lediglich zur Verfestigung des gegenwärtigen Erkenntnisstandes beitragen. Damit begibt man sich aller Möglichkeiten, das heuristische Potential der bislang wenig oder gar nicht fruchtbar gewordenen Ansätze für die weitere systematische Forschung zu erschließen. Das aber war der Mangel aller vorher diskutierten Modelle der Theorienentwicklung von Popper über Kuhn bis zu Lakatos und Feyerabend.

Popper kannte lediglich logische Negationen. Kuhn, Stegmüller und Sneed setzen an diese Stelle die Inkommensurabilitätsthese beim Paradigmenwechsel bzw. beim Übergang zu einem neuen Theoriekern innerhalb einer wissenschaftlichen Revolution. Um eine solche These zu mildern oder mindestens partiell aufheben zu können, werden statische und dynamische Strukturvergleiche und entsprechende logische Formalismen benötigt. Lakatos aber schien auch dies noch zu sehr im empiristischen Begründungsdenken verhaftet. Seine „relative Autonomie der theoretischen Wissenschaft“ wurde schließlich zur rationalistisch begründeten absoluten Autonomie und „erledigte“ das Problem der Abweichungen vom geraden Weg mit der Wertung „degenerierendes Forschungsprogramm“. Feyerabend rät schließlich zur Kapitulation der Methodologie, weil letztlich alles zu gehen scheint.

2. Theoretische und methodische Voraussetzungen der philosophischen Analyse physikalischer Theorienentwicklung

Die an der Herausbildung der Quantenmechanik maßgeblich beteiligten Physiker waren keine dialektischen Materialisten. Sie kannten den dialektischen Materialismus, wenn überhaupt, lediglich in einer grob verfälschten Form aus Darstellungen seiner Kritiker. Nur wenige Physiker hatten, wie etwa Einstein, Kontakt zur organisierten Arbeiterbewegung. Kaum einer der führenden Physiker hatte in dem zu betrachtenden Zeitraum Diskussionen mit Vertretern des dialektischen Materialismus. Das änderte sich erst allmählich. In dem Maße, wie der dialektische und historische Materialismus in der Sowjetunion zur theoretischen Grundlage der Weltanschauung vieler Wissenschaftler wurde, waren auch die in Westeuropa tätigen Vertreter der jungen aufstrebenden sowjetischen Physikerschule mit dem philosophischen Denken des Marxismus-Leninismus vertraut.[1] In einigen der noch relativ jungen kommunistischen Parteien Westeuropas, Amerikas und Asiens beschäftigten sich Theoretiker bereits intensiv mit den philosophischen Fragen der Wissenschaftsentwicklung und suchten gemäß dem Leninschen Programm des Bündnisses die Kontakte zu forschenden Naturwissenschaftlern auszubauen. Es kam dazu, daß die an bürgerlichen Universitäten und Akademieinstituten bzw. in anderen Forschungseinrichtungen tätigen Physiker immer wieder auch mit dialektisch-materialistischem Denken konfrontiert wurden. Die marxistisch-leninistische Philosophie hatte aber auf Grund der bestehenden Machtverhältnisse *im* philosophischen Lehrbetrieb *bürgerlicher Bildungseinrichtungen* noch keine Chance. Marxistisch-leninistische Bildung war nur *außerhalb* dieser Einrichtungen zu erwerben.

Entgegen der realen historischen Situation ist unser theoretischer Ausgangspunkt bei der philosophischen Untersuchung des Prozesses der Herausbildung der Quantenmechanik die Position des dialektischen Materialismus. Die folgenden wissenschaftshistorischen Ausführungen haben also philosophische Erkenntnisse zur Voraussetzung, welche im realen historischen Prozeß noch gar nicht wirksam

[1] Vgl. K. Ch. Delokarov, Relativitätstheorie und Materialismus, Berlin 1977; P. S. Dyšlevy/F. M. Kanak, Materialističeskaja filosofija i razvitie estestvoznanija, Kiev 1977, S. 140ff.; L. R. Graham, Dialektischer Materialismus und Naturwissenschaften in der UdSSR, Teil I, Frankfurt a. M. 1974; A. T. Lukjanov, Ot naturfilosofii k soznatelno — dialektičeskomu estestvoznaiju, Kiev 1981.

waren. Dies muß man von Anfang an berücksichtigen, wenn man schließlich nicht auch zu „rationalen Rekonstruktionen der Geschichte“ kommen will, die mit der eigentlichen Geschichte nur noch wenig oder gar nichts mehr zu tun haben. Wir wollen nicht untersuchen, wie die Quantenmechanik vom Standpunkt einer *über* der Physik stehenden Weltanschauung hätte entstehen müssen. Uns geht es nicht um Bestätigung philosophisch vorgeprägter Erwartungen an die Geschichte. Uns interessiert die *Geschichte* der Herausbildung der Quantenmechanik *selbst.* Selbstverständlich gibt es aber auch unter diesen Voraussetzungen keine theoretisch unvoreingenommene Untersuchung des historischen Prozesses.

Alle Fragen, die wir stellen, sind nicht zuletzt von den zugrunde liegenden theoretischen Voraussetzungen abhängig. Der Materialismus unseres Vorgehens verbietet es jedoch, zugleich mit den innerhalb einer philosophischen Theorie formulierten Fragen etwa auch die Antworten vorgeben zu wollen. Wir haben theoretische Erwartungen an die auf unsere Fragen zu erzielenden Antworten. Es würde aber der Wissenschaftlichkeit der vorausgesetzten Philosophie widersprechen, wollten wir die erzielten Untersuchungsergebnisse allein oder in erster Linie an unseren theoretischen Erwartungen messen. Wissenschaftshistorische Analysen verlangen auch die methodische Kontrolle der theoretischen Vorgaben.

Angesichts des für alle historischen Untersuchungen wichtigen Prinzips der dialektischen Einheit von Logischem und Historischem kommt es also darauf an, zunächst die theoretischen Voraussetzungen zu fixieren, von denen ausgehend der konkret historische Prozeß der Herausbildung der Quantenmechanik im weiteren analysiert werden soll. Unser Interesse an diesem Prozeß wird vor allem durch die in diesem Zusammenhang formulierten Fragen der systematischen philosophischen Forschung motiviert.

2.1. Materialistische Dialektik als Theorie, Methode und Methodologie

Wir gehen mit Engels davon aus, daß die *materialistische Dialektik* eine philosophische Theorie objektiver Zusammenhänge ist, die allgemeinste Beziehungen und Gesetze der *Struktur, Veränderung* und *Entwicklung* in Natur, Gesellschaft und im Denken untersucht.[2] Aus der Tatsache, daß sich alles entwickelt, daß die Einheit der Welt in der Materialität eine Einheit sich entwickelnder Objekte ist, wird verschiedentlich die Theorie der Dialektik noch mit der philosophischen Entwicklungstheorie identifiziert. Eine solche Position verkennt aber die Probleme der Dialektik von Struktur und Veränderung. Insbesondere wird die Dialektik für

[2] Vgl. H. Hörz/U. Röseberg (Hrsg.), Materialistische Dialektik in der physikalischen und biologischen Erkenntnis, Berlin 1981; U. Röseberg/K.-F. Wessel/S. Wollgast (Hrsg.), Struktur — Bewegung — Entwicklung (im Druck).

die physikalischen Theorien nicht erst dann relevant, wenn sie bestimmte Züge objektiver Entwicklungen wissenschaftlich abzubilden vermögen, wie das beispielsweise in der Kosmologie und Kosmogonie und neuerdings auch in der Thermodynamik irreversibler Prozesse fernab vom Gleichgewicht der Fall ist.

Lenins im Anschluß an Hegel und Marx gegebene Bestimmungen der Dialektik treffen die Situation weitaus besser als der Versuch, diese philosophische Theorie mit der Entwicklungstheorie zu identifizieren. Für Lenin war die Dialektik „die Lehre, wie die *Gegensätze identisch* sein können und es sind (wie sie es werden)“.[3] Er bestimmte Dialektik „kurz als die Lehre von der Einheit der Gegensätze“ und forderte, diesen „Kern der Dialektik“ zu erläutern und weiterzuentwickeln.[4] Für ihn war „die Dialektik die Erforschung des Widerspruchs *im Wesen der Dinge selbst*“[5] und insofern natürlich auch „die richtige Widerspiegelung der ewigen Entwicklung der Welt“[6].

Da die marxistisch-leninistische Philosophie nicht von der Hegelschen Identität von Denken und Sein ausgeht, kann man die objektive Dialektik und deren Widerspiegelung in der subjektiven Dialektik nicht mit der Dialektik des Erkenntnisprozesses gleichsetzen. Die materialistische Dialektik ist in ihrem Theorieaspekt daher auch als Erkenntnistheorie weiter auszuarbeiten. Sie muß als Methode und Methodologie der Wissenschaften entwickelt werden, was wiederum zugleich von erkenntnistheoretischer Relevanz ist.

Die Ausarbeitung der materialistischen Dialektik als Methode und Methodologie läuft auf der Grundlage der Theorie der Dialektik in erster Linie über die Untersuchung der Dialektik konkreter Erkenntnisprozesse. Auch dabei aber erweist sich eine philosophische Konzeption als zu eng, die Dialektik auf Entwicklung einschränkt. Es müssen neben Theorieentwicklungsprozessen die Phasen kumulativen Wachstums der Erkenntnisse und die strukturellen Aspekte im System wissenschaftlicher Erkenntnisse in der Vielfalt ihrer dialektischen Beziehungen analysiert werden. Es gilt, die Bindeglieder zwischen dem Experiment und der Theorie zu untersuchen.[7] Die Beziehungen innerhalb des wissenschaftlichen Methodengefüges harren vertiefter philosophischer Analyse. Für solche Untersuchungen benötigt man die Dialektik als philosophische Theorie von Struktur-, Bewegungs- und Entwicklungszusammenhängen.

Da im Mittelpunkt der folgenden wissenschaftshistorischen Analyse ein konkreter Theorieentwicklungsprozeß der Physik stehen soll, ist die Frage zu beantworten, ob die dialektisch-materialistische Entwicklungstheorie eine ausreichende

[3] W. I. Lenin, Philosophische Hefte, in: Werke, Bd. 38, Berlin 1968, S. 99.
[4] Ebenda, S. 214.
[5] Ebenda, S. 240.
[6] Ebenda, S. 100.
[7] Vgl. H. Hörz/M. E. Omeljanovski (Hrsg.), Experiment — Modell — Theorie, Berlin 1982.

Basis zur Erklärung des wissenschaftlichen Erkenntnisfortschritts ist. Es geht letztlich um die Frage, ob man beim Prozeß der immer beseren Annäherung an die objektive Wahrheit über eine Folge von Theorien philosophisch berechtigt von einem *Entwicklungs*prozeß sprechen kann. Nur wenn dies der Fall ist, kann man das Material realer wissenschaftlicher Theorienentwicklung auch tatsächlich nutzen, um die dialektisch-materialistische Entwicklungstheorie weiter zu präzisieren.

Mit H. Hörz läßt sich die von den Klassikern ausgearbeitete philosophische Entwicklungskonzeption so zusammenfassen, daß als *Entwicklung* der Übergang von einer Ausgangsqualität zu einer höheren Qualität bestimmt wird. Dieser Prozeß vollzieht sich durch quantitative und qualitative Veränderungen im Rahmen der alten Qualität. Dabei sind objektive Widersprüche die Quelle der Entwicklung, deren Richtung durch die dialektische Negation der Negation bestimmt wird. Entwicklung ist in der Tendenz Höherentwicklung.[8]

W. I. Lenin hat in dem Fragment „Zur Frage der Dialektik“ unter anderem die Aufgabe gestellt, anhand der Geschichte der Wissenschaft zu überprüfen, ob dialektische Widersprüche auch die Quelle der Erkenntnis sind. Er schrieb in diesem Zusammenhang: „Spaltung des Einheitlichen und Erkenntnis seiner widersprechenden Bestandteile . . . ist das *Wesen* (eine der ‚Wesenheiten‘, eine der grundlegenden, wenn nicht die grundlegende Besonderheit oder Seite) der Dialektik.“[9] Um der Leninschen Aufgabenstellung in konkreten historischen Untersuchungen zu genügen, muß man von einem theoretisch fixierten Widerspruchsbegriff ausgehen und für weitere kategoriale Vertiefungen dieses zentralen Begriffes der Theorie, Methode und Methodologie der materialistischen Dialektik offen sein.

Wir wollen den dialektischen Widerspruch zunächst als Einheit koexistierender, einander bedingender, bestimmender, ausschließender und widerstreitender Gegensätze fassen. Dieser vorläufigen theoretischen Fixierung des Begriffes, seiner weiteren Präzisierung und Entwicklung aber stehen erhebliche Schwierigkeiten gegenüber. Das liegt zum einen an den umgangssprachlich generell gegen den Widerspruchsbegriff erhobenen Vorbehalten des „Alltagsdenkens“[10] und den Einwänden der Logik gegen etwaige Duldung logisch widersprüchlicher Aus-

[8] Vgl. Autorenkollektiv unter Leitung von W. Eichhorn I, Marxistisch-leninistische Philosophie, Berlin 1979, S. 184—188, 199; H. Hörz, Natürliche Evolution und philosophische Entwicklungstheorie, in: DZfPh, 6/1978, S. 726—736; H. Hörz/K.-F. Wessel, Philosophische Entwicklungstheorie — Weltanschauliche, erkenntnistheoretische und methodologische Probleme der Naturwissenschaften, Berlin 1983.

[9] W. I. Lenin, Philosophische Hefte, in: Werke, Bd. 38, a. a. O., S. 338.

[10] Vgl. H. Horstmann, Alltagsdenken und Widerspruchserkenntnis, in: DZfPh, 3/1979, S. 313 bis 324.

sagen.[11] Zum anderen wird dies durch die damit zusammenhängende Intensität des philosophischen Meinungsstreits zum Begriff des dialektischen Widerspruchs und seiner Beziehung zum logischen Widerspruch erschwert.[12]

2.2. Philosophischer Widerspruchsbegriff und Sprache der Philosophie

Die umgangssprachlich gegen den Widerspruchsbegriff formulierten Einwände des „Alltagsdenkens" und die Einwände der Logik sind verbunden mit der Funktion von Sprache und Denken im gesellschaftlichen Kommunikationsprozeß. Zu den Forderungen, die die Sprache mindestens in der Kommunikation von Produzenten erfüllen muß, gehört die nach Ausschluß des logischen Widerspruchs.[13] Entsprechend der traditionellen formalen Logik kann, wie bereits Aristoteles hervorhob, unter gleichen Bedingungen nicht eine Aussage *a* und zugleich deren logische Negation $\bar{a}$ gelten. In einer Sprache, in der solche Konjunktionen (logische Widersprüche) prinzipiell zugelassen wären, könnte man sich nicht mehr ohne weiteres eindeutig über die außersprachliche Wirklichkeit verständigen. Es wäre in einer derartigen Sprache auch kaum möglich, sich über die zur Erreichung von Zielvorstellungen notwendigen Handlungen zu einigen. Deshalb könnte diese Sprache

[11] Nahezu in der gesamten wissenschaftslogischen Literatur wird die Forderung nach Ausschluß *des* Widerspruchs als ein Gebot der Wissenschaftlichkeit betrachtet. Dabei unterstellen Antidialektiker analytischer und konstruktivistischer Richtungen letztlich Identität von logischem und dialektischem Widerspruch. Mit der Forderung nach Ausschluß logischer Widersprüche „rechtfertigen" sie dann ihre Ablehnung gegenüber einer als „Mystik" verteufelten Dialektik. Möglicherweise werden darüber hinaus noch pseudodialektische Logikkonstrukte angeführt, um die eigene Dialektikignoranz zu rechtfertigen. In Auseinandersetzung mit solchen Positionen gilt es, innerhalb der marxistisch-leninistischen Philosophie die komplizierten Probleme der Beziehungen von dialektischen und logischen Widersprüchen konstruktiv anzugehen.

[12] Vgl. Ž. M. Abdil'din (Hrsg.), Princip protivorečija v sovremennoj nauke, Alma-Ata 1975; V. F. Berkov, Protivorečija v nauke, Minsk 1980; H. Horstmann, Widerspruch, Bewegung, Entwicklung, in: DZfPh, 3/1983, S. 261—273; G. Klimaszewsky (Hrsg.), Weltanschauliche und methodologische Probleme der materialistischen Dialektik, Berlin 1976; P. A. Ležebokov, Dialektičeskoe protivorečie kak zakon poznanija, Moskva 1981; E. Marquit/P. Moran/W. H. Truitt (Hrsg.), Dialectical Contradictions: Contemporary Marxist Discussions, Minneapolis 1982; I. S. Narski, Dialektischer Widerspruch und Erkenntnislogik, Berlin 1973; Dialektičeskoe protivorečie, Moskva 1979; Protivorečija v razvitii estestvoznanija, Moskva 1965; J. Zelený, Die Wissenschaftslogik bei Marx und „Das Kapital", Berlin 1968. Zu den historischen Dimensionen des Problems siehe: Friedrich Engels über die Dialektik der Naturwissenschaft. Texte zusammengestellt und herausgegeben von B. M. Kedrow, Berlin 1979; Geschichte der Dialektik. 14.—18. Jahrhundert, Berlin 1979; Geschichte der marxistischen Dialektik. Die Leninsche Etappe, Berlin 1976; Geschichte der marxistischen Dialektik. Von der Entstehung des Marxismus bis zur Leninschen Etappe, Berlin 1975.

[13] Vgl. H. Wessel, Logik und Philosophie, Berlin 1976, S. 76.

weder die kommunikative Basis für den gesellschaftlichen Arbeitsprozeß sein, noch wäre sie als Sprache einer Wissenschaft tauglich, die Gesetze der objektiven Realität erforscht. Daß aber selbst mit der Forderung nach Ausschluß des logischen Widerspruchs in der Kommunikation und in der Wissenschaftsentwicklung immer wieder Situationen eintreten, in denen sowohl *a* als auch $\bar{a}$ „gelten“, macht uns auf ein Problem aufmerksam, dem wir im weiteren unsere Aufmerksamkeit widmen wollen. Zunächst haben wir es vor allem mit der Schwierigkeit zu tun, jenen für die materialistische Dialektik so wichtigen Begriff des dialektischen Widerspruchs zu fixieren.

Mit der Forderung nach Ausschluß logischer Widersprüche in wissenschaftlichen Theorien liegt zweifelsohne noch keine positive Bestimmung des Begriffs dialektischer Widersprüche vor. Unabhängig davon, wie eine solche Bestimmung im einzelnen erfolgt, geht es immer darum, diesen Begriff sprachlich zu erfassen. Deshalb erhebt sich im philosophischen Meinungsstreit zum Begriff des dialektischen Widerspruchs und seiner Beziehung zum logischen Widerspruch zunächst die Frage nach der Spezifik der Sprache der Philosophie. Man muß sich fragen, ob die Sprache der Philosophie, die nicht nur die Zulässigkeit, sondern sogar die Notwendigkeit von Widersprüchen ausdrücken soll, *prinzipiell* von *allen anderen* Wissenschaftssprachen und der Umgangssprache verschieden sein muß oder ob es einen solchen prinzipiellen Unterschied nicht geben kann.

Geht man davon aus, daß die Sprache der Philosophie von allen übrigen Sprachen prinzipiell unterschieden ist, so folgen daraus erhebliche Probleme für das Verständnis der Beziehungen der Philosophie zu den anderen Wissenschaften und zur gesellschaftlichen Praxis. Unter dieser Voraussetzung ist es nämlich konsequent, wenn man mit Hegel die Philosophie in jenen „stillen Räumen des zu sich selbst gekommenen Bewußtseins und nur in sich seienden Denkens“ ansiedelt, in denen „die Interessen, welche das Leben der Völker und der Individuen bewegen“, schweigen.[14] Das philosophische Denken wird damit in erster Linie durch den Unterschied charakterisiert, den es sowohl zu allen anderen Wissenschaften als auch zum „Alltagsdenken“ besitzt. In aller Ruhe kann man nun die Auffassung von der Philosophie als der „Wissenschaft der Wissenschaften“ kultivieren und mit jener verschiedentlich bei Hegel bereits anzutreffenden Geringschätzung auf die Mathematik und die Erfahrungswissenschaften herabblicken, welche sich der Mathematik bedienen.[15] Von untergeordneter Bedeutung bleibt, wie man das philosophische Denken positiv bestimmt. Ob man sich dazu des durch Marx materialistisch gewendeten Totalitätsbegriffes bedient, Hegels Begriff der Konkretion in den Mittelpunkt der Betrachtungen stellt oder einen anderen theoretischen Zugang zum Wesen der Philosophie findet, immer kann man sich der

[14] G. W. F. Hegel, Wissenschaft der Logik, Erster Teil, Berlin 1971, S. 12.

[15] Auf die damit zusammenhängenden Inkonsequenzen innerhalb des Hegelschen Denkens ist Narski ausführlich eingegangen. Siehe dazu: I. S. Narski, Dialektischer Widerspruch und Erkenntnislogik, a. a. O., S. 83ff., 197ff.

Sache nach in der Hoffnung wiegen, philosophische Probleme ausschließlich philosophieintern zu klären.

Ein solches Vorgehen legt auch den Gedanken nahe, den Begriff des dialektischen Widerspruchs endgültig zu fixieren. Wird das praktisch versucht, verstößt man mindestens an dieser Stelle gegen die Dialektik selbst. In Verallgemeinerung des bisherigen philosophischen Erkenntnisfortschritts ist vielmehr davon auszugehen, daß auch für die philosophischen Begriffe gilt, was Lenin für die Annäherung wissenschaftlicher Erkenntnisse an die objektive Wahrheit generell formuliert hat.

Die Annäherung der Erkenntnis an die objektive Wahrheit, des Denkens an das Objekt muß als ein zutiefst dialektischer Prozeß verstanden werden. Jede in diesem Prozeß auch wieder dialektisch aufzuhebende relative Wahrheit enthält zugleich ein Moment der absoluten Wahrheit. Im Erkenntnisfortschritt kommen wir der objektiven Wahrheit über eine Folge relativer Wahrheiten näher und erfassen dabei die Momente der absoluten Wahrheit immer besser. Nichts bleibt unserer Erkenntnis prinzipiell verborgen, niemals aber haben wir es im realen Erkenntnisprozeß allein mit der absoluten Wahrheit zu tun.[16] Daß davon für Lenin auch der philosophische Erkenntnisfortschritt nicht ausgeschlossen war, belegen mehrere seiner Äußerungen, die er in den „Philosophischen Heften" im Anschluß an das Studium philosophischer Texte von Hegel gemacht hat. Dort heißt es beispielsweise: „Die Abbildung der Bewegung durch das Denken ist immer eine Vergröberung, ein Abtöten . . . und nicht nur die Abbildung der Bewegung, sondern auch die *jedes* Begriffes."[17] Lenin hat dies mit dem *Wesen* der Dialektik in Zusammenhang gebracht. Auch für die Dialektik des Erkenntnisprozesses war das für ihn durch die Formel „Einheit, Identität der Gegensätze"[18] charakterisiert. Jener Begriff, der diese „Einheit, Identität der Gegensätze" philosophisch ausdrücken soll, der des dialektischen Widerspruchs, darf nun selbst bestimmt nicht metaphysisch ein für allemal festgeschrieben werden! So kann man nur denken, wenn man die Philosophie von allen anderen Wissenschaften isoliert und damit aufhört, die Möglichkeit weiteren philosophischen Erkenntnisfortschritts philosophisch zu reflektieren.

Geht man, was im weiteren unterstellt wird, davon aus, daß die Sprache der Philosophie zwar die spezifische Sprache einer relativ eigenständigen Wissenschaft ist, sich aber nicht prinzipiell von allen anderen Sprachen unterscheidet, dann erscheint das philosophische Denken nicht mehr in einer solchen Isolation vom Denken der anderen Wissenschaften und vom „Alltagsdenken". Das philosophische Denken hat unter dieser Voraussetzung mit den anderen Wissenschaften auch jenen von Marx hervorgehobenen Unterschied zum Denken außerhalb der

[16] Vgl. W. I. Lenin, Materialismus und Empiriokritizismus, in: Werke, Bd. 14, Berlin 1968, S. 126ff.

[17] W. I. Lenin, Philosophische Hefte, in: Werke, Bd. 38, a. a. O., S. 246.

[18] Ebenda.

Wissenschaften gemeinsam, daß es auf das Wesen der Dinge und Prozesse gerichtet ist und nicht bei ihren Erscheinungen stehenbleibt.[19] Seine Spezifik findet ihren Ausdruck vor allem darin, daß philosophisches Denken in Gestalt der marxistisch-leninistischen Philosophie auf die theoretisch fundierte Beantwortung der weltanschaulichen Fragen nach dem Ursprung und der Struktur der Welt, der Quelle des Wissens, der Stellung des Menschen in der Welt, dem Charakter des gesellschaftlichen Fortschritts und dem Sinn des Lebens gerichtet ist und die materialistische Dialektik dabei als ihre unabdingbare theoretische Voraussetzung erkennt. Eine solche Position bietet der Hoffnung auf ausschließlich philosophieinterne Lösung philosophischer Probleme keinen Raum mehr. Sie verbietet auch Versuche endgültiger metaphysischer Festschreibungen des philosophischen Widerspruchsbegriffs. Das heißt aber nicht, daß man etwa darauf verzichten solle oder könne, zu fixieren, was beim gegenwärtigen philosophischen Erkenntnisstand unter einem dialektischen Widerspruch zu verstehen und wie ein solcher Widerspruch sprachlich auszudrücken ist. Um zu der für die weitere Untersuchung erforderlichen begrifflichen Klarheit zu kommen, muß man, ausgehend von Hegels Widerspruchsauffassung, die Problemsicht der Klassiker der marxistisch-leninistischen Philosophie einbringen. Auf dieser Grundlage kann dann jener theoretische und methodische Ansatz eingeführt werden, den es im weiteren am konkreten wissenschaftshistorischen Material genauer zu verfolgen gilt.

Hegel sah im dialektischen Widerspruch „das Prinzip aller Selbstbewegung".[20] Er forderte, die von den alten Dialektikern ausgemachten Widersprüche der Bewegung zuzugeben, ohne deshalb Bewegung zu leugnen. Für ihn war „Bewegung der *daseiende* Widerspruch selbst".[21] Er kritisierte Kant, der die Antinomien der reinen Vernunft aufzulösen versucht hatte und damit nicht bis zum Kern der Dialektik vorgestoßen war. Kant hatte nach Hegel zwar „die *Objektivität des Scheins* und *Notwendigkeit des Widerspruchs*, der zur Natur der Denkbestimmungen gehört", aufgezeigt, blieb aber bei der „abstrakt-negativen Seite des Dialektischen" stehen.[22] Die heuristische Kraft der Dialektik, das „Spekulative", kam für Hegel erst darin zum Tragen, daß man das Dialektische „in dem Fassen des Entgegengesetzten in seiner Einheit oder des Positiven im Negativen" bestimmt[23].

Zur Begriffsbestimmung des *dialektischen Widerspruchs* gelangte Hegel über die Bestimmung *Identität, Unterschied, Verschiedenheit* und *Gegensatz*. Zuerst, als einfache Beziehung auf sich selbst, war das Wesen für Hegel reine Identität. Danach, als eigentliche Bestimmung des Wesens, betrachtete er den Unterschied

[19] „Alle Wissenschaft wäre überflüssig, wenn die Erscheinungsform und das Wesen der Dinge unmittelbar zusammenfielen", schrieb K. Marx (Das Kapital, Dritter Band in: MEW, Bd. 25, Berlin 1964, S. 825).

[20] G. W. F. Hegel, Wissenschaft der Logik, Zweiter Teil, Berlin 1971, S. 59.

[21] Ebenda.

[22] G. W. F. Hegel, Wissenschaft der Logik, Erster Teil, a. a. O., S. 38.

[23] Ebenda. Siehe dazu auch K. Bal, Bemerkungen zur Negativität und ihren Grenzen bei Hegel, in: M. Buhr, T. I. Oiserman (Hrsg.), Vom Mute des Erkennens, Berlin 1981, S. 248—250.

als Verschiedenheit oder Gegensatz. Während der Unterschied als Verschiedenheit überhaupt seine beiden Seiten als auseinanderfallende Momente fixiere, enthalte der Gegensatz den Unterschied insofern, als hier die entgegengesetzten Seiten Momente einer Sache sind. Diese Momente wurden aber zugleich auch in ihrer Selbständigkeit und inneren Strukturiertheit unterstellt. Hegel bestimmte nun den dialektischen Widerspruch zwar über die Einheit der Gegensätze in den *Begriffs*bestimmungen, behauptete aber unter der Voraussetzung der Identität von Denken und Sein zugleich auch, daß die Widersprüche den Dingen selbst zukommen: „*Alle Dinge sind sich selbst widersprechend.*"[24] Nur damit war die Selbstbewegung der Dinge theoretisch zu fassen. Die sich verändernden Dinge enthalten „den Widerspruch in sich" und haben die Kraft, „den Widerspruch in sich zu fassen und auszuhalten".[25] Andernfalls gehen sie am Widerspruch zugrunde.

Mit dieser theoretischen Bestimmung war auch die dialektische Denkweise sehr deutlich von der metaphysischen abgehoben, waren dialektische und metaphysische Methode klar getrennt.[26] Metaphysisches Denken vermag, im Gegensatz zum dialektischen, Bewegung nicht als Selbstbewegung, nicht als daseienden Widerspruch selbst zu denken, und schon gar nicht, den Widerspruch in den sich verändernden Dingen auszuhalten. Es läßt die Dinge an den in ihnen existierenden Widersprüchen zugrunde gehen, weil es Widersprüche nicht als Quelle von Entwicklung begreifen kann.

Während Marx und Engels die gegen das metaphysische Denken gerichteten Intentionen der Hegelschen Philosophie aufgriffen, wandten sie sich bekanntlich zugleich gegen die idealistische Basis dieser Philosophie. Dazu mußten sie auch die Hegelsche Identität von Denken und Sein attackieren und eine materialistische Problemsicht für den dialektischen Widerspruch entwickeln. Marx schrieb bereits in seiner „Kritik der Hegelschen Rechtsphilosophie": „Hegels Hauptfehler besteht darin, daß er *den Widerspruch der Erscheinung* als *Einheit im Wesen, in der Idee faßt*, während er allerdings ein Tieferes zu seinem Wesen hat, nämlich einen *wesentlichen Widerspruch* . . ."[27] Für den dialektischen Materialismus sind die Widersprüche in der objektiven Realität nicht wie im objektiven Idealismus Hegels erscheinende Widersprüche von wesentlichen Widersprüchen des Bewußtseins, sondern sie selbst gehören zum Wesen der objektiv-realen Erscheinungen. Solche Widersprüche gibt es nach Marx und Engels in Natur, Gesellschaft und im Denken. Von den objektiven Widersprüchen in allen Bereichen der Wirklichkeit aber kann man nur über deren Widerspiegelung im Bewußtsein etwas erfahren. Deshalb bedarf es, wie beispielsweise im Marxschen „Kapital" für die Gesellschaft, in Engels „Dialektik der Natur" für die Natur und in Lenins „Philosophischen Hef-

[24] G. W. F. Hegel, Wissenschaft der Logik, Zweiter Teil, a. a. O., S. 58.
[25] Ebenda, S. 59.
[26] Siehe dazu: H. Horstmann, Studien zur metaphysischen und dialektisch-materialistischen Denkweise, Berlin 1977; W. Segeth, Materialistische Dialektik als Methode, Berlin 1977.
[27] K. Marx, Zur Kritik der Hegelschen Rechtsphilosophie, in: MEW, Bd. 1, Berlin 1978, S. 295f.

ten“ für den Erkenntnisprozeß gezeigt wurde, auch für diese einzelnen Bereiche sehr spezifischer philosophischer Untersuchungen, um deren objektive dialektische Widersprüche dem jeweiligen einzelwissenschaftlichen Erkenntnisstand entsprechend aufzuzeigen.

In Marx' Analyse des Bewegungsgesetzes des Kapitalismus erwies sich schon der Widerspruch der Warenproduktion als ein solcher, der in Keimform alle anderen Widersprüche dieser Gesellschaft mit enthält. Es zeigte sich aber zugleich, daß die anderen Widersprüche aus diesem elementaren Widerspruch nicht einfach „abzuleiten“ sind. Die Forschung muß sich die *Vielfalt* objektiver Widersprüche des Objektbereichs im Detail aneignen. In der Philosophie hat man trotz der Vielfalt und der Spezifik der Widersprüche in den einzelnen Bereichen (Natur, Gesellschaft, Denken) das Gemeinsame im Wesen und in der Struktur aller dialektischen Widersprüche hervorzuheben.

Hegel sah das Wesen des dialektischen Widerspruchs in der Einheit und Entgegensetzung begrifflicher Bestimmungen. Er charakterisierte ihn als eine Beziehung gegensätzlicher Momente, die man in ihrer Dynamik zu erfassen hat. These und Antithese sollten schließlich in der Synthese aufgehoben werden. Mit dem Widerspruch sah er Bewegung gesetzt. Mit der Lösung des Widerspruchs sollte zugleich ein neuer entstehen. Marx kritisierte Hegel, der in seinen Bemerkungen über die Widersprüche des Seins praktisch versucht hatte, reale Gegensätze zu vertuschen; er kritisierte Proudhon, der versucht hatte, reale Gegensätze miteinander auszusöhnen.

Marx unterschied Gegensätze als Gegensätze der Existenz und Gegensätze im Wesen. Die ersten sind Gegensätze mit einem einheitlichen Wesen (Nord- und Südpol als die beiden Pole *eines* Magneten). Die zweiten sind Gegensätze, welche im Prozeß ihrer Entwicklung zu anderen Wesen werden. Die Entwicklung solcher Gegensätze führt zu wirklichen Extremen, d. h. nicht vermittelbaren Extremen, welche einen kompromißlosen Kampf austragen.

Engels' These von der dialektischen Widersprüchlichkeit der Natur ist Ausdruck eines philosophischen Naturverständnisses, das die Welt nicht als einen Komplex fertiger Dinge nimmt, sondern als einen Komplex von Prozessen. In diesem dialektischen Naturverständnis ist zwar auch noch Platz für die Dualität polarer Gegensätze. Die Behauptung von der Existenz objektiver dialektischer Widersprüche in der Natur führt aber nicht zu der Vorstellung von einer Aufspaltung der Natur in die Dualität entgegengesetzter Seiten. Naturwissenschaftlich festgestellte Dualität scheinbar unvermittelter entgegengesetzter Seiten muß philosophisch untersucht werden. Dabei kann eine solche Untersuchung die Dualität als spezifischen Ausdruck eines dialektischen Widerspruchs ausweisen, nämlich genau dann, wenn die scheinbar unvermittelt entgegengesetzten Seiten in Wirklichkeit eine objektiv existierende Einheit *wechselwirkender* Gegensätze darstellen.

Im Unterschied zu Hegels Bestimmung des dialektischen Widerspruchs muß man nach Marx die Einheit der objektiv existierenden, miteinander wechselwirkenden, sich also gegenseitig bedingenden und bestimmenden Gegensätze in der objektiven Realität hervorheben. Dabei ist zu berücksichtigen, daß kein Widerspruch isoliert existiert, sondern immer eingebettet ist in ein kompliziert strukturiertes Gefüge von Zusammenhängen mit verschiedenen Zusammenhangsformen (dialektischer Determinismus).[28]

In der marxistisch-leninistischen Philosophie wird der dialektische Widerspruch verkürzt als „Einheit und Kampf der Gegensätze" bestimmt. Dabei meint „Einheit" die wechselseitige Bedingtheit und Bestimmtheit der Gegensätze und „Kampf" deren Wechselwirkung, die mit der Aufhebung des Widerspruchs oder seiner Neusetzung enden kann. Der dialektische Materialismus hält am Hegelschen Gedanken fest, daß der dialektische Widerspruch auch dialektisch widersprüchlich formuliert wird. Marx konstatierte, „daß das Paradoxon der Wirklichkeit sich auch in Sprachparadoxen ausgedrückt".[29] Er identifizierte aber Sprachparadoxa nicht mit dialektischen Widersprüchen.

Neben Formulierungen, in denen Hegel über die dialektisch verstandene Triade „These—Antithese—Synthese" zum Widerspruch vorstieß, finden sich bei ihm solche, auch verschiedentlich von den Klassikern der marxistisch-leninistischen Philosophie übernommene Formulierungen, in denen der dialektische Widerspruch in der Form einer Konjunktion von These und deren Antithese gefaßt wurde. So heißt es beispielsweise in der „Wissenschaft der Logik" zum Widerspruch der Bewegung: „Es bewegt sich etwas nur, nicht indem es in diesem Jetzt hier ist und in einem anderen Jetzt dort, sondern indem es in einem und demselben Jetzt hier und nicht hier, indem es in diesem Hier zugleich ist und nicht ist."[30] An anderer Stelle hat Hegel seine Lösung der Zenonschen Aporien in dem Satz zusammengefaßt: „Bewegen heißt aber: an diesem Ort sein und zugleich nicht."[31] Derartige Sätze weisen vor allem auf ein Problem hin. Sie sind noch nicht *die* adäquate Fassung eines objektiven dialektischen Widerspruchs. Als Zusammenfassung der durchlaufenen Triade „These—Antithese—Synthese" bedürfen sie stets der Interpretation. Diese ist nicht zeitlos und hängt vom jeweiligen Erkenntnisstand der Physik und der Mathematik bzw. jener anderen Wissenschaften ab, die sich den entsprechenden dialektischen Widersprüchen mit ihren spezifischen Mitteln annähern.

Unter der Voraussetzung, daß sich die Philosophie keiner prinzipiell von allen anderen Sprachen unterschiedenen Sprache bedient, können wir in derartigen Aussagen das die These („hier", „an diesem Ort sein") mit der Antithese („nicht hier", „nicht an diesem Ort sein") verbindende Wörtchen „und" nicht als Operator einer speziellen „Dialektiksprache" verstehen, in der es verboten ist, These und

[28] Siehe dazu: I. A. Akčurin/M. F. Vedenov/J. V. Sačkov, Dialektičeskaja protivorečivost' razvitija sovremennogo estestvoznanija, in: Materialističeskaja dialektika i metody estestvennych nauk, Moskva 1968, S. 43—69; H. Ley/H. Hörz/R. Löther (Hrsg.), Quo vadis, universum? Berlin 1965.

[29] K. Marx, Theorien über den Mehrwert, Dritter Teil in: MEW, Bd. 26. 3, Berlin 1968, S. 134.

[30] G. W. F. Hegel, Wissenschaft der Logik, Zweiter Teil, a. a. O., S. 59.

[31] G. W. F. Hegel, Vorlesungen über die Geschichte der Philosophie, Bd. 1, Leipzig 1971, S. 417.

Antithese auch als isolierte Aussagen zu betrachten. Wir können deshalb dann auch nicht festlegen, daß dieses „und" in den genannten Hegelschen Sätzen im Unterschied zum „und" in der Sprache aller anderen Wissenschaften eine nicht auflösbare Verbindung bezeichnet, die lediglich der äußeren Form nach als These und Antithese erscheint. Es bleibt folglich nichts anderes übrig, als das „und" auch in Aussagen der Form „hier und nicht hier", „ist und nicht ist", „an diesem Ort sein und zugleich nicht" als logischen Konjunktor zu deuten.[32] Der fatalen Konsequenz, daß in diesem Fall logischer und dialektischer Widerspruch zusammenfallen und die Forderung nach Ausschluß logischer Widersprüche auf die Forderung nach Elimination dialektischer Widersprüche hinausläuft, entgeht man, indem man — wie bereits Aristoteles — annimmt: These und Antithese *gelten nicht* „zugleich und in derselben Beziehung"[33].

Narski hebt hervor, daß in den theoretisch-konzeptionellen Äußerungen weder bei Marx noch bei Engels oder Lenin die für Hegels „Wissenschaft der Logik" übliche Behauptung zu finden sei, die Seiten eines dialektischen Widerspruchs (Gegensätze) negieren einander „in ein und derselben Hinsicht und Beziehung"[34]. Seine Untersuchung der Hegelschen Auffassung zum dialektischen Widerspruch der Bewegung hat zugleich verdeutlicht, daß eine solche Auffassung selbst innerhalb des Hegelschen Denkens zu Inkonsequenzen führt.[35]

[32] U. Röseberg, Widerspiegelung objektiver Naturdialektik in mathematisierten naturwissenschaftlichen Theorien, in: DZfPh, 7/1975, S. 938—945.
Dieser Feststellung entgeht man keineswegs, wie P. Ruben meint (Prädikationstheorie und Widerspruchsproblem, in: Wiss. Ztschr. der Humboldt-Universität zu Berlin, Ges.- u. Sprachwiss. R. 1/1976, S. 58f.), durch den Hinweis, daß das Wörtchen „und" nicht voraussetzungslos als Zeichen der logischen Urteilskonjunktion gedeutet werden kann. Die auf Hegel zurückgehende Unterstellung, die Methode der Philosophie sei die Konkretion (Einschluß des Widerspruchs) und die der „nichtphilosophischen" Wissenschaften sei die Abstraktion (Ausschluß des Widerspruchs), führt trotz gegenteiliger Versicherungen ebenso zu einer metaphysischen Trennung der Philosophie von den anderen Wissenschaften wie die Festlegung, das Wörtchen „und" sei in Aussagen des gleichen Typs verschieden zu interpretieren. In beiden Fällen ist eine von allen anderen Sprachen prinzipiell unterschiedene Sprache der Philosophie vorausgesetzt. E. Leiser stellt deshalb die Aufgabe der „Explikation von Struktur und Qualität des Mediums, in dem dialektische Erkenntnis abläuft, in dem also auch dialektische Widersprüche darstellbar sind". Er fordert dazu auf, die Unterschiede zwischen der Sprache, „in der dialektische Erkenntnis kommuniziert wird", und jener Sprache herauszuarbeiten, „in der logisch-mathematische Erkenntnis kommuniziert wird" (E. Leiser, Widerspiegelungscharakter von Logik und Mathematik, Frankfurt a. M.—New York 1978, S. 158). Vgl. auch: L. Geymonat, Grundlagen einer realistischen Theorie der Wissenschaft, Köln 1980, S. 65ff.

[33] H. Hörz, Dialectical Contradictions in Physics, in: E. Marquit/P. Moran/W. H. Truitt (Hrsg.), Dialectical Contradictions: Contemporary Marxist Discussions, a. a. O.,. 206.

[34] I. S. Narski, Dialektischer Widerspruch und Erkenntnislogik, a. a. O., S. 131.

[35] Einen anderen, an der modernen Physik orientierten Zugang zu dieser Problematik findet man in: U. Röseberg, Determinismus und Physik, Berlin 1975, S. 76ff. In Kenntnis des Interviews von P. P. Ewald mit M. Born vom Juni 1960 (Archive for History of Quantum Physics) sollte man dabei inzwischen einige Momente in der physikalischen Argumentation modifizieren, ohne daß daraus neue Konsequenzen für die dort diskutierten philosophischen Verallgemeinerungen gezogen werden müßten. Die von Born angegebenen Grenzübergänge in den

Übernimmt man die Hegelschen Formulierungen, welche die Triade „These—Antithese—Synthese" verkürzen und in der Tendenz leicht auf eine Identifizierung des logischen mit dem dialektischen Widerspruch hinauslaufen, bereits als *die* adäquate und abschließende sprachliche Fixierung dialektischer Widersprüche, so vermag man der Hegelschen „Mystik"[36] kaum noch zu entgehen. Dann hat man es sehr schnell mit der sich ebenfalls auf Hegel stützenden Behauptung zu tun, daß man weder das Wesen einer Erscheinung in der objektiven Realität noch gar dessen Widersprüchlichkeit mittels mathematischer Strukturen hinreichend genau abbilden könne.[37] Da die Anwendung der Mathematik logische Widerspruchsfreiheit voraussetzt, jedes Wesen aber in sich widersprüchlich ist, würden nach dieser Argumentation die objektiven dialektischen Widersprüche auf der Ebene der Theorie zwangsläufig eliminiert. Philosophen, die so denken, können sich deshalb auch in keinem Objektbereich mit den mathematisierten Gesetzeserkenntnissen der Einzelwissenschaften zufriedengeben.[38] Sie werden daher entweder die Forschung orientieren, gänzlich auf die Anwendung der mathematischen Methode zu verzichten, oder sie werden in spekulativ naturphilosophischer Manier selbst bestrebt sein, über die mathematisierten Gesetzesaussagen hinaus zum „Wesen"

vereinfachten Modellen scheinen der Kritik der Mathematiker nicht standzuhalten. Die Möglichkeit statistischer Gesetze in dynamischen Systemen weist aber unabhängig von den Bornschen Modellen darauf hin, daß im bisherigen Gültigkeitsbereich der klassischen Mechanik eine Bewegungsfassung konsistent formulierbar ist, die mit der üblichen Bewegungsauffassung in diesem Bereich nicht übereinstimmt. In diese Richtung weisen auch Überlegungen in: I. Prigogine, Vom Sein zum Werden, München—Zürich 1979, S. 16. Deshalb ist es nach wie vor zweckmäßig, Hegels Formulierung des dialektischen Widerspruchs der mechanischen Bewegung als verbale Beschreibung der Möglichkeit alternativer mathematischer Strukturen zur Darstellung ein und desselben physikalischen Sachverhalts zu deuten.

36 I. S. Narski, Dialektischer Widerspruch und Erkenntnislogik, a. a. O., S. 99, 103f., 112. Lenin stellte fest: „Hegels Logik darf man in ihrer gegebenen Form nicht *anwenden*, man darf sie nicht als Gegebenes *nehmen*. Man *muß* ihr die logischen (gnoseologischen) Nuancen *entnehmen* und sie von der *Ideenmystik* reinigen: das ist noch eine große Arbeit." (W. I. Lenin, Philosophische Hefte, in: Werke, Bd. 38, a. a. O., S. 253.

37 Für Hegel enthielt die „in der Physik so viel geltende Vorstellung von Polarität" die dialektische Bestimmung der Entgegensetzung (G. W. F. Hegel, Enzyklopädie der philosophischen Wissenschaften, Berlin 1966, S. 129). Die Physik entwickelte diese Vorstellung aber nach seiner Überzeugung nicht oder nur ungenügend, weil sie — wie die Newtonsche Mechanik — mit einer „*unsäglichen Metaphysik*" überschwemmt war, welche — gegen Erfahrung und Begriff — die „mathematischen Bestimmungen allein zu ihrer Quelle hat". (Ebenda, S. 227.) Hegel unterstellte die *physikalischen* Begriffe als *philosophische*. Deshalb war für ihn Newton, der nicht zuletzt große Verdienste bei der Entwicklung eines *Begriffssystems der mathematisierten Physik* erworben hatte, ein „vollkommener Barbar an Begriffen", welcher die „Barbarei der Kategorien in die Physik" eingeführt hatte. (Siehe dazu: U. Röseberg, Spontane Dialektik bei Newton? In: Berliner wissenschaftshistorische Kolloquien II, 1981 (Manuskriptdruck) S. 42.) Die mangelnde Einsicht in die methodischen Voraussetzungen mathematisierter wissenschaftlicher Theorien führte auch bei Hegel (ebenso wie bei Goethe) zur Ablehnung der Newtonschen Farbenlehre.

38 Vgl. Geschichte der marxistischen Dialektik. Von der Entstehung des Marxismus bis zur Leninschen Etappe, Berlin 1975, S. 174.

der Erscheinungen vorzudringen.[39] Als Reaktion auf dieses Verfahren erfolgt bei Philosophen, die davon ausgehen, daß man mittels mathematischer Strukturen wesentliche Zusammenhänge in der objektiven Realität abbilden kann, verschiedentlich das, was G. Bieling nicht unberechtigt als „Abstrakt — werden der Dialektik“[40] bezeichnet hat. Von Widersprüchen ist dann nicht mehr die Rede, Dialektik mündet in „allgemeinwissenschaftliche“ Erörterungen. Damit aber wird die materialistische Dialektik in ihrem theoretischen Gehalt wesentlich beschnitten, und sie verliert zugleich an methodischer und methodologischer Bedeutung.

Um dem zu begegnen, kommt es darauf an, vor allem die Vielfalt von Widersprüchen innerhalb jener Bereiche der wissenschaftlichen Forschung genauer zu untersuchen, in denen Gesetzeserkenntnisse in mathematisierter Form vorliegen bzw. in denen mittels mathematischer Methoden Erkenntnisfortschritt erzielt wird.[41] Deshalb gilt es, zunächst die Beziehungen von logischen und dialektischen

[39] Vgl. E. Leiser, Widerspiegelungscharakter von Logik und Mathematik, Frankfurt a. M.—New York 1978, S. 155ff.
In manchen philosophischen Ansätzen programmatischen Charakters, die den Bezug zur Physik herzustellen versuchen, kann man den Eindruck gewinnen, daß diese Wissenschaft erst nach dem Vorbild des Marxschen „Kapital“ umgestaltet werden müsse, bevor man sinnvoll über die Problematik von dialektischen Widersprüchen reden könne. So unzweifelhaft feststeht, daß die Dialektikforschung noch viel aus dem „Kapital“ wird lernen können, so unzweifelhaft steht auch fest, daß die Physik bereits eine Wissenschaft war, lange bevor die politische Ökonomie durch K. Marx zur Wissenschaft wurde. Es wäre daher falsch, wollte man sich im Bemühen um ein philosophisch vertieftes Verständnis des Erfolgs der Physik als Wissenschaft allein von der Analyse dieses fundamentalen Werks der politischen Ökonomie leiten lassen. F. Engels hat die „Dialektik der Natur“ als „Vor-Kapital“ verstanden.

[40] G. Bieling, Der Aufbau der Dialektik in der sowjetischen Diskussion der Gegenwart, München 1977, S. 349ff.

[41] Da dies nach wie vor besonders in den Naturwissenschaften der Fall ist, muß der Widerspruchsproblematik gerade hier allergrößtes Augenmerk geschenkt werden. Im krassen Gegensatz zur Wichtigkeit derartiger Untersuchungen steht aber die Zahl solcher Arbeiten. Hinzukommt, daß die vorgeschlagenen Ansätze ungenügend beachtet werden. Siehe neben den in Fußnote 12 genannten Arbeiten auch: H. Hörz, Atome — Kausalität — Quantensprünge, Berlin 1964, S. 172ff.; M. E. Omel'janowskij, Dialektika v sovremennoj fizike, Moskva 1973, S. 104ff.; H. Vogel, Physik und Philosophie bei Max Born, Berlin 1968, S. 70/71.
Bei allen Schwierigkeiten, die es in den Arbeiten zur Widerspruchsproblematik für die mathematisierten Naturwissenschaften (besser noch: alle formalisierten Theorien) zu überwinden gilt, scheint jedoch P. Jaegles Einschätzung, daß es darum gehe, „den dialektischen Widerspruch, der diesem Gebiet zukommt, zu konzipieren“ (P. Jaegle, Raum und Zeit. Grundfragen naturwissenschaftlicher und philosophischer Erkenntnis, Köln 1980, S. 133), das bisher Erreichte unterzubewerten. Wie auch immer die Einschätzungen des gegenwärtigen Standes ausfallen mögen, Jaegles Behauptung, mathematisierte Naturwissenschaften liefen tendenziell auf die „Negation der Geschichtlichkeit der Prozesse“ hinaus, vermag Dialektikforschung eher zu desorientieren denn zu orientieren. Ohne Entwicklung und Geschichte auf Logik zu reduzieren, muß man doch als Dialektiker fragen, wie es mittels mathematisierter wissenschaftlicher Theorien möglich wird, auch diese wissenschaftlich adäquat abzubilden. Weltanschauliche Verbotsschilder für solche Fragestellungen sind *wissenschaftlich* nicht zu rechtfertigen.

Widersprüchen näher zu klären und damit auch die Beziehungen von Dialektik und Logik sowie von Dialektik und Mathematik zu erörtern.[42]

2.3. Dialektischer Widerspruch, Logik und Mathematik

Im weiteren soll berücksichtigt werden, daß Formulierungen, die die *Struktur* logischer Widersprüche haben, auf dialektische Widersprüche hinweisen können. Sie stellen dann keine logischen Widersprüche dar, wenn sich zeigt, daß *a* und $\bar{a}$ nicht „zugleich und in derselben Beziehung" gelten. Dies kann man aber oft erst im *Resultat* mehr oder minder aufwendiger Untersuchungen sagen. Logisch widersprüchliche Formulierungen weisen also entweder auf einen Irrtum hin, der sich infolge unkorrekter Definitionen bzw. unkorrekter logischer Schlüsse in formalen Systemen ergeben hat, oder aber zeigen ein Problem an, das sich mit der Darstellung objektiver dialektischer Widersprüche, deren subjektiver Widerspiegelung bzw. aus der Dialektik des Erkenntnisprozesses ergibt.

Während dialektische Widersprüche als objektive Einheit wechselwirkender Gegensätze charakterisiert sind, hat man es beim logischen Widerspruch zunächst mit einem Zuordnungsproblem von Prädikaten und Subjekten in Aussagen zu tun. Einem Subjekt kann nicht „zugleich und in derselben Beziehung" ein bestimmtes Prädikat und dessen logische Negation zugesprochen werden. Ebenso ist es unmöglich, daß man einem Subjekt „zugleich und in derselben Beziehung" ein bestimmtes Prädikat zuordnet und nicht zuordnet. Die Forderung nach logischer Widerspruchsfreiheit auch innerhalb der Theorie der Dialektik verlangt aus der Unvermitteltheit der Beziehungen von dialektischem und logischem Widerspruch herauszutreten. Es geht darum, die Ebenen der dialektischen Widersprüche in der objektiven Realität, in deren begrifflicher Widerspiegelung und im Erkenntnisprozeß auf der einen Seite mit der Ebene der Widerspruchsfreiheit der Sprache auf der anderen Seite zu vermitteln.

Narski geht bei seiner Analyse der Widerspruchsproblematik davon aus, daß die formale Logik und insbesondere das Gesetz der logischen Widerspruchsfreiheit theoretischer Erkenntnisse von der Theorie der materialistischen Dialektik nicht unterlaufen werden darf. Ob diese sicher sinnvolle Forderung schon jetzt durch

[42] Der Versuch eines Resümees der bisherigen Diskussionen in unserer Republik findet sich bei: H. Liebscher, Mathematik und Dialektik, in: DZfPh, 2/1977, S. 180—189. Aspekte der sowjetischen Diskussionen findet man zusammengefaßt bei: S. Paul, Zur Bearbeitung des Problemkreises „Mathematik und Dialektik" in der Sowjetunion, in: Philosophische Fragen der Wissenschaftsentwicklung, Probleme und Problemstudien. Materialien des Zentralinstituts für Philosophie der AdW der DDR, Berlin 1977, S. 78—89. Siehe auch die Beiträge von E. Dölling, S. Paul und H. Liebscher in: H. Hörz, U. Röseberg (Hrsg.), Materialistische Dialektik in der physikalischen und biologischen Erkenntnis, a. a. O., S. 356—396, sowie die dort zitierte Literatur.

die Feststellung ergänzt werden kann, daß in den formallogischen Gesetzen selbst bereits dialektische Gesetzmäßigkeiten existieren,[43] muß die weitere Forschungsarbeit erst noch erweisen.

Gegenwärtig scheint die Wissenschaftslogik[44] vielmehr vor der Aufgabe zu stehen, Kalküle zu entwickeln, die dem realen methodischen Vorgehen in der wissenschaftlichen Forschung besser angepaßt sind als die bisherigen. Ausgehend von dem wissenschaftshistorisch gesicherten Fakt, daß das Auftreten logisch widersprüchlicher Aussagen in mathematisierten Theorien oder Theorieansätzen nicht unbedingt dazu führt, diese Theorie oder diesen Theorieansatz insgesamt sofort zu verwerfen, werden in der Logik heute für widersprüchliche Theorien Systeme von Folgebeziehungen entwickelt, die es gestatten, den Widerspruch zu isolieren.[45] Es geht dabei um Versuche, paradoxienfreie Folgebeziehungen zu formulieren. Man begnügt sich nicht mit der Feststellung, daß innerhalb widersprüchlicher Theorien beliebige Aussagen beweisbar sind. Es soll mit den Mitteln der Wissenschaftslogik ein Weg angegeben werden, der dem tatsächlichen Vorgehen in den Wissenschaften besser entspricht als die Forderung der „strengen Methodologie", logisch widersprüchliche Theorieansätze strikt zu verwerfen. Die Wissenschaftslogik versucht damit nicht, die Forderung nach logischer Widerspruchsfreiheit aufzuheben, sondern will vielmehr Verfahren angeben, wie man diese Forderung erfüllen kann. Das Ziel der Logiker und jener Wissenschaftler, die mathematisierte Theorien anstreben, bleiben logisch widerspruchsfreie Theorien. — Selbst unter der Voraussetzung, daß es möglich ist, mit den Mitteln der Logik unstrittige Verfahren anzugeben, wie man als Wissenschaftler mit dem logischen Widerspruch in mathematisierten Theorien oder Theorieansätzen „leben" kann, heißt das nicht, damit sei nun in der Logik ein dialektischer Widerspruch enthalten. Das heißt aber natürlich erst recht nicht, daß der logische Widerspruch in der mathematisierten Theorie oder dem Theorieansatz ein dialektischer Widerspruch sei. — Wir werden das im Zusammenhang mit dem Übergang von der quasiklassischen Quantentheorie nach Bohr und Sommerfeld zur nichtrelativistischen Quantenmechanik ausführlich diskutieren.[46]

[43] Vgl. I. S. Narski, Dialektischer Widerspruch und Erkenntnislogik, a. a. O., S. 80.

[44] Unter „Wissenschaftslogik" wird keine besondere, von der übrigen Logik getrennte Logik verstanden. Darunter werden hier jene Arbeiten subsumiert, die mit den Mitteln der Logik Erkenntnisprozesse und deren Resultate in einzelnen Wissenschaftsdisziplinen oder im Gesamtkomplex Wissenschaft untersuchen.

[45] Vgl. H. Wessel, Widersprüchliche Theorien und logische Folgebeziehung, in: 6th International Congress of Logic, Methodology and Philosophy of Science, Hannover 1979, Abstracts Sections 5, 7, S. 204—208; in erweiterter Fassung unter dem Titel „Aussagenlogische Theorie der logischen Folgebeziehung", in: DZfPh, 12/1980, S. 1429—1442.

[46] Im folgenden kann es weder darum gehen, philosophische Thesen über das Wirken von Widersprüchen im Erkenntnisprozeß zu belegen, noch darum, eine „strenge Methodologie" im Sinne der Wissenschaftslogik mit den Mitteln der Dialektik zu begründen. Vielmehr muß es um die inhaltliche Analyse historisch realer Widersprüche des physikalischen Erkenntnisprozesses und um Verallgemeinerung der erzielten Ergebnisse im Hinblick auf eine allgemeine Forschungs-

Treten innerhalb physikalischer Theorieansätze Formulierungen auf, die logisch widersprüchlich sind, dann hat man es unter der Voraussetzung, daß triviale Irrtümer ausgeschaltet sind, zunächst mit einem Widerspruch auf der Ebene der subjektiven Dialektik zu tun. Man weiß noch nicht, ob dieser Widerspruch einen dialektischen Widerspruch innerhalb des abgebildeten Objektbereichs signalisiert. Dies zu entscheiden, stellt die *Logik* bislang keine Verfahren bereit. Dabei kann nur die *philosophische* Analyse der entsprechenden Erkenntnisprozesse und ihrer Resultate weiterhelfen.

Wir wollen hier zunächst konstatieren: Die Wissenschaftslogik enthält mindestens heute *keine* dialektischen Widersprüche, vermag jedoch dialektisch widersprüchliche Prozesse in ihrer Tendenz zu erfassen. Deshalb erscheint uns die Feststellung Narskis, daß in formallogischen Gesetzen bereits dialektische Gesetzmäßigkeiten existieren, ebenso unbegründet wie die Annahme von Heitsch[47], daß die Mathematik mittels der metaphysischen (verstanden als „nichtdialektischen") Anschauungsweise dialektische Bewegung erfaßt (also das Kunststück fertigbringt, Dialektik *ohne* Dialektik zu erfassen).

Es geht nicht an, den dialektischen Widerspruch als im logischen enthaltenen zu unterstellen. Ebenso ist es unzulässig, vom logischen Widerspruch zu behaupten, er sei im dialektischen enthalten. Die Beziehung des logischen und des dialektischen Widerspruchs ist auch nicht als Beziehung metaphysischer Ausschließlichkeit, sondern als eine dialektische widersprüchliche Beziehung zu fassen. Was für den Widerspruch im besonderen gilt, trifft für die Beziehungen von Logik und Dialektik im allgemeinen zu. Dialektik und Logik stehen nicht im Verhältnis metaphysischer Ausschließlichkeit, sondern im Verhältnis einer näher zu untersuchenden dialektischen Vermittlung[48]. Festlegungen darüber, was man mit den Mitteln

methodologie gehen. Es kommt darauf an, einen spezifischen Theorieentwicklungsprozeß der Physik *philosophischer* Verallgemeinerung zu erschließen.
Da im weiteren philosophische Hypothesen für Präzisierungen von Positionen zur Widerspruchsproblematik, ausgehend von den Grundprinzipien der materialistischen Dialektik, als philosophische Verallgemeinerungen eines relativ eng umgrenzten wissenschaftlichen Materials gewonnen werden, ist nicht von vornherein auszuschließen, daß sie verschiedentlich noch die Enge des speziellen Blickwinkels mit sich führen werden. Das hier gewählte Vorgehen in der philosophischen Forschung bringt neben diesem möglichen Mangel aber zugleich den Vorzug mit sich, daß die angebotenen philosophischen Schlußfolgerungen nachvollziehbar sind. Sie können an keiner Stelle als willkürliche Setzungen des Philosophen erscheinen.

[47] Vgl. W. Heitsch, Mathematik und Weltanschauung, Berlin 1976, S. 14.

[48] Die entsprechenden Versuche P. Rubens mündeten schließlich in apodiktischen Behauptungen, die anzeigen, daß bei ihm die postulierten dialektischen Vermittlungen unter der Dominanz der Logik immer mehr in Vergessenheit gerieten. Damit aber kam es zu einer Neuauflage des Konzepts metaphysischer Ausschließlichkeit von Logik und Dialektik. Vgl. dazu: P. Ruben, Philosophie und Mathematik, Leipzig 1979, S. 107, 113; P. Ruben, Lenins Dialektik-Konzept und die materialistische Widerspruchslehre, in: DZfPh, 3/1980, S. 291—304. Im Rubenschen Dialektikverständnis und manchen seiner philosophisch motivierten Interpretationen der Logik sind die seit langem gegen die entsprechenden Ansätze vorgetragenen *wissenschaftlichen* Einwände marxistisch-leninistischer Philosophen und Logiker völlig ignoriert worden. A. Kosing und D. Wittich beispielsweise haben 1967 zu einem seiner ersten Versuche über „Philosophie

der Logik alles *prinzipiell* nicht kann, sollte man ebenso vermeiden wie die Fixierung unüberschreitbarer Grenzen im Mathematisierungsprozeß der Wissenschaften. So wie man als Dialektiker für die Weiterentwicklung der Theorie, Methode und Methodologie der materialistischen Dialektik offen sein muß, hat man auch für die Weiterentwicklung von Logik und Mathematik und den Fortgang des Mathematisierungsprozesses offenzubleiben. Das schließt natürlich nicht aus, bisherige Erfahrungen philosophisch so zu verallgemeinern, daß bestimmte Denkmöglichkeiten in diesen Entwicklungen als sehr unwahrscheinlich zu gelten haben.

In diesem Sinne ist es für die Zukunft recht unwahrscheinlich, die Logik so entwickeln zu können, daß sie schließlich mit der Dialektik zusammenfällt. Ebenso unwahrscheinlich ist die Entwicklung der Dialektik als Logik im traditionellen Verständnis dieses Wortes durch die an Aristoteles anknüpfenden Logiker. Die Verwendung des Terminus „dialektische Logik" muß aber nicht zwangsläufig eine Entwicklung der Dialektik als Logik in diesem Sinne signalisieren.[49] Wegen der Möglichkeit eines solchen Mißverständnisses aber scheint es zweckmäßig, auf diesen Terminus gänzlich zu verzichten. Dann muß man an der Logik nicht besonders das Formale betonen. Logische Widersprüche beispielsweise muß man nicht unbedingt als „formallogische Widersprüche" bezeichnen. Sie sind als „logische" von den „dialektischen" bereits genügend abgehoben.

Entsprechend unserem gegenwärtigen philosophischen Erkenntnisstand kann man Logik und Dialektik mindestens in ihrem erkenntnistheoretischen und methodologischen Aspekt in einer der Mathematik entlehnten invariantentheoretischen Sprechweise voneinander abgrenzen und zugleich aufeinander beziehen. Während die Logik als allgemeinste Theorie des Umgangs mit Termini, Aussagen und Operatoren benannte Invarianten und deren gegenseitige Beziehungen voraussetzt und nicht weiter hinterfragt, beschäftigt sich die Dialektik mit dem Prozeß der Invariantenbildung, reflektiert den prinzipiell unerschöpflichen Prozeß des Auffindens bestimmter Invarianten, deren Relativierung und des Auffindens neuer

und Mathematik, Dialektik und Logik — dargestellt am Widerspruch" festgestellt: „Wer einer Wissenschaft rät, auf die Abstraktionsmethode und auf die Ausbildung einer Fachsprache zu verzichten, wie P. Ruben das der marxistischen Philosophie nahelegt, der stellt entweder den Wissenschaftscharakter der betreffenden Disziplin selbst in Frage, oder er verfügt über bislang unbekannte Erkenntnismethoden, die den Wissenschaftscharakter auf andere Weise sicherstellen können." (A. Kosing, D. Wittich, Über den Gegenstand der marxistischen Erkenntnistheorie, in: DZfPh, 12/1967, S. 1410.) Heute muß man einschätzen, daß Rubens „Fachsprache" Logik *und* Dialektik diskreditiert haben.

49 In diese Richtung zielen die Arbeiten von G. S. Batiščev, E. V. Il'enkov, L. K. Naumenko, G. A. Jugai u. a. Die Bezeichnung „dialektische Logik" wird in der sowjetischen philosophischen Literatur aber auch gewählt, wenn es um die Erforschung der Dialektik des Erkenntnisprozesses geht (D. P. Gorskij, B. M. Kedrov, I. S. Narski, M. M. Rozental' u. a.).

Invarianten.[50] Dabei bezeichnen die Invarianten jene Eigenschaften von Objekten, die für bestimmte Klassen von Transformationen unveränderlich bleiben. Da man über invariantentheoretische Modellierung des Erkenntnisprozesses[51] einen Zugang zu den Invarianten in der objektiven Realität gewinnt, zeigt sich im Rahmen solcher Überlegungen auch ein Weg, wie man von der Dialektik des Erkenntnisprozesses zur Dialektik auf der Ebene der Erkenntnisobjekte kommt. Über Invarianten in der objektiven Realität und deren Relativität allerdings kann man nur unter Angabe der invariantentheoretisch festgelegten Erkenntnismodelle sprechen; Subjekt und Objekt des Erkenntnisprozesses lassen sich also auch auf diesem Wege nicht metaphysisch auseinanderreißen. Es gibt keine von der Erkenntnistheorie isolierte Ontologie, so wie es umgekehrt keine von der Ontologie isolierte Erkenntnistheorie gibt.

Wenn man Dialektik als eine Theorie charakterisiert, die den Prozeß der Invariantenbildung untersucht, dann hat das erstens die dialektisch widersprüchliche Einheit von Veränderlichen und Invarianten zur Voraussetzung. Indem Invarianten Unveränderliche in bezug auf *bestimmte* Transformationen sind, sind sie zugleich Veränderliche in bezug auf andere Transformationen. Es gibt keine Veränderlichen oder Unveränderlichen an sich. Alles ist bezogen auf einen Maßstab der Veränderlichkeit. Ein solcher Maßstab existiert sowohl auf der Ebene der Objekte des Erkenntnisprozesses (z. B. in charakteristischen Zeiten, Längen oder anderen physikalischen Parametern) als auch auf der Ebene des Erkenntnisprozesses selbst (durch die jeweils invariantentheoretisch bestimmbaren Erkenntnismodelle). Zweitens muß man beachten, daß mit einer solchen Charakterisierung Dialektik nicht in Relativismus aufgelöst wird. Diese Forderung hat Lenin zu Recht als generelle Forderung an die Dialektik erhoben. Man genügt ihr dadurch, daß die Übergänge von bestimmten Invarianten zu ihren Relativierungen und den neuen Invarianten philosophisch untersucht und auf keiner Stufe dieses Prozesses weder die Invarianten selbst noch der Prozeß ihrer Erkenntnis verselbständigt werden.

Diese Position soll das Verhältnis von Logik und Dialektik nicht festschreiben. Sie bietet aber eine handhabbare Möglichkeit, tiefer in ihre dialektische Vermittlung einzudringen. Für die weiteren Untersuchungen benötigen wir darüber hinaus eine Position zur Mathematisierung, die die Möglichkeit bietet, relativ unvoreingenommen zu analysieren, ob und wie dialektische Widersprüche in mathematisierten wissenschaftlichen Theorien, in unserem Falle in physikalischen Theorien,

[50] Vgl. J. Erpenbeck, Kognitive Psychologie, Invariantentheorie und dialektischer Widerspruch, in: 6th International Congress of Logic, Methodology and Philosophy of Science, a. a. O., Abstracts Sections 10, 11, 12, S. 24—28; E. Dölling/J. Erpenbeck, Philosophische und einzelwissenschaftliche Verallgemeinerung, in: DZfPh, 2/1978, S. 232—241; E. Dölling/J. Erpenbeck, Sprache, Verallgemeinerungsprozeß und Invariantenbildung, in: DZfPh, 6/1980, S. 675 bis 684. In letzter Zeit wurde versucht, die methodologischen Konsequenzen dieses Ansatzes auszuloten (J. Erpenbeck, Methodologische Grundprobleme der Wissenschaftsentwicklung — unveröffentlichtes Manuskript).

[51] Vgl. J. Erpenbeck, Psychologie und Erkenntnistheorie, Berlin 1980.

abgebildet werden. Es geht einerseits darum, zu entscheiden, ob sich Engels' Überzeugung, „daß es in der Natur, in letzter Instanz, dialektisch und nicht metaphysisch hergeht",[52] heute nur in Verallgemeinerung des *Prozesses*, der zur Quantenmechanik geführt hat, und/oder auch auf der Ebene dieser neuen Theorie, also seines *Resultates*, rechtfertigen läßt bzw. ob es dazu inzwischen prinzipiell des Übergangs zu naturwissenschaftlichen Evolutionstheorien bedarf. Es geht andererseits um die Frage, ob die Dialektik auf der Objektebene dem Mathematisierungsprozeß heute schon erkennbare Schranken auferlegt. Um die philosophische Problematik des Mathematisierungsprozesses, vor allem seine erkenntnistheoretischen und methodologischen Implikationen zu erfassen, helfen die bisher diskutierten „Möglichkeiten der mathematischen Modellierung historischer Prozesse"[53] und Mathematisierungsversuche von „Beispielen problemspezifisch formulierter Dialektik"[54] allein sicher nicht weiter. Um hier weiter zu kommen, muß man vor allem Erkenntnisprozesse philosophisch untersuchen, in denen die mathematische Methode nachweislich bis zur Gesetzeserkenntnis vorgedrungen ist.

Wir wollen dies tun, indem wir davon ausgehen, daß die Zusammenhänge materieller Objekte und Prozesse zwar prinzipiell nicht mit mathematischen Strukturen identifiziert werden dürfen, sich aber mittels mathematischer Strukturen im Verlaufe des menschlichen Erkenntnisprozesses immer adäquater widerspiegeln lassen.[55] Damit wird Lenins für *jeden* Begriff gültige Erkenntnis, daß die Abbildung objektiv-realer Sachverhalte durch das Denken „immer eine Vergröberung, ein Abtöten"[56] darstellt, in spezifischer Form für den Mathematisierungsprozeß umgesetzt. Zugleich wird berücksichtigt, daß Marx Hegels Theorie der Identität von Denken und Sein durch eine konsequent materialistische Erkenntnistheorie ersetzte, derzufolge das Sein im Denken abgebildet, die objektive Realität durch das Bewußtsein widergespiegelt wird.

Wenn Lenin das Abtöten und Vergröbern auf der Ebene der Begriffe als das Wesen der Dialektik — ausgedrückt durch die Formel „Einheit, Identität der Gegensätze"[57] — ansah, dieses Wesen zugleich durch „Spaltung des Einheitlichen und Erkenntnis seiner widersprechenden Bestandteile"[58] charakterisierte, dann

[52] F. Engels, Herrn Eugen Dührings Umwälzung der Wissenschaft (Anti-Dühring), in: MEW, Bd. 20, Berlin 1973, S. 22.

[53] S. Paul, Objektive Gesetze, Berlin 1979, S. 86ff.

[54] R. Thiel, Mathematik — Sprache — Dialektik, Berlin 1975, S. 207ff.

[55] Vgl. U. Röseberg, Mathematische Strukturen in den Weltbildvorstellungen der Physik, in: 16. Weltkongreß für Philosophie, Düsseldorf 1978, S. 555—558. Zu den philosophischen Fragen des Formulierungs- und Mathematisierungsprozesses siehe I. A. Akčurin, Filosofskie osnovanija matematizacii znanija, in: Sovremennoe estestvoznanie i materialističeskaja dialektika, Moskva 1977, S. 48—72; B. V. Gnedenko, Matematika i sovremennoe estestvozanie, in: Sintez sovremennogo naučnogo znanija, Moskva 1973, S. 143—160, sowie die in Fußnote 42 angegebene Literatur.

[56] W. I. Lenin, Philosophische Hefte, in: Werke, Bd. 38, a. a. O., S. 246.

[57] Ebenda.

[58] Ebenda, S. 338.

wird mit der hier bezogenen philosophischen Position zum Mathematisierungsprozeß zugleich ein für diesen Prozeß bedeutsamer dialektischer Widerspruch namhaft gemacht. Die Zusammenhänge in der objektiven Realität können zwar durch mathematische Strukturen repräsentiert werden, sind aber niemals mit ihnen identisch.

Um die ständig neu gesetzte Widersprüchlichkeit dieses Prozesses am konkreten historischen Material genauer zu untersuchen, benötigt man ein theoretisches Konzept, das es erlaubt, die Inkonsequenzen des Hegelschen Denkens zur Widerspruchsproblematik zu vermeiden und die Intentionen der Klassiker der marxistisch-leninistischen Philosophie im Bereich mathematisierter naturwissenschaftlicher Erkenntnisse zu treffen. Dieses Konzept kann man unter Rückgriff auf Kant mit Narski als einen Weg über die Problemantinomien zu den dialektischen Widersprüchen des Erkenntnisprozesses, von den Widersprüchen innerhalb wissenschaftlicher Erkenntnisse zu den dialektischen Widersprüchen im Objektbereich bestimmen. Dabei muß man die in der Literatur vielfach erhobene Forderung beachten, in die Untersuchung der philosophischen Widerspruchsproblematik die dialektisch widersprüchlichen Beziehungen von Subjekt und Objekt im Erkenntnisprozeß einzubeziehen.[59]

2.4. Problemantinomien, dialektische Widersprüche des Erkenntnisprozesses und dialektische Widersprüchlichkeit der Objekte

Narski versteht unter *Problemantinomien* oder *antinomischen Widersprüchen* Situationen, die immer wieder im Erkenntnisprozeß auftauchen und dadurch gekennzeichnet sind, daß zwei sich wechselseitig negierende Urteile (These und Antithese) innerhalb mehr oder minder formalisierter bzw. mathematisierter Theorien oder Theorieansätze gleichzeitig beanspruchen, wahr zu sein.[60] Die Struktur dieser Widersprüche ist also zunächst die eines logischen Widerspruchs. Es soll sich bei ihnen aber nicht um logische Widersprüche handeln, weil fehlerhafte Anwendungen der logischen Schlußregeln ausgeschlossen werden. Das jedoch bedeutet, daß man von einem im Erkenntnisprozeß auftauchenden Widerspruch, der seiner *Struktur* nach zunächst ein logischer Widerspruch sein soll, erst im Resultat eines mehr oder minder aufwendigen Forschungsprozesses wird sagen können, ob er

[59] Vgl. G. Klimaszewsky, Zur Aktivität des Subjekts in der wissenschaftlichen Erkenntnis, in: 6th International Congress of Logic, Methodology and Philosophy of Science, a. a. O., Abstracts Section 6, S. 90/95; P. W. Kopnin/M. W. Popowitsch, Logik der wissenschaftlichen Forschung, Berlin 1969, S. 277; P. V. Kopnin, Die marxistisch-leninistische Erkenntnistheorie und die moderne Wissenschaft, in: S. Wollgast/K.-F. Teinz (Hrsg.), Dialektik in der modernen Naturwissenschaft, Berlin 1973, S. 202ff.; M. A. Parnjuk (Hrsg.), Sub'ekt i ob'ekt kak filosofskaja problema, Kiev 1979.

[60] Vgl. I. S. Narski, Dialektischer Widerspruch und Erkenntnislogik, a. a. O., S. 232.

einfach einem Fehler geschuldet ist (und damit letztlich doch einen logischen Widerspruch darstellt) oder ob er als Problemantinomie anzusehen ist. Solange dies nicht festgestellt wurde, muß man innerhalb des entsprechenden Gedankengebäudes mit diesem Widerspruch „leben".

Wenn man erkannt hat, daß These und Antithese *nicht* zugleich und/oder in derselben Beziehung gelten, hat man es mit einem dialektischen Widerspruch auf der Ebene der subjektiven Dialektik zu tun. Wir wollen *nur* in solchen Fällen von Problemantinomien sprechen. Hat man einen Widerspruch auf der Ebene der subjektiven Dialektik als Problemantinomie erkannt oder muß man begründet vermuten, daß es sich um eine solche handelt, dann beginnt jener Prozeß, den man mit Hegel als „Aushalten des Widerspruchs" bezeichnen kann. Das heißt, es setzen innerhalb entsprechender Forschungsprogramme konkrete Versuche ein, diesen Widerspruch aufzuheben. Er wird damit zur Quelle der weiteren Entwicklung der Erkenntnis, jenes Prozesses der vom Nicht-Wissen zum Wissen führt.

In diesem Sinne hat auch Lenin den Erkenntnisprozeß beschrieben. Was er für die Naturwissenschaften feststellte, gilt zweifelsohne sinngemäß für die Gesellschaftswissenschaften und — wie bereits hervorgehoben — auch für die Philosophie insgesamt bzw. die Erkenntnistheorie als philosophische Disziplin. Lenin schrieb: „Erkenntnis ist die ewige, unendliche Annäherung des Denkens an das Objekt. Die *Widerspiegelung* der Natur im menschlichen Denken ist nicht ‚tot', nicht ‚abstrakt', *nicht ohne Bewegung*, *nicht ohne Widersprüche*, sondern im ewigen *Prozeß* der Bewegung, des Entstehens der Widersprüche und ihrer Lösung aufzufassen."[61] Dies folgte für Lenin aus der Einsicht, daß die Erkenntnis der Natur durch den Menschen „keine einfache, keine unmittelbare, keine totale Widerspiegelung, sondern der Prozeß einer Reihe von Abstraktionen, der Formierung, der Bildung von Begriffen, Gesetzen etc." ist.[62]

Diese aus dem wissenschaftshistorischen Material selbst zu gewinnende Erkenntnis von der Widersprüchlichkeit des Theorieentwicklungsprozesses ist keineswegs nur auf der Basis dialektisch-materialistischer Voraussetzungen einsehbar. Auf die Bedeutung widersprüchlicher Auffassungen, Konzepte, Forschungsprogramme u. ä. für den Erkenntnisfortschritt ist von vielen Wissenschaftshistorikern und -philosophen hingewiesen worden. So hat beispielsweise A. N. Whitehead generalisierend festgestellt: „Ein Zusammenprall von Doktrinen ist keine Katastrophe, er ist eine Gelegenheit."[63] W. Wieland schrieb, indem er die Rolle der

[61] W. I. Lenin, Philosophische Hefte, in: Werke, Bd. 38, a. a. O., S. 185.

[62] Ebenda, S. 172.

[63] A. N. Whitehead, Science and the Modern World, New York 1967, S. 186. Dieser von I. Prigogine und I. Stengers im „Dialog mit der Natur" (München—Zürich 1980) mehrfach angeführte Satz beschreibt genau jene seit der Entdeckung des 2. Hauptsatzes der Wärmelehre und der Veröffentlichung der Darwinschen Evolutionstheorie bestehende Spannung zwischen gesicherten physikalischen Erkenntnissen und biologischen Erkenntnissen, die Prigogine selbst und mit ihm heute viele andere Physiker im Übergang von der „Physik des Seins" zur „Physik des Werdens" als provokative Herausforderung auffassen. Ähnlich wie Whitehead argumentiert G. Holton, Thematische Analyse der Wissenschaft, Frankfurt a. M. 1981, S. 9.

aristotelischen Physik für die moderne Physik analysierte, nicht nur bezogen auf diesen Fall: „In der Geschichte des Denkens und der Wissenschaft gehört jedenfalls der überwundene Gegner mindestens ebensosehr zu den Voraussetzungen der eigenen Gegenwart wie derjenige, dessen Position man übernimmt und weiter ausbaut."[64]

Um aber philosophisch über derartige Phänomenbeschreibungen hinauszukommen, braucht man die Theorie der materialistischen Dialektik und muß die für die positivistische Antidialektik charakteristische Trennung von Theorie und Methode (Weltanschauung und Methode) überwinden.[65] Wenn der dialektische Widerspruch Quelle und Triebkraft von Entwicklung ist und Entwicklung als ein Prozeß mit Tendenz zu Höherentwicklung verstanden wird, dann gilt die These: „In der Wissenschaft ist der Widerspruch nur um den Preis der Stagnation vermeidbar."[66] Für die Wissenschaftsentwicklung insgesamt und für die Theorieentwicklung im zu untersuchenden Spezialfall ist von außerordentlichem theoretischem und praktischem Interesse, *wie* den entsprechenden Widersprüchen „die Form, worin sie sich bewegen können"[67], geschaffen wird. Philosophisch-weltanschaulich geht es aber schließlich um die Frage, ob diese Widersprüche nur und ausschließlich etwas mit der spezifischen Tätigkeit gesellschaftlicher Individuen im Erkenntnisprozeß zu tun haben oder ob und inwiefern sie auch etwas über die zu erkennenden Objekte und Beziehungen aussagen.

64 W. Wieland, Die aristotelische Physik, Göttingen 1962, S. 12.

65 So hat Popper beispielsweise die *Theorie* der Dialektik (identifiziert mit der Hegelschen), auf Explikation der Triade „Thesis, Antithesis und Synthesis" eingeschränkt, als Theorie verworfen, der Triade im Erkenntnisprozeß zunächst aber noch einen *methodischen* Sinn zugesprochen. Mit seiner Identifikation von dialektischem Widerspruch und logischem Widerspruch verwarf er dann auch die „dialektische *Methode*", weil sie seinem streng-methodologisch gefaßten Falsifikationsprinzip unterlegen sei. Damit „fiel" für ihn die Theorie der Dialektik (diesmal selbstredend die materialistische) endgültig. Das letzte Wort seiner „trial-and-error-Methode" blieb die Feststellung: „Eine Theorie, die einen Widerspruch enthält, ist deshalb *als Theorie* völlig nutzlos." (K. R. Popper, Was ist Dialektik, in: E. Topitsch (Hrsg.), Logik der Sozialwissenschaften, Köln 1967, S. 270).
Erfolgreiche Naturwissenschaftler haben im Unterschied zu Poppers methodologischen Festsetzungen in solchen Situationen zunächst und vor allem die entsprechenden Widersprüche analysiert. Im Verwerfen von Theorieansätzen waren sie weit vorsichtiger, als das nach den Normen dieser Methodologie zu erwarten gewesen wäre. Die von Popper im Gegensatz zum eigenen Vorgehen deklarierte Trennung von Weltanschauung und Methode wird heute auch von jenen weiterhin behauptet, die inzwischen das methodologische Instrumentarium verfeinert haben, dabei Dialektik aber weiterhin im Sinne des Altmeisters verunglimpfen. Vgl. dazu: I. Lakatos, Philosophische Schriften, Bd. 1, Die Methodologie der wissenschaftlichen Forschungsprogramme, Braunschweig 1982, S. 19, 149, 174. Dialektik bleibt hier wie bei H. Albert, K. R. Popper und E. Topitsch eine metaphysisch-theologische Weltdeutung infolge der nicht genügend radikalen Aufklärung. Siehe dazu auch: H. Lübbe, Philosophie nach der Aufklärung, Düsseldorf 1980.

66 M. Hahn/H.-J. Sandkühler (Hrsg.), Gesellschaftliche Bewegung und Naturprozeß, Köln 1981, S. 12.

67 K. Marx, Das Kapital, Erster Band, in: MEW, Bd. 23, Berlin 1962, S. 118.

Lenin ging ebenso wie Marx und Engels davon aus, daß die den Erkenntnisprozeß vorantreibenden Widersprüche objektiv in diesem Prozeß selbst begründete Notwendigkeiten sind, die nicht allein Widersprüche in den Erscheinungen widerspiegeln, sondern auch die Widersprüche auf der Ebene des Wesens. Das Wesen der Erscheinungen selbst aber ist widersprüchlich zu fassen: „Das menschliche Denken vertieft sich unaufhörlich von der Erscheinung zum Wesen, vom Wesen, sozusagen, erster Ordnung zum Wesen zweiter Ordnung usw. *ohne Ende* . . . Nicht nur die Erscheinungen sind vergänglich, beweglich, fließend, nur durch bedingte Grenzen getrennt, sondern die *Wesenheiten* der Dinge ebenfalls."[68] Die Widersprüche der subjektiven Dialektik und des Erkenntnisprozesses sind danach also nicht nur dem subjektiven Meinen dieses oder jenes Wissenschaftlers bzw. dieser oder jener wissenschaftlichen Schule geschuldet. Sie widerspiegeln auch objektive dialektische Widersprüche. Wie aber vermag man methodisch sauber zu unterscheiden? Welchen Widersprüchen der subjektiven Dialektik und der Dialektik des Erkenntnisprozesses liegen objektive dialektische Widersprüche des zu erkennenden Objektbereiches zugrunde? Welche Widersprüche existieren nur auf der Ebene der subjektiven Dialektik oder der Dialektik des Erkenntnisprozesses? Welche von den letzteren haben objektive Voraussetzungen in den *gesellschaftlichen* Beziehungen der erkennenden Subjekte, und welche von ihnen sind durch die *physischen* und *psychischen* Determinanten in den erkennenden Subjekten bedingt?

Diese Fragen lassen erkennen, daß zu ihrer Beantwortung nicht nur die Zusammenarbeit von Philosophen und Physikern erforderlich ist. Wir wollen deshalb vor allem jenen Fragen Beachtung schenken, zu deren Beantwortung wir auch mit unserer spezifischen Untersuchung beizutragen vermögen. Dies ist in erster Linie die Frage nach der Widerspiegelung objektiver dialektischer Widersprüche der Natur in mathematisierten physikalischen Theorien und Theorieansätzen. Unter Berücksichtigung der Philosophie- und der Wissenschaftsgeschichte und der bisherigen Arbeiten zur Problematik Problemantinomien ist es naheliegend, anzunehmen, daß Problemantinomien, um deren Lösung in wahrhaft historischen Dimensionen gerungen wird, nicht nur mit den Eigenheiten des menschlichen Denkvermögens und des gesellschaftlichen Erkenntnisprozesses zu tun haben, sondern ihre Entsprechung in der objektiven Realität haben. Bedarf es aber stets Jahrhunderte bzw. sogar Jahrtausende währender Traditionen geistiger Auseinandersetzungen, damit ein Problem einen objektiven dialektischen Widerspruch bloßlegt? Können nicht plötzlich auftauchende kontroverse wissenschaftliche Positionen ebenso tiefe Wurzeln haben?

Es ist durchaus berechtigt, wenn Narski darauf verweist, daß widersprüchliche Auffassungen zwischen Wissenschaftlern und Wissenschaftlerkollektiven noch lange keine Problemantinomien sein müssen. Man muß aber auch diese und andere Widersprüche des Erkenntnisprozesses sehr sorgfältig analysieren, vor allen Dingen in ihrer Wirkung auf den Erkenntnisfortschritt. Bei aller zentralen Bedeutung

[68] W. I. Lenin, Philosophische Hefte, in: Werke, Bd. 38, a. a. O., S. 239/240.

der Problemantinomien für den Erkenntnisfortschritt müssen philosophische Analysen der realen Theorienentwicklungen in den einzelnen Wissenschaften erst noch erweisen, ob sich alle anderen Widersprüche auf der Ebene von Resultaten des Erkenntnisprozesses tatsächlich auf logische Widersprüche oder Problemantinomien reduzieren lassen. Für uns steht die Frage, *ob* und *welche* Problemantinomien zur Herausbildung der nichtrelativistischen Quantenmechanik geführt haben. Generell steht die Frage, ob man Problemantinomien als *Grundwidersprüche* für den Erkenntnisfortschritt ansehen kann. Um diese Frage zu beantworten, kann man nicht auf der Ebene der *Resultate* von Erkenntnisprozessen verbleiben (subjektive Dialektik), sondern muß auch diese *Prozesse* selbst (Dialektik des Erkenntnisprozesses), also die materiell-gegenständlichen und die geistigen Tätigkeiten der erkennenden Subjekte analysieren.

In der dialektisch-materialistischen Erkenntnistheorie sind in der letzten Zeit die Tätigkeiten erkennender Subjekte intensiv untersucht worden. Derartige Analysen sind zweifelsohne auch für die philosophischen Forschungen zur Widerspruchsproblematik von höchster Relevanz. Da es im folgenden aber um den Prozeß der Herausbildung der nichtrelativistischen Quantenmechanik, also eine von den Objekten dieser Theorie determinierte Theorieentwicklung geht, ist der Ausgangspunkt unserer Überlegungen zur Widerspruchsproblematik *nicht* in der Spezifik der entsprechenden Tätigkeiten von Erkenntnissubjekten zu suchen. Die *Tätigkeiten* der Physiker haben sich zur Zeit des entsprechenden Theorieentwicklungsprozesses von jenen der vorangegangenen oder der nachfolgenden Physikergenerationen nicht wesentlich unterschieden. Trotzdem aber wurden Erkenntnis*resultate* erzielt, die die methodischen und methodologischen Reflexionen über Tätigkeit *und* Resultat von Erkenntnisprozessen entscheidend beeinflußt haben. Um dies philosophisch zu verstehen, muß man jene Prozesse analysieren, in denen die entsprechenden Problemantinomien mindestens faktisch als solche behandelt und schließlich gelöst wurden.

Wenn im Erkenntnisprozeß mit einer Problemantinomie ein dialektischer Widerspruch dieses Prozesses vorliegt, so erfolgt dessen Lösung über die von Hegel sorgfältig untersuchte dialektische Triade „These—Antithese—Synthese". Es muß hier nun nicht mehr besonders betont werden, daß die dialektische Synthese keine logische Konjunktion von These und Antithese sein kann, sondern als dialektische Negation der Negation sowohl die These als auch die Antithese aufhebt und bewahrt. Unter der Voraussetzung, daß Problemantinomien Grundwidersprüche des Erkenntnisprozesses sind, stellt sich der Theorieentwicklungsprozeß als ein objektiv notwendiger Prozeß des Überwindens einer durch These und Antithese gesetzten Problemantinomie in einer dialektischen Synthese, dem anschließenden Auftauchen einer neuen Problemantinomie usw. ad infinitum dar.

Im Hinblick auf die Theorie, Methode und Methodologie der materialistischen Dialektik ist dabei die detaillierte Untersuchung des Auftauchens verschiedener konkreter Problemantinomien und ihrer jeweiligen Lösung von größtem Interesse.

Im Hinblick auf eine allgemeine Methodologie als eigenständige wissenschaftstheoretische Disziplin wäre allerdings eine solche Untersuchung zu eng. Dazu müßte man die Problemsituation in eine entsprechende Forschungssituation einbetten,[69] die durch eine Reihe weiterer Faktoren (geistig-kulturelles Klima der Zeit im allgemeinen, der mit dem Problem befaßten Gruppe von Wissenschaftlern im besonderen, Verfügbarkeit der für die Problemlösung erforderlichen experimentellen, theoretischen und methodischen Mittel u. a.) bestimmt sind. Aus den konkreten historischen Untersuchungen werden sich Hinweise darauf ergeben, welche Faktoren in welcher Wichtung im vorliegenden Fall die Forschungssituation charakterisiert haben. Eine Präzisierung dieses Konzepts der allgemeinen Methodologie wird dabei nicht angestrebt.

Hier soll vor allem die Frage erörtert werden, inwiefern Problemantinomien dialektische Widersprüche des Objekts zum Ausdruck bringen und was man über die Widersprüchlichkeit der Objekte sagen kann, wenn die entsprechende Problemantinomie durch den Erkenntnisfortschritt aufgehoben wurde. Die Problemantinomie selbst kann noch nicht mit den dialektischen Widersprüchen der Objekte identisch sein. Über diese kann man aber etwas erfahren, wenn man analysiert, auf welche Weise These und Antithese in der Synthese aufgehoben wurden. Auch darin wird deutlich, daß die Theorie der Dialektik sich nicht mit dem Konstatieren von Widersprüchen zufriedengibt. Die Widersprüche des Erkenntnisprozesses sind genausowenig statisch wie die Widersprüche der Objekte dieses Prozesses. Ihre theoretische Erfassung schließt die Tendenz ihrer Lösung mit ein. Da jeder überwundene Widerspruch neue setzt, bedürfen wir theoretischer Mittel, zunächst lediglich mit dem Widerspruch zu „leben“, um ihn dann wirklich „auszuhalten“.

Sieht man im Widerspruch die „Springquelle aller Dialektik“[70], dann hat man „in der dialektischen Bearbeitung der Geschichte des menschlichen Denkens, der Wissenschaft und der Technik“[71] vor allem eine Analyse der entsprechenden Widersprüche vorzunehmen und zugleich die Frage zu stellen, inwiefern auch die Akteure der analysierten Prozesse den Untersuchungen zustimmen könnten.

[69] Vgl. H. Parthey, Problemsituation und Forschungssituation in der Entwicklung der Wissenschaft, in: DZfPh, 2/1981, S. 172–182.

[70] K. Marx, Das Kapital, Erster Band, in: MEW, Bd. 23, a. a. O., S. 623.

[71] W. I. Lenin, Philosophische Hefte, in: Werke, Bd. 38, a. a. O., S. 137.

3. Vom Bohrschen Atommodell zur nichtrelativistischen Quantenmechanik

Die gesamte bisherige Entwicklung der Quantentheorie kann man mit N. Bohr als „zunehmende(n) Gebrauch weiter und weiter verfeinerter mathematischer Abstraktionen zur Sicherung der Widerspruchsfreiheit bei der Beschreibung atomarer Phänomene“[1] auffassen. Diese auf logische *Widerspruchsfreiheit* abzielende Entwicklung der physikalischen Theorie führte zugleich zu der Notwendigkeit, verschiedene Aspekte der Problematik dialektischer Widersprüche auf der Ebene des entsprechenden Erkenntnisprozesses, seiner Resultate und der Objekte der Widerspiegelung zu reflektieren.[2]

Der im folgenden zu analysierende Weg vom *Bohrschen Atommodell* zu den *Heisenbergschen Unbestimmtheitsrelationen* und dem *Bohrschen Komplementaritätsprinzip* war eingebettet in einen Erkenntnisprozeß, welcher mit der Einführung des Planckschen Wirkungsquantums im Jahre 1900 begann und bis heute im Prinzip noch nicht abgeschlossen ist. Nach der erfolgreichen Formulierung der nichtrelativistischen Quantenmechanik kam es zur Entwicklung der Quantentheorie subatomarer Phänomene, der quantentheoretischen Behandlung statistischer Gesamtheiten und zu Versuchen der Vereinheitlichung von Theorien unterschiedlicher Wechselwirkungen.[3]

Der weitere Ausbau der Quantentheorie hat die Diskussionen um die Grundlagenprobleme der nichtrelativistischen Quantenmechanik, insbesondere um

1 N. Bohr, Atomphysik und menschliche Erkenntnis, Bd. 2, Braunschweig 1966, S. 58.

2 Zur Diskussion dieses *philosophischen* Programmes siehe: U. Röseberg, Unbestimmtheit, Komplementarität, Widerspruch, in: 6th International Congress of Logic, Methodology and Philosophy of Science, Hannover 1979, Abstracts Sections 8, 9, S. 174—178.

3 Zu den damit aufgeworfenen philosophischen Fragen gibt es innerhalb des dialektischen Materialismus umfangreiche Diskussionen. Siehe dazu: Materialističeskaja dialektika i metody estestvennych nauk, Moskva 1968; Ėjnštejn i filosofskie problemy fiziki XX veka, Moskva 1979; Sovremennoe estestvoznanie i materialističeskaja dialektika, Moskva 1977; W. L. Ginsburg, Über Physik und Astrophysik, Berlin 1977; H. Hörz, Atome — Kausalität — Quantensprünge, Berlin 1964; H. Hörz/U. Röseberg (Hrsg.), Materialistische Dialektik in der physikalischen und biologischen Erkenntnis, Berlin 1981; M. E. Omelyanovsky, Dialectics in Modern Physics, Moskva 1978; H. D. Pöltz/H. Hörz, Philosophische Probleme der Physik, Berlin 1978; A. Polikarov, Otnositel'nost' i kvanty, Moskva 1966; R. Rompe/H. J. Treder, Grundfragen der Physik, Berlin 1980; R. Rompe/H.-J. Treder, Über Physik, Berlin 1979; S. Sakata/M. Taketani, Philosophische und methodologische Probleme der Physik, Berlin 1982.

deren physikalische Interpretation, den quantenmechanischen Meßprozeß und die damit aufgeworfenen philosophischen Fragen jedoch nicht verstummen lassen. Die nichtrelativistische Quantenmechanik bleibt Gegenstand physikalischer, physikhistorischer, wissenschaftslogischer und philosophischer Forschung.

Im Vorfeld des zu betrachtenden Erkenntnisprozesses wurde eine Reihe von Problemen aufgeworfen, die für das Verständnis dieses Abschnitts physikalischer Theorieentwicklung von entscheidender Bedeutung sind. Mit der Einführung des *Planckschen Wirkungsquantums* und der *Quantelung der Energie* wurde gegen eine jahrhundertealte philosophische Überzeugung der überwältigenden Mehrzahl der Physiker verstoßen. Leibniz hatte zu Beginn des 18. Jahrhunderts klar ausgesprochen, woran bereits Aristoteles im Prinzip keinen Zweifel hegte: „. . . es ist einer meiner wichtigsten und bewährtesten Grundsätze, *daß die Natur niemals Sprünge macht*".[4] Diese, in einem die erkenntnistheoretischen Diskussionen des 19. Jahrhunderts wesentlich bestimmenden Werk geäußerte Auffassung war mit der Annahme von Wirkungs- und Energieportionen plötzlich fragwürdig geworden. Zwar hatte Planck in seinem berühmt gewordenen Vortrag am 14. Dezember 1900 auf der Sitzung der Deutschen Physikalischen Gesellschaft keineswegs beabsichtigt, das Weltbild der Physik zu revolutionieren. Die prinzipielle Unvermeidlichkeit der Einführung diskreter Größen, der Übergang vom Postulat der *Kontinuität* dieser Größen zur Vorstellung prinzipieller *Diskontinuität* führte aber, wie die nachfolgende Entwicklung zeigen sollte, unausweichlich zu einschneidenden Konsequenzen im gesamten Theoriengebäude der Physik.

Wie wir heute wissen, war mit der ursprünglichen Vorstellung vom *Ausschluß prinzipiell diskreter Größen* und der Feststellung, daß die Wirkung und unter bestimmten Bedingungen auch die *Energie diskrete physikalische Größen* sind, die nur im wohldefinierten Grenzfall als *kontinuierliche* behandelt werden können, eine *Problemantinomie* formuliert, welche die Entwicklung der Physik im 20. Jahrhundert maßgeblich geprägt hat.

Die gesamte Quantentheorie stellt eine Konsequenz der Tatsache dar, daß die Wirkung eine diskrete physikalische Größe ist. Da es bislang noch nicht befriedigend gelungen ist, das Quantenpostulat mit den Einsteinschen Relativitätsprinzipien zu verbinden,[5] bleibt die genannte Problemantinomie auch weiterhin eine der Quellen physikalischer Theorienentwicklung.

Im folgenden sollen die relativistischen Probleme so weit ausgespart bleiben, wie das für eine konkret-historische Analyse der Herausbildung der nichtrelativistischen Quantenmechanik methodisch zulässig ist. Das verlangt, den Umstand zu beachten, daß man erst vom Standpunkt der konsistenten nichtrelativistischen

[4] G. W. Leibniz, Neue Abhandlungen über den menschlichen Verstand, Leipzig 1916, S. 13.

[5] Vgl. V. P. Branskij, Filosofskie osnovanija problemy sinteza reljativistskich i kvantovych prinzipov, Leningrad 1973; H. J. Treder, Philosophische Probleme des physikalischen Raumes, Berlin 1974.

Theorie wirklich beurteilen konnte, was eigentlich relativistische Effekte der Mikrophysik sind.

Der Ausgangspunkt unserer Untersuchungen ist mit dem innerhalb physikalischer Theorien auftretenden Widerspruch von Kontinuität und Diskontinuität gegeben. Die Quantenhypothese wurde von Planck im Zusammenhang mit der Begründung einer vorher nur phänomenologisch formulierten Strahlungsformel eingeführt. Diese für das gesamte Spektrum gültige Beziehung ließ sich theoretisch nur dann rechtfertigen, wenn man *im Widerspruch* zur Elektrodynamik, zur Thermodynamik und zur Newtonschen Mechanik (als Grundlage der statistischen Physik immer vorausgesetzt) die Existenz diskreter Energieportionen annahm. Eine Größe, deren Veränderungen bis dahin in der Physik stets als kontinuierlich angesehen worden waren, sollte sich danach nur in diskreten Portionen verändern können, Kontinuität also durch Diskontinuität ersetzt werden. Gleichzeitig bestand aber außerhalb der Herleitung der Strahlungsformel zunächst kein Grund, die Vorstellung von der Energie als kontinuierlich veränderlicher Größe aufzugeben.

Die erstmalig beim Strahlungsproblem auftretende Problemantinomie hätte historisch auch im Zusammenhang mit anderen Problemen der physikalischen Forschung dieser Zeit auftauchen können,[6] aber erst retrospektiv kann man einschätzen, daß sie auf ein für das gesamte Theoriengebäude der Physik fundamentales Problem hinweist. Letztlich liegt ihr einer jener objektiven dialektischen Widersprüche zugrunde, die Engels in der Auseinandersetzung mit mechanistischen philosophischen Weltbildern als fundamentales Charakteristikum der dialektisch-materialistischen Naturauffassung eingeführt hat.

Engels konnte von der hier zu untersuchenden physikalischen Problemantinomie noch nichts wissen. Da das Problem aber in allgemeinerer Form sich philosophiegeschichtlich bis zu den Auseinandersetzungen um den Seinsbegriff in der antiken griechischen Philosophie zurückverfolgen läßt, sind auch diese Überlegungen im weiteren zu berücksichtigen.

Die Atomisten (Demokrit, Epikur) hatten sowohl die Vorstellung unendlicher Teilbarkeit aller materiellen Objekte (Anaxagoras) als auch das unteilbare, homogene, unveränderliche, einheitliche Sein der Eleaten (Parmenides, Zenon) abgelehnt. Mit der Einführung letzter „unzerschneidbarer Formen" (atomoi idéai) wollten sie den Einwand der Eleaten gegen den Seinsbegriff des Anaxagoras entkräften (bei unendlicher Teilbarkeit löst sich „Sein" im „Nichtsein" auf). Zugleich postulierten sie, um die von den Eleaten als „Schein" deklarierte Bewegung auch denkmöglich zu machen, die Existenz des leeren Raumes. Mit der Behauptung von der Existenz des „Leeren" *und* des „Vollen" war eine der fundamentalen Vor-

[6] Vgl. F. Hund, Geschichte der Quantentheorie, Mannheim 1975, S. 210ff.

aussetzungen der Physik als eigenständiger Wissenschaft formuliert,[7] die philosophische Auseinandersetzung um unendliche Teilbarkeit oder Unteilbarkeit des Seins aber keineswegs beendet. Sie wurde unter anderem in der klassischen bürgerlichen deutschen Philosophie wieder aufgegriffen und hat für die Entwicklung der philosophischen Auffassungen von Marx (Doktordissertation!) und die Engelssche Naturdialektik Bedeutung erlangt.

Kant hatte in der „zweiten Antinomie der reinen Vernunft" sowohl für die These der Teilbarkeit aller Substanzen und ihres Aufbaus aus einfachen Elementen (Atomen) als auch für deren Antithese (Unteilbarkeit, Nichtexistenz einfacher Elemente) philosophische Argumente vorgetragen. Er war von Hegel dafür getadelt worden, daß er letztlich doch wieder versucht hatte, diese Antinomie aufzulösen. Daran knüpfte Engels mit der Bemerkung an: „Hegel hilft sich sehr leicht über diese Frage der Teilbarkeit, indem er sagt, die Materie ist beides, teilbar und kontinuierlich, und zugleich keins von beiden, was keine Antwort ist, aber jetzt fast erwiesen . . ."[8]

Mit der Physikentwicklung des 20. Jahrhunderts ergibt sich die Notwendigkeit, dieses uralte Problem erneut zu diskutieren. Es handelt sich dabei inzwischen keineswegs mehr um eine praktisch gleichgültige Frage, wie das noch Engels angenommen hat. Heute geht es bei der Atomismusproblematik nicht mehr nur um die Frage der Teilbarkeitsgrenzen materieller Objekte, sondern in zunehmendem Maße um das Verständnis der „Elementarität" von Konstituenten dieser Objekte.

In der Physik wird zwar noch immer über die Frage nach der Existenz letzter, unteilbarer und damit elementarster Bausteine der Materie gestritten. Es geht seit Planck aber auch um die Frage nach der Existenz elementarster Größen für beliebige physikalische Objekte. Gefragt wird in beiden Fällen, ob sich Kontinuität aus der Diskontinuität ergibt oder ob sie prinzipiell vorausgesetzt werden muß. Ein analoges Problem gibt es seit langem in der Mathematik. Selbst die Lösung des mathematischen Kontinuumproblems würde aber nicht automatisch die Lösung der entsprechenden physikalischen Fragen implizieren. Während bislang zu jedem elementaren physikalischen Objekt noch „elementarere" gefunden werden konnten und in der gegenwärtigen Hochenergiephysik für diesen Prozeß kein Ende absehbar zu sein scheint, liegen die Dinge mit der Existenz des Wirkungsquantums für die physikalische Größe Wirkung prinzipiell anders.

Das Plancksche Wirkungsquantum *h* ist im Sinne des demokriteischen Atomismus ein elementares, also nicht aus einfacheren Objekten zusammengesetztes

[7] Um Physik treiben zu können, muß man die „substantielle Welt" und das „sogenannte Vakuum" voraussetzen (R. Rompe/H. J. Treder, Grundfragen der Physik, a. a. O., S. 47ff.). Zu den historischen Dimensionen des philosophischen Problems siehe: V. S. Gott/F. V. Nedzel'skij, Dialektika preryvnosti i nepreryvnosti v fizičeskoj nauke, Moskva 1975; A. I. Pančenko, Kontinuum i fizika, Moskva 1975; U. Röseberg, Philosophie und Physik. Atomismus in drei Jahrtausenden, Leipzig 1982; N. I. Stepanov, Koncepcii elementarnosti v naučnom poznanii, Moskva 1976; R. Wahsner, Das Aktive und das Passive, Berlin 1981.

[8] F. Engels, Dialektik der Natur, in: MEW, Bd. 20, Berlin 1973, S. 510, 511.

Atom der Wirkung. Gefragt wird, wie die Existenz einer solchen Elementargröße mit der von der klassischen Physik geforderten Kontinuität der Größe Wirkung vereinbar ist. Damit aber ist zugleich das Problem verbunden, ob die Antwort auf diese Frage in kontinuierlicher Fortführung von Forschungstraditionen gefunden werden kann, die sich vor der Einführung der Naturkonstanten h in die Physik herausgebildet haben, oder ob es dabei auch traditionszerstörender Momente, also Diskontinuitäten in der Theorien- und Methodenentwicklung, bedarf. Der Dialektik von Kontinuität und Diskontinuität auf der Ebene der Erkenntnis*resultate* entspricht also eine im weiteren zu analysierende Dialektik von Kontinuität und Diskontinuität auf der Ebene der Erkenntnis*prozesse*. Da wir die Erkenntnisresultate als Widerspiegelung *objektiver* Dialektik auffassen, ist der hier zu untersuchende Prozeß physikalischer Theorieentwicklung besonders gut für die Behandlung der philosophischen Widerspruchsproblematik auf allen *drei* Ebenen geeignet. Methodisch aber ist darauf zu achten, daß man sich bei jedem Schritt der Analyse eines Teilprozesses innerhalb der Entwicklung der Quantentheorie darüber Rechenschaft ablegt, auf welcher dieser Ebenen man sich gerade bewegt. Erst am Schluß der Untersuchungen dieses abgeschlossenen Prozesses kann man wieder zur Synthese kommen.

In der Theorienentwicklung der Physik wurde seit jenem denkwürdigen Planckschen Vortrag des Jahres 1900 immer deutlicher, daß auch die im Vorfeld dieser Entdeckung geführten philosophisch-weltanschaulichen Auseinandersetzungen von prinzipieller Bedeutung waren. In die Auseinandersetzungen, die ursprünglich vor allem *Boltzmann* mit *Mach* und *Ostwald* um „wissenschaftlichen Realismus“ oder positivistische Aufhebung des „Realismus“ sowie um empiristische oder rationalistische Erkenntnistheorie geführt hatten, wurde allmählich auch *Planck* einbezogen. Später ging es auf breiterer Front immer wieder um die philosophisch-weltanschaulichen Grundlagen des naturwissenschaftlichen Forschungsprozesses, um die richtigen erkenntnistheoretischen und methodologischen Positionen in diesem Prozeß und um die entsprechenden philosophischen Schlußfolgerungen aus diesem Prozeß.

An anderer Stelle konnte bereits gezeigt werden, daß die philosophisch-weltanschaulichen Auseinandersetzungen an der Jahrhundertwende unmittelbar Bedeutung für die Formulierung der Planckschen Hypothese, für das allmählich sich herausbildende Verständnis vom Vorliegen einer Problemantinomie und für die entscheidenden Schritte zur Bewältigung dieser Problemantinomie hatten.[9] Im weiteren soll verdeutlicht werden, wie das Ringen um die adäquaten philo-

[9] Vgl. U. Röseberg, Quantenmechanik und Philosophie, Berlin 1978, S. 34ff.; H. Vogel, Zum philosophischen Wirken Max Plancks, Berlin 1961, S. 82ff. Zum physikhistorischen Verständnis dieses und der folgenden Schritte siehe: A. Hermann, Frühgeschichte der Quantentheorie (1899 bis 1913), Mosbach 1969; T. S. Kuhn, Black-Body Theory and the Quantum Discontinuity, 1894—1912, Oxford—New York 1978; H.-G. Schöpf, Von Kirchhoff bis Planck, Berlin 1978.

sophisch-weltanschaulichen Positionen die Herausbildung der nichtrelativistischen Quantenmechanik beeinflußt hat.

Physikalisch haben vor allem Einsteins *Lichtquantenhypothese* (1905/06), Nernsts *dritter Hauptsatz der Wärmelehre* (1906), die Arbeiten zur *Theorie der spezifischen Wärme* von Einstein (ab 1907), die später von Debye, Born, Karman u. a. fortgeführt wurden, sowie die vielfältigen sich an *Plancks Strahlungsformel* anschließenden Diskussionen strahlungstheoretischer Probleme allmählich zu der Überzeugung geführt, daß mit dem Planckschen Wirkungsquantum mehr als nur eine physikalische Hypothese vorlag. Da das Quant aber nicht ohne weiteres logisch widerspruchsfrei in das vorhandene Theoriengebäude der Physik einzubeziehen war, förderte Plancks Entdeckung zunächst vor allem ein fundamentales *Problem* zutage. Mit der Einberufung der ersten Solvay-Konferenz nach Brüssel (1911) und der Publikation der Materialien dieser Konferenz zum Thema „Strahlungstheorie und Quant" (1912) wurde dieses Problem ins Bewußtsein eines breiteren Kreises von Physikern gehoben.[10]

Es hatte sich zu diesem Zeitpunkt gezeigt, daß es keinen Weg gab, ohne das Quantenpostulat mit den Widersprüchen der klassischen Theorie fertig zu werden. Zugleich wurde auf eine Reihe von Phänomenen hingewiesen (z. B. *Supraleitung* durch Kamerlingh Onnes), zu deren Behandlung man wahrscheinlich das der klassischen Physik fremde Quantenpostulat brauchte. Ein definitiver *Beweis*, daß man ohne derart radikale Änderungen in den konzeptionellen Grundlagen der theoretischen Physik nicht auskommen könne, wurde freilich damals auch in Brüssel noch nicht erbracht. Wenn A. Einstein die gehaltvollen Beiträge in ihrer Gesamtheit mit „einer Wehklage auf den Trümmern Jerusalems" verglich und feststellte, „Positives kam nicht zustande"[11], dann wird deutlich, wie sehr er und andere Teilnehmer dieser Konferenz die Existenz von Quanten als Herausforderung empfanden. An ihrer Existenz war aber schon nicht mehr zu zweifeln: „Ob diese Quanten wirklich existieren, das frage ich nicht mehr. Ich suche sie auch nicht zu konstruieren, weil ich weiß, daß mein Gehirn so nicht durchzudringen vermag. Aber ich suche möglichst sorgfältig die Konsequenzen ab, um über den Bereich der Anwesenheit dieser Vorstellung unterrichtet zu werden."[12]

[10] Die Solvay-Konferenzen wurden ins Leben gerufen, um den führenden Physikern der Welt die Möglichkeit zum intensiven Gedankenaustausch über die mindestens seit Anfang des 20. Jahrhunderts heftig in Bewegung geratenen Grundlagenfragen dieser Wissenschaft zu bieten. Sie haben im folgenden tatsächlich jene Bedeutung erlangt, die ihren Initiatoren vorschwebte. Siehe dazu: J. Mehra, The Solvay Conferences on Physics. Aspects of the Development of Physics since 1911, Dordrecht 1975.

[11] A. Einstein, Brief vom 26. 11. 1911 an M. Besso, in: A. Einstein/M. Besso, Correspondence 1903—1955, Paris 1972, S. 40.

[12] A. Einstein, Brief vom 13. 5. 1911 an M. Besso, in: ebenda, S. 19. Einstein stellte sich ebenso wie andere erfolgreiche Physiker nur solchen Aufgaben, die ihm unter Anspannung aller Kräfte lösbar schienen.

Das war der Weg, um die tatsächliche Tragweite des Problems zu ermessen. Auf diesem Weg wurde aus einer *Hypothese*, die man ursprünglich in die Theorie bei der Behandlung eines speziellen Problems eingeführt hatte, allmählich eine anerkannte *Idee* von grundsätzlicher Bedeutung für die Entwicklung der theoretischen Physik. Deshalb ergab sich die Notwendigkeit, die Vielfalt der Konsequenzen dieser Idee in entsprechenden *Forschungsprogrammen* auszuarbeiten. Der Charakter der Forschungsprogramme aber hing vor allem davon ab, ob man das Plancksche Wirkungsquantum in das existierende Theoriengebäude organisch einzufügen versuchte oder in der neuen Größe eine prinzipiell mit den konzeptionellen Grundlagen des vorhandenen Theoriengebäudes unvereinbare Größe sah. Beseitigung von logischen Widersprüchen zwischen theoretischen Aussagen bzw. zwischen Aussagen über experimentelle Befunde und den entsprechenden, sich aus der Theorie ergebenden Aussagen *im Rahmen* bisheriger konzeptioneller Vorstellungen oder *Suche nach neuen theoretischen Fundamenten* der Physik lautete die Alternative. Die mit der Problematik von Kontinuität und Diskontinuität aufgeworfene Fragestellung hieß zu diesem Zeitpunkt einmal mehr: logischer Widerspruch oder Problemantinomie?

Die Entwicklung bis zur ersten Solvay-Konferenz hatte die Vorstellung von einem im physikalischen Theoriengebäude vorliegenden *logischen Widerspruch* zwischen *Kontinuität und Diskontinuität* erhärtet. Die Auseinandersetzungen „um Gegensätze der Erwartung“[13] (nicht der Erkenntnis) wurden zunächst darum geführt, wie und ob man mit dem logischen Widerspruch „leben“ könne, und tendierten allmählich zur Problematik des „Aushaltens“ des Widerspruchs. Im wissenschaftlichen Meinungsstreit ging es um die Frage, ob der logische Widerspruch zwischen der Behauptung von der durchgängigen Kontinuität physikalischer Größen und der mit der Einführung diskreter Größen festgestellten Diskontinuität einiger Größen ein Problem signalisiert, das über die Negation der These oder der Antithese gelöst werden kann, oder ob eigentlich eine *Problemantinomie* und damit *kein logischer Widerspruch* vorliegt.

Dieses Problem war in der *Strahlungstheorie* aufgetaucht und zu einem Problem der *statistischen Physik* geworden. N. Bohr, L. Brillouin, L. de Broglie und andere junge Physiker wurden nicht zuletzt durch die Berichte über die erste Solvay-Konferenz nachhaltig auf die Quantenproblematik hingewiesen. Bereits 1913 folgte die zweite Solvay-Konferenz, die sich mit Fragen der „Struktur der Materie“ befaßte. Es waren inzwischen Voraussetzungen geschaffen, die quantentheoretischen Probleme auf breiter Front anzugehen.

Die Zahl der Physiker, welche das genannte Problem als Problemantinomie behandelten, nahm allmählich zu. Für viele Physiker aber (darunter auch für Planck) gab es keinen hinreichenden Grund zu der Annahme, daß der *Widerspruch zwischen Kontinuität* (*These*) *und Diskontinuität* (*Antithese*) nur über eine dialek-

[13] M. Planck in: A. Einstein, Antrittsrede und Erwiderung von Max Planck am Leibniztag 1914, in: A. Einstein, Akademie-Vorträge, Bd. 1, Berlin 1979, S. 5.

tische Synthese zu lösen sei. Sie hofften immer noch, das Problem durch eine Negation der Antithese zu beseitigen; sie setzten also auf Anpassung der Gedanken, nicht auf deren revolutionäre Veränderung. Die Tragfähigkeit der einander widersprechenden und zugleich ergänzenden Forschungsprogramme konnte sich nicht in metatheoretischen Diskussionen, sondern nur in deren praktischen Umsetzungen erweisen. Da der entscheidende Durchbruch bei der Formulierung einer konsistenten Quantentheorie schließlich in der Theorie des *Atoms* erzielt wurde, interessieren uns vor allem die erfolgreichen Überlegungen zur Entwicklung quantentheoretischer Atommodelle. Wir wollen dabei vom Bohrschen Atommodell von 1913 ausgehen.

3.1. Bohr-Sommerfeldsches Atommodell

Während einige Physiker um die Jahrhundertwende vom 19. zum 20. Jahrhundert mit philosophischen Begründungen Machs oder auf der Basis ähnlicher Überlegungen noch davon ausgingen, daß Atome *nicht existieren* bzw. *nicht existieren können*, waren Physiker, die philosophisch Boltzmann folgten, bereits damit beschäftigt, konkrete Atommodelle in Übereinstimmung mit den jeweils bekannt gewordenen experimentellen Daten zu entwickeln. Die Vorstellungen der griechischen Atomisten und deren Weiterentwicklung im Atomismus des 17. Jahrhunderts, die für die Ansätze zur kinetischen Wärmetheorie noch ausreichend schienen, genügten nicht mehr, um die empirisch gefundenen Regelmäßigkeiten der Spektren von Atomen und Molekülen, die Gesetze des radioaktiven Zerfalls, der Streuung von α-Teilchen am Atom u. a. adäquat zu beschreiben.

Ausgehend von mehr oder minder mechanistischen Vorstellungen, wurden verschiedene miteinander konkurrierende Modelle vorgeschlagen (Lorentz, Lenard, Thomson, Perrin, Nagoka, Ritz u. a.), die alle ohne Quantenvorstellungen auskamen. Erstmalig 1910 wurde von A. Haas ein Atommodell diskutiert, in das das Plancksche Wirkungsquantum einging. Hasenöhrl kritisierte Haas noch dafür, daß er „naiverweise Wissenszweige, die gar nichts miteinander zu tun haben könnten, wie Quantentheorie (als etwas Wärmetheoretisches) und Spektroskopie (als etwas Optisches) miteinander vermengt" habe.[14] Ein anderer Kritiker nannte das Ganze gar einen Faschingsscherz.[15] Bald schon sollte sich aber zeigen, daß nur der quantentheoretische Ansatz eine Möglichkeit zum tatsächlichen theoretischen Verständnis atomarer Prozesse eröffnete. Dabei gab es zunächst langanhaltende Diskussionen, ob der empirisch bestimmbare Atomradius als fundamentale Naturkonstante das Wirkungsquantum theoretisch festlege oder ob die von Planck in die Physik eingeführte Größe selbst eine fundamentale *Naturkonstante* sei.

[14] A. Haas, Der erste Quantenansatz für das Atom, Stuttgart 1965, S. 16.
[15] Zitiert bei: A. Hermann, Frühgeschichte der Quantentheorie (1899 bis 1913), a. a. O., S. 110.

Heute gilt das Atom als „die eigentliche Manifestation der Quantentheorie".[16] Gleichzeitig kann nicht mehr die Rede davon sein, daß die Quantentheorie ausschließlich „etwas Wärmetheoretisches" ist. Die 1910 für Hasenöhrl u. a. noch auseinanderfallenden Disziplinen Wärmetheorie und Optik haben gemeinsame theoretische Grundlagen. Dies war schon mit der Einsteinschen Lichtquantenhypothese (1905/06) angedeutet, aber von der Mehrzahl der Physiker keineswegs akzeptiert worden. Dazu bedurfte es des weiteren Ausbaus der neuen Gedanken und vor allem der experimentellen Bestätigungen der kühnen theoretischen Entwürfe.

Einige Knotenpunkte einer solchen Entwicklung werden uns schließlich zu der Einsicht führen, daß die Quantentheorie tatsächlich Wissenszweige organisch miteinander verbunden hat (wie Optik und Wärmetheorie), von denen man früher dachte, daß sie nichts miteinander zu tun haben könnten. Insofern widerspiegelt die Quantentheorie als wichtiges Moment auf dem Wege zur Einheit der Physik zugleich den philosophisch im dialektischen Determinismus ausgedrückten universellen Zusammenhang aller Dinge und Erscheinungen in der objektiven Realität in spezifischer Weise.[17] Da die Quantentheorie Auffassungen zu einer Synthese geführt hat, von denen man vorher meinte, daß sie einander logisch ausschließen (wie die Wellen- und die Korpuskelauffassung des Lichts), zeigen sich die von dieser Theorie widergespiegelten Momente der Einheit der Welt zugleich in ihrer objektiven Widersprüchlichkeit.

Den Charakter dieser objektiven Widersprüchlichkeit in der Einheit materieller Erscheinungen wollen wir genauer analysieren, wenn der Erkenntnisprozeß philosophisch untersucht ist, der zur genannten Synthese geführt hat. Trotz der Überzeugung von der heuristischen Fruchtbarkeit der Konzeption objektiv dialektischer Widersprüche der Natur wollen und müssen wir uns vor apriori-Konstruktionen derartiger Widersprüche im von der Physik erforschten Objektbereich hüten. Am Ausgangspunkt der philosophisch zu analysierenden Etappe physikalicher Theorieentwicklung wußte niemand etwas vom Welle-Teilchen-Dualismus. Man war beim Licht durch Einstein damit konfrontiert, mit einer logisch widersprüchlich erscheinenden Vorstellung fertig zu werden, hatte es aber vor allem mit der durch Planck gesetzten Problemantinomie von Kontinuität und Diskontinuität zu tun.

So wie man in der Strahlungstheorie und in jenen anderen Bereichen, in denen man sich des Planckschen Wirkungsquantums bediente, mit *logisch widersprüchlich scheinenden* Vorstellungen fertig werden mußte, war man seit 1911 mit *Rutherfords Atommodell* auch in der Atomtheorie auf einen *Widerspruch* gestoßen. Dieses Modell, mit dem N. Bohr während seines Aufenthaltes in Manchester 1912 bekannt

[16] F. Hund, Geschichte der Quantentheorie, a. a. O., S. 54.

[17] Vgl. I. Z. Cechmistro, Dialektika množestvennogo i edinogo. Kvantovye svojstva mira kak nedelimogo zelogo, Moskva 1972; J. Fodor, Die Entwicklung der Determinismus-Konzeption und ihre Beziehungen zur Quantenmechanik, Budapest 1980; A. Müller, Quantum Mechanics: A Physical World Picture, Budapest 1974.

wurde, war der Ausgangspunkt zu den wegweisenden quantentheoretischen Arbeiten, in denen schließlich Klarheit darüber erlangt wurde, inwiefern die Einführung des Planckschen Wirkungsquantums eine dialektische Einheit von *Kontinuität und Diskontinuität in der Theorienentwicklung der Physik* zur Folge hat und inwiefern die Einheit von Kontinuität und Diskontinuität *objektiv dialektische Widersprüchlichkeit der Natur* widerspiegelt.

3.1.1. Vom Rutherfordschen zum Bohrschen Atommodell

Während Planck im Dezember 1900, von implizit dialektischen erkenntnistheoretischen Positionen (dialektische Einheit von Theorie und Empirie, relative Eigenständigkeit der Theorie trotz materialistischer Voraussetzungen im Forschungsprozeß) ausgehend, in einem „Akt der Verzweiflung“[18] zum Revolutionär wurde, näherte sich Bohr den schwerwiegenden Problemen des Rutherfordschen Atommodells bereits mit seiner in frühester Jugend ausgeprägten „dialektischen Denkweise“[19].

Rutherford, der, in der englischen empirischen Traditionslinie vieler Physiker stehend, aus Streuexperimenten mit α-Strahlen an Atomen auf die Existenz eines Atomkerns geschlossen und ein *Atommodell* vorgeschlagen hatte, nach dem das *Atom ein Planetensystem im Kleinen* verkörpern sollte, unternahm wenig, die Konsequenzen eines solchen theoretischen Konzepts im Detail auszuarbeiten. Er war zutiefst davon überzeugt, daß sein Modell die inneratomare Realität besser erfaßte als alle anderen vorliegenden Modelle. Die in seinem Laboratorium entwickelte *Wilsonsche Nebelkammer* gestattete sogar, die Ablenkung von α-Strahlen am Kern unmittelbar sichtbar zu machen, und war daher eine Entwicklung der experimentellen Technik, die jeden Empiristen erfreuen mußte. Damit gelang es scheinbar problemlos, inneratomares Geschehen in makroskopisch wahrnehmbare Dimensionen zu transformieren und für die Behandlung mechanischer Probleme des Atoms unmittelbar sinnlich wahrnehmbare Phänomene aufzuzeigen. Die Wilsonsche Nebelkammer wurde lange Zeit als ein dem Mikroskop vergleichbares Instrument verstanden, daß das Geschehen im Mikrokosmos für das menschliche Auge gemäß den empiristischen Auffassungen zugänglich machte. Erst sehr viel später sollte durch Heisenbergs Unbestimmtheitsrelationen gezeigt werden, daß weder das Mikroskop noch die Wilsonsche Nebelkammer als Stützen des Empirismus aufzufassen sind.

Die Zurückhaltung, mit der Rutherford zunächst Schlußfolgerungen aus dem von ihm vorgeschlagenen Atommodell aufnahm, erklärt sich vor allem aus seinem

[18] M. Planck, Brief vom 7. 10. 1931 an R. W. Wood, in: Archive for History of Quantum Physics (im folgenden AHQP), 66, 5.

[19] L. Rosenfeld, Niels Bohr Biographical Sketch, in: N. Bohr, Collected Works, Bd. 1, Early Work (1905—1911), Amsterdam 1972, S. XXVIII.

Wissen um einen entscheidenden Mangel dieses Modells. Gemäß der Maxwellschen Elektrodynamik müßte ein den Atomkern umlaufendes Elektron wegen seiner Radialbeschleunigung strahlen und dabei Energie verlieren. Das aber würde dazu führen, daß das Elektron sich dem Kern nähert und in relativ kurzer Zeit in den Kern stürzt. Auf der Grundlage der vorausgesetzten klassischen Mechanik und Elektrodynamik könnte also ein System aus einem positiv geladenen Kern und den um diesen Kern kreisenden Elektronen niemals stabil sein. Die *Stabilität* der Atome über lange Zeit gehörte aber zu den empirisch bestens belegten Eigenschaften der Atome. Eine konsistente Atomtheorie hatte gerade diese Stabilität zu *erklären*. Das Rutherfordsche Modell leistete das noch nicht. Vom Standpunkt dieses Modells war es unverständlich, daß Elektronen auf stationären Bahnen nicht strahlen. Darüber hinaus konnte man nicht verstehen, warum die Elektronenbahnen offensichtlich für alle Atome einer Sorte identisch waren. Entsprechend der klassischen Mechanik mußte man erwarten, daß solche Bahnen unter dem Einfluß von Teilchen, die das Atom durchfliegen, gestört werden. Nichts Derartiges aber war bekannt. Die Analogie zwischen dem Planetensystem und dem Atommodell ließ sich vermutlich auch in diesem Punkt nicht aufrechterhalten. Dies alles mahnte Rutherford zur Vorsicht im Umgang mit dem von ihm entwickelten Modell.

Die sich wechselseitig negierenden Urteile, daß Mechanik und Elektrodynamik für Atome gültig sein sollen (These) und nicht gültig sind (Antithese), wurden von Rutherford ausschließlich als Ausdruck der Inkonsistenz dieses Modells gedeutet. Trotz empiristischer Grundhaltung beunruhigte ihn eine der rationalistischen Orientierung entnommene Forderung an die Theorieentwicklung, nämlich die nach logischer Widerspruchsfreiheit. Was später als Problemantinomie behandelt wurde, war für Rutherford zunächst nur ein *logischer Widerspruch*, der eine ständige Bedrohung seines Modells darstellte. Das Rutherfordsche Atommodell galt lediglich als ein unvollkommenes Bild, welches gewisse Seiten der Wirklichkeit zwar adäquat widerzuspiegeln vermag, aber wegen seiner Unvollkommenheit nicht zum Ausgangspunkt der weiteren Theorieentwicklung werden sollte. Rutherfords Gruppe war daher in Ermangelung befriedigenderer Modelle konsequenterweise zunächst fast ausschließlich damit beschäftigt, das experimentelle Datenmaterial im Bereich der Atomphysik weiter anzureichern.

Ganz anders ging Bohr an diese Problematik heran.[20] Er sah in der Tatsache,

[20] Vgl. N. Bohr, On the Constitution of Atoms and Molecules. Papers of 1913 reprinted from the Philosophical Magazine with an Introduction by L. Rosenfeld, Copenhagen 1963; N. Bohr, Rutherford-Gedenkvorlesung 1958; in: N. Bohr, Atomphysik und menschliche Erkenntnis, Bd. 2, a. a. O., S. 30—74; N. Bohr, Collected Works, Bd. 2, Work on Atomic Physics (1912 bis 1917), Amsterdam 1981; J. L. Heilbron/T. S. Kuhn, The Genesis of the Bohr Atom, in: Historical Studies in the Physical Sciences, Bd. 1, Philadelphia 1969, S. 211—290; U. Hoyer, Die Geschichte der Bohrschen Atomtheorie, Weinheim 1974; E. M. Kljaus/U. I. Frankfurt/A. M. Frenk, Nil's Bor, 1885—1962, Moskva 1977, S. 184ff.; L. Rosenfeld/E. Rüdinger, The Decisive Years 1911—1918, in: S. Rozental (Hrsg.), Niels Bohr. His Life and Work as Seen by his Friends and Colleagues, Amsterdam 1968, S. 38—73.

daß mit der Newtonschen Mechanik und der Maxwellschen Elektrodynamik die Stabilität der Elektronenbahnen des Rutherfordschen Atommodells nicht erklärt werden konnten, keine Bedrohung des Modells, sondern — in der hier benutzten Sprechweise — eher einen Hinweis auf eine Problemantinomie. Da im Rutherfordschen Modell diese Antinomie besonders klar zutage trat, die im Prinzip ebenso in den anderen Atommodellen vorhanden sein mußte, hielt er gerade dieses Modell für geeignet, einen Weg zu ihrer Lösung zu finden. Im Gegensatz zu Rutherford selbst war er zutiefst davon überzeugt, daß die Schwierigkeiten des in vielen Zügen so befriedigenden Modells etwas mit jenem Problemkreis von Überlegungen zu tun haben mußten, aus dem das Plancksche Wirkungsquantum entstanden war. Bohr betonte: Planck war damit konfrontiert, daß die Newtonsche Mechanik und die Maxwellsche Elektrodynamik nicht hinreichten, die empirisch richtige Strahlungsformel theoretisch zu begründen. Da man es nun im Rutherfordschen Atommodell ebenfalls mit den Unzulänglichkeiten der Newtonschen Mechanik und der Maxwellschen Elektrodynamik zu tun hatte und eine theoretische Erklärung für Emissions- und Absorptionsvorgänge gefunden werden mußte, konnte man hoffen, mit Plancks inzwischen vielfach bewährter Quantenhypothese weiterzukommen.

Bohr war bereits in seiner Dissertation zur Elektronentheorie der Metalle darauf gestoßen, daß die Atomphysik zu fundamentalen Änderungen im Theoriengebäude der Physik führen mußte. Während seiner Beschäftigung mit theoretischen Problemen bei der Streuung von α-Teilchen am Atomkern kam er 1912 in Manchester zu der Überzeugung, daß die klassische Mechanik, die so ungeeignet war, die Stabilität der periodischen Bewegungen von Elektronen im Atom zu erklären, unvermindert Gültigkeit bei der Behandlung aperiodischer Bewegungen von Teilchen in elektrischen Feldern beanspruchen konnte. Deshalb sollte es also — wie radikal auch die durch die Existenz des Wirkungsquantums erzwungenen Veränderungen in den Gesetzen der klassischen Physik sein mochten — im Grenzwert kleiner Frequenzen einen Übergang der gesuchten quantentheoretischen Beziehungen zu den bekannten klassischen geben.

Da das Rutherfordsche Atommodell zweifelsohne einen rationalen Kern hatte, konnte es als Leitfaden zum Verständnis des Aufbaus der Atome und Moleküle dienen. Indem man die Konsequenzen dieses Modells untersuchte, durfte man hoffen, etwas über die Grenzen der Anwendbarkeit der klassischen Physik zu erfahren und die Richtung ihrer rationalen Verallgemeinerung für atomare Dimensionen aufzuklären. Bohr war sich mit dem Beginn seiner Arbeiten zur Atomtheorie der Widersprüchlichkeit des Rutherfordschen Atommodells wohl bewußt und konzentrierte trotzdem all seine Kräfte darauf, möglichst viele und weitgehende physikalische Schlußfolgerungen dieses Modells aufzuzeigen. Er verhielt sich in dieser Situation in der Tat als Dialektiker. Wohlwissend um einen zeitweise nicht aufhebbaren logischen Widerspruch, suchte er nach Wegen, mit diesem Widerspruch zu „leben“, um ihn schließlich in seiner logischen Widersprüchlichkeit zu eliminieren. Indem er das seiner logischen Struktur nach widersprüchliche Rutherfordsche Modell als Vorstufe eines logisch widerspruchsfreien Modells und dieses wiederum als Vorstufe einer konsistenten Theorie ansah, war er faktisch darauf eingestellt, einen dialektischen Widerspruch des Erkenntnisprozesses im Hegelschen Sinne „auszuhalten".

N. Bohr hat sich spätestens seit Juni 1912 mit allgemeinen Fragen der Struktur des Atoms beschäftigt. In seinem Brief vom 12. 6. 1912 an den Bruder Harald wurde das Rutherfordsche Atommodell als das von allen vorliegenden fundierteste erwähnt.[21] Ihm war bereits klar, daß dieses Modell die chemischen Eigenschaften der Elemente deutlich von deren radioaktiven zu unterscheiden erlaubte. Während für das Verhalten eines Atoms oder eines Moleküls in chemischen Reaktionen die Elektronen der Außenschale verantwortlich zeichneten, waren die Phänomene der Radioaktivität Vorgängen im Atomkern geschuldet. Damit wurde das Rutherfordsche Atommodell sowohl der Ausgangspunkt zu weiterführenden Überlegungen in der Theorie der Radioaktivität als auch zur physikalischen Grundlage des Periodensystems der chemischen Elemente.

Solch weitreichende Konsequenzen stießen damals in Manchester nur bei G. Hevesy auf Gegenliebe. Rutherford und seine anderen Mitarbeiter nahmen derartige Überlegungen zunächst reserviert auf. Nicht anders war es, als Bohr gar in einem ersten Manuskript vom Sommer 1912 versuchte, die *mechanische Umlauffrequenz* eines Elektrons mit der *Resonanzfrequenz* des vom strahlenden Atom emittierten Lichtes zu identifizieren und die Bindungsenergie des Elektrons als Energie eines Planckschen Oszillators ausdrückte. Weil er auf diesem Wege fand, daß das Atommodell zu bemerkenswert einfachen Resultaten führte, konnte Rutherford nicht umhin festzustellen, daß an der Arbeit etwas dran sein müsse.[22] Als Bohrs Ausarbeitung bereits eine weitaus konsistentere Form angenommen hatte, schrieb der von ihm verehrte Meister zwar: „Ihre Ideen über die Entstehungsweise des Wasserstoffspektrums sind sehr scharfsinnig und scheinen sich gut zu bewähren."[23] Gleichzeitig wandte er jedoch ein: „Aber die Verquickung der alten Mechanik mit *Planck*s Gedanken macht es sehr schwierig, eine physikalische Vorstellung davon zu bekommen, welches die Grundlagen sind."[24]

Während Rutherfords Ausarbeitungen zum Atommodell auf der *heuristischen Stufe der Modellbildung* verharrten, auf die Herausarbeitung eines Modells allein gerichtet blieben, bewegten sich Bohrs Überlegungen trotz der noch unübersehbaren Mängel des Rutherfordschen Atommodells bereits auf der nächsten, der

[21] Vgl. N. Bohr, On the Constitution of Atoms and Molecules, a. a. O., S. XVII; N. Bohr, Collected Works, Bd. 2, a. a. O., S. 4f.

[22] Vgl. N. Bohr, On the Constitution of Atoms and Molekules, a. a. O., S. XVII; N. Bohr, Collected Works, Bd. 2, a. a. O., S. 4f.

[23] E. Rutherford, Brief vom 20. 3. 1913 an N. Bohr, in: N. Bohr, Atomphysik und menschliche Erkenntnis, Bd. 2, a. a. O., S. 41.

[24] Ebenda. Siehe auch: N. Bohr, Collected Works, Bd. 2, a. a. O., S. 583.

kognitiven Stufe der Modellbildung.[25] In der Arbeit mit dem Modell suchte er das vorhandene Modell, welches durch einen im Rahmen der klassischen Physik nicht auflösbaren Widerspruch gekennzeichnet war, mittels jener Überlegungen zu verbessern, die Planck und Einstein an anderer Stelle in die theoretische Physik eingeführt hatten.

Rutherford vermochte einen solchen Gedanken noch nicht nachzuvollziehen; Bohr und anderen jungen Physikern schien er hingegen schon fast selbstverständlich. Mit McLaren, Hevesy u. a. wußte er sich darin einig, daß die alte mechanische Beschreibung geändert werden müsse.[26] Deshalb hatte er am 6. 3. 1913 an Rutherford geschrieben, daß er hoffe, in der delikaten Frage simultaner Benutzung der alten Mechanik und der durch Plancks Strahlungstheorie eingeführten neuen Annahmen nun eine angemessene Position zu vertreten.[27] Das aber bereitete Rutherford enorme Schwierigkeiten für das physikalische Verständnis der Bohrschen Arbeit.

Nachdem die von Plancks Entdeckung gesetzte Problemantinomie Eingang in ein verheißungsvolles Atommodell gefunden hatte, gehörte jetzt auch die Atomphysik endgültig zu jenen Bereichen der physikalischen Grundlagenforschung, in denen man alleine mit dem physikalischen Forschungsprogramm des mechanischen Materialismus oder einer Verabsolutierung der Maxwellschen Elektrodynamik nicht mehr weiterkommen konnte.[28] — Wesentlich später sollte Bohr feststellen, daß man damals in Manchester eigentlich sehr viel weniger über das Plancksche Wirkungsquantum wußte als er.[29]

Diese Einschätzung ist zweifelsohne berechtigt. Sie hängt nicht nur damit zusammen, daß Bohr stärker theoretisch orientiert war als Rutherford. Sie hat durchaus auch damit zu tun, daß die jüngere Physikergeneration Plancks revolutionäre Neuerung problemloser nachvollziehen konnte, als dies Planck selbst und mit ihm den anderen Vertretern seiner Generation möglich war.

Planck, Rutherford und die anderen Physiker dieser Generation waren noch

[25] Über die Stufen der Modellbildung siehe: N. Hager/H. Hörz, Modelle und Modellmethode in der wissenschaftlichen Erkenntnis, in: DZfPh, 2/1977, S. 164—179; N. Hager, Modelle in der Physik, Berlin 1982, S. 69ff.

[26] Vgl. N. Bohr, On the Constitution of Atoms and Molecules, a. a. O., S. XXXIIff., XLI. Siehe dazu auch: N. Bohr im Brief vom 7. 2. 1913 an G. Hevesy, in: N. Bohr, Collected Works, Bd. 2, a. a. O., S. 529—531.

[27] Vgl. N. Bohr, On the Constitution of Atoms and Molecules, a. a. O., S. XLI; N. Bohr, Collected Works, Bd. 2, a. a. O., S. 582.

[28] Das physikalische Forschungsprogramm des mechanischen Materialismus war darauf gerichtet, die Einheit der Physik allein auf der Mechanik zu begründen. Versuche, die Elektrodynamik als physikalische Einheitstheorie aufzufassen, führten dieses Programm insofern fort, als sie weiterhin den aus der Mechanik bekannten Determinationstyp für alle Naturgesetze beibehielten. An die Stelle von Massenpunkten traten dabei Felder. Siehe dazu auch: N. Hager/U. Röseberg, Philosophisch-weltanschauliche Aspekte des Weltbildes der klassischen Physik, in: DZfPh, 5/1977, S. 577—586.

[29] Vgl. 3. Interview mit N. Bohr vom 7. 11. 1962, S. 5, in: AHQP.

zu sehr in den Traditionen der klassischen Physik verwurzelt, als daß sie sich ohne weiteres mit dem radikalen Gebrauch der Quantenvorstellung durch Einstein, Bohr u. a. anfreunden konnten. Für sie blieb das *physikalische Forschungsprogramm des mechanischen Materialismus* im Prinzip noch verbindlich, obgleich auch ihnen deutlich geworden war, daß es inzwischen auf erhebliche Schwierigkeiten gestoßen war. In Ermangelung einer Alternative zu diesem Programm neigten sie jedoch dazu, die dem mechanischen Materialismus entnommenen philosophischen Rechtfertigungen zugunsten der *Kontinuität* physikalischer Theorienentwicklung zu einem Zeitpunkt zu betonen, als das Moment der *Diskontinuität* dieser Entwicklung objektiv immer stärker in den Vordergrund trat.

In einer derartigen Beurteilung mit dem Vorteil des historischen Abstandes von den unmittelbaren Umschlagspunkten kontinuierlicher und diskontinuierlicher Theorienentwicklung verkennt man leicht, daß aus der Sicht der Akteure dieser Entwicklung Kriterien für die Umschlagspunkte nicht angebbar waren. Je dichter man an einen solchen Umschlagspunkt herankommt, um so schwerer ist die Diskontinuität auf dem Hintergrund kontinuierlicher Theorienentwicklung auszumachen. Dies gilt bereits für retrospektive historische Analysen des entsprechenden Forschungsprozesses, um so mehr aber für den Prozeß selbst.

Bei der Überwindung einseitiger physikalischer Auffassungen der Vergangenheit waren in der hier untersuchten Phase der Theorieentwicklung verschiedene *antimechanistische* philosophische Tendenzen heuristisch hilfreich. Die philosophische Kritik am *mechanischen* Materialismus wurde allerdings oftmals in Ignoranz oder Unkenntnis des dialektischen Materialismus als Kritik am *Materialismus* vorgetragen. W. I. Lenin hat sich in „Materialismus und Empiriokritizismus" ausführlich mit den sozialökonomischen und erkenntnistheoretischen Ursachen idealistischer Tendenzen innerhalb positivistischer Wissenschaftsphilosophie beschäftigt. Die von ihm in der Auseinandersetzung entwickelten bzw. vertieften philosophischen Prinzipien des Marxismus haben sich in der nachfolgenden Wissenschaftsentwicklung bewährt und sind für uns Ausgangspunkt bei der Bearbeitung philosophischer Fragen der Wissenschaftsentwicklung. Die Schärfe der Leninschen Polemik mit seinen ideologischen Gegnern darf uns jedoch nicht den Blick für die *objektive historische Wirkung* der von Lenin kritisierten erkenntnistheoretischen und methodologischen Positionen trüben.

Sowohl die von Lenin analysierte *positivistisch orientierte antimechanistische philosophische Strömung* als auch ihr entsprechendes *lebensphilosophisch orientiertes Pendant*[30] haben in der Physik geholfen, den Boden für die Aufnahme so

[30] Die einander wechselseitig ausschließende und durchdringende positivistische und lebensphilosophische Denkweise als Charakteristikum des gesamten bürgerlichen philosophischen Denkens (M. Buhr, Zur Aktualität der Leninschen Positivismuskritik, Berlin 1972; M. Buhr/J. Schreiter, Erkenntnistheorie — kritischer Rationalismus — Reformismus, Berlin 1979; A. Gedö, Philosophie der Krise, Berlin 1978; R. Steigerwald, Bürgerliche Philosophie und Revisionismus im imperialistischen Deutschland, Berlin 1980) begegnen uns auch in der nichtmarxistischen Wissenschaftsphilosophie immer wieder und ziehen in Abhängigkeit von

fundamentaler Ideen wie der Planckschen Idee von der Quantelung der physikalischen Größe Wirkung vorzubereiten. Es wäre sicher falsch, wollte man diese oder jene antimechanistische philosophische Position eines Physikers allein für seine Aufgeschlossenheit verantwortlich machen, Veränderungen in den theoretischen Grundlagen der Wissenschaft ernsthaft ins Auge zu fassen. Ohne derartige philosophisch-weltanschauliche Motivationen wäre es aber schwerlich zu einer solchen Vielzahl *konstruktiver* Beiträge bei der Sprengung des Weltbildes der klassischen Physik gekommen, wie man sie seit Beginn des 20. Jahrhunderts zu verzeichnen hatte.

Die Wirkung konkreter antimechanistischer Positionen muß im Detail untersucht werden. Dabei stellt sich heraus, daß scheinbar gegensätzliche philosophische Überzeugungen durchaus ähnliche Effekte zeitigen können. Dies war beispielsweise für Einstein und Bohr der Fall.

Während Einstein über eine partielle Aneignung und kritische Auseinandersetzung mit positivistisch orientierter Wissenschaftsphilosophie (Mach u. a.) unter Rückgriff auf Spinoza, Hume, Kant und teilweise auch Schopenhauer in entscheidenden erkenntnistheoretischen Positionen über den *mechanischen* Materialismus hinauskam[31], gelang dies Bohr über die stärker lebensphilosophisch ausgerichtete Tendenz der bürgerlichen Philosophie.[32] Er partizipierte an Hegels Dialektik in der Vermittlung durch Kierkegaard. Nicht zuletzt wegen seines langjährigen engen Kontakts zum dänischen Philosophen H. Høffding hatte er vor allem in existentiellen Fragen schon früh eine ausgesprochen antipositivistische Grundhaltung. Obgleich die Analyse der philosophischen Positionen N. Bohrs aus dialektisch-materialistischer Sicht noch erheblicher Anstrengungen bedarf, kann man jetzt schon sagen, daß jeder Versuch, Bohrs Grundgedanken zur Physikentwicklung auf ältere gedankliche Muster anderer Autoren zu reduzieren,[33] den außerordentlich komplizierten Vermittlungen zwischen philosophischem und physikalischem Denken im allgemeinen und der philosophisch-weltanschau-

einer Vielzahl unterschiedlicher Faktoren jene Naturwissenschaftler mehr oder minder in ihren Bann, die außerhalb der marxistisch-leninistischen Tradition ihre eigene Forschungsarbeit philosophisch reflektieren.

31 Siehe dazu: Albert Einstein in Berlin 1913—1933, Berlin 1979; die Beiträge von Hörz, Treder, Korch, Röseberg, Borzeszkowski, Wahsner und Gehlhar in: DZfPh, 2/1979; H. Hörz/H.-J. Treder, Albert Einstein — ein genialer Physiker und kämpferischer Humanist, in: Einheit 2/79, S. 153—161.

32 Vgl. D. Danin, Nil's Bor, Moskva 1978; R. Moore, Niels Bohr. Ein Mann und sein Werk verändern die Welt, München 1970; L. Rosenfeld, Niels Bohr, Amsterdam 1945; A. Petersen, The Philosophy of Niels Bohr, in: Bulletin of the Atomic Scientists, September 1963, S. 8—14; A. Petersen, Quantum Physics and the Philosophical Tradition, Massachusetts 1968.

33 K. Meyer-Abich hat dies versucht, indem er W. James' Philosophie als *die* Quelle des Bohrschen Denkens hervorkehrt. Vgl. dazu: K. Meyer-Abich, Korrespondenz, Individualität und Komplementarität. Eine Studie zur Geistesgeschichte der Quantentheorie in den Beiträgen Niels Bohrs, Wiesbaden 1965.

lich geprägten, außerordentlich entwickelten physikalischen Intuitionen Bohrs im speziellen nicht gerecht wird.

1913 erschien im „Philosophical Magazine" N. Bohrs berühmte Arbeit „On the Constitution of Atoms and Molecules". Darin war es gelungen, die Überlegungen zum Rutherfordschen Atommodell erstmalig logisch widerspruchsfrei zu formulieren. In den drei hintereinander veröffentlichten Teilen dieser Arbeit wurde gezeigt, auf welchem Wege das Rutherfordsche Atommodell zum Ausgangspunkt weiterer Theorieentwicklung werden konnte.

Die genannte Arbeit enthält keinen expliziten Hinweis auf die weltanschaulichen, erkenntnistheoretischen und methodologischen Überlegungen in ihrem Vorfeld. Im Zusammenhang mit der von ihr eingeleiteten Entwicklungsetappe der Atomphysik interessiert uns hier vor allem Bohrs bereits zu diesem Zeitpunkt ausgeprägte Überzeugung vom Erreichen der Leistungsgrenzen des physikalischen Forschungsprogramms des mechanischen Materialismus und sein gleichzeitiges Bemühen, dieses Programm als Ausgangspunkt für ein als dessen rationale Verallgemeinerung aufgefaßtes neues Forschungsprogramm zu nutzen. Bohr ging einerseits an die Frage der Anwendbarkeit der Newtonschen Mechanik außerordentlich unkonventionell heran und versuchte andererseits, trotz aller Vorbehalte, aus dieser Theorie einen hinreichend zuverlässigen Wegweiser für den Entwurf der konsistenten Quantentheorie zu gewinnen. Da er mit der Maxwellschen Elektrodynamik ebenso flexibel verfuhr, ergeben sich aus dem *physikalischen* Vorgehen Rückschlüsse auf die spontan-dialektische Denkweise. Mit dieser Denkweise war jede Verabsolutierung einer physikalischen Theorie verboten.

M. Jammer betont zu Recht den philosophisch motivierten fundamentalen Unterschied im Vorgehen von Planck und Einstein einerseits sowie Bohr andererseits.[34] Obwohl man auch die Unterschiede zwischen Planck und Einstein noch beachten muß, ist es für beide gleichermaßen berechtigt, hervorzuheben, daß sie von Anfang an im Prinzip versuchten, den Bruch zwischen der klassischen und der Quantenphysik zu überbrücken, die Diskontinuität physikalischer Theorienentwicklung möglichst in Kontinuität zu transformieren. Bohr hingegen vermochte sich frühzeitig mit der Dialektik von Kontinuität und Diskontinuität abzufinden und suchte, wie Jammer das ausdrückt, nach einem möglichst ebenso konsistenten theoretischen System auf der Seite der Quantentheorie, wie es auf der Seite der klassischen Theorie bereits vorlag. Dabei übersah auch er keineswegs das Moment der notwendigen Kontinuität in der Theorieentwicklung.

Hatte er noch im März 1913 von der simultanen Benutzung der alten Mechanik und der durch Plancks Strahlungstheorie eingeführten neuen Annahme gesprochen, so trug er sich im September dieses Jahres bereits mit dem Gedanken der nur noch *formalen* Gültigkeit der Mechanik und führte diesen Gedanken in seinem Vortrag

[34] Vgl. M. Jammer, The Conceptual Development of Quantum Mechanics, New York 1966, S. 88, sowie seinen Beitrag in: H. Nelkowski u. a. (Hrsg.), Einstein Symposium Berlin, Berlin (West)—Heidelberg—New York 1979.

vor der Dänischen Physikalischen Gesellschaft im Dezember 1913 näher aus.[35] In diesem Vortrag hat er zugleich die Unzulänglichkeit der Maxwellschen Elektrodynamik zur Erklärung von Strahlungsvorgängen hervorgehoben. Andererseits aber entstand gerade mit der immer radikaleren Modifikation seiner Position zur „alten" Mechanik und zur Elektrodynamik der Keim eines methodischen Prinzips, das für die Herausbildung der Quantenmechanik heuristisch außerordentlich fruchtbar wurde, weil es deren korrespondenzmäßigen Anschluß an die klassische Mechanik sicherte.

Philosophisch lag dem die spontan-materialistische Überzeugung des Physikers zugrunde, daß mit den Gesetzen der klassischen Mechanik und der Elektrodynamik objektive Gesetze eines bestimmten Objektbereichs, des Bereichs makrophysikalischer Objekte, in Übereinstimmung mit der erreichbaren Meßgenauigkeit bereits richtig widergespiegelt werden. Die zu suchenden Gesetze mikrophysikalischer Objekte mußten deshalb so strukturiert sein, daß beim Übergang von den mikrophysikalischen zu den makrophysikalischen Objekten weiterhin die schon bekannten Gesetze gelten. Was hier für einen Spezialfall physikalischer Theorienentwicklung ausgesprochen wurde, ist in der dialektisch-materialistischen Erkenntnistheorie in der Wahrheitsauffasung über die Dialektik von absoluter und relativer Wahrheit bei der Erkenntnis der objektiven Wahrheit erfaßt.[36]

In den physikalischen Überlegungen Bohrs, die ihn bereits 1913 weit aus der klassischen Tradition führen sollten und zugleich den Weg wiesen, diese Tradition maximal zu wahren, spielten immer wieder Anregungen eine Rolle, die anderen Atommodellen entnommen wurden. Das Rutherfordsche Modell hatte zwar die

[35] Vgl. N. Bohr, On the Constitution of Atoms and Molecules, a. a. O., S. XLI; N. Bohr, Über das Wasserstoffspektrum, in: N. Bohr, Drei Aufsätze über Spektren und Atombau, Braunschweig 1922, 1—19.
Aufschlußreich für das Verständnis der Genesis des Bohrschen Ansatzes sind die folgenden Bemerkungen von P. Ehrenfest im Brief vom 20. 1. 1920 an N. Bohr (Bohr Scientific Correspondence (im folgenden BSC), 2,1). In Vorbereitung auf die 1921 erschienenen „Abhandlungen über Atombau aus den Jahren 1913—16" hieß es: „Ich hoffe, daß sie in die Viewegsche Ausgabe auch Ihre Arbeiten von α und β-Partikeln durch Metallplatten aufnehmen. Für mein Gefühl gehören sie organisch dazu. Ihre mündlichen Bemerkungen darüber haben mir außerordentlich die Einsicht in die Entstehung Ihrer Theorien erleichtert."
Der psychoanalytische Erklärungsversuch von L. Feuer vernachlässigt diese *physikalischen* Vorarbeiten (vgl. L. S. Feuer, Einstein and the Generation of Science, New York 1974). Auch die von Bohr im Frühherbst 1913 vertretene Position erklärt sich wohl eher aus dem Erfolg seines Modells als aus den von Feuer überstrapazierten frühkindlichen Erlebnissen. Obgleich Bohr selbst im September 1913 noch die Frage stellte, ob derart „schreckliche Annahmen", wie er sie in die Physik eingeführt hatte, gerechtfertigt seien, ging er inzwischen einen Schritt weiter: „For the moment I am inclined to most radical ideas and do consider the application of the mechanics as of only formal validity." (N. Bohr, Brief vom 1. 9. 1913 an McLaren, in: BSC 5,1).

[36] Vgl. Ė. M. Čudinov, Priroda naučnoj istiny, Moskva 1977; H. Hörz, Marxistische Philosophie und Naturwissenschaften, Berlin 1974, S. 455ff.; D. Wittich/K. Gößler/K. Wagner, Marxistisch-leninistische Erkenntnistheorie, Berlin 1978, S. 268ff.

Vielfalt miteinander konkurrierender Modelle auf ein in sich widersprüchliches Atommodell eingeschränkt, die anderen aber damit noch keineswegs ihrer potentiellen heuristischen Wirksamkeit für den weiteren Erkenntnisfortschritt beraubt. Deshalb auch wäre ein Versuch, jedes dieser frühen Modelle vom Standpunkt der heute bekannten richtigen Theorie auf seinen Wahrheitsgehalt zu überprüfen und dementsprechend zu bewerten, ein Unterfangen, das für das Verständnis der realen Funktion dieser Modelle im historischen Forschungsprozeß belanglos bleiben müßte.

Bei der Frage nach der Stabilität der Elektronenbahnen ließ sich Bohr beispielsweise von der im Thomsonschen Modell eingeführten regelmäßigen Anordnung der Elektronen in ebenen Ringen leiten. Ihm war klar, daß er *im* Atom auf die Grenzen des Gültigkeitsbereichs der klassischen Mechanik und der Elektrodynamik stoßen und daß die Stabilität der Bahnen (mit der klassischen Physik unerreichbar) etwas mit dem Planckschen Wirkungsquantum zu tun haben *mußte*. Unklar aber war zunächst, wie man die im Rutherfordschen Atommodell unterstellten Gesetze dieser Theorien mit Plancks und Einsteins Überlegungen zur Strahlungstheorie zusammenbringen konnte. Als Schlüssel zur Lösung dieses Problems erwies sich eine aus den Regelmäßigkeiten der Spektrallinien empirisch gefundene Beziehung.

Bereits 1885 hatte Balmer gefunden, daß sich die Spektralfrequenzen der Linien im Wasserstoffspektrum als Differenz zweier Terme ergeben. Später fand man analoge Bildungsgesetze für Serienspektren anderer Elemente. 1899 gab Rydberg sehr allgemeine Serienformeln an. Schließlich formulierte Ritz 1908 in allgemeiner Schreibweise das für alle Serienspektren gültige Kombinationsprinzip, nach dem sich die Frequenz der Spektrallinien ν immer als Differenz zweier Terme $F(n, \ldots)$ ergibt, bei denen die Parameter $n, \ldots$ das Spektrum der ganzen Zahlen durchlaufen[37]:

$$\nu = F(n_1, \ldots) - F(n_2, \ldots) \qquad (1)$$

Bohr ging in seiner wegweisenden Arbeit 1913 von den Hypothesen aus:

„1. Daß das dynamische Gleichgewicht der Systeme in den stationären Zuständen mit Hilfe der gewöhnlichen Mechanik behandelt werden kann, während der Übergang der Systeme zwischen verschiedenen stationären Zuständen nicht auf dieser Grundlage behandelt werden kann.

2. Daß der letztere Vorgang begleitet ist von der Emission einer *homogenen* Strahlung, für die die Beziehung zwischen der Frequenz und der emittierten Energiemenge die durch Plancks Theorie gegebene ist.“[38]

Die auf stationären Bahnen den Kern umlaufenden Elektronen sollten im Gegen-

[37] Hier ist das Rydberg-Ritzsche Kombinationsprinzip in allgemeinster Schreibweise angegeben. Bohr ging zunächst für die Balmer-Serie des Wasserstoffspektrums davon aus, daß jeder Term von *einem* ganzzahligen Parameter n abhängt. Siehe dazu: F. Hund, Geschichte der Quantentheorie, a. a. O., S. 64ff.

[38] N. Bohr, Über die Konstitution von Atomen und Molekülen. in: N. Bohr, Abhandlungen über den Atombau aus den Jahren 1913—1916, Braunschweig 1921, S. 7.

satz zur Elektrodynamik nicht strahlen. Für die Dynamik dieser Bahnen sollte die klassische Mechanik anwendbar sein (wenige Monate später war nur noch von „formaler Anwendung“ die Rede!), während sie bei den Übergangsprozessen von einer stationären zu einer anderen stationären Bahn nicht in Betracht kam (Hypothese 1). Die Evidenz dieser Hypothese wurde von Bohr mit der Behauptung begründet, daß die Mechanik nur bei Berechnungen gewisser mittlerer Werte der Bewegung der Elektronen gelte. Entsprechend der im Gegensatz zur Elektrodynamik stehenden Hypothese 2 sollte für die Strahlungsfrequenz ν solcher mechanisch nicht beschreibbarer Übergangsprozesse gelten:

$$h\nu = E(n_2, \ldots) - E(n_1, \ldots) \qquad (2)$$

Die stationären Zustände sollten Zustände konstanter Energie sein, während der Übergang von einem stationären Zustand zu einem anderen durch Abgabe (Emission) oder Aufnahme (Absorption) der Energiedifferenz beider Zustände charakterisiert wurde. Der Übergangsprozeß wurde gemäß der Hypothese 1 nicht als raumzeitlicher Prozeß gedeutet.

Bohr betrachtete zunächst nur energetische Zustände, die von einer Quantenzahl abhingen (Kreisbahnen). Später wurden entsprechend den drei räumlichen Koordinaten zwei weitere Quantenzahlen eingeführt (Ellipsen, Präzessionen). Ursprünglich wurde eine einfache Übereinstimmung von *elektromagnetischer* Strahlungsfrequenz und *mechanischer* Umlauffrequenz vorausgesetzt. Bald zeigte sich aber, daß Umlauffrequenzen und Strahlungsfrequenzen nicht übereinstimmten.[39]

Da die Energieniveaus stationärer Bahnen auf Grund der Hypothese 1 klassisch mechanisch berechenbar waren, folgte aus dem Rydberg-Ritzschen-Kombinationsprinzip (1) auf Grund der Hypothese 2, daß der Differenz zweier mechanischer Umlauffrequenzen eine quantentheoretisch bestimmte Strahlungsfrequenz entspricht. Damit war trotz der erwähnten Komplikationen ein Weg vorgezeichnet, wie man von der „gewöhnlichen“ (klassischen) Mechanik zur „Quantenmechanik“ kommen konnte. Vorerst aber mußte man mit der Feststellung vorlieb nehmen, daß die bisherige Mechanik in einer Beziehung für das neue Atommodell gilt und in einer anderen Beziehung nicht gilt. Obgleich die Maxwellsche Elektrodynamik den Strahlungsvorgang selbst nicht zu erklären vermochte, schien sie für das Verständnis der Ausbreitung der Strahlung weiterhin auszureichen. Auch sie galt also in einer Beziehung und in einer anderen nicht.

Aus den in Form der Linienspektren vorliegenden *diskreten* Strahlungsfrequenzen mußte man schließen, daß im Atom keinesfalls beliebige Bahnen zugelassen sind. Indem die *möglichen* Bahnen im Atom einer bestimmten Quantenbedingung genügen mußten, wurde Plancks Problemantinomie nun auch zu einem Problem der Mechanik. Nach der Newtonschen Mechanik wären beliebige Elek-

[39] N. Bohr im Brief vom 22. 10. 1913 an A. Sommerfeld (BSC 7,3).

tronenbahnen möglich gewesen. Die der Mechanik und der Elektrodynamik fremde Quantenvorstellung aber verlangte die Existenz diskreter Bahnen (stationärer Zustände konstanter Energie). Dieser Gedanke wurde bereits 1914 durch die Elektronenstoßversuche von J. Franck und G. Hertz experimentell gestützt.[40] (vgl. Abb. 1)

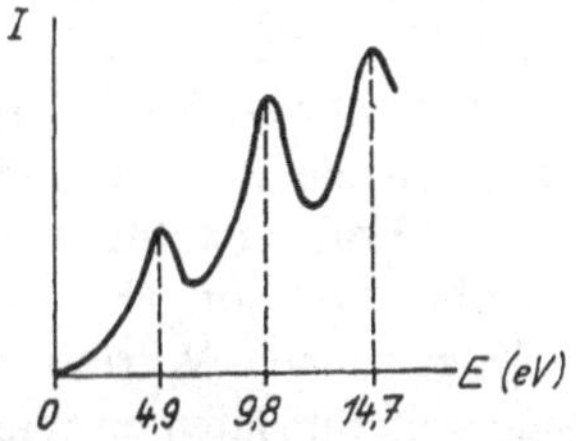

Abb. 1: Beim Durchgang eines elektrischen Stromes durch Quecksilberdämpfe sind die Elektronenstöße bis 4,9*eV* elastisch, danach inelastisch. Die im Versuch von Franck und Hertz deutlich sichtbaren Stromabfälle oberhalb dieses und der ganzen Vielfachen dieses Wertes zeigen an, daß der dem Grundzustand energetisch nächste Zustand des Quecksilbers bei 4,9*eV* liegt. Damit wird die Existenz stationärer Zustände konstanter Energie für Atome experimentell nachgewiesen.

Bohr gelang es, mit seinem Modell die erwähnte Balmer-Serie des Wasserstoffs in guter Übereinstimmung mit den spektroskopischen Daten zu berechnen. Die Übereinstimmung des empirisch gefundenen Wertes für die Rydberg-Konstante[41] mit dem von Bohr berechneten war der größte Erfolg eines verheißungsvollen, in seinen Grundlagen aber keineswegs gesicherten Modells (Teil I). Bohr entwickelte 1913 aus den quantentheoretisch gedeuteten Regelmäßigkeiten der Spektren später weiter ausgearbeitete Vorstellungen über die Konstitution der Atome (Teil II) und Moleküle (Teil III). Dieser heute als „quasiklassischer" Zugang bezeichnete theoretische Ansatz war ein erster großartiger Versuch, die physikalischen Grundlagen des Periodensystems der chemischen Elemente im Detail auszuarbeiten. Die Gesetze des Periodensystems und die Gesetze der Spektroskopie wurden bereits von diesem Modell und seinen Weiterentwicklungen teilweise richtig widergespiegelt.

Das Bohrsche Atommodell war zwar immer noch *nicht theoretisch konsistent*; es war aber *nicht mehr*, wie das Rutherfordsche Modell, *logisch widersprüchlich.* Indem nun erstmalig klar gesagt wurde, in welcher Beziehung die Newtonsche Mechanik und die Maxwellsche Elektrodynamik gelten und in welcher sie nicht gelten sollten, enthielt es keine Aussage mehr, die die Form hatte $a \wedge \bar{a}$. Wenn man den Ausschluß des logischen Widerspruchs innerhalb einer Problemantinomie als

40 Siehe dazu G. Hertz, Aus den Anfangsjahren der Quantenphysik, Berlin 1976, S. 17—37 (Sitzungsberichte der Akademie der Wissenschaften der DDR, 15 N/1975).

41 Diese für die Spektroskopie wichtige Konstante war ursprünglich phänomenologisch eingeführt worden; sie läßt sich mit Hilfe der Bohrschen Annahmen aus Naturkonstanten berechnen.

die notwendige und hinreichende Bedingung ansieht, um einen dem entsprechenden Problem zugrunde liegenden objektiven dialektischen Widerspruch innerhalb einer mathematisierten Theorie adäquat auszudrücken, hätte man vom Bohrschen Atommodell bzw. seiner weiteren Vervollkommnung annehmen können, daß es den mit der Atomismusproblematik gesetzten dialektischen Widerspruch von Kontinuität und Diskontinuität adäquat widerspiegelt. Dann hätte keinerlei Notwendigkeit bestanden, über dieses Modell bzw. über seine vervollkommneten Varianten hinauszugehen. Nachdem vorher eine Vielfalt von Modellen mit einander wechselseitig ausschließenden Eigenschaften auf das Problem hingewiesen hatte, danach *ein* Modell über These und Antithese die Problemantinomie markiert hatte, war nun innerhalb eines Modells eine Kombination von These und Antithese unter Ausschluß des logischen Widerspruchs gewonnen. Warum sollte man den in diesem theoretisch nicht konsistenten Ansatz weiterhin latenten Widerspruch nicht als Manifestation jener Schwierigkeit auffassen, auf die man stößt, wenn man das Problem der Elementarität in seiner philosophischen Tragweite formuliert, wie dies beispielsweise Kant in der „zweiten Antinomie der reinen Vernunft" getan hatte?[42] Sollte der Widerspruch im Objekt, von dem bereits Hegel und Engels gesprochen hatten,[43] in der Atomphysik nicht vielleicht dadurch zum Ausdruck kommen, daß unter bestimmten Bedingungen die Newtonsche Mechanik und die Maxwellsche Elektrodynamik gelten, hingegen unter anderen Bedingungen nicht gelten? Das hätte bedeutet, daß die Dialektik dieser Objekte den Verzicht auf eine konsistente Theorie nach sich zieht.[44]

1916 hat N. Bohr die Quantentheorie als einen Versuch bezeichnet, jene „Schwierigkeiten zu überwinden, die sich bei der Anwendung der gewöhnlichen Mechanik und Elektrodynamik auf atomistische Systeme ergeben".[45] Er hat in diesem Zusammenhang hervorgehoben, daß die entsprechenden Annahmen daher unvermeidlicherweise als Postulate betrachtet werden müssen, welche im Rahmen der klassischen Physik *nicht* gerechtfertigt werden können. Bohr ging jedoch von Anfang an davon aus, daß die quantentheoretisch erforderlichen Annahmen mit den Postulaten bisheriger physikalischer Theorien durchaus in ein konsistentes

[42] Vgl. I. Kant, Kritik der reinen Vernunft, Leipzig 1971, S. 522, 523.

[43] Vgl. G. W. F. Hegel, Vorlesungen über die Geschichte der Philosophie, Bd. 3, Leipzig 1971, S. 513, 514; F. Engels, Dialektik der Natur, in: MEW, Bd. 20, a. a. O., S. 510, 511.

[44] A. Einstein erklärte gegenüber G. Hevesy 1913, er habe vor längerer Zeit ähnliche Gedanken wie Bohr gehegt, sie aber schließlich wieder verworfen (siehe dazu G. Hevesy, Brief vom 23. 9. 1913 an N. Bohr, in: N. Bohr, Collected Works, Bd. 2, a. a. O., S. 532). Dem Einsteinschen Denken war vermutlich bereits zu diesem Zeitpunkt die Möglichkeit, den bis dahin üblichen physikalischen Theoriebegriff aufzuheben, derart suspekt, daß er die entsprechende Idee nicht weiterverfolgt hat. Wie weit Einsteins Modellvorstellungen zum Atom tatsächlich gingen, läßt sich bislang nicht exakt rekonstruieren. (Für diese Auskunft danke ich J. Stachel, der mir auch sein unveröffentlichtes Manuskript „Einstein and the Quantum" zugänglich machte.)

[45] N. Bohr, Die Anwendung der Quantentheorie auf periodische Systeme, in: N. Bohr, Abhandlungen über Atombau aus den Jahren 1913—1916, a. a. O., S. 123. Siehe auch: N. Bohr, Collected Works, Bd. 2, a. a. O., S. 431—461.

System gebracht werden können. Er begnügte sich also keineswegs mit dem Ausschluß des logischen Widerspruchs im entsprechenden Modell mit den Meßresultaten aus physikalischen Beobachtungen und Experimenten.

Der weitere Ausbau des Bohrschen Atommodells und schließlich seine Überwindung in einer konsistenten nichtrelativistischen Quantenmechanik sprechen heute eindeutig dafür, daß es zuwenig wäre, wollte man den Ausschluß des logischen Widerspruchs innerhalb einer Antinomie bereits als die notwendige und hinreichende Bedingung ansehen, um einen dieser Antinomie zugrunde liegenden objektiven dialektischen Widerspruch mittels einer mathematisierten Theorie adäquat auszudrücken.

Bohrs Arbeit „Über die Konstitution von Atomen und Molekülen" von 1913 stellt wie jeder andere revolutionäre Beitrag zur Theorienentwicklung sowohl ein Forschungs*programm* als auch eine konkrete Forschungs*leistung* dar. Die erfolgreiche Umsetzung des quasiklassischen quantentheoretischen Herangehens von Teil I dieser Arbeit auf die in den Teilen II und III dargestellten Probleme sowie die bald hinzukommenden Fragen (z. B. Einfluß elektrischer und magnetischer Felder auf Spektrallinien u. a.) nahm ein Jahrzehnt angestrengtester Forschungsarbeit in Anspruch und forderte das Zusammenwirken vieler Physiker, Experimentatoren und Theoretiker. Dies war aber lediglich die Voraussetzung, um auf die Grenzen des quasiklassischen Bohrschen Programms zu stoßen und diese Grenzen schließlich auf neuen Wegen zu durchbrechen. 1913 konnte das genauso wenig jemand ahnen, wie es 1900 möglich gewesen wäre, abzuschätzen, was die Quantelung der Energie des Oszillators bei der Hohlraumstrahlung für Folgen haben würde. Daher sind die unmittelbaren Reaktionen auf Bohrs Arbeiten historisch zwar außerordentlich interessant,[46] zeigen aber einmal mehr, wie wenig verläßlich derartige Bewertungen von Resultaten der erkenntnisorientierten Grundlagenforschung sein können.

Während manche der Kritiker des Bohrschen theoretischen Ansatzes wegen der inneren Widersprüche des Rutherfordschen Modells noch bezweifelten, daß dieses Modell eine geeignete Grundlage für den Übergang von der heuristischen

[46] R. Courant berichtete N. Bohr anläßlich der Nobelpreisverleihung 1922, wie man 1913 in Göttingen zum „Märtyrer des Bohrschen Modells" werden konnte. Nach Gesprächen mit H. Bohr hatte er sich damals durch N. Bohr leicht vom wissenschaftlichen Wert des neuen Modells überzeugen lassen, mußte aber schnell erfahren, daß man ausgelacht werden konnte, wenn man bereit war, „solche Phantasien" ernst zu nehmen (R. Courant, Brief vom 8. 12. 1922 an N. Bohr, in: BSC 1,4). Als die Mehrzahl der Göttinger Mathematiker und Physiker Bohrs Modell strikt ablehnte, brachte G. Hevesy seine Begeisterung für dieses Modell unter direktem Hinweis auf Machs Prinzip der Denkökonomie zum Ausdruck. Für Hevesy war mit den Bohrschen Arbeiten ein intellektuelles Unbehagen beseitigt (G. Hevesy, Brief vom 6. 8. 1913 an N. Bohr). Siehe dazu: N. Bohr, On the Constitution of Atoms and Molecules, a. a. O., S. XLIXff.; N. Bohr, Collected Works, Bd. 2, a. a. O., S. 131ff.; F. Hund, Geschichte der Quantentheorie, a. a. O., S. 74; M. Jammer, The Conceptual Development of Quantum Mechanics, a. a. O., S. 86ff.; R. W. Clark, Albert Einstein. Leben und Werk, München 1974, S. 117, 118.

zur kognitiven Stufe der Modellbildung sei, ging Bohr selbst bereits zur nächsten, der *pragmatischen Stufe der Modellbildung* über. Er beanspruchte keineswegs, daß sein Atommodell eine „Erklärung" der behandelten Phänomene liefere, sondern betonte immer wieder, es gehe um „die Herstellung einer Verbindung zwischen Tatsachen, die beim jetzigen Stand der Wissenschaft unerklärbarer sind in dem Sinne, daß wir mit den bisherigen Begriffen der Physik uns keine anschaulichen Vorstellungen der bezüglichen Vorgänge bilden können".[47] Dies schrieb Bohr 1922 als Kommentar zu einem im Dezember 1913 gehaltenen Vortrag, in dem er implizit bereits das Beobachtbarkeitsprinzip eingeführt hatte.[48] Solche und andere an Mach erinnernde Formulierungen sind keineswegs als Verbeugung vor der empiristischen Tradition des Positivismus zu verstehen, sie sind vielmehr der realen Forschungssituation in der Atomphysik nach 1913 geschuldet.

Im Rahmen eines theoretisch noch nicht konsistenten Modells mußte man damit fertig werden, daß einerseits die klassische Mechanik und Elektrodynamik gilt und andererseits nicht gilt. Der Erfolg dieses Modells rechtfertigte seine Anwendung auf der pragmatischen Stufe der Modellbildung, gab aber keine Möglichkeit, die mit dem theoretisch inkonsistenten Modell gewonnenen Erkenntnisse in eine konsistente Theorie einzuordnen, also zur nächsten, der *erklärenden* Stufe der Modellbildung überzugehen. Das hieß jedoch nicht, auf diese Stufe prinzipiell verzichten zu müssen.

Bohr war sich von Anfang an der Vorläufigkeit seines Modells durchaus bewußt. Wohlwissend, daß Elektronenbahnen im Atom nicht direkt beobachtet werden, rechtfertigte er bereits 1913 die von ihm eingeführte anschauliche Vorstellung von den stationären Bahnen durch den Hinweis, es gebe „wenigstens augenblicklich kein anderes Mittel als die gewöhnliche Mechanik"[49]. Aus diesem pragmatischen Grunde sollte man nicht auf die Mechanik verzichten, daraus aber nicht ableiten, daß mit dem Bewegungsgesetz der Newtonschen Mechanik schon die komplizierte inneratomare Dynamik richtig widergespiegelt wird. Es spricht für die Kraft spontan-dialektischer Überzeugungen Bohrs, daß er trotz größter Erfolge die Bedeutung seines quasiklassischen Theorieansatzes niemals überschätzt hat. Die ständigen Hinweise darauf, daß sein Modell keine „Erklärung" liefert, spiegeln in erster Linie das Bewußtsein von dessen Vorläufigkeit wider. Erst in zweiter Linie verweisen sie auf die für Bohr in dieser Zeit noch charakteristische Fixierung des Begriffs der „Erklärung" auf den der „Anschaulichkeit" im Sinne der klas-

[47] N. Bohr, Drei Aufsätze über Spektren und Atombau, Braunschweig 1922, S. III.

[48] Bohr betonte damals, man müsse bei der unvermeidlichen, aber möglichst sparsamen „Einführung neuer Annahmen nur dafür Sorge tragen, nicht in Gegensatz zur Erfahrung zu kommen." Deshalb befriedigte es ihn, daß sein Modell keine Annahmen über die Natur der inneratomaren schwingenden Systeme enthielt, sondern nur Aussagen über *beobachtbare* Strahlungsfrequenzen (N. Bohr, Über das Wasserstoffspektrum, in: Drei Aufsätze über Spektren und Atombau, a. a. O., S. 11).

[49] Ebenda, S. 12.

sichen Physik. Wie die Entwicklung seiner Vorstellungen zum Komplementaritätsprinzip zeigen sollte, hat er später aber auch diese metaphysische Komponente seines ursprünglichen Erklärungsbegriffes weitestgehend revidiert.

Zeit	Erkenntnisform	Erkenntnisresultate	Problem
1900	Hypothetische Einführung des Wirkungsquantums	*Strahlungstheorie* εh [QT] ↕ [*KM*, *TD*, *ED*] Planck	[Diskontinuität] ↕ [Kontinuität]
1905 1906 1907 1910 1912	 Hypothese bewährt sich und wird zur Idee für die Lösung anderer Probleme	*Lichtquant hν* Einstein *Spezifische Wärme* Einstein Debye Born v. Karman	 Diskontinuität läßt sich nicht auf Kontinuität reduzieren
1911 1913	Hypothese erscheint gesichert	1. Solvay-Konferenz 2. Solvay-Konferenz	„Quantenrätsel“
1912 1913	Formulierung eines Forschungsprogramms	*Atommodell* Bohr [*KM* ↕ ~*KM* | *ED* ↕ ~*ED* | E_n hν]	Synthese von Kontinuität und Diskontinuität?

Abb. 2. Konstituierung eines Forschungsprogramms
QT — Quantentheorie
KM — Klassische Mechanik
TD — Thermodynamik
ED — Elektrodynamik

3.1.2. Sommerfeld und der Ausbau des Bohrschen Atommodells

Jene für Bohr so bezeichnende, seiner spontan-dialektischen Denkweise geschuldete Vorsicht war im Umgang mit dem neuen Atommodell (pragmatische Stufe der Modellbildung) keineswegs auch für die anderen Physiker typisch. Nachdem man einmal die Widersprüchlichkeit des Rutherfordschen Atommodells hingenommen und Bohrs Arbeit gezeigt hatte, wie man dieses Modell mindestens logisch widerspruchsfrei formulieren konnte, war man angesichts des damit erzielten Erfolgs relativ schnell geneigt, sich um seine weitere Begründung keinerlei Sorgen mehr zu machen. Ein solches, nicht weiter zu hinterfragendes, im wesentlichen pragmatisches Vorgehen war für Sommerfeld charakteristisch.

Ebenso wie Einstein hatte ihn vor allem Bohrs Berechnung der Rydberg-Konstante von der Brauchbarkeit des neuen Modells überzeugt. Sommerfeld zeigte sich 1913 zwar „noch etwas skeptisch gegenüber den Atommodellen überhaupt",[50] kündigte aber zugleich an, daß er das Bohrsche Modell auf den Zeeman-Effekt[51] anwenden wolle. Rückblickend sprach er — wissend um die Widersprüchlichkeit aller Atommodelle und die philosophische Problematik des Elementaren und des Zusammengesetzten — von der „verwegenen Idee, das Atom durch ein Modell darzustellen"[52].

Nachdem er sich aber einmal von der Brauchbarkeit der Bohrschen Vorstellungen überzeugt hatte, ließ er von der „verwegenen Idee" in dieser konkreten Form nicht mehr ab. Da er mit Planck davon ausging, daß es Aufgabe der Physik sei, die reale Außenwelt zu erforschen,[53] betonte er die Notwendigkeit modellmäßiger Vorstellung von den objektiv-realen Atomen auch dann noch, als die Schwierigkeiten bei der Interpretation der theoretisch konsistenten Quantenmechanik von einigen Physikern positivistisch mit idealistischen Behauptungen vom Realitätsverlust atomarer Objekte bzw. ausschließlich symbolischer Deutung physikalischer Theorien umgangen werden sollten.[54] Es ist nicht ausgeschlossen, daß gerade solche Stellungnahmen Heisenberg dazu veranlaßt haben, von Sommerfeld zu sagen, ihm seien die philosophischen Probleme der Physik fremd geblieben.[55] Zutreffend ist, daß Sommerfeld philosophischer Spekulation und Belehrung abhold war und von vielen Philosophen sowie ihren Werken wenig hielt. Unbegründet jedoch scheint es, wenn deshalb seine *antipositivistische* Denkhaltung ignoriert wird.

Sommerfelds spontan-materialistische Überzeugung (von ihm wie von Planck als „Realismus" bezeichnet) war die philosophische Voraussetzung zur Arbeit mit dem Bohrschen Atommodell. Physikalisch stand er dem Gedanken, die Atomtheorie und die Plancksche Quantenvorstellung zusammenzubringen, durch seine Bekanntschaft mit Haas' Atommodell keineswegs ablehnend gegenüber. Er selbst hatte bei der Diskussion dieses Modells 1911 die Vermutung ausgesprochen, „die Existenz der Moleküle als eine Funktion und Folge der Existenz eines elementaren

[50] A. Sommerfeld, Brief vom 4. 9. 1913 an N. Bohr, in: N. Bohr, On the Constitution of Atoms and Molecules, a. a. O., S. LII.; N. Bohr, Collected Works, Bd. 2, a. a. O., S. 603. Zum Beitrag Sommerfelds beim Ausbau der Quantentheorie siehe: U. W. Benz, Arnold Sommerfeld. Lehrer und Forscher an der Schwelle zum Atomzeitalter 1868—1951, Stuttgart 1975; W. Pauli, Sommerfelds Beiträge zur Quantentheorie (1958), in: W. Pauli, Aufsätze und Vorträge über Physik und Erkenntnistheorie, Braunschweig 1961, S. 32—42.

[51] Aufspaltung von Spektrallinien in einem äußeren Magnetfeld.

[52] A. Sommerfeld, Zur Frage nach der Bedeutung der Atommodelle (1928), in: A. Sommerfeld, Gesammelte Schriften, Bd. 3, Braunschweig 1968, S. 845.

[53] Vgl. A. Sommerfeld, Wege zur physikalischen Erkenntnis (1933), in: A. Sommerfeld, Gesammelte Schriften, Bd. 4, Braunschweig 1968, S. 609.

[54] Vgl. A. Sommerfeld, Zum gegenwärtigen Stande der Atomphysik (1927), in: A. Sommerfeld, Gesammelte Schriften, Bd. 4, a. a. O., S. 586.

[55] Vgl. W. Heisenberg im Vorwort zu: A. Sommerfeld, Gesammelte Schriften, Bd. 1, Braunschweig 1968.

Wirkungsquantums anzusehen."[56] Haas hingegen war davon ausgegangen, daß man über empirisch bestimmbare Moleküldimensionen und entsprechende Modellvorstellungen das Plancksche Wirkungsquantum berechnen könne. Bohr hatte nun in Übereinstimmung mit Sommerfelds Vorstellungen den Atomradius und die Rydberg-Konstante durch h ausgedrückt. Als sich Sommerfeld der mathematischen Vervollkommnung des Bohrschen Atommodells annahm, war bald schon von der Vorsicht nichts mehr zu spüren, mit der Bohr immer wieder auf die Schwierigkeit aufmerksam gemacht hat, daß die Newtonsche Mechanik und die Maxwellsche Elektrodynamik zwar offensichtlich eine unzureichende theoretische Grundlage der Atomphysik, aber zugleich auch ein unentbehrliches Hilfsmittel auf dem Wege zur konsistenten Quantentheorie sind.

Sommerfeld richtete seine Aufmerksamkeit auf die Vermeidung von Widersprüchen zwischen Theorie und Erfahrung. Er trachtete vor allem danach, einen möglichst großen spektroskopischen Erfahrungsbereich der Atomphysik mittels relativ einfacher mathematischer Verfahren einheitlich widerzuspiegeln. Dabei wäre das vorsichtige Abwägen von Formulierungen, die das Fernziel der Theorieentwicklung betrafen, ebenso hinderlich gewesen wie etwa aufwendige Bemühungen um die Begründung der quantentheoretischen Postulate.

Bohr war davon überzeugt, daß sein quantisiertes Atommodell für das gesamte Periodensystem brauchbar ist. Er vermochte zunächst aber lediglich die Balmer-Serie des Wasserstoffspektrums und die wasserstoffähnlichen Serien zu beschreiben. Bohr hatte 1913 als Quantisierungsbedingung für stationäre Zustände gefordert, daß das Impulsmoment jedes Elektrons um den Mittelpunkt seiner Kreisbahn im stationären Zustand ein ganzes Vielfaches von h sei. Sommerfeld forderte 1915, daß für stationäre Zustände eines periodischen Systems mit f Freiheitsgraden für jedes Koordinatenpaar p_k und q_k das Phasenintegral ein ganzzahliges Vielfaches des Wirkungsquantum ergebe. Für $k = 1, 2 \ldots f$ und ganzzahlige positive n_k sollte also gelten:

$$\oint p_k dq_k = n_k h \tag{3}$$

Während Bohr die zugelassenen Elektronenbahnen des Wasserstoffatoms über eine einzige Quantenzahl auszeichnete, weil er die von ihm erwähnten elliptischen Bahnen nicht weiter verfolgte und lediglich Kreisbahnen berechnete, führte Sommerfeld für elliptische Bahnen zwei Quantenzahlen ein. In geometrischer Deutung nannte er diese „azimutale" und „radiale" Quantenzahl. Eingedenk seiner Vorbehalte gegen ein allzu mechanistisches Verständnis seines Modells zog es Bohr später vor, von „Haupt"- und „Nebenquantenzahlen" zu sprechen.

Sommerfeld hatte eigentlich Vorbehalte gegen Bohrs Anwendung des Kombinationsprinzips (2). Ihm schwebte vor, den Übergang von einem stationären Zustand in einen anderen im einzelnen zu verfolgen und sich nicht nur mit der Energie-

[56] A. Sommerfeld, Das Plancksche Wirkungsquantum und seine allgemeine Bedeutung für die Molekularphysik (1911), in: A. Sommerfeld, Gesammelte Schriften, Bd. 3, a. a. O., S. 19.

bilanz abzugeben. Dazu aber hätte es nach seiner und nach Bohrs Meinung einer *neuen* Mechanik bedurft.[57] Da diese jedoch nicht vorlag, folgte Sommerfeld in diesem Punkt widerstrebend den Vorstellungen Bohrs. Trotz seiner ursprünglichen Vermutung, daß es mindestens für den Strahlungsvorgang einer neuen Mechanik bedurfte, kam Sommerfeld aber unter dem Eindruck des Erfolges seines Ansatzes immer mehr zu der Überzeugung, daß man die Elektronenbahnen im Atom und damit das Atom vollständig mit der Newtonschen Mechanik behandeln kann. Nachdem er im Dezember 1915 seine Theorie der Balmer-Serie vorgetragen und im Januar 1916 die Feinstruktur der Wasserstoff- und wasserstoffähnlichen Linien als einen relativistischen Effekt charakterisiert hatte, stand der Anwendung seines Verfahrens für kompliziertere Atome scheinbar nichts mehr im Wege. Zwar war die verallgemeinerte Quantisierungsbedingung (3) in der Newtonschen Mechanik nicht begründbar. Als Grundlage der Quantentheorie schien sie jedoch die Voraussetzung für die Anwendung der Mechanik zu sein. Sommerfeld selbst sprach davon, daß die „Ellipsen resp. Kreise reale Existenz haben, daß also die Dynamik der stationären Bewegungen im Atominnern von dem Quantenbegriff in der Formulierung unserer Phasenintegrale beherrscht wird".[58]

Planck schrieb euphorisch: „Daß auch die relativistische Mechanik sich nicht nur ganz zwanglos in die Quantentheorie einfügt, sondern den Tatsachen merklich besser gerecht wird als die klassische Mechanik, ist wirklich alles, was man verlangen und wünschen kann."[59] Einstein und Bohr waren begeistert von diesem Erfolg.

Einstein zählte die Sommerfeldschen Spektraluntersuchungen zu seinen „schönsten physikalischen Erlebnissen" und stellte in diesem Zusammenhang fest: „Durch sie wird Bohrs Idee erst vollends überzeugend. Wenn ich nur wüßte, welche Schräubchen der Herrgott dabei anwendet."[60] Bohr sprach 1916 davon, daß sich der Zustand der Quantentheorie völlig verändert habe,[61] gab aber seine Vorsicht bezüglich der Anwendbarkeit der klassischen Mechanik für inneratomare Prozesse nicht auf. Zwei Jahre später schrieb Einstein: „Das Auffallendste ist, wie viel man mit klassischer Mechanik machen kann. Wenn es nur einmal gelänge, das

[57] Vgl. A. Sommerfeld, Zur Theorie der Balmerschen Serie, in: Sitzungsberichte der Mathematisch-Physikalischen Klasse der Königlich Bayerischen Akademie der Wissenschaften zu München 1915, S. 432.

[58] A. Sommerfeld, Die Feinstruktur der Wasserstoff- und der wasserstoffähnlichen Linien, in: Ebenda, S. 459.

[59] M. Planck, Brief vom 11. 2. 1916 an A. Sommerfeld, in: U. W. Benz, Arnold Sommerfeld. Eine wissenschaftliche Biographie (Diss.), Stuttgart 1974, S. 149.

[60] A. Einstein, Brief vom 3. 8. 1916 an A. Sommerfeld, in: A. Hermann (Hrsg.), A. Einstein, A. Sommerfeld, Briefwechsel. Sechzig Briefe aus dem goldenen Zeitalter der Physik, Basel—Stuttgart 1968, S. 41.

[61] Vgl. N. Bohr, Brief vom 17. 3. 1916 an C. W. Oseen (BSC 5,4). Noch euphorischer äußerte er sich in seinem am 27. 12. 1917 an R. Rutherford geschriebenen Brief. Siehe: N. Bohr, Collected Works, Bd. 3, Amsterdam—New York—Oxford 1976, S. 682f.

Prinzipielle an den Quanten einigermaßen zu klären! Aber meine Hoffnung, das zu erleben, wird immer kleiner."[62]

Sommerfeld, den das „Quantenrätsel" weniger beunruhigte als Bohr und Einstein, erwartete wie viele andere auch, die Lösung des Problems — falls es eine solche überhaupt geben sollte — von Einstein: „Ich kann nur die Technik der Quanten fördern, Sie müssen ihre Philosophie machen."[63] Der Mann aber, der mit seinen Arbeiten zur Relativitätstheorie, zur statistischen Physik und auch zur Quantentheorie den größten Beitrag in der physikalischen Theorieentwicklung des 20. Jahrhunderts geleistet hatte, schaffte diesmal den Durchbruch nicht.

Noch war die Zeit für das „Quantenrätsel" nicht reif. Niemand wußte, ob und wie man einmal die sich bewährenden verallgemeinerten Quantisierungsbedingungen begründen könnte. Es war unklar, ob die Inkonsistenzen des Bohr-Sommerfeldschen Atommodells in einer neuen Theorie aufzuheben waren oder ob man sich vielleicht an einen neuen Typ theoretischer „Erklärung" gewöhnen mußte und dieses Modell für den atomaren Objektbereich bereits die adäquateste Form der Widerspiegelung darstellte.

3.1.3. Korrespondenzprinzip und Grenzen der Leistungsfähigkeit des Bohr-Sommerfeldschen Atommodells

Im letzten Jahr des ersten Weltkrieges kam es zu zwei Versuchen, den Ertrag des 1913 von Bohr vorgeschlagenen und 1915/16 von Sommerfeld vervollkommneten Atommodells auf einer einheitlichen theoretischen Grundlage darzustellen. — Der imperialistische Raubkrieg war auch an den Forschungsstätten der Hochschulen und Akademien in den kriegsführenden Ländern nicht spurlos vorbeigegangen. Talentierte Forscher und Angehörige des wissenschaftlichen Nachwuchses wurden an die Front beordert, viele von ihnen verbluteten auf den Schlachtfeldern des Krieges. Die in der Forschung verbliebenen Wissenschaftler waren in erster Linie damit beschäftigt, Wissenschaft in den Dienst der Vernichtung von Leben zu stellen. Einer relativ kleinen Zahl von Spitzenwissenschaftlern aber gelang es selbst in dieser Zeit, Erkenntnisfortschritte in der noch nicht kriegswichtigen Atomphysik zu erzielen.

1918, als niemand wissen konnte, wie weit der Weg zu einer konsistenten Quantenmechanik noch sein sollte, begann *A. Sommerfeld* mit der Niederschrift seines Buches „*Atombau und Spektrallinien*". In zahlreichen, vom Autor sorgfältig überarbeiteten Neuauflagen hat dieses Werk eine ganze Generation von Physikern und Chemikern in die Problematik der Atomphysik eingeführt.

[62] A. Einstein, Brief vom 1. 2. 1918 an A. Sommerfeld, in: A. Hermann (Hrsg.), A. Einstein, A. Sommerfeld, Briefwechsel. Sechzig Briefe aus dem goldenen Zeitalter der Physik, a. a. O., S. 44.

[63] A. Sommerfeld, Brief vom 11. 1. 1922 an A. Einstein, in: Ebenda, S. 97.

N. Bohr veröffentlichte ebenfalls 1918 seine Abhandlung „Über die Quantentheorie der Linienspektren". Bis dahin gingen die Quantentheoretiker, dem Beispiel Einsteins folgend, davon aus, daß die neue Atomtheorie sich *korrespondenzmäßig* so an die Newtonsche Mechanik und die Maxwellsche Elektrodynamik anschließen müsse, wie das auch die spezielle Relativitätstheorie getan hatte. Diese methodischen Überlegungen waren aber damals noch nicht in Form eines erkenntnistheoretisch und methodologisch begründeten Prinzips gefaßt. Bevor dies geschah, gab *Bohr* den entsprechenden methodischen Überlegungen einen spezifisch physikalischen Sinn. Er formulierte ein *Korrespondenzprinzip*, das erst im nachhinein als *eine mögliche* physikalische Konkretisierung eines allgemeingültigen erkenntnistheoretisch-methodologischen Prinzips der Theorieentwicklung interpretiert werden konnte. Die Diskussionen um die konkrete physikalische Fassung des Bohrschen Korrespondenzprinzips darf man daher nicht mit den prinzipiellen Diskussionen verwechseln, ob die Quantentheorie korrespondenzmäßig an die Newtonsche Mechanik und die Maxwellsche Elektrodynamik anschließe oder nicht. Unter der Voraussetzung, daß man die quantentheoretischen Postulate des Bohr-Sommerfeldschen Atommodells nicht innerhalb des vorliegenden physikalischen Theoriengebäudes selbst rechtfertigen könne, ging es für Bohr mit diesem Prinzip darum, den Weg zur prinzipiell neuen Theorie zu ebnen. Ihm kam also eine heuristische Funktion zu.

1913 hatte Bohr für den eigentlichen Emissions- bzw. Absorptionsprozeß beim Übergang zwischen zwei stationären Zuständen eines Atoms lediglich festgestellt, daß dieser nicht der Maxwellschen Elektrodynamik (kontinuierliche Strahlung), sondern der Planckschen Quantentheorie (diskrete Strahlung) folgt. Gegen diese Annahme wurde häufig ins Feld geführt, damit hänge die emittierte Strahlung nicht nur vom Ausgangszustand, sondern auch vom Endzustand ab. Obgleich Bohr ausdrücklich angenommen hatte, daß sich der Übergangsprozeß nicht mechanisch behandeln lasse, wurde in mechanistischer Deutung dieses Umstandes ein nicht zu rechtfertigendes teleologisches Prinzip gesehen. Das warf die philosophische Kausalitätsproblematik, die bereits in der statistischen Physik viel diskutiert wurde, nun auch für die quasiklassische Quantentheorie auf.[64] Dieser Einwand,

[64] Zu den Diskussionen um die Kausalitätsproblematik in der naturwissenschaftlichen Forschung dieser Zeit siehe: H. Reichenbach, Philosophische Kritik der Wahrscheinlichkeitsrechnung, in: Die Naturwissenschaften, 8 (1920), S. 146—153; M. Schlick, Naturphilosophische Betrachtungen über das Kausalprinzip, in: ebenda, S. 461—474; M. v. Smoluchowski, Über den Begriff des Zufalls und den Ursprung der Wahrscheinlichkeitsgesetze in der Physik, in: Die Naturwissenschaften **6** (1918), S. 253—256; H. Weyl, Das Verhältnis der kausalen zur statistischen Betrachtungsweise in der Physik (1920), in: H. Weyl, Gesammelte Abhandlungen, Bd. 2, New York 1968, S. 113—122; W. Wien, Über die Beziehungen der Physik zu andern Wissenschaften (1920), in: W. Wien, Aus der Welt der Wissenschaft, Leipzig 1921, S. 16—40. Die Diskussion der Kausalitätsproblematik verschärfte sich in der nachfolgenden Theorieentwicklung zusehends. Unter dem Eindruck revolutionärer Veränderungen in der Quantentheorie erschien es nach 1927 manchmal so, als seien die Auseinandersetzungen um eine der Physik adäquate Kausalitätsauffassung im Vorfeld der Quantenmechanik bedeutungslos gewesen.

so zeigten es die Erfolge des Bohr-Sommerfeldschen Atommodells, gefährdete aber nicht ernsthaft Bohrs ursprüngliche Deutung des Kombinationsprinzips mittels der Strukturvorstellungen vom Atom, welche auf eine zumindest teilweise Verwendung von Newtonscher Mechanik und Maxwellscher Elektrodynamik hinauslief. Um sich jedoch wirkungsvoll mit dem Teleologieeinwand auseinandersetzen zu können, brauchte man eine Strahlungstheorie der Atome auf quantentheoretischer Grundlage. Fortschritte zu einer solchen Theorie waren durch eine Arbeit Einsteins möglich geworden. Daran konnte Bohr anknüpfen.

3.1.3.1. Einstein zur Quantentheorie der Strahlung

Nachdem Einstein 1905/06 im Gegensatz zur damals allein akzeptierten Wellentheorie des Lichtes die Lichtquantenhypothese eingeführt hatte,[65] mußte er lange auf die experimentelle Bestätigung seiner unter Verwendung dieser Hypothese gegebenen Theorie des Photoeffektes warten. Aber auch mit der experimentellen Bestätigung dieser Theorie gegen 1915/16 fand seine Vorstellung von der räumlichen Ausbreitung des Lichts in diskreten, nichtteilbaren Portionen $h\nu$ keineswegs Anerkennung. Dessenungeachtet setzte er jedoch seine Überlegungen in der einmal eingeschlagenen Richtung fort.

Nachdem Einstein in der allgemeinen Relativitätstheorie entscheidend vorangekommen war, nahm er frühere Überlegungen zur Quantentheorie wieder auf. Im August 1916 schrieb er seinem Freund Besso: „Es ist mir ein prächtiges Licht über die Absorption und Emission der Strahlung aufgegangen ... Eine verblüffend einfache Ableitung der Planckschen Formel, ich möchte sagen *die* Ableitung. Alles ganz quantisch.“[66] Zwar wurde damit die Strahlungstheorie der vom Standpunkt absoluter Gültigkeit der Elektrodynamik geforderten Wellentheorie für die Strahlungsausbreitung um keinen Deut näher gebracht. Es wurde aber mit den Mitteln der statistischen Physik eine Möglichkeit gefunden, tiefer in die Gesetze

Verfolgt man aber das Ringen der Physiker um diese Problematik über den gesamten hier behandelten historischen Prozeß, dann erst wird die sich aus der Theorieentwicklung der Physik ergebende Notwendigkeit zur philosophischen Präzisierung deutlich. Dann ergeben sich zugleich Möglichkeiten, die komplizierten, vielfach vermittelten Beziehungen zwischen den gesellschaftlichen Entwicklungen, deren klassenbedingten philosophischen Reflexionen und der historisch determinierten weltanschaulichen Gebundenheit bei der Behandlung erkenntnistheoretischer und methodologischer Fragestellungen physikalischer Theorieentwicklung aufzudecken. Ein Versuch, diese Vermittlungen punktuell an dieser oder jener einzelnen Arbeit, diesem oder jenem einzelnen Ereignis aufzuspüren, greift zu kurz.

[65] Vgl. A. Einstein, Die Hypothese der Lichtquanten, Stuttgart 1965. Siehe auch: M. J. Klein, Einsteins First Paper on Quanta, in: The Natural Philosopher, Vol. 2 (1963), S. 57—86; A. Pais, Einstein and the Quantum Theory, in: Rev. Mod. Phys. 4/1979, S. 863ff.; H.-G. Schöpf, Albert Einstein und die ersten Anfänge der Quantentheorie, in: Wiss. Ztschr. der Technischen Universität Dresden, 1/1979, S. 79—83.

[66] A. Einstein, Brief vom 11. 8. 1916 an M. Besso, in: A. Einstein, M. Besso, Correspondence 1903—1955, a. a. O., S. 78.

des Strahlungs*prozesses* einzudringen. Die unausweichliche Konsequenz war eine *Quanten*theorie der Strahlung.

Einstein führte für Systeme, die nur diskrete Zustände $Z_1, Z_2, \ldots Z_n, \ldots$ mit entsprechender Energie $E_1, E_2, \ldots E_n, \ldots$ einnehmen können, in Analogie zur elektromagnetischen Strahlungstheorie Annahmen über die Wahrscheinlichkeit dafür ein, daß ein Übergang von einem stationären Zustand zu einem anderen spontan erfolgt. Ebenfalls in Analogie zur elektromagnetischen Strahlungstheorie machte er Annahmen über die Wahrscheinlichkeit eines erzwungenen Übergangs in Abhängigkeit von der Strahlungsdichte der entsprechenden Frequenz im umgebenden Raum. Die Bedingung für das statistische Gleichgewicht des Systems lieferte die Plancksche Strahlungsformel als Konsequenz der von Bohr postulierten Beziehung für die Übergänge zwischen zwei beliebigen Zuständen, z. B. zwischen Z_1 und Z_2

$$h\nu = E_2 - E_1 \tag{2}$$

Die Elementarprozesse mußten dabei als gerichtete Vorgänge aufgefaßt werden, d. h., der Strahlungsvorgang war nicht wie in der Elektrodynamik mit einer Kugelwelle zu beschreiben. Folglich forderte der Impulserhaltungssatz für das strahlende Atom oder Molekül einen Rückstoß der Größe $\frac{h\nu}{c}$.

Die Schwäche seiner Theorie sah Einstein einerseits darin, „daß sie uns dem Anschluß an die Undulationstheorie nicht näher bringt, andererseits darin, daß sie Zeit und Richtung der Elementarprozesse dem ‚Zufall' überlaßt"[67]. Er stellte jedoch 1917 fest: „Trotzdem lege ich das volle Vertrauen in die Zuverlässigkeit des eingeschlagenen Weges."[68] Später, als klar war, daß die Zufälle der Elementarprozesse prinzipiell nicht auf Notwendigkeiten jedes einzelnen Elementarprozesses zurückgeführt werden können, sondern über die in den statistischen Gesetzen erfaßten Notwendigkeiten für Gesamtheiten von Elementarprozesse bestimmt sind, hat er die Zuverlässigkeit des von ihm eingeschlagenen Weges weniger optimistisch beurteilt.[69]

[67] A. Einstein, Zur Quantentheorie der Strahlung (1917), in: D. ter Haar, Quantentheorie. Einführung und Originaltexte, Berlin 1970, S. 227.

[68] Ebenda.

[69] Das ist von allen jenen Physikern mit Verständnislosigkeit aufgenommen worden, die diesen Weg bis zur theoretisch konsistenten Quantenmechanik weitergegangen sind. Siehe dazu beispielsweise: AHQP, Interview mit N. Bohr vom 17. 11. 1962, S. 9ff. Dabei wurde aber zumeist vergessen, daß Einstein 1917 zwar Wahrscheinlichkeitsausdrücke einführte, aber den *Mangel* seiner Auffassung darin sah, daß *Zeitpunkt* und *Richtung* der Elementarprozesse dem „Zufall" überlassen blieben. Er scheint damals schon daran gedacht zu haben, man könne später physikalisch einmal mehr darüber sagen. Einstein bezeichnete sich 1919 als „Determinist" und schrieb am 27. 1. 1920 im Brief an M. Born: „Das mit der Kausalität plagt mich auch viel. Ist die quantenhafte Licht-Absorption und Emission wohl jemals im Sinne der vollständigen Kausalitätsforderung erfaßbar oder bleibt ein statistischer Rest? Ich muß gestehen, daß

3.1.3.2. Bohrsches Korrespondenzprinzip

Ohne näher auf die heikle Frage nach der Natur des Lichts einzugehen, benutzte Bohr die Ergebnisse der Einsteinschen Quantentheorie der Strahlung für den Ausbau seiner Quantentheorie der Linienspektren. Dabei führte er zur Berechnung der Energiewerte der stationären Zustände mit dem *Korrespondenzprinzip* eine zusätzliche Annahme ein. In seiner ursprünglichen Formulierung besagte dieses Prinzip, daß die nach (2) berechnete Frequenz im Grenzfall, für den sich die Bewegung in den benachbarten stationären Zuständen wenig voneinander unterscheidet, jener Frequenz zustrebt, die nach der Strahlungstheorie von der Bewegung in den betreffenden stationären Zuständen erwartet werden muß. Daraus folgerte Bohr: „Um also für den Grenzfall langsamer Schwingungen den Zusammenhang mit der gewöhnlichen Strahlungstheorie zu erhalten, werden wir unmittelbar zu gewissen Schlußfolgerungen über die Wahrscheinlichkeit des Übergangs von einem stationären Zustand zum anderen für diesen Grenzfall geführt."[70] Das wiederum erlaubte allgemeine Betrachtungen über den Zusammenhang der Übergangswahrscheinlichkeiten zwischen zwei Zuständen mit der Bewegung des Systems in diesen Zuständen. Damit, so konnte gezeigt werden, war nun auch eine Möglichkeit zur mathematischen Untersuchung der Polarisation und der Intensität der verschiedenen Spektrallinien gegeben.[71]

Bisher war die Bohrsche Theorie — abgesehen von den Inkonsistenzen in ihren Grundlagen — insofern unbefriedigend, als sie lediglich die Frequenz der Strahlung, nicht aber deren Intensität und Polarisation zu berechnen gestattete. Verständlich, daß der neue Schritt ebenso wie seinerseits Sommerfelds verallgemeinerte Quantisierungsbedingung neue Hoffnung weckte. Für die nächsten Jahre bestimmten Bohrs Überlegungen zum Korrespondenzprinzip den Ausbau der Atomtheorie auf der Grundlage der bekannten Mechanik und Elektrodynamik maßgeblich. Dabei spielte Ehrenfests Prinzip der „mechanischen Transformierbarkeit" (heute als „*Ehrenfestsche Adiabatenhypothese*" bezeichnet) eine große Rolle.[72]

mir da der Mut einer Überzeugung fehlt. Ich verzichte aber sehr ungern auf die *vollständige* Kausalität." (A. Einstein, M. u. H. Born, Briefwechsel 1916—1955, Hamburg 1972, S. 33.) Seine Polemik setzte ein, als man behauptete, man könne aus *prinzipiellen* Gründen keine anderen als Wahrscheinlichkeitsaussagen über Zeitpunkt und Richtung der Elementarprozesse machen.

70 N. Bohr, Über die Quantentheorie der Linienspektren, Braunschweig 1923, S. 9. Die Überlegungen zum Korrespondenzprinzip lassen sich bis 1913 zurückverfolgen. Siehe dazu: N. Bohr, Collected Works, Bd. 3, a. a. O., S. 4—6, die dort angegebenen Arbeiten und den entsprechenden Briefwechsel (insbesondere mit P. Ehrenfest, S. 608—632; E. Rutherford, S. 681 bis 684; A. Sommerfeld, S. 685—692).

71 Vgl. S.-I. Tomonaga, Quantum Mechanics, Bd. 1: Old Quantum Theory, Amsterdam 1962, S. 139ff.

72 P. Ehrenfest, A Mechanical Theorem of Boltzmann and its Relation to the Theory of Energy Quanta, in: Proceedings of the Amsterdam Academy, **16** (1914), S. 591—597.

Dieses Prinzip war eingeführt worden, um die Schwierigkeiten zu umgehen, die sich aus der Nichtanwendbarkeit der klassischen Mechanik für die Veränderung stationärer Elektronenbahnen unter dem Einfluß veränderlicher äußerer Kraftfelder ergeben. Ehrenfest hatte angenommen, daß für den Fall langsam veränderlicher äußerer Kraftfelder die auf die Teilchen des Systems wirkenden Kräfte sich in jedem Augenblick nicht wesentlich von denjenigen unterscheiden werden, die zusätzliche, langsam bewegte Teilchen ausüben würden, welche mit dem ursprünglichen System zusammen ein System im stationären Zustand bilden. Damit blieb die Newtonsche Mechanik im Prinzip anwendbar. Das schuf in dem quasiklassischen Bohr-Sommerfeldschen Modell die Möglichkeit, mit der letztendlich vermutlich unzureichenden Mechanik auch bei der Berechnung des Einflusses äußerer elektrischer und magnetischer Felder auf die entsprechenden Spektren weiterzukommen.

Mit diesem Prinzip war ein möglicher Weg angedeutet, wie man mit der Schwierigkeit fertig werden sollte, daß die Newtonsche Mechanik zwar für die stationären Zustände, nicht aber für die Übergänge zwischen ihnen gelten solle. Indem man für ein bekanntes System ein bestimmten Bedingungen unterliegendes zweites System entwarf (kleine auf die Teilchen wirkende Kräfte, naheliegende Energiewerte für alle stationären Zustände), konnte man „mechanisch" einen Zusammenhang zwischen seinen stationären Zuständen herstellen. Auf diese Weise war die Inkonsistenz des Modells zu mildern, daß einerseits die Newtonsche Mechanik gilt und andererseits nicht gilt.

Während Bohr und seine Anhänger über die Modifikation des physikalisch gefaßten Korrespondenzprinzips den Zugang zur neuen Theorie suchten, setzte Sommerfeld seine Hoffnung darauf, mit der allgemeinen Quantisierungsbedingung (3) schon den Keim einer konsistenten Quantentheorie zu besitzen. Wegen der zumeist ungeheuren Kompliziertheit der dabei auszuführenden Integrationen wartete Ehrenfest auf die „Erlösung der Quantentheorie von der Hegemonie der Integrationsvirtuosität"[73], während man in Göttingen einfach ausrief: „Hoch das Korrespondenzprinzip, nieder das $\oint pdq$!"[74]

[73] P. Ehrenfest, Adiabatische Transformationen in der Quantentheorie und ihre Behandlung durch Niels Bohr, in: Die Naturwissenschaften, **11** (1923), S. 550.

[74] F. Hund, Geschichte der Quantentheorie, a. a. O., S. 81. Sommerfeld hat das Bohrsche Korrespondenzprinzip als „interessanten Vergleich zwischen klassischer und quantentheoretischer Emission für grosse Quantenzahlen" bezeichnet und zugegeben, daß es eine weitreichende Methode impliziere (A. Sommerfeld, Brief vom 18. 5. 1918 an N. Bohr, in: N. Bohr, Collected Works, Bd. 3, a. a. O., S. 686). Für ihn aber blieb es „ein formales Analogie-Princip zwischen klassischer Theorie und Quantentheorie" (Brief vom 5. 2. 1919, in: ebenda, S. 688). Am 11. 11. 1920 hieß es dann schließlich in einem Brief an N. Bohr: „Trotzdem muss ich bekennen, dass mir der der Quantentheorie fremde Ursprung Ihres Prinzipes noch peinlich ist, so sehr ich auch anerkenne, dass damit ein wichtigster Zugang zwischen Quantenth. und klassischer Elektrodynamik blossgelegt wird." (Ebenda, S. 690).

3.1.3.3. Sommerfelds „Atombau und Spektrallinien"

Im Sommer 1918 begann Sommerfeld mit der Niederschrift seines auf Vorlesungen von 1916/17 zurückgehenden Buches, das „bald zu einer Art Bibel für die Spektroskopiker wurde"[75]. In diesem 1919 in 1. Auflage erschienenen Werk erwies sich sein Autor als ein Meister des mathematisch-theoretischen Handwerkszeugs in einer Forschungssituation, welche durch große Unsicherheiten in den Grundlagen des von ihm benutzten Theorieansatzes charakterisiert war.[76] M. Born hat in Sommerfeld einen Physiker gesehen, dessen Stärke in der Handhabung des mathematischen Kalküls lag, der seine größten Erfolge dort errungen hat, „wo eine gesicherte wissenschaftliche Basis vorlag und wo es darum ging, eine in den Grundgedanken formulierte Theorie bis in die feinsten Details auszugestalten und anzuwenden"[77]. Dies trifft für Sommerfelds Arbeit auch in dieser Phase insofern zu, als er — im Unterschied zu Bohr — bei seinen Überarbeitungen von „Atombau und Spektrallinien" den Eindruck gewann, im Prinzip über „eine in den Grundgedanken formulierte Theorie" zu verfügen.

In diesem „im Text für Chemiker, in den Zusätzen auch für Physiker" geschriebenen Werk[78] hat er zwar — vor allem in den überarbeiteten Neuauflagen (1921, 1922 und 1924) — verschiedentlich auf manche Schwierigkeiten der Theorie hingewiesen; im wesentlichen aber brachte er die ungeheure Befriedigung über

[75] M. v. Laue, Sommerfelds Lebenswerk, in: M. v. Laue, Gesammelte Schriften und Vorträge, Bd. 3, Braunschweig 1961, S. 217.

[76] Vgl. Interviews mit W. Heisenberg vom 30. 11. 1962—7. 2. 1963 und 11. 11. 1963, in: AHQP. Diese Unsicherheit hat damals wohl niemand so klar gesehen wie jener Mann, dessen Atommodell die Grundlage für alle Fortschritte innerhalb der Atomphysik darstellte. N. Bohr sprach in einem Brief vom 16. 9. 1921 an P. Ehrenfest von der Atomphysik als einem Gebiet, „wo nichts feststeht, und wo alles sich eigentlich nur um ein Gefühl der Harmonie handelt." (N. Bohr, Collected Works, Bd. 3, a. a. O., S. 627.) Er selbst brachte aber gleichzeitig seine Überraschung zum Ausdruck, wie weit man eigentlich trotz dieser Unsicherheiten in den Grundlagen bei der Entwicklung der Theorie kommen konnte. Daran aber hatten die Arbeiten Sommerfelds einen wesentlichen Anteil. Keineswegs aus purer Höflichkeit gegenüber dem Gast sprach N. Bohr am 22. 9. 1919 in Anschluß an Sommerfelds Vortrag in Kopenhagen vom Wissen aller anwesenden Physiker „mit wie großen Erfolg Sie mittelst Ihre grosse mathematische Einsicht vermocht haben die eigenthümliche Schwierigkeiten die in manchen Problemen der mathematischen Fysik steckt in meisterhaften elegante Weise anzugreifen, speciell wenn es verglichen wird mit den öfters ganz dilletantischen Stellungen die die meisten Physikern wie wir alle von eigner Erfahrung wissen gegenüber die Behandlung von solche Problemen annehmen müssen." (Ebenda, S. 218.)

[77] M. Born, Geleitwort zu: A. Einstein, A. Sommerfeld, Briefwechsel. Sechzig Briefe aus dem goldenen Zeitalter der Physik, a. a. O., S. 15. A. Einstein brachte im Brief vom 14. (?) 1. 1922 an A. Sommerfeld zum Ausdruck, was damals wie heute die Mehrzahl der Spezialisten empfindet: „Ihre schrittweise Entwirrung der Spektren beobachte ich mit grosser Bewunderung; wie Sie sich der Fülle des Materials mit diesen paar Auswahlregeln anzupassen vermögen!" (A. Hermann (Hrsg.), A. Einstein, A. Sommerfeld, Briefwechsel. Sechzig Briefe aus dem goldenen Zeitalter der Physik, a. a. O., S. 97.)

[78] A. Sommerfeld im Brief vom Juni 1918 an A. Einstein, in: Ebenda, S. 50.

das bereits Erreichte zum Ausdruck. „Seit der Entdeckung der Spektralanalyse konnte kein Kundiger zweifeln, daß das Problem des Atoms gelöst sein würde, wenn man gelernt hätte, die Sprache der Spektren zu verstehen“, hatte er 1919 im Vorwort zur 1. Auflage geschrieben.[79] Da sein Werk die Darstellung der phänomenologisch gut verstandenen Sprache der Spektren war, mußte man also annehmen, daß das Problem des Atoms im wesentlichen gelöst war: „Was wir heutzutage aus der Sprache der Spektren heraus hören, ist eine wirkliche Sphärenmusik des Atoms, ein Zusammenklingen ganzzahliger Verhältnisse, eine bei aller Mannigfaltigkeit zunehmende Ordnung und Harmonie . . . Alle ganzzahligen Gesetze der Spektrallinien und der Atomistik fließen letzten Endes aus der Quantentheorie. Sie ist das geheimnisvolle Organon, auf dem die Natur die Spektralmusik spielt und nach dessen Rhythmus sie den Bau der Atome und der Kerne regelt.“[80]

Da Sommerfeld nicht in der Lage war, die Ganzzahligkeit der Quantenzahlen (und damit die Durchbrechnung der Kontinuität der entsprechenden physikalischen Größen) theoretisch zu erklären, und es vorzog, vom „geheimnisvollen Organon“ zu sprechen, war bald von der Sommerfeldschen „Zahlenmystik“ die Rede. Sommerfeld aber sah in seinem Vorgehen — im Gegensatz zu seinen Kritikern — keineswegs die Gefahr irrationalistischer Naturerklärung. Unter Hinweis auf den anomalen Zeeman-Effekt sprach er 1920 selbst von einem „Zahlenmysterium“ und betonte, daß bis vor wenigen Jahren die Gesamtheit spektroskopischer Gesetze als derartiges „Zahlenmysterium“ erschienen sei. Inzwischen aber seien dessen Regelmäßigkeiten weitestgehend aufgefunden.[81] Mehr schien ihm nicht unbedingt erforderlich. Ganz anders dachte Bohr, dem die Inkonsistenz seines Modells stets gegenwärtig blieb.

In seinem 1920 verfaßten Kommentar zu einer 1916 begonnenen, aber damals wegen der neuen Sommerfeldschen Ergebnisse nicht vollendeten Arbeit sprach er von der Möglichkeit, „die quantentheoretische Behandlung der Atomprobleme auf eine, wenn auch begrenzte Anwendung der gewöhnlichen Mechanik zu basieren“[82]. Sommerfeld hingegen schrieb in „Atombau und Spektrallinien“: „Daß die dynamischen Gesetze . . . in unserem Mikrokosmos genau so gelten, wie im astronomischen Makrokosmos, wird durch unsere weiteren Entwicklungen bis in alle Einzelheiten dargetan werden.“[83] Obgleich Bohr in seinem Nobelvortrag von 1922 und an anderer Stelle im Zusammenhang mit den Elektronenbahnen im Atom nicht immer auf die Begrenztheit der Anwendung der Newtonschen Mechanik mit allem Nachdruck hingewiesen hat, kann man jedoch keinesfalls einfach, wie das Sommerfeld 1929 tat, feststellen: „Der Fehler der älteren Quantentheorie

[79] A. Sommerfeld, Atombau und Spektrallinien, 1. Aufl., Braunschweig 1919, S. VIII.
[80] Ebenda.
[81] Vgl. A. Sommerfeld, Ein Zahlenmysterium in der Theorie des Zeemaneffektes (1920), in: A. Sommerfeld, Gesammelte Schriften, Bd. 3, a. a. O., S. 511—514.
[82] N. Bohr, Abhandlungen über den Atombau aus den Jahren 1913—1916, a. a. O., S. VI.
[83] A. Sommerfeld, Atombau und Spektrallinien, 2. Aufl., Braunschweig 1921, S. 65, 66.

war nicht die Einführung unbeobachtbarer Größen, sondern zu viel Vertrauen auf die klassische Mechanik."[84]

Dieses Zuviel an „Vertrauen auf die klassische Mechanik" blieb für Sommerfeld charakteristisch, nicht für Bohr. Zwar war auch Sommerfeld die Forderung nach Diskretheit und Strahlungsfreiheit der Bahnen „zunächst reichlich bizarr" erschienen.[85] Sie galt ihm aber bald schon als theoretisch unerläßlich, weil empirisch „durch zwei fundamentalste Tatsachen gestützt: *Die Diskretheit und Schärfe der Spektrallinien* einerseits, *die Existenz und Permanenz der Atome* andererseits"[86].

Dementsprechend sollte sich nach Sommerfelds Auffassung die Quantentheorie des Atoms aus der Newtonschen Mechanik, der Maxwellschen Elektrodynamik und zusätzlich einzuführenden Annahmen ergeben. Die Struktur der *Atomtheorie* wäre damit der der statistischen Begründung der *Thermodynamik* analog gewesen. In der Boltzmann folgenden statistischen Begründung der Thermodynamik gilt diese als Konsequenz der Newtonschen Mechanik und zusätzlicher Annahmen, welche im Rahmen der Mechanik weder begründbar sind noch sich logisch widerspruchsfrei in diesen Rahmen einzupassen scheinen.[87]

Bohr hingegen orientierte sich methodisch nicht an Boltzmanns Vorgehen, sondern am Vorgehen von Gibbs bzw. von Einstein. Er erwartete für die *Quantentheorie*, ebenso wie es einst Einstein bei der Entwicklung der *Relativitätstheorie* getan hatte, eine Veränderung der Mechanik. Darüber hinaus mußte nach Einsteins Überzeugung auch die Elektrodynamik für inneratomare Prozesse geändert werden.

3.1.3.4. Problemantinomien des Bohr-Sommerfeldschen Atommodells

Auf der Grundlage des Bohr-Sommerfeldschen Atommodells wurde die mit der Planckschen Quantenhypothese gesetzte und inzwischen de facto von Bohr als solche behandelte Problemantinomie von Kontinuität und Diskontinuität durch weitere, zunächst noch relativ vage formulierte Problemantinomien untersetzt. Da es gute Gründe für die Annahme gab, daß die Newtonsche Mechanik und die Maxwellsche Elektrodynamik *im* Atom nicht gültig sein können, wohl

[84] A. Sommerfeld, Einige grundsätzliche Bemerkungen zur Wellenmechanik (1929), in: A. Sommerfeld, Gesammelte Schriften, Bd. 4, a. a. O., S. 1.
Auch Bohr hat später versucht, die ursprünglichen Unterschiede zwischen seinem und dem Sommerfeldschen Denken zu relativieren, dabei aber stets auf die produktive Funktion kontroverser Auffassungen für den Erkenntnisfortschritt verwiesen. So hieß es beispielsweise in einem Brief vom 15. 4. 1943 an A. Sommerfeld: „Wie wunderbar griffen doch damals die verschiedenen Bestrebungen befruchtend ineinander ein. Dadurch, dass in den Diskussionen der Nachdruck auf die einzelnen Punkte in ganz verschiedener Weise gelegt wurde, war es auch natürlich, dass scheinbare Unterschiede der Auffassungen auftreten konnten." (BSC 25,4)

[85] A. Sommerfeld, Atombau und Spektrallinien, a. a. O., S. 67.

[86] Ebenda.

[87] Siehe dazu: I. Prigogine, Vom Sein zum Werden, München—Zürich 1979, S. 163ff.; U. Röseberg, Determinismus und Physik, Berlin 1975, S. 104ff.

aber außerhalb des Atoms gültig sein müssen, und gleichzeitig gezeigt wurde, daß man unter bestimmten Bedingungen auch im Atom von der Gültigkeit dieser Theorien ausgehen konnte, ergaben sich für die Mechanik und die Elektrodynamik jeweils spezifische *Problemantinomien*. Beide waren von Anfang an in einer logisch *widerspruchsfreien Form* formuliert.

Die *Problemantinomie der Mechanik* bestand darin, daß man von mechanischen Bahnen der Elektronen sprach, die quantentheoretischen Bedingungen unterlagen, und gleichzeitig für den Übergang zwischen diesen Bahnen das Konzept mechanischer Bahnen nicht anwendbar war. Die *Problemantinomie der Elektrodynamik* ergab sich daraus, daß die Emissions- und Absorptionsprozesse der Strahlung korpuskularer Natur sein sollten, während die Ausbreitung der Strahlung wellenförmig erfolgen sollte. In Übereinstimmung mit Einsteins von Bohr aufgegriffenem Ansatz zur Quantentheorie der Strahlung war die Problemantinomie der Elektrodynamik noch weiter untersetzt. Die Elementarprozesse sollten sowohl in der Richtung als auch in der Zeit wahrscheinlichkeitstheoretisch bestimmt sein, während für die statistische Gesamtheit der spontanen elementaren Absorptions- und Emissionsprozesse Gesetze galten, in denen der Wahrscheinlichkeitsbegriff nicht vorkam (vgl. Abb. 3).

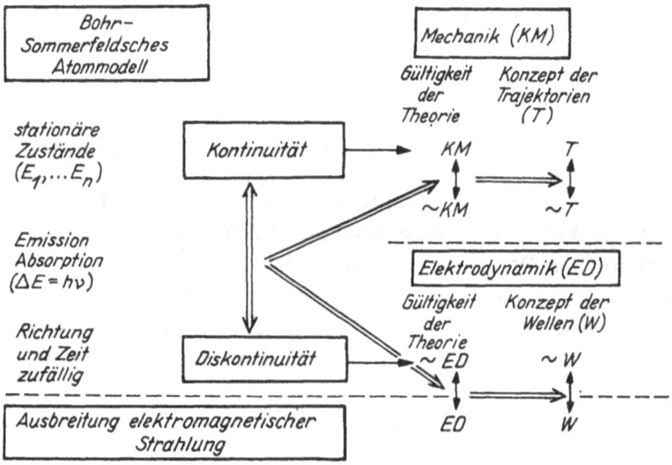

Abb. 3: Problemantinomien des Bohr-Sommerfeldschen Atommodells

Dieser Probleme des Bohr-Sommerfeldschen Atommodells wurde man sich in der Arbeit mit dem Modell zunehmend bewußt. Sie wurden aber im Sinne der hier unterstellten Begriffsbildungen zu Beginn der 20er Jahre keineswegs durchgängig als Problemantinomien angesehen. Während Bohr 1922 davon sprach, daß „die wohlbekannten ‚Rätsel' der Quantentheorie bei jedem Fortschritte auf dem Gebiet des Atombaus in ein immer schärferes Licht zu treten" scheinen,[88] brachte Sommer-

[88] N. Bohr, Drei Aufsätze über Spektren und Atombau, a. a. O., S. VI.

feld in Erwartung weiterer Veränderungen gegenüber der ursprünglichen Form des Bohrschen Atommodells noch 1924 seine Überzeugung zum Ausdruck, „daß ihre Konzeption in großen Zügen richtig ist, da sie den allgemeinen chemischen und spektroskopischen Tatsachen so schön gerecht wird“[89].

Während man in Kopenhagen und Göttingen die Forschungsarbeiten innerhalb der Atomphysik immer mehr auf jene Bereiche konzentrierte, in denen das quasiklassische Modell seine Grenzen zeigen mußte, hegten die Physiker in München noch große Hoffnungen, mit geringfügigen Änderungen innerhalb des bisherigen Ansatzes auszukommen. Sommerfeld und seine Schüler sahen in den auftauchenden Schwierigkeiten Probleme, die im Rahmen des bereits bekannten Ansatzes zu lösen waren. Die Physikergruppen um Bohr und Born sahen darin faktisch Problemantinomien, die auf einen neuen Ansatz hinführen mußten. Für sie ergab sich die Frage, welches der genannten Probleme am schnellsten zu einem prinzipiell neuen Theorienansatz führen würde.

Die unterschiedlichen Erwartungen Bohrs und Sommerfelds an die Theorieentwicklung innerhalb der Atomphysik markieren die Ansätze zweier *alternativer Forschungsprogramme auf der Grundlage eines einheitlichen Modells.* Mit weiteren Erkenntnisfortschritten in der theoretischen und experimentellen Arbeit kam es zu einer noch stärkeren Polarisierung unterschiedlicher Erwartungen an die zukünftige Theorie. Die sich vor allem 1924/25 immer deutlicher abzeichnenden Gegensätze zwischen den Schulen in München und Kopenhagen bzw. Göttingen waren *Momente eines den physikalischen Erkenntnisprozeß vorantreibenden dialektischen Widerspruchs.*

Sommerfelds Programm testete einen theoretisch inkonsistenten Kompromiß zwischen der klassischen Physik und den Postulaten der vorläufigen Quantentheorie. Damit wurde versucht, mit möglichst wenig Eingriffen in die klassische Physik auszukommen. Die klassische Mechanik einschließlich ihrer relativistischen Erweiterung wurde überhaupt nicht angetastet. *Bohrs Programm* dagegen bestand in der Suche nach Alternativen zur bisherigen Theorie. Dabei sollten die neuen Theorien die alten, bewährten Theorien überwinden und zugleich korrespondenzmäßig in sich bewahren. Im realen Theorieentwicklungsprozeß zeigte sich, daß Bohrs Programm zum Ziel führte, aber auch Sommerfelds Programm eine Reihe von Erkenntnissen über die makrophysikalisch beobachtbaren Folgen mikro-

[89] A. Sommerfeld, Atombau und Spektrallinien, 4. Aufl., Braunschweig 1924, S. VI.
N. Bohr hingegen hat wiederholt davon gesprochen, daß das von ihm eingeführte Modell den Weg zur konsistenten Theorie weisen müsse und danach keinen Sinn mehr haben könne. Im Brief an A. Sommerfeld vom 19. 11. 1919 war beispielsweise die Rede von der Beibehaltung des bisherigen theoretischen Ansatzes „. . . bis zu der hoffentlich baldigen Zeitpunkt, wo man einen feierlichen Abschied von dem alten Modell nehmen kann und es begraben“ (BSC 7,3). C. G. Darwin kommentierte in einem Brief vom 20. 7. 1919 das damalige Vorgehen der Physiker in Deutschland mit den Worten: „. . . and as far as I know (since some early and unsatisfactory work of Sommerfeld) they mostly accept quanta without question and their work is simply superstructure not helping in the foundation“ (BSC 1,4).

physikalischer Prozesse erbrachte, die in der prinzipiell neuen Theorie Bestand hatten.

Für die adäquate Formulierung der Gesetze der Atomphysik benötigte man zunächst und vor allem eine *neue Mechanik*, die Quantenmechanik. Die klassische Mechanik reichte auch in ihrer relativistischen Erweiterung nicht aus, wie das Sommerfeld lange geglaubt hatte. Dies konnte aber erst so eindeutig gesagt werden, *nachdem* die neue Mechanik ausgearbeitet vorlag und ihre Konsequenzen einigermaßen zu überblicken waren.

Eine Geschichte der Quantenmechanik vom Standpunkt der „Sieger“ wertet heute in der Regel die Überzeugungen Sommerfelds lediglich als mangelnde Einsicht in die Notwendigkeit sich anbahnender revolutionärer Umgestaltungen. Dabei aber wird gerade die *Widersprüchlichkeit* des tatsächlichen Theorieentwicklungsprozesses ahistorisch ausgeblendet; die Dialektik des Entwicklungsprozesses wird so eliminiert; man kommt zu einem metaphysischen Verständnis des real vollzogenen revolutionären Schritts innerhalb eines kompliziert verlaufenen Erkenntnisprozesses. Die Behauptung, daß ein wissenschaftliches Problem vorliegt, welches im traditionellen Rahmen (innerhalb des vorhandenen Theoriegebäudes) nicht lösbar ist, läßt sich erst begründen, wenn man diesen Rahmen (dieses Theoriegebäude) bereits gesprengt hat und in einem neuen Rahmen die Grenzen des alten zu zeigen vermag (vgl. Abb. 4).

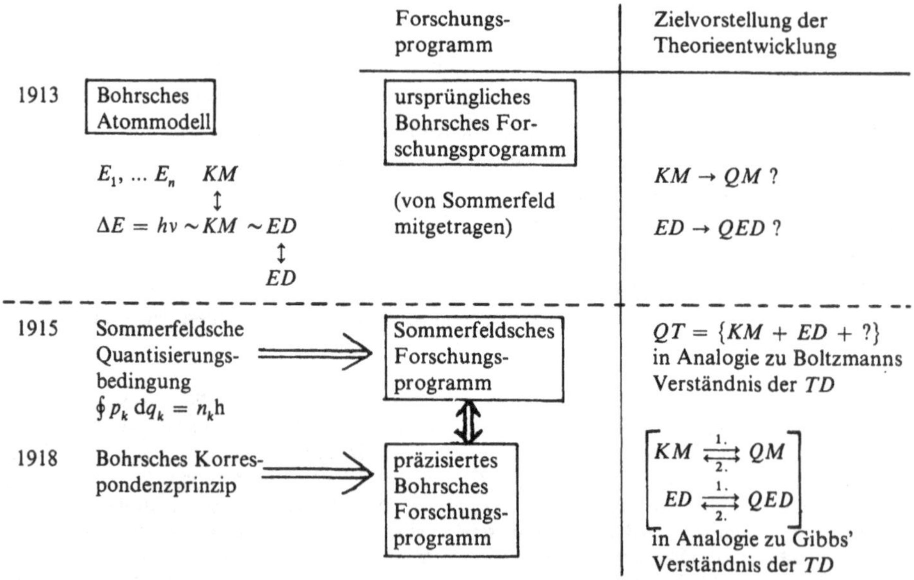

Abb. 4. Entstehen zweier alternativer Forschungsprogramme auf der Grundlage eines Modells (stark schematisiert)

Wohlwissend um die *historische* und *systematische* Berechtigung des Sommerfeldschen Forschungsprogramms und um die Probleme, welche die Grenzen der Leistungsfähigkeit des Bohr-Sommerfeldschen Atommodells markieren,[90] wollen wir uns nunmehr exemplarisch mit einigen Arbeiten auf der Suche nach prinzipiell neuen Wegen beschäftigen. Als einige von ihnen schließlich zum Erfolg geführt hatten, schätzte Bohr die Sommerfeldschen Bestrebungen, „eine sinngemäße Klassifikation des Erfahrungsmaterials mit Hilfe ganzer Zahlen zu erreichen", zusammenfassend ein und bemerkte dabei, es sei, „bei der damaligen Stufe der Entwicklung der Quantentheorie mehr eine Frage des Gefühls" gewesen, „wie stark man in deren Darstellung die Abweichungen von den klassischen Vorstellungen betonte, oder wie weit man bestrebt war, sie als eine natürliche Verallgemeinerung jener Vorstellungen erscheinen zu lassen. Tatsächlich waren diese beiden Seiten des Forschens untrennbar miteinander verknüpft."[91]

Diese beiden Seiten des Forschens standen in ihrer wechselseitigen Bedingt- und Bestimmtheit, in der objektiven Einheit wechselwirkender Gegensätze im Verhältnis eines *dialektischen Widerspruchs*. Dieser ist zur Quelle des Theorieentwicklungsprozesses geworden. Wenn wir uns nun mit einigen Versuchen jener Seite beschäftigen, die dem Bohrschen Gefühl entsprach, dann tun wir das ganz im Sinne der Leninschen Forderung nach „Spaltung des Einheitlichen und Erkenntnis seiner widersprechenden Bestandteile"[92].

3.2. Auf der Suche nach revolutionären Neuerungen in der Quantentheorie

Zu Beginn der 20er Jahre hatten sich die kadermäßigen und institutionellen Voraussetzungen für die Bearbeitung komplizierter experimenteller und theoretischer Fragen der Atomphysik wesentlich verbessert. 1921 konnte N. Bohr in *Kopenhagen* das neue Gebäude des „Instituts für theoretische Physik" einweihen, das bald schon zum „Mekka der Atomphysiker" werden sollte.[93] Nach dem Vorbild des Rutherfordschen Laboratoriums wurden in Kopenhagen optimale Be-

[90] Die Unterschiede im Vorgehen von Sommerfeld und Bohr sind ausführlich behandelt in: L. Rosenfeld, Men and Ideas in the history of Atomic Theory, in: Selected Papers of Léon Rosenfeld, Dordrecht—Boston—London 1979, S. 266—295.
W. Pauli, der bei Sommerfeld und bei Bohr gearbeitet hat, schrieb dazu: „Es war jedoch stets mein eigener Eindruck, daß die Unterschiede der Methoden *Sommerfelds* und seiner Schule einerseits, von *Bohr* andererseits nur günstig und befruchtend auf die Weiterentwicklung der Theorie gewirkt haben" (Sommerfelds Beiträge zur Quantentheorie, in: W. Pauli, Aufsätze und Vorträge über Physik und Erkenntnistheorie, Braunschweig 1961, S. 35).

[91] N. Bohr, Sommerfeld und die Atomtheorie, in: Die Naturwissenschaften, **16** (1928), S. 1036.

[92] W. I. Lenin, Philosophische Hefte, in: Werke, Bd. 38, Berlin 1968, S. 338.

[93] Vgl. P. Robertson, The Early Years. The Niels Bohr Institute 1921—1930, København 1979.

dingungen für die *internationale Zusammenarbeit* geschaffen. Wie in deutschen Instituten für theoretische Physik verstand es sich auch hier von selbst, daß Theorieentwicklung trotz aller relativen Eigenständigkeit letztlich nur auf der Grundlage eines hohen Standes der experimentellen Physik möglich ist. Bohr war daher bestrebt, neben talentierten Theoretikern auch hochqualifizierte Experimentatoren an sein Institut zu bekommen und ihnen optimale Arbeitsmöglichkeiten zu gewähren. Die für seine „zweite Atomtheorie“[94] so bedeutsame Entdeckung des Elements mit der Ordnungszahl 72 (Hafnium) durch Coster und Hevesy zählte er stets zu den schönsten Erfolgen der Mitarbeiter des von ihm geleiteten Instituts. Das „Institut für theoretische Physik“ in Kopenhagen wurde ebenso wie die entsprechende Einrichtung in *Göttingen* ein weltweit anerkanntes Zentrum für *experimentelle und theoretische* Forschungsarbeiten zur *Atomphysik*.

Nachdem 1921 M. Born von Frankfurt nach Göttingen übergewechselt war, wandte sich sein Hauptinteresse immer mehr den quantentheoretischen Problemen der Atomphysik zu.[95] Im Zusammenwirken mit J. Franck hat er eine physikalische Schule geschaffen, die die wissenschaftlichen Traditionen dieser Universitätsstadt nicht verleugnen konnte. An der Universität in Göttingen hatten im 19. Jahrhundert Gauß, Dirichlet, Riemann u. a. berühmte Mathematiker gewirkt. Das Interesse der bekanntesten Göttinger Mathematiker (F. Klein, D. Hilbert, H. Weyl, E. Noether und R. Courant) galt auch in den 20er Jahren unseres Jahrhunderts wichtigen physikalischen Problemen. Es kann daher nicht verwundern, daß gerade in Göttingen, „dem Orte mathematischer Hochkultur“[96], der Entwicklung des mathematischen Apparates der Quantentheorie besondere Aufmerksamkeit geschenkt wurde. Trotz der zweifellos vorhandenen Unterschiede zwischen Bohr und Born — und damit des Herangehens an wichtige Fragen der Atomphysik in Kopenhagen und Göttingen — einte beide Gruppen die Überzeugung, daß es in der Quantentheorie revolutionärer Neuerungen bedürfe. Diese gemeinsame Überzeugung bestand mindestens seit den später als „*Bohr-Festspiele*“ bezeichneten Diskussionen zu Grundfragen der Atomphysik, die im Frühsommer des Jahres 1922 in Göttingen die Mehrzahl der führenden Spezialisten zusammenbrachten.

N. Bohr hatte im Juni dieses Jahres auf Einladung von Born, Courant, Hilbert und Franck intensiv diskutierte Vorträge über die Theorie der Atome und Moleküle gehalten.[97] Dabei wurden auf der Grundlage der unübersehbaren Erfolge des Bohr-Sommerfeldschen Atommodells (Bohr wurde im November 1922 für

[94] Siehe dazu: H. Kragh, Niels Bohr's Second Atomic Theory, in: Historical Studies in the Physical Sciences, Bd. 10, Baltimore—London 1979, S. 123—186.

[95] Vor allem im Briefwechsel mit A. Einstein läßt sich verfolgen, wie stark sich Born damals von diesen Problemen herausgefordert sah. So hieß es beispielsweise in einem Brief vom 21. 10. 1921: „Die Quanten sind eine hoffnungslose Schweinerei.“ (A. Einstein, M. Born, Briefwechsel 1916—1955, a. a. O., S. 67.)

[96] A. Sommerfeld, Autobiographische Skizze, in: A. Sommerfeld, Gesammelte Schriften, Bd. 4, a. a. O., S. 675.

[97] Siehe dazu: N. Bohr, Collected Works, Bd. 4, a. a. O., S. 23—25; S. 341—419.

seine grundlegenden Arbeiten zur Atomtheorie der Nobelpreis zuerkannt) sowohl die unterschiedlichen Beurteilungen des erreichten Erkenntnisstandes als auch die divergierenden Erwartungen an die zukünftige Theorieentwicklung zur Sprache gebracht. Die hochtalentierten Schüler Sommerfelds — Pauli und Heisenberg — waren wohl am stärksten von der kritischen Distanz beeindruckt, die Bohr selbst dem bisherigen Modell entgegenbrachte. Von Sommerfeld hatten sie ähnliches noch nicht gehört. Pauli wußte von Born, daß er prinzipielle Bedenken dagegen hegte, die Begriffsbildungen der Makrophysik in die Mikrophysik zu übernehmen,[98] weshalb er später auch stärker das prinzipiell Neue der Quantenmechanik betonte und dem Korrespondenzprinzip einen geringeren Stellenwert beimaß als Bohr. 1922 während der „Bohr-Festspiele" in Göttingen aber wurde jenen Theoretikern, die die weitere Entwicklung maßgeblich mitprägen sollten, erstmalig aus berufenem Munde verdeutlicht, daß ihre eigene Skepsis gegenüber dem bisher Erreichten durchaus berechtigt war. Bohr seinerseits zeigte sich nachhaltig beeindruckt, in welchem Maße Pauli und Heisenberg bereits in die Gesamtproblematik der komplizierten quantentheoretischen Grundlagenprobleme eingedrungen waren.

Die Breite der Diskussionen über die grundsätzlichen Probleme der Quantentheorie, die auf den „Bohr-Festspielen" 1922 in Göttingen und vorher schon auf der vierten Solvay-Konferenz 1921 in Brüssel (der ersten nach dem Krieg) zum Ausdruck kam, fand auch ihren Niederschlag in einem Jubiläumsheft der „Naturwissenschaften", welches 1923 Bilanz über 10 Jahre Bohrsches Atommodell zog.

Zu Beginn der 20er Jahre war unverkennbar, daß mit dem Bohr-Sommerfeldschen Atommodell bereits wesentliche Züge mikrophysikalischer Gesetze erfaßt sein mußten. Nun galt es, die Frage zu beantworten, ob man sich aus pragmatischen Gründen mit einem theoretisch inkonsistenten Modell für die Atome abfinden könne oder ob man nach einem prinzipiell neuen Theorieansatz suchen müsse. Im ersten Falle hätte man den bis dahin üblichen Theoriebegriff der Physik ändern müssen. Im zweiten wäre zu klären gewesen, woraus eigentlich die Überzeugung folgt, daß ein besseres als das Bohr-Sommerfeldsche Atommodell entwickelt werden könne, welches frei war von allen bisherigen Widersprüchen und Inkonsistenzen. Sollte man angesichts solcher Schwierigkeiten vielleicht nicht lieber in diesem ohnehin der unmittelbaren Anschauung unzugänglichen Objektbereich gänzlich auf Modelle verzichten? Wäre es nicht günstiger, auch in der Atomphysik der seit Kirchhoff und Mach an Bedeutung gewinnenden phänomenologischen Ausrichtung der Physik zum Durchbruch zu verhelfen? Das waren Fragen, die die physikalische Grundlagenforschung auf ihrem Vorstoß ins Neuland beantworten

[98] Siehe dazu den außerordentlich instruktiven Brief von M. Born 23. 12. 1919 an W. Pauli, auf den im Zusammenhang mit den theoretischen Voraussetzungen der fundamentalen Heisenbergschen Arbeit von 1925 noch näher einzugehen sein wird. Dieser Brief ist abgedruckt in: W. Pauli, Wissenschaftlicher Briefwechsel mit Bohr, Einstein, Heisenberg u. a., Bd. 1: 1919 bis 1929, New York—Heidelberg—Berlin(West) 1979, S. 9, 10.

mußte. Bevor sie das aber leisten konnte, ging es um konstruktive Versuche zur Bewältigung immer wieder neuer Schwierigkeiten des bekannten Modells. Diese Versuche wurden im Rahmen konkurrierender Forschungsprogramme unternommen.

Bohr selbst beteiligte sich an der Suche nach prinzipiell neuen Wegen in der Quantentheorie. Seine Überzeugung, daß nur *revolutionäre Neuerungen* die Inkonsistenzen der bisherigen Theorie überwinden können, wurde bald durch neue experimentelle Fakten und deren Konsequenzen für die Theorie erhärtet. Dabei spielte der 1922 entdeckte Compton-Effekt[99] und seine kurze Zeit später erfolgende Erklärung mit Hilfe der Einsteinschen Lichtquantenhypothese eine besondere Rolle. Er war ein wichtiger Schritt auf dem Wege zum Welle-Teilchen-Dualismus beim Licht und von dort zum prinzipiellen Welle-Teilchen-Dualismus, welcher die Dichotomie der klassischen Physik (Elektrodynamik — Wellen und Felder; Mechanik — Teilchen) schließlich überwand.

Nachdem man sich auch in Göttingen Bohrs Überzeugung vom Zwang zu revolutionären Neuerungen zu eigen gemacht hatte, entstanden hier eine Reihe von Arbeiten, in denen vor allem die Leistungsgrenzen der Mechanik am Helium getestet und Ansätze für eine von der Newtonschen Mechanik abgehobene „Quantenmechanik" gesucht wurden. All diese Versuche waren konstruktive Beiträge zur physikalischen Theorieentwicklung und können historisch nicht allein daran gemessen werden, welchen Erkenntnisfortschritt sie tatsächlich erbracht haben. Sie haben gewirkt, indem sie Denkmöglichkeiten praktisch erprobten. Sie halfen die Überzeugung zu festigen, daß man in der Quantentheorie nicht über eine *kontinuierliche* Fortführung der Theorieentwicklung vorwärtskommen könne, sondern prinzipiell neuer Ideen bedurfte.

3.2.1. Energieerhaltungssatz als statistisches Gesetz?

Am 20. 7. 1919 legte C. G. Darwin seinem Brief an N. Bohr ein Manuskript bei, in dem er die Grundlagen der Physik einer kritischen Analyse unterzog.[100] Mehr als zwei Jahre mußte er auf eine Antwort Bohrs warten. Am 14. 2. 1922 schrieb dieser ihm, daß er die Ausführungen über die Prinzipien der Physik sehr anregend gefunden habe, er aber Schwierigkeiten hatte, auf die angeschnittenen komplizierten Probleme in adäquater Weise einzugehen. Was hatte Bohr, welcher als ein außerordentlich gewissenhafter Briefschreiber bekannt war, derart tief bewegt,

[99] Bei Streuung von Röntgenstrahlen an Atomen mit niedrigem Atomgewicht verringert sich die Frequenz und damit die Energie der Streustrahlung.
[100] Vgl. BSC 1,4.

daß er über zwei Jahre brauchte,[101] um diesen Brief Darwins zu beantworten?

Darwin war in seinem Manuskript davon ausgegangen, daß die Grundlagen der Physik Anlaß zur Verzweiflung gaben. Mit jedem der großen Triumphe der Quantentheorie waren aus seiner Sicht die Widersprüche dieser Theorie nur noch nachdrücklicher verdeutlicht worden. Er sah keine Möglichkeit, die theoretischen Inkonsistenzen mit einem Schlag aufzulösen, und schlug daher vor, die einfachsten Modifikationen der Prinzipien der „klassischen Physik" auf ihre Brauchbarkeit zu prüfen. Für ihn waren fundamentale Änderungen der Vorstellungen über *Raum und Zeit*, *Erhaltung* der Materie und der Elektrizität ebensowenig ausgeschlossen wie die Vorstellung, das *Elektron* mit *Willensfreiheit* auszustatten. Auf dem Hintergrund einer sich auf Duhem, Mach, Poincaré u. a. stützenden antimechanistischen philosophischen Strömung,[102] die ihre physikalische Rechtfertigung inzwischen aus den Erfolgen der statistischen Physik, der Relativitätstheorie und teilweise schon aus der Quantentheorie bezog, waren solche Überlegungen damals weit verbreitet. Darwin wandte sich aber im Unterschied zu anderen Autoren gegen methodisch unkontrollierte Spekulationen. Ihm erschien es wenig wahrscheinlich, über glücklich erratene Hypothesen zu physikalischen Fortschritten zu kommen. Er suchte nach einem methodischen Rahmen, der es erleichtern sollte, schnell und zuverlässig die erforderlichen Veränderungen in den Prinzipien der Physik aufzufinden. Aus pragmatischen Gründen plädierte er dafür, möglichst einfache Modifikationen der physikalischen Prinzipien zu testen, neigte

[101] Daß Bohr keinesfalls nachlässig mit Darwins Brief umgegangen ist, belegt ein unvollendeter früherer Entwurf zu einem ausführlicheren Antwortbrief (BSC 1,4). Darin bestätigte er ausdrücklich, daß auch ihn die Grundlagen der Quantentheorie zutiefst beunruhigen. Unter Hinweis auf die theoretische Erklärung des Photoeffektes schien ihm Darwins Versuch, den Energieerhaltungssatz als statistisches Gesetz zu fassen, nicht zweckmäßig. Ausführlicher darüber in: N. Bohr, Collected Works, Bd. 5 (in Vorbereitung).

[102] Beiträge zur Aufhellung des philosophischen Hintergrundes dieser Phase physikalischer Theorieentwicklung sind enthalten in: E. Cassirer, Das Erkenntnisproblem in der Philosophie und Wissenschaft der neueren Zeit. Von Hegels Tod bis zur Gegenwart (1832—1932), Stuttgart 1957, S. 88—124; E. Cassirer, Determinismus und Indeterminismus in der modernen Physik, Göteborg 1937; P. Forman, Weimar Culture, Causality, and Quantum Theory, 1918—1927: Adaptation by German Physicists and Mathematicians to a Hostile Intellectual Environment, in: Historical Studies in Physical Sciences Bd. 3, Philadelphia 1971, S. 1—116; K. Fuchs-Kittowski, Probleme des Determinismus und der Kybernetik in der molekularen Biologie, Jena 1976, S. 106—130; H. Hörz, Zufall — Eine philosophische Untersuchung, Berlin 1980; V. G. Ivanov, Determinizm v filosofii i fizike, Moskva 1974; M. Jammer, The Conceptual Development of Quantum Mechanics, a. a. O., S. 166—180; H. Korch, Das Problem der Kausalität, Berlin 1965; A. S. Kravez, Priroda verojatnosti, Moskva 1976; V. I. Kupcov, Determinizm i verojatnost', Moskva 1976; G. J. Mjakišev, Dinamičeskie i statističeskie zakonomernosti v fizike, Moskva 1973; I. Z. Naletov, Pričinnost' i teorija poznanija, Moskva 1975; M. A. Parnjuk, Determinizm dialektičeskogo materializma, Moskva 1967; O. S. Razumovskij, Sovremennij determinizm i ėkstremal'nye principi v fizike Moskva 1975; U. Röseberg, Determinismus und Physik, a. a. O., J. V. Sačkov, Struktur und Wahrscheinlichkeit, Berlin 1978; G. A. Svečnikov, Pricinnost' i zvjaz' sostojanij v fizike, Moskva 1971; H. Vogel, Zum philosophischen Wirken Max Plancks, a. a. O.

aber eigentlich selbst der Überzeugung zu, in den Grundlagen der Physik bedürfe es prinzipieller Neuerungen.

Darwin betonte, daß alle Bestätigungen der Quantentheorie und damit ihrer inneren Widersprüchlichkeit die exakte Gültigkeit des Energieerhaltungssatzes voraussetzten. Bevor man andere Modifikationen der Prinzipien der klassischen Physik ins Auge faßt, sollte man deshalb die Möglichkeit prüfen, ob dieser Erhaltungssatz vielleicht nur statistisch gelte. Mit diesem Vorschlag griff Darwin in eine laufende Debatte über den Charakter physikalischer Gesetze ein.

Im Anschluß an die statistische Deutung des 2. Hauptsatzes der Thermodynamik wurde immer wieder die Frage gestellt, ob eigentlich die Kausalitäts- und Determinismusauffassung des mechanischen Materialismus noch zu rechtfertigen sei. Ausgehend von grundsätzlichen philosophisch-weltanschaulichen Erörterungen über die Rolle von wahrscheinlichkeitstheoretischen Konzepten in der naturwissenschaftlichen Forschung, über Kausalität, Notwendigkeit und Zufall, sollte entschieden werden, ob letztlich alle Gesetze vom Determinationstyp der klassischen Mechanik und der Elektrodynamik seien. Planck hatte diese Gesetze als „dynamische" bezeichnet und angenommen, daß schließlich alle *statistischen* Gesetze auf *dynamische* reduziert werden können.[103] Diese Annahme war umstritten; eine Reihe von Autoren ging von der gegenteiligen Annahme aus.[104]

F. Exner hat in seinen Physik-Vorlesungen die Auffassung vertreten, daß *alle* Naturgesetze nur statistische Durchschnittsgesetze seien und die Kausalität als elementarste Form des Zusammenhangs wahrscheinlichkeitstheoretisch gefaßt werden müsse.[105] Dieser Gedanke wurde zu Beginn der 20er Jahre auch im unmittelbaren Zusammenhang mit den Grundlagenproblemen der Quantentheorie diskutiert. W. Schottky schien beispielsweise die Entwicklung der Quantentheorie auf eine prinzipielle Änderung des physikalischen Gesetzesbegriffs hinzudeuten.[106] Er sah in der alten Physik „ein Trümmerfeld" und in der Quantentheorie von Planck, Einstein und Bohr einen „Wunderbau, von dem wir nicht wissen, worauf er steht".[107] Unter Hinweis auf die wahrscheinlichkeitstheoretisch bestimmten elementaren Absorptions- und Emissionsprozesse galt das Kausalgesetz in seiner bisherigen Form als gefährdet. Schottky schlug vor, nur noch in bezug auf relative Häufigkeiten der Elementarereignisse, nicht aber für die einzelnen Elementarereignisse selbst von Kausalität und Gesetz zu sprechen. Für W. Nernst waren vor

[103] Vgl. M. Planck, Dynamische und statistische Gesetzmäßigkeit (1914), in: M. Planck, Wege zur physikalischen Erkenntnis, Leipzig 1944, S. 54—67.

[104] Siehe dazu die in Fußnote 102 angegebene Literatur.

[105] Vgl. F. Exner, Vorlesungen über die Physikalischen Grundlagen der Naturwissenschaften, Wien 1919, S. 645—714.

[106] Vgl. W. Schottky, Das Kausalproblem der Quantentheorie als eine Grundlage der modernen Naturforschung überhaupt, in: Die Naturwissenschaften, **9** (1921), S. 492—496, 506—511.

[107] Ebenda, S. 508.

allem radioaktive Zerfallsprozesse Anlaß, eine derartige Modifikation ins Auge zu fassen.[108]

In solchen Überlegungen wurde zwischen Kausalität und Gesetz noch nicht unterschieden.[109] Bei Nernst und anderen wurde die Kritik am mechanischen Materialismus weltanschaulich kurzschlüssig als eine Annäherung der Naturwissenschaft und des religiösen Glaubens aufgefaßt. Nernst machte aber auch auf einen wichtigen Aspekt der Beziehungen von Naturwissenschaft und Philosophie aufmerksam, der damals wenig beachtet wurde. Ausgehend von dem verschiedentlich erhobenen Vorwurf, die Naturwissenschaft tyrannisiere die philosophische Forschung, stellte er 1922 (!) fest: „Vielleicht ist zuzugeben, daß die bisher übliche Fassung des Kausalitätsprinzips als eines absolut strengen Naturgesetzes wie spanische Stiefel den Geist einschnürte, und es ist daher wohl gegenwärtig Pflicht der Naturforschung, diese Fesseln so weit zu lockern, daß der freie Schritt des philosophischen Denkens nicht mehr behindert wird."[110]

Für die weitere Theorieentwicklung wurde es bedeutsam, daß sich einige Quantentheoretiker nicht länger an die mechanisch-materialistische Form der Kausalität gebunden fühlten. Argumentationen wie die von Nernst konnten dabei hilfreich sein. Hinderlich wurden sie, wenn man daraus schloß, daß der „freie Schritt des philosophischen Denkens" sich auch kühn über gesicherte naturwissenschaftliche Erkenntnisse hinwegsetzen dürfe.

[108] Vgl. W. Nernst, Zum Gültigkeitsbereich der Naturgesetze, in: Die Naturwissenschaften, **10** (1922), S. 489—495. Den damals in den naturwissenschaftlichen Zeitschriften nicht oder kaum diskutierten philosophiehistorischen Hintergrund bildeten unter anderem die auf A. Cournot zurückgehenden Überlegungen Ch. Renouviers, E. Boutroux', der Pragmatismus von Ch. S. Peirce und W. James, der Existentialismus Kierkegaards und nicht zuletzt die an Hegel anknüpfenden dialektisch-materialistischen Untersuchungen von F. Engels. Zeitweilig erschien es so (vgl. Fußnote 64), als sei in diesem Zusammenhang nur der logische Empirismus relevant. Die detaillierte Analyse der zu Beginn der 20er Jahre um Kausalität und Gesetz geführten Diskussionen zeigt aber sehr deutlich, daß in Unkenntnis oder Ignoranz des dialektischen Materialismus lebensphilosophische und positivistische Argumentation einander ergänzten. Siehe dazu: P. Forman, Weimar Culture, Causality, and Quantum Theory, 1918—1927, a. a. O.

[109] Diese Unterscheidung ergab sich erst sehr viel später in der Theorie des dialektischen Determinismus als philosophische Verallgemeinerung aus der Quantenmechanik.

[110] W. Nernst, Zum Gültigkeitsbereich der Naturgesetze, a. a. O., S. 495; Planck und Einstein unterstützten den Gedanken, daß die konkrete Form kausaler Zusammenhänge in den jeweiligen Objektbereichen wissenschaftlicher Forschung unterworfen werden müsse, hatten aber Vorbehalte, sich allzu weit von den bisher bewährten Konzepten der Physik zu entfernen. Einstein hielt Zweifel an der „Möglichkeit der lückenlosen Durchführung des Kausalgesetzes unter Zugrundelegung des vierdimensionalen Kontinuums von Raum und Zeit" für erkenntnistheoretisch erlaubt und angesichts der bestehenden Schwierigkeiten in der Quantentheorie für verständlich. Bevor man aber „ernsthaft so fernliegende Möglichkeiten in den Kreis der Betrachtung" zöge, solle man sich noch ganz anders wehren (A. Einstein, Bietet die Feldtheorie Möglichkeiten für die Lösung des Quantenproblems? (1923), in: A. Einstein, Akademie-Vorträge, a. a. O., 26, S. 1). Siehe auch: M. Planck, Kausalgesetz und Willensfreiheit (1923), in: M. Planck, Wege zur physikalischen Erkenntnis, a. a. O., S. 112—141.

Philosophen, die, Mach folgend, vorgaben, weltanschauliche Fragen aus wissenschaftlichen Diskussionen gänzlich auszumerzen, haben nicht selten dazu beigetragen, einen weltanschaulichen Hintergrund zu zementieren, den sie selbst eigentlich auf das heftigste anzugreifen gedachten. Wie gerade die Auseinandersetzung um den Kausalitätsbegriff zeigt, schützen positivistische Erklärungen kaum davor, weltanschauliche Hemmnisse vor der naturwissenschaftlichen Forschung aufzubauen.

So attackierte beispielsweise J. Petzoldt unter Hinweis auf Machsche Arbeiten und die ausführlicheren Darstellungen seines eigenen philosophischen Systems die Auffassungen von Schottky und Nernst außerordentlich heftig.[111] Er versuchte zu begründen, warum jeder Naturforschung die Vorstellung absoluter *Bestimmtheit* allen elementaren Geschehens vorauszugehen habe. Nach Petzoldts Auffassung wäre die Stabilität der belebten Natur (Resultat außerordentlich langer Entwicklungsprozesse) nur zu verstehen, wenn man elementare Stabilitäten voraussetzt, welche auf elementaren physikalischen und chemischen Gesetzen beruhen. Deshalb postulierte er, daß die „Approximationsphysik", je mehr sie sich den Gesetzen dieser elementaren Prozesse nähere, jegliche *Unbestimmtheiten* eliminieren müsse. Die vagen Aufforderungen von Schottky und Nernst, widersprüchliche Beziehungen von Bestimmtheit und Unbestimmtheit näher zu untersuchen, wurden mit der positivistischen Argumentation Petzoldts für unsinnig erklärt. Das mit dürftiger naturwissenschaftlicher Argumentation gestützte philosophische Kausalverständnis (des mechanischen Materialismus!) wurde gegen ein physikalisches Forschungsprogramm gewandt. Damit wurde ein philosophisches Prinzip über die physikalische Forschung gestellt. Mit dem Anspruch auf Wissenschaftlichkeit auftretender Positivismus schlug ein weiteres Mal in Wissenschaftsfeindlichkeit um. Physiker, die davon überzeugt waren, daß Machs Prinzip der Kontinuität der Theorieentwicklung von Diskontinuitäten durchbrochen wird, ließen sich weder von Petzoldt noch anderen am mechanisch-materialistischen Kausalitätsbegriff orientierten Denkern davon abbringen, bislang als dynamische Gesetze aufgefaßte Beziehungen mindestens probeweise als statistische anzusetzen.

N. Bohr hat dies 1924 in einer Gemeinschaftsarbeit mit Kramers und Slater für den Energieerhaltungssatz versucht. Historisch läßt sich weder nachweisen, daß die unmittelbare Anregung dazu dem Brief von Darwin entnommen wurde, noch gibt es Hinweise darauf, daß Bohr etwa die erwähnten Artikel in den „Naturwissenschaften", Exners Buch oder andere solcher Abhandlungen aufmerksam studiert hätte. Klar ist allerdings, daß seine Überlegungen zu dieser Problematik physik- und philosophiehistorisch nicht in Isolation von anderen Bemühungen um ein vertieftes Verständnis der mit Boltzmanns statistischer Interpretation des 2. Hauptsatzes der Thermodynamik einsetzenden Entwicklung der Physik gesehen werden dürfen.

[111] Vgl. J. Petzoldt, Zur Krisis des Kausalitätsbegriffs, in: Die Naturwissenschaften, **10** (1922), S. 693—695.

Der von Bohr, Kramers und Slater unternommene Versuch galt der Problemantinomie der Elektrodynamik. Bohr sprach von einem „Revolutionsversuch“[112], Pauli vom „reaktionären Kopenhagener Putsch“[113]. Bohr, Kramers und Slater ging es darum, im Anschluß an das Korrespondenzprinzip die Diskontinuitäten atomarer Emissions- und Absorptionsprozesse in neuartiger Weise mit der Kontinuität der Strahlungsausbreitung zu verbinden. Dazu mußten sie die Theorie der Lichtquanten attackieren, „die in ihrer paradoxesten Form sogar die Wellenkonstitution des Lichtes verneint“[114].

Der neuen Quantentheorie der Strahlung von Bohr, Kramers und Slater vorausgegangen war die Entdeckung des Compton-Effektes (1922) und dessen theoretische Deutung.[115] Compton hatte bei der Streuung von Röntgenstrahlen an Atomen gefunden, daß eine Frequenzverringerung der Streustrahlung stattfindet. Er deutete diesen Effekt auf der Grundlage der Einsteinschen Lichtquantentheorie als Stoßprozeß, bei dem ein Teil der Energie von der Strahlung auf die Elektronen übergeht. Mit Hilfe des Energie- und Impulserhaltungssatzes war man imstande, die Frequenzveränderung in Übereinstimmung mit den experimentellen Daten zu berechnen. Damit wurde Einsteins Auffassung erhärtet, daß Licht eigentlich ein Korpuskelstrom sei, die Wellennatur des Lichts sich erst auf dem Hintergrund des Teilchencharakters ergebe. Die Gegner der Einsteinschen Lichtquantenhypothese ließen sich davon jedoch noch nicht beirren. Sie suchten nach einer wellen-

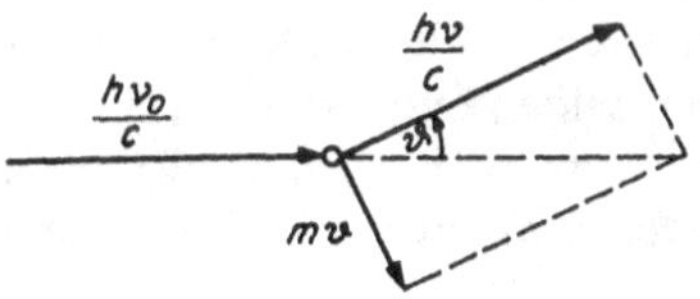

Abb. 5: Der Compton-Effekt als Stoßprozeß gedeutet

ν_0 ursprüngliche Frequenz
ν Frequenz der Streustrahlung (richtungsabhängig)
ϑ Streuwinkel
mv Impuls der Elektronen

112 N. Bohr im Brief vom 1. 4. 1925 an J. Franck, in: BSC 10,4. Eingeleitet wurde dieser Versuch durch die bereits im November 1922 angedeuteten Zweifel an der exakten Gültigkeit der Energie- und Impulserhaltungssätze. Siehe dazu: N. Bohr, Über die Anwendung der Quantentheorie auf den Atombau, in: Zeitschrift für Physik, **13** (1923), S. 163ff. Wie einem Brief von N. Bohr vom 9. 1. 1924 an E. Rutherford zu entnehmen ist (BSC 15,3), stellte für ihn noch zu diesem Zeitpunkt die Wellentheorie des Lichts gewissermaßen ein Glaubensbekenntnis dar.

113 Vgl. W. Pauli, Brief vom 27. 7. 1925 an H. A. Kramers, in: W. Pauli, Wissenschaftlicher Briefwechsel mit Bohr, Einstein, Heisenberg u. a., Band 1, a. a. O., S. 234.

114 N. Bohr/H. A. Kramers/J. C. Slater, Über die Quantentheorie der Strahlung, in: Zeitschrift für Physik, **24** (1924), S. 69.

115 Siehe dazu: R. R. Stuewer, The Compton Effect. Turning Point in Physics, New York 1975; A. A. Bartlett, Compton Effect. Historical Background, in: Am. J. Phys. **32** (1964), S. 120 bis 127; M. Jammer, The Conceptual Development of Quantum Mechanics, a. a. O., S. 157 bis 165.

theoretischen Erklärung des Compton-Effektes. Die Diskussionen über den Charakter des Lichts flammten erneut auf. (Vgl. Abb. 5.)

Bohr und andere wiesen darauf hin, daß man die Erfolge der Wellentheorie des Lichts nicht einfach ignorieren dürfe. Bohr suchte nach einer Quantentheorie der Strahlung, welche im Unterschied zu Einsteins Strahlungstheorie von 1916 die Wellennatur der Strahlung stärker hervortreten ließ. Dafür schien ein von Slater Anfang 1924 geäußerter Gedanke gute Voraussetzungen zu bieten.[116]

Slater hatte vermutet, daß ein Atom im stationären Zustand über ein virtuelles Strahlungsfeld mit anderen Atomen in Verbindung stehe. Dieses Feld sollte von virtuellen harmonischen Oszillatoren verursacht sein, deren Frequenzen den möglichen Übergängen aus dem jeweiligen stationären Zustand entsprechen. Für dieses Modell wurden nun Einsteins wahrscheinlichkeitstheoretische Überlegungen angewandt. Danach hingen die Übergangsprozesse in einem Atom lediglich von dessen Ausgangszustand und den Zuständen jener Atome ab, mit welchen es über das virtuelle Strahlungsfeld verbunden ist (in der Originalarbeit war von „Kommunikation" der Atome die Rede). Sie waren aber nicht abhängig davon, ob entsprechende Übergänge zu entfernten Atomen tatsächlich stattgefunden haben. Folglich konnte von einer kausalen Verknüpfung zwischen Übergängen in entfernten Atomen nicht die Rede sein. Man mußte auf Energie- und Impulserhaltungssatz für den Einzelprozeß verzichten und konnte diese Erhaltungsgesetze nur noch als statistische Gesetze beibehalten.

Aus der Zuordnung zweier Resonatoren (eines Emissions- und eines Absorptionsresonators) gleicher Frequenzen zu den beiden Endzuständen eines „Quantensprungs" sollten gemäß der Überzeugung von M. Born nun alle Widersprüche der Strahlungstheorie verschwinden.[117] Der Diskontinuität des Sprungs lag die

[116] N. Bohr war bereits im Schreiben Sommerfelds vom 21. 1. 1923 aus den USA über den Compton-Effekt informiert worden (für Sommerfeld stand damals definitiv fest, daß man die Wellentheorie der Röntgenstrahlen aufgeben mußte — (BSC 16,2). E. C. Kemble gab im Brief vom 4. 1. 1924 an N. Bohr (BSC 13,1) seiner Hoffnung Ausdruck, daß Slaters Idee, Wellen- und Korpuskeltheorie des Lichts miteinander zu kombinieren, über die Schwierigkeiten der Theorie hinweghelfen könnte, die mit der notwendigen Aufgabe der Wellentheorie verbunden war. Wie die ursprüngliche Idee (Slaters war von der Existenz der Lichtquanten überzeugt) von Bohr und Kramers modifiziert wurde, weil diese auch nach dem Compton-Effekt nicht bereit waren, zugunsten der Einsteinschen Lichtquanten auf die Wellentheorie des Lichtes zu verzichten, ist Slaters Berichten zu entnehmen: J. C. Slater, Excerpts from Personal Letters and Records Bearing on Visit to Copenhagen in Spring of 1924 (unveröffentlichtes Manuskript vom 3. 12. 1968): J. C. Slater, The Development of Quantum Mechanics in the Period 1924—1926 (unveröffentlichtes Manuskript vom 28. 7. 1972); J. C. Slater, Solid-State and Molecular Theory: A Scientific Biography, New York—London 1975. Siehe dazu: N. Bohr, Collected Works, Bd. 5 (in Vorbereitung); K. Stolzenburg, Die Entwicklung des Bohrschen Komplementaritätsgedankens in den Jahren 1924 bis 1929 (Diss.), Stuttgart 1977, S. 14—19.

[117] Vgl. M. Born im Brief vom 22. 2. 1924 an N. Bohr, in: BSC 9,2. Ähnlich dachte damals auch W. Heisenberg. Im Brief vom 18. 11. 1924 an A. Sommerfeld hieß es: „Im übrigen glaub ich aber immer mehr, daß die Frage ‚Lichtquanten oder Korrespondenzprinzip' mehr eine Wort-

Kontinuität des Strahlungsfeldes zugrunde. Von teleologischen Einwänden gegen Bohrs Postulat (2) $h\nu = E_2 - E_1$ (das Elektron müsse *vór* dem Übergang „wissen", in welchen Zustand es *nach* dem Übergang sein werde) konnte nicht mehr die Rede sein.

Euphorisch begrüßt wurde die neue Wendung in der Strahlungstheorie von Schrödinger. Er fand darin die im Anschluß an seinen Lehrer F. Exner gehegten Vermutungen über die Grundlagen der Statistik und die Möglichkeit einer nur statistischen Geltung der Energie- und Impulssätze bestätigt.[118] Trotz aller Radikalität der Veränderungen in den Grundlagen des Theoriegebäudes der Physik im Zusammenhang mit der statistischen Deutung dieser Gesetze betonte Schrödinger, daß mit der Arbeit von Bohr, Kramers und Slater die *Strahlungstheorie* zur *klassischen* Theorie zurückkehre. Er sprach von einer weitgehenden „Wiederaufnahme der klassischen elektromagnetischen Theorie der Strahlung

frage ist. Alle Effekte in der Quantentheorie müssen ja ihr Analogon in der klassischen Theorie haben, denn die klassische Theorie ist doch fast richtig; also haben alle Effekte immer zwei Namen; einen klassischen u. einen quantentheoretischen u. welche man vorzieht, ist eine Art Geschmackssache. Vielleicht ist die Bohrsche Strahlungstheorie doch eine sehr glückliche Beschreibung dieses Dualismus." (AHQP 31) Auch A. Sommerfeld hat im Ansatz von Bohr, Kramers und Slater einen hoffnungsvollen Kompromißstandpunkt gesehen: „Es scheint auf diesem Wege möglich, die Resultate der Wellentheorie und Quantentheorie gleichzeitig zu konservieren, freilich unter Verzicht auf die Einheitlichkeit des Erklärungsgrundes." (A. Sommerfeld, Grundlagen der Quantentheorie und des Bohrschen Atommodells, in: Die Naturwissenschaften **12** (1924), S. 1049) Der „Verzicht auf die Einheitlichkeit des Erklärungsgrundes" aber konnte so lange als nicht schwerwiegend empfunden werden, wie man von der Naturwissenschaft lediglich „die eindeutige Bestimmtheit des beobachtbaren Geschehens, die mathematische Sicherheit der Naturgesetze" forderte (ebenda).

[118] Vgl. E. Schrödinger, Brief vom 24. 5. 1924 an N. Bohr, in: BSC 16,2. Er hatte bereits am 8. 11. 1922 im Brief an W. Pauli davon gesprochen, daß beim elementaren Strahlungsprozeß eines Atoms sowohl ein Rückstoß da sein muß (Teilchencharakter der Strahlung) als auch eine Kugelwelle (Wellencharakter der Strahlung). Dies war damals für ihn „das fatale Dilemma", welches ihn zu der Feststellung brachte: „Ich für meinen Teil glaube, daß bei der Ausstrahlung — horribile dictu — der Energie-Impulssatz verletzt ist. — *Was* sagen uns dann die ganzen sog. ‚$h\nu$-Beziehungen'? (Die experimentellen meine ich!) Daß eine Äquivalenz besteht zwischen Elektronen oder Atomen von bestimmter Energie und Strahlung bestimmter *Frequenz*, Äquivalenz hinsichtlich des Zustandebringens eines gewissen Effektes in einem atomistischen System. Mehr nicht. Daß in dem Falle, wo der Effekt durch *Strahlung* hervorgebracht wird, gerade auch dasselbe ‚Quantum' Strahlungsenergie dazu aufgewendet wird, die das auslösende Elektron besitzen muß, wenn *es* den Effekt hervorbringen soll: das *setzen wir als selbstverständlich voraus* — das scheint mir aber *nicht* selbstverständlich . . . der Teufel weiß, ob unsere atomistischen Systeme auch nur *zwangsläufig* veränderlich, *streng kausal* bestimmt sind — geschweige denn, ob sie sich gerade wie konservative mech[anische] Sys[teme] verhalten." (W. Pauli, Wissenschaftlicher Briefwechsel mit Bohr, Einstein, Heisenberg u. a. Bd. 1, a. a. O., S. 70.) Außerdem hatte Schrödinger auch in seiner Züricher Antrittsrede vom 9. 12. 1922, welche allerdings erst 1929 veröffentlicht wurde, die Möglichkeit erwähnt, daß alle Naturgesetze statistische Gesetze sein könnten. Siehe dazu: E. Schrödinger, Was ist ein Naturgesetz?, in: Die Naturwissenschaften, **17** (1929), S. 9—11.

unter Ablehnung jeder ‚Lichtquantenhypothese'"[119]. Wegen der Betonung der Virtualität des Strahlungsfeldes war ihm diese Rückkehr allerdings noch nicht vollkommen genug. Er fragte: „Welches ist denn die ‚reelle' Strahlung, wenn nicht die, welche die Übergänge ‚bewirkt', d. h. Übergangswahrscheinlichkeiten schafft? Auch wird eine andere Art ja überhaupt nicht angenommen. Ja, vom rein philosophischen Standpunkt könnte man sogar wagen, zu zweifeln, welchen von den beiden Elektronensystemen die größere Realität zukommt — dem ‚reellen', das die stationären Bahnen beschreibt, oder dem ‚virtuellen', das die virtuelle Strahlung abgibt und auftreffende virtuelle Strahlung zerstreut."[120]

Während Bohr in der Einführung *virtueller* Strahlungsfelder eine Möglichkeit sah, die klassischen raumzeitlichen Beschreibungen für inneratomare Prozesse in einer geeigneten Weise aufzugeben, beharrte Schrödinger darauf, daß die Quantentheorie ebenso Phänomene in Raum und Zeit beschreibt wie die Maxwellsche Elektrodynamik und die Newtonsche Mechanik. Davon ging auch Einstein aus. Im Unterschied zu Schrödinger hielt er allerdings auch jetzt die Lichtquantenhypothese keineswegs für überflüssig. Er hatte eine Reihe ernsthafter Einwände gegen die neue Quantentheorie der Strahlung vorgebracht, ohne deren innere Konsistenz in Frage zu stellen.[121] Erstmalig wandte er sich mit aller Entschiedenheit gegen die damit nahegelegten Auffassungen zur Kausalität: „Aber zu einem Verzicht auf die strenge Kausalität", schrieb er an M. Born, „möchte ich mich nicht treiben lassen, bevor man sich nicht noch ganz anders dagegen gewehrt hat als bisher. Der Gedanke, daß ein einem Strahl ausgesetztes Elektron *aus freiem Entschluß* den Augenblick und die Richtung wählt, in der es fortspringen will, ist mir unerträglich. Wenn schon, dann möchte ich lieber Schuster oder gar Angestellter in einer Spielbank sein als Physiker."[122]

Die von Kant zur Denknotwendigkeit erklärte Kausalitätsauffassung des mechanischen Materialismus konnte von Einstein trotz seiner wegweisenden Beiträge zur statistischen Physik nicht endgültig überwunden werden. Obgleich er über zahlreiche Einsichten in objektive und subjektive dialektische Zusammenhänge sowie in die Dialektik des Erkenntnisprozesses verfügte, vermochte er letztlich im *Zufall* nicht mehr als die metaphysische Alternative zur *Notwendigkeit* zu sehen. Wahrscheinlichkeitstheoretische Forschungsmethoden akzeptierte er nur als „Notlösungen" für Situationen, in denen wir nicht in der Lage sind, die

[119] E. Schrödinger, Bohrs neue Strahlungshypothese und der Energiesatz, in: Die Naturwissenschaften, **12** (1924), S. 720—724.

[120] E. Schrödinger, Brief vom 24. 5. 1924 an N. Bohr, in: BSC 16,2.

[121] Siehe dazu: M. J. Klein, The First Phase of the Bohr-Einstein-Dialogue, in: Historical Studies in Physical Sciences, Bd. 2, Philadelphia 1970, S. 1—39; M. J. Klein, Einstein and the Wave-Particle Duality, in: Nat. Phil., **3** (1964), S. 3—49; W. Pauli, Brief vom 2. 10. 1924 an N. Bohr, in: W. Pauli, Wissenschaftlicher Briefwechsel mit Bohr, Einstein, Heisenberg u. a., Bd. 1, a. a. O., S. 163—166.

[122] A. Einstein, Brief vom 29. 4. 1924 an M. Born, in: A. Einstein, H. und M. Born, Briefwechsel 1916—1955, a. a. O., S. 89. Siehe dazu auch: Fußnote 110.

objektiv-realen Beziehungen mathematisch „vollständig" zu beschreiben. Objektive Unbestimmtheiten und die komplizierte, im konkreten Fall jeweils konkret zu analysierende dialektische Vermittlung von Zufall und Notwendigkeit hatten keinen Platz in seinem physikalischen Weltbild.[123] Er wandte sich gegen den Versuch von Bohr, Kramers und Slater, den wahrscheinlichkeitstheoretischen Überlegungen in seiner Strahlungstheorie mehr Bedeutung beizulegen, als er ihnen selbst zuzumessen bereit war. Für ihn bot seine Arbeit von 1917 eine Möglichkeit, die Schwierigkeiten bei der Erfassung der Gesetze eines einzelnen Strahlungs- oder Absorptionsvorganges durch die Betrachtung großer Gesamtheiten zu umgehen. Beobachtbare Strahlungsvorgänge sollten in einer konsistenten Theorie aber auf die Gesetze der ebenfalls beobachtbaren Einzelprozesse zurückgeführt werden können. Mit wahrscheinlichkeitstheoretischen Überlegungen für Gesamtheiten konnte man sich deshalb nach Einstein nicht zufriedengeben.

Trotz der Einsteinschen Vorbehalte hat die neue Quantentheorie der Strahlung im Sinne einer Vertiefung des Verständnisses der fundamentalen Rolle wahrscheinlichkeitstheoretischer Überlegungen in der Physik gewirkt. Sie hat — obgleich sie selbst aufgegeben werden mußte — kommende Entwicklungen in der Quantentheorie vorbereitet. Die Analyse dieses Ansatzes hat ergeben, daß die objektive Dialektik von Notwendigkeit und Zufall für die Emission und Absorption elektromagnetischer Strahlung in Atomen keine Modifikationen des Energie- und des Impulserhaltungssatzes verlangt. In Experimenten haben Bothe und Geiger sowie von ihnen unabhängig Compton und Simon 1924/25 die uneingeschränkte Gültigkeit des Energie- und Impulserhaltungssatzes für jeden Einzelprozeß nahegelegt. Damit scheiterte ein konkreter Versuch, über eine revolutionäre Neuerung den Zugang zur in sich konsistenten Quantentheorie zu finden. Zugleich aber verschärfte sich die Überzeugung, „daß die zu erstrebende Verallgemeinerung der klassischen elektrodynamischen Theorie eine durchgreifende Revolution der Begriffe fordert, auf denen die Naturbeschreibung bis jetzt beruht"[124].

3.2.2. Von der Lichtquantenhypothese zum Welle-Teilchen-Dualismus

Während 1818 Fresnel eine theoretische Rechtfertigung der von Young vorher experimentell begründeten Wellennatur des Lichts gegeben hatte, häuften sich zwischen 1922 und 1925 die experimentellen Beweise für die von Einstein entwickelte Lichtquantentheorie.[125] Experiment und Theorie hatten nach der experi-

[123] Siehe dazu: H. Hörz, Kausalität in Kants Philosophie und in der Quantentheorie, in: M. Buhr/T. I. Oiserman (Hrsg.), Revolution der Denkart oder Denkart der Revolution? Berlin 1976, S. 202—219, sowie die in Fußnote 102 angegebene Literatur.

[124] N. Bohr, Über die Wirkung von Atomen bei Stößen, in: Zeitschrift für Physik, **34** (1925), S. 155.

[125] Konnte es nun noch lange bei dem „non liquet" Sommerfelds für die unvereinbaren Gegensätze von Wellen- und Lichtquantentheorie bleiben? Siehe dazu: A. Sommerfeld, Atombau und Spektrallinien, a. a. O., S. 59.

mentellen Bestätigung seiner Erklärung des Photoeffekts nun soviel Material angesammelt, daß an der Vereinbarkeit ursprünglich für unvereinbar geltender Vorstellungen über die Natur des Lichts kaum noch zu zweifeln war. Einsteins Abhandlung zu einem „die Erzeugung und Verwandlung des Lichts betreffenden heuristischen Gesichtspunkt" von 1905, die Weiterführung dieser Gedanken in seiner „Theorie der Lichterzeugung und Lichtabsorption" von 1906 und schließlich seine Quantentheorie der Strahlung von 1916 wurden insofern zu wesentlichen Momenten in der Auseinandersetzung mit der grundlegenden Problemantinomie von Kontinuität und Diskontinuität, als sie das der bisherigen Tradition der Physik widersprechende Moment prinzipieller Diskontinuität erhärteten.

1905 hatte Einstein seine Annahme, „daß die Energie des Lichts diskontinuierlich im Raume verteilt sei"[126], eingeführt, um den tiefgreifenden Unterschied in den theoretischen Vorstellungen über Gase und ponderable Körper einerseits und elektromagnetische Felder andererseits zu mildern. Er hatte darauf hingewiesen, daß nach der Atomismuskonzeption der Zustand eines Körpers durch die Lagen und Geschwindigkeiten einer zwar großen, jedoch prinzipiell *endlichen* Anzahl von Teilchen bestimmt sei, während zur Bestimmung eines elektromagnetischen Feldes im Raum kontinuierliche räumliche Funktionen benutzt werden und damit eine *endliche* Anzahl von Größen *nicht ausreicht*. Er war davon überzeugt, daß die Wellentheorie des Lichts nur deshalb mit den Erfahrungen der Optik so gut übereinstimmt, weil optische Beobachtungen sich immer auf zeitliche Mittelwerte beziehen. Einstein hielt es für möglich, „daß die mit kontinuierlichen Raumfunktionen operierende Theorie des Lichtes zu Widersprüchen mit der Erfahrung führt, wenn man sie auf die Erscheinungen der Lichterzeugung und Lichtverwandlung anwendet"[127].

1906 hatte Einstein erkannt, daß seine Überlegungen nicht als Gegenstück zur Planckschen Strahlungstheorie zu verstehen seien, sondern diese vielmehr sinnvoll ergänzen. Er hatte betont, daß Plancks Theorie implizit von der Lichtquantenhypothese Gebrauch mache. Für ihn war damals klar, daß die mit kontinuierlichen räumlichen Funktionen operierende *Maxwellsche Elektrodynamik* eine unzureichende Grundlage der Strahlungstheorie sein mußte. Obgleich er sich die Energie des Lichtstrahls bereits 1905 „aus einer endlichen Zahl von in Raumpunkten lokalisierten Energiepunkten" bestehend vorstellte, „welche sich bewegen, ohne sich zu teilen, und nur als Ganze absorbiert und erzeugt werden können",[128] war er davon überzeugt, daß die *Newtonsche Mechanik* auf diese Objekte *nicht* anwendbar sei. Er hielt damals den Gegensatz von Quantenvorstellung und Elektrodynamik für weniger fundamental als den von Quantenvorstellung und Mechanik. Er

[126] A. Einstein, Über einen die Erzeugung und Verwandlung des Lichtes betreffenden heuristischen Gesichtspunkt (1905), in: D. ter Haar, Quantentheorie, Einführung und Originaltexte, a. a. O., S. 119.

[127] Ebenda.

[128] Ebenda.

wußte aber auch, daß er keinen Ersatz für die bis dahin uneingeschränkt gültige Mechanik in diesem Bereich hatte.[129]

Im Laufe seiner Beschäftigung mit dem Strahlungsproblem war Einstein aber schließlich zu der Überzeugung gekommen, daß der entscheidende Durchbruch in der Quantentheorie nicht über eine Veränderung der Mechanik, sondern der Elektrodynamik zu erzielen sei. Seine bereits erwähnte Theorie von 1916 war der gelungene Versuch, mit den Mitteln der statistischen Physik die Probleme der Elektrodynamik und der Mechanik für den Einzelfall zu umgehen. Damit waren für ihn die Lichtquanten theoretisch „so gut wie gesichert".[130] Diese Auffassung setzte sich aber erst *nach* dem Compton-Effekt durch und auch dann nicht ohne Widerstände, wie soeben am Beispiel der Arbeit von Bohr, Kramers, Slater deutlich geworden ist.

Um die aufreibenden Auseinandersetzungen über den Charakter des Lichts zu verstehen, muß man sich daran erinnern, daß Planck die Quantenhypothese nur für Wechselwirkungsprozesse von Strahlung und Stoff eingeführt, für die Gesetze der Strahlungsausbreitung aber weiterhin die strenge Gültigkeit der Maxwellschen Elektrodynamik angenommen hatte. Darin war ihm die übergroße Mehrzahl der Physiker gefolgt, die Einsteins Lichtquantentheorie für falsch hielten.

Bohr hatte 1913 für die elektrodynamisch nicht erklärte Emission und Absorption elektromagnetischer Strahlung beim Übergang zwischen zwei stationären Zuständen des Atoms ausdrücklich *Plancks* Quantenhypothese herangezogen und war ebenso wie Planck davon überzeugt, daß für die Lichtausbreitung die Maxwellsche Elektrodynamik voll gültig blieb.

Für Bohr bestand bis zur Mitte der 20er Jahre kein Zweifel an der Wellennatur des Lichts.[131] Aber auch er verblieb wie Planck, Einstein u. a. zunächst noch in der seit zwei Jahrhunderten üblichen metaphysischen Alternative, nach der Licht *entweder* Welle *oder* Teilchen sein sollte. Während Planck, Bohr u. a. von der Wellennatur des Lichts überzeugt waren und Einsteins Lichtquantenhypothese bestenfalls in ihrem heuristischen Wert akzeptierten, blieb Einstein bis in die 20er

[129] Vgl. A. Einstein, Autobiographisches, in: P. A. Schilpp (Hrsg.), Albert Einstein als Philosoph und Naturforscher, Stuttgart 1951, S. 44.

[130] Vgl. A. Einstein im Brief vom 6. 9. 1916 an M. Besso, in: A. Einstein, M. Besso, Correspondence 1903—1955, a. a. O., S. 82.

[131] 1922 in seiner Rede bei der Nobelpreisverleihung stellte er fest: „Trotz ihres Wertes als heuristisches Hilfsmittel ist aber die Lichtquantenhypothese, die den Interferenzerscheinungen vollständig fremd gegenübersteht, nicht geeignet, eine Aufklärung nach der Natur der Strahlung zu bringen." (N. Bohr, Über den Bau der Atome, Berlin 1924, S. 15.) Aus dem Briefwechsel N. Bohrs mit J. Franck (J. Franck am 14. 8. 1921 an N. Bohr und dessen Antwort vom 22. 8. 1921 — BSC 1,2) ist zu entnehmen, daß man damals auch in Göttingen Einsteins „Nadelstrahlung" ablehnte.

Jahre einer der wenigen prominenten Physiker, die im Licht einen Teilchenschauer sahen und die beobachtbare Wellennatur als statistischen Effekt deuteten.[132]

Niemand zweifelte damals daran, daß eine metaphysische „Entweder — oder"-Entscheidung zu fällen war. Der Gedanke, die beiden als logisch unverträglich angesehenen Vorstellungen über die Natur des Lichts zu einer dialektischen Synthese zu bringen, hätte in dieser Zeit nur unter bewußtem Rückgriff auf Hegels und Engels' Dialektik aufkommen können.[133] Er widersprach allem, was man in der Physik damals an Vorstellungen über ein einheitliches wissenschaftliches Weltbild antreffen konnte. Tatsächlich hat man sich diesem wegweisenden philosophischen Gedanken nicht aus heuristischen Erwägungen in der Analyse von Denkmöglichkeiten genähert. Er wurde den Physikern durch die experimentellen und theoretischen Resultate ihrer eigenen Forschungen aufgezwungen. Die methodische Voraussetzung für diesen Schritt ist im konsequenten Verfolgen der alternativen Forschungsprogramme Einsteins und Bohrs zu sehen.

Wichtige Etappen auf diesem Wege waren der Fehlschlag eines von Einstein 1921 vorgeschlagenen Experiments, das die endgültige Entscheidung bringen sollte;[134] der Compton-Effekt sowie die theoretisch und experimentell erzwungene Aufgabe des Ansatzes von Bohr, Kramers, Slater. Danach gab es kein Zurück mehr zur ursprünglichen Wellentheorie des Lichts. Gleichzeitig aber hatte diese weiterhin ihre theoretische Berechtigung. Nun aber erwies sich das einheitliche Phänomen Licht in die Dualität scheinbar unvermittelter entgegengesetzter Seiten gespalten. Die quantentheoretische Problemantinomie von Kontinuität und Diskontinuität war damit durch zwei *widersprüchliche Modellvorstellungen einer einheitlichen physikalischen Erscheinung* untersetzt. Die Gültigkeit beider einander scheinbar ausschließender Vorstellungen implizierte dann *keinen logischen* Widerspruch, wenn man mit Einstein die Teilchentheorie als mikrophysikalische Grundlage der in der Optik statistisch gültigen Wellentheorie des Lichts ansah. Ging

[132] A. Sommerfeld in München erwartete, daß diese Vorstellungen sich zukünftig erhärten würden. Er sprach — im Gegensatz zu den Erwartungen in Kopenhagen und Göttingen — 1921 die Hoffnung aus, daß die Erfolge der Quantentheorie „eines Tages noch auf einem anderen weniger formalen, einheitlicheren Weg möglich sein" werden: „Allerdings erst dann, wenn man die kontinuierliche Elektrodynamik durch eine nadelförmige ersetzt haben wird." (A. Sommerfeld, Brief vom 25. 4. 1921 an N. Bohr, in: N. Bohr, Collected Works, Bd. 4, Amsterdam—New York—Oxford 1977, S. 741.)

[133] Siehe dazu: H. Hörz, Die Bedeutung der Hegelschen Dialektik für die Physik, in: H. Ley (Hrsg.), Zum Hegelverständnis unserer Zeit, Berlin 1972, S. 200—223.

[134] Bei genauer Analyse des vorgeschlagenen Versuchsaufbaus zeigte sich, daß in diesem Fall die Wellen- und die Teilchenauffassung des Lichtes zu identischen Resultaten führen mußte. Siehe dazu: A. Einstein, Zur Theorie der Lichtfortpflanzung in dispergierenden Medien (2. 2. 1922), in: Albert Einstein Akademie-Vorträge, a. a. O., S. 21. In einem undatierten Brief jener Tage schrieb A. Einstein an M. Born: „Auch ich habe vor einiger Zeit einen monumentalen Bock geschossen (Experiment über Lichtemission mit Kanalstrahlen). Aber man muß sich trösten. Gegen das Böcke-Schießen hilft nur der Tod." (A. Einstein, M. Born, Briefwechsel 1916—1955, a. a. O., S. 78.)

man jedoch, wie etwa Sommerfeld, davon aus, daß beide Theorien zugleich und in derselben Beziehung gelten sollten, waren logische Widersprüche unvermeidlich. Das warf auch schwerwiegende erkenntnistheoretische und methodologische Probleme auf.

Die *metaphysische Abbildtheorie*, wie sie in fehlerhafter philosophischer Verallgemeinerung der Resultate der klassischen Physik entstanden war, forderte Isomorphie zwischen dem abgebildeten Objekt und seinem Abbild und unterstellte die Zusammenhänge in der objektiven Realität in Form der von der jeweiligen Theorie benutzten mathematischen Strukturen. Diese Abbildtheorie konnte man nun unmöglich aufrechterhalten. Welche der voneinander verschiedenen mathematischen Strukturen hätte man mit dem Verhalten realer Objekte identifizieren sollen? Aber auch die von Mach ausgehenden *empiristischen Deutungen* des Theoriebegriffes waren unhaltbar. Danach wäre die Eindeutigkeit und Widerspruchsfreiheit der Theorie fraglich gewesen. Was aber war unter diesen Voraussetzungen nun eine physikalische Theorie? Welche Forderungen hatte sie zu erfüllen? Was waren eigentlich die Objekte physikalischer Theorien? Zugleich mit diesen Fragen stand die nach der *wirklichen* Natur des Lichts.

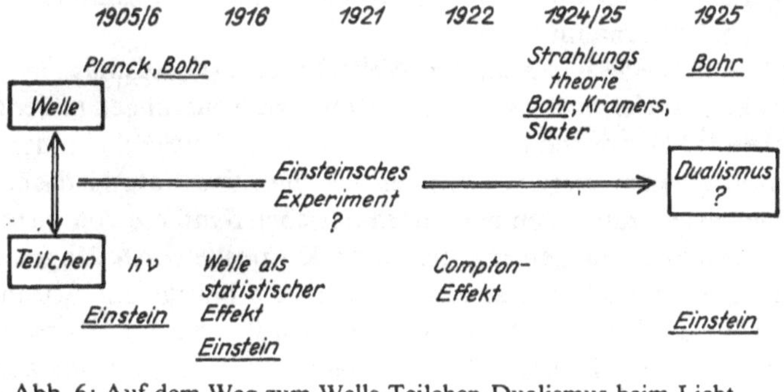

Abb. 6: Auf dem Weg zum Welle-Teilchen-Dualismus beim Licht

Einsteins Weg, der auf Vermeidung jener im Zusammenhang mit der logisch widersprüchlichen Vorstellung der gleichzeitig und in derselben Beziehung gültigen Wellen- und Teilchentheorie sich ergebenden Schwierigkeiten gerichtet war, blieb auch nicht problemlos. Er führte durch Arbeiten von de Broglie zu einer Generalisierung des Problems, damit aber schließlich auch zu neuen Möglichkeiten bei der Vereinheitlichung der entsprechenden Theorieansätze.

De Broglie sprach, ausgehend von Einsteins Lichtquantentheorie, 1923 die Hypothese aus, derzufolge alle materiellen Objekte zugleich über Wellen- und

Korpuskeleigenschaften verfügen.[135] Jeder Masse *m* schrieb er eine Schwingungsfrequenz ν und eine Wellenlänge λ zu, so daß sich auf der Grundlage der relativistischen Energie-Masse-Relation

$$\nu = \frac{mc^2}{h}, \qquad \lambda = \frac{h}{mc} \tag{4}$$

ergaben.

Seitdem J. J. Thomson 1897 seine Untersuchungen über das Verhältnis von Masse und Ladung beim Elektron bekanntgegeben hatte, bestand für die Physiker kein Grund mehr, an der Korpuskelnatur des Elektrons zu zweifeln. Nach de Broglies Hypothese sollte dieses Teilchen nun auch Wellencharakter haben. Während Einsteins Arbeit über die Quantentheorie des Lichts nahezu 20 Jahre fast unbeachtet blieb, trafen de Broglies weiterführende und noch radikalere Gedanken relativ schnell auf das Interesse der Physiker. Bald schon war auch der Wellencharakter des Elektrons experimentell bestätigt.

Davisson, Germer, A. Reid und G. P. Thomson beendeten 1927 eine Serie von Experimenten, die keinen Zweifel am Welle-Teilchen-Dualismus des Elektrons ließen. Man hatte nun auch gute Gründe, diesen Dualismus als generelle Eigenschaft aller physikalischen Objekte anzusehen. Eine Alternativentscheidung „Welle oder Teilchen?“, wie sie dem Denken in metaphysischen Alternativen eigen war, wurde zunehmend schwerer, obgleich man noch zahlreiche Versuche in diese Richtung unternahm.

1925 wäre es möglich gewesen, im Welle-Teilchen-Dualismus *den* entscheidenden Gedanken bei der Suche nach revolutionären Neuerungen in der Quantentheorie zu sehen.[136] Historisch aber hat de Broglies Arbeit völlig anders gewirkt. Sie wurde als ein Versuch aufgenommen, die mechanistische atomistische Materiekonzeption Descartes' zugunsten einer harmonischen Synthese von mechanistisch gedeuteten Wellenvorstellungen mit den alten Korpuskelvorstellungen zu relativieren. De Broglies Hypothese war also zunächst ein Beitrag zur Abrundung des Weltbildes der klassischen Physik. Sie leistete einen Beitrag zur Überwindung des scheinbar durch Mechanik und Elektrodynamik nahegelegten metaphysischen Schemas scharfer Trennlinien und absoluter Gegensätze in der Natur. Zugleich aber wurde damit auch der Weg bereitet, den Rahmen des Weltbildes der klassi-

[135] Vgl. L. de Broglie, Untersuchungen zur Quantentheorie (1925), in: G. Ludwig, Wellenmechanik, Einführung und Originaltexte, Berlin 1969, S. 87. Zum physik- und philosophiehistorischen Hintergrund der Arbeiten de Broglies siehe: M. Jammer, The Conceptual Development of Quantum Mechanics, a. a. O., S. 236ff.; V. V. Raman, P. Forman, Why was it Schrödinger who developed de Broglie's Ideas? in: Historical Studies in Physical Sciences, Bd. 1, Philadelphia 1969, S. 291—314.

[136] Vgl. F. Hund, Die Rolle des Dualismus Welle-Teilchen beim Werden der Quantentheorie, in: Rheinisch-Westfälische Akademie der Wissenschaften, Vorträge N 288, Opladen 1979; M. J. Klein, Einstein and the wave — particle duality, in: The Natural Philosopher, Bd. 3 (1963), S. 1—49.

schen Physik zu sprengen. Der entscheidende nächste Schritt in dieser Richtung erfolgte jedoch an einer ganz anderen Stelle. Er ergab sich im Zusammenhang mit der Problemantinomie der Mechanik für das Bohr-Sommerfeldsche Atommodell.

3.2.3. Bedarf es für die Atomphysik einer neuen Mechanik?

Sowohl bei der Einführung der Einsteinschen Lichtquantenhypothese als auch bei der Einführung des Bohrschen Atommodells war deutlich geworden, daß einigen Physikern des 20. Jahrhunderts die Theorie der Mechanik in der Newtonschen Form keineswegs mehr so unantastbar schien wie unter dem Einfluß des mechanischen Materialismus der Mehrzahl der Physiker des 19. Jahrhunderts. Die Erfolge des Bohr-Sommerfeldschen Atommodells erklärten sich aber nicht zuletzt daraus, daß man mittels der bekannten Mechanik (einschließlich ihrer relativistischen Modifikation) und der Bohrschen bzw. der Sommerfeldschen Quantenbedingungen in der Lage war, die stationären Bahnen der Elektronen zu berechnen.

Bis 1924 war Bohr, der von Anfang an besonders skeptisch der Beibehaltung der Newtonschen Mechanik innerhalb des von ihm vorgeschlagenen Atommodells gegenüberstand, davon überzeugt, „daß der Schwindel des Vermischens der klassischen Theorie und der Quantentheorie sich noch auf viele Weisen beim Aufspüren der Geheimnisse der Natur als fruchtbar erweisen wird“[137]. Wenige Tage nach dieser Feststellung sprach er von seinem Gefühl, an einem entscheidenden Wendepunkt zu stehen, „jetzt da der Umfang des ganzen Schwindels so erschöpfend charakterisiert wurde“[138]. Um schließlich zu dieser Einschätzung zu kommen, bedurfte es langjähriger intensiver Arbeit mit dem Bohr-Sommerfeldschen Modell auf der Grundlage des von Bohr zum physikalischen Prinzip verschärften Gedankens, daß eine neue Theorie sich korrespondenzmäßig an eine bewährte ältere anzuschließen habe. Mit diesem Gedanken reproduzierte Bohr faktisch Boltzmanns methodische Vorsicht aus der vor allem mit Mach geführten Auseinandersetzung um das physikalische Forschungsprogramm des mechanischen Materialismus,[139] griff aber zugleich auch indirekt auf weitaus früher geäußerte Überlegungen, z. B. die Auffassung Riemanns zur Entwicklung der Raumauffassungen, zurück.[140]

So wie der fehlgeschlagene Versuch, Energie- und Impulserhaltungssätze nur

[137] N. Bohr, Brief vom 11. 12. 1924 an W. Pauli, in: W. Pauli, Wissenschaftlicher Briefwechsel mit Bohr, Einstein, Heisenberg u. a., Bd. 1, a. a. O., S. 185.

[138] N. Bohr, Brief vom 22. 12. 1924 an W. Pauli, in: Ebenda, S. 195.

[139] Während Mach dieses Programm einfach verwarf, weil es „metaphysisch“ begründet sei, hatte auch Boltzmann die Möglichkeit der Aufgabe dieses Programms gesehen, war aber nicht bereit, leichtfertig auf wissenschaftlich Bewährtes zu verzichten. Siehe dazu: U. Röseberg, Quantenmechanik und Philosophie, a. a. O., S. 16ff.

[140] Vgl. auch W. K. Clifford, On the Space-Theory of Matter, London 1882; W. K. Clifford, The Common Sense of Exact Sciences, London 1891; M. Pihl, Den klassiske mekanik i Geometrisk beskrivelse, in: Dan. Mat. Fys. Medd. **30**, no. 12 (1955).

noch als statistische Gesetze von Gesamtheiten aufzufassen, eingebettet war in generelle philosophische und physikalische Diskussionen (Kausalität und Charakter physikalischer Gesetze), verfügen auch die nun zu betrachtenden Überlegungen zu möglichen Modifikationen *raumzeitlicher mechanischer Beschreibung* inneratomarer Prozesse über eine weit in die Physik- und Philosophiegeschichte zurückgreifende Tradition. Wie sich zeigen sollte und von *Riemann* bereits vermutet wurde, hingen beide Probleme engstens miteinander zusammen.

1923 hat E. Freundlich im Zusammenhang mit den damals angestellten Erörterungen, ob die Newtonsche Mechanik bereits die Gesamtheit objektiver Kausalbeziehungen erfaßt, auf Riemanns Habilitationsvorlesung „Über die Hypothesen, welche der Geometrie zu Grunde liegen" von 1854 hingewiesen.[141]

Riemann hatte in diesem Vortrag den mathematischen Begriff *n*-fach ausgedehnter stetiger und diskreter Mannigfaltigkeiten eingeführt und vom physikalischen Raumbegriff abgehoben. Da Mannigfaltigkeiten verschiedener Maßverhältnisse fähig sind, konnten die Eigenschaften des physikalischen Raumes keine apriori-Gegebenheiten sein, Man mußte davon ausgehen, „daß diejenigen Eigenschaften, durch welche sich der Raum von anderen denkbaren dreifach ausgedehnten Größen unterscheidet, nur aus der Erfahrung entnommen werden können"[142]. Damit war der physikalische Raum nicht mehr bloß jenes durch die Geometrie Euklids charakterisierte Gefäß, in dem die physikalischen Prozesse stattfinden. Er konnte nicht länger im Sinne Kants als transzendentale Form der äußeren Anschauung angesehen werden. Der Raum wurde selbst zum Gegenstand der physikalischen Forschung. In den Grenzen, die der physikalischen Beobachtung und dem physikalischen Experiment in der Mitte des 19. Jahrhunderts objektiv auferlegt waren, genügte offensichtlich die euklidische Geometrie.

Riemann stellte rund 60 Jahre vor der allgemeinen Relativitätstheorie und 70 Jahre vor der Quantenmechanik ganz im Sinne späterer korrespondenzmäßiger Betrachtungen die Frage nach der Zulässigkeit der Ausdehnung dieser Geometrie über die Grenzen der Beobachtung „sowohl nach der Seite des Unmeßbargroßen als nach der Seite des Unmeßbarkleinen"[143]. Für das Unmeßbargroße fand er die Notwendigkeit, zwischen Unbegrenztheit und Unendlichkeit des Raumes zu unterscheiden, meinte aber, daß dies in der Naturforschung müßige Fragen seien.[144] Was er für das Unmeßbarkleine konstatierte, sollte von großem heuristischem Wert für die Entwicklung der Quantentheorie werden.

Riemann schrieb 1854: „Auf der Genauigkeit, mit welcher wir die Erscheinungen ins Unendlichkleine verfolgen, beruht wesentlich die Erkenntnis ihres Kausalzusammenhangs."[145] Daher rechnete er diese Frage nicht zu den müßigen und stellte fest: „Nun scheinen aber die empirischen Begriffe, in welchen die räumlichen Maßbestimmungen gegründet sind, der Begriff des festen Körpers und des Lichtstrahls, im Unendlichkleinen ihre Gültigkeit zu verlieren; es ist also sehr wohl denkbar, daß die Maßverhältnisse des Raumes im Unendlichkleinen den Voraussetzungen

[141] Vgl. E. Freundlich, Über die Bedeutung der Physik des Unmeßbarkleinen für die physikalische Forschung, in: Die Naturwissenschaften, **11** (1923), S. 399—402.

[142] B. Riemann, Über die Hypothesen, welche der Geometrie zu Grunde liegen, Berlin 1919, S. 2. Siehe dazu auch: H. Laitko/A. Vogt, Der weltanschauliche Standort Bernhard Riemanns, in: DZfPh, 11/1977, S. 1344—1356.

[143] Ebenda.

[144] Diese Einschätzung war nach der Einsteinschen allgemeinen Relativitätstheorie nicht mehr aufrechtzuhalten. Siehe dazu: A. Einstein, Geometrie und Erfahrung (1921), in: A. Einstein, Akademie-Vorträge, a. a. O., S. 18.

[145] B. Riemann, Über die Hypothesen, welche der Geometrie zu Grunde liegen, a. a. O., S. 19.

der Geometrie nicht gemäß sind, und dies würde man in der Tat annehmen müssen, sobald sich dadurch die Erscheinungen auf einfachere Weise erklären ließen."[146]

Da Riemann zwischen dem objektiven Raum, der Untersuchungsobjekt der Physik war, und den von der Mathematik untersuchten Räumen, bezeichnet als „Mannigfaltigkeiten", unterschied, war somit zu fragen, welcher Mannigfaltigkeiten (mathematischer Räume) man sich zu bedienen habe, wenn man Prozesse und Ereignisse untersucht, für die feste Körper und Lichtstrahl nicht mehr als Meßlatten zur Verfügung stehen: „Die Frage über die Gültigkeit der Geometrie im Unendlichkleinen hängt zusammen mit der Frage nach dem inneren Grunde der Maßverhältnisse des Raumes." Riemann ging davon aus, „daß bei einer diskreten Mannigfaltigkeit das Prinzip der Maßverhältnisse schon in dem Begriffe dieser Mannigfaltigkeit enthalten ist, bei einer stetigen aber anderswoher hinzukommen muß. Es muß also entweder das dem Raume zugrundeliegende Wirkliche eine diskrete Mannigfaltigkeit bilden, oder der Grund der Maßverhältnisse außerhalb, in darauf wirkenden bindenden Kräften gesucht werden."[147] Die allgemeine Relativitätstheorie hat die Gravitation als den „inneren Grund" für die Maßverhältnisse des stetigen Raumes im Unendlichgroßen erwiesen. Mit Einstein und Weyl war zu überlegen, ob die elektrodynamische Wechselwirkung als innerer Grund der Maßverhältnisse der Raum-Zeit-Mannigfaltigkeit im Unendlichkleinen in Frage käme. Nach Einführung der Planckschen Länge waren auch diskrete Mannigfaltigkeiten in Betracht zu ziehen.

Als Riemann seine Vorstellungen über stetige Mannigfaltigkeiten entwickelte, die potentielle Abbilder realer Räume sein sollten, konnte er noch nicht ahnen, daß die physikalische Forschung auf ihrem Wege zum „Unendlichkleinen" auf Atomkerne und Elektronen stoßen sollte. Sein Hinweis, daß mit dem Vordringen in die Tiefen der Materiestruktur die Raum-Zeit-Konzepte sich nicht notwendigerweise mit dem auf der Ebene makrophysikalischer Systeme gültigen Konzept decken müssen, ging weit über das hinaus, was man Mitte des 19. Jahrhunderts physikalisch untersuchen konnte.

Das an den Problemen der Physik des 19. Jahrhunderts orientierte *mathematische* Denken Riemanns hat dem *physikalischen* Denken des 20. Jahrhunderts für das „Unendlichgroße" ebenso wie für das „Unendlichkleine" Anregungen vermittelt, die experimentell und theoretisch aufgegriffen und verarbeitet werden mußten. Darüber, wie dies geschehen sollte, hatte Riemann selbst bereits Vorstellungen, die weitestgehend mit dem tatsächlichen späteren Vorgehen übereinstimmten: „Die Entscheidung dieser Fragen kann nur gefunden werden, indem man von der bisherigen durch die Erfahrung bewährten Auffassung der Erscheinungen, wozu Newton den Grund gelegt, ausgeht und diese durch Tatsachen, die sich aus ihr nicht erklären lassen, getrieben allmählich umarbeitet."[148] Mathematische Untersuchungen, wie die seinige, konnten „dazu dienen, daß diese Arbeit nicht durch die Beschränktheit der Begriffe gehindert und der Fortschritt im Erkennen des Zusammenhangs der Dinge nicht durch überlieferte Vorurteile gehemmt wird"[149].

Riemann hatte seine Überlegungen zum „Unendlichkleinen" mit dem Vermerk versehen „bedarf noch einer Umarbeitung und weiteren Ausführung".[150] Sie wurden zwar im zu Ende gehenden 19. Jahrhundert aufgegriffen und weitergeführt,[151] waren aber explizit weder für Einstein noch für die Physiker um Bohr von direkter heuristischer Bedeutung bei der Herausbildung der Relativitätstheorie bzw. der Quantenmechanik. Wir sind der Anregung E. Freundlichs von 1923 also nicht gefolgt, weil sie im nachfolgenden Theorieentwicklungsprozeß eine herausragende Rolle gespielt hätte. Wir sind dieser Anregung gefolgt, weil sie — wissend um die Bedeutung des

[146] Ebenda, S. 20.
[147] Ebenda.
[148] Ebenda.
[149] Ebenda, S. 20/21.
[150] Ebenda, S. 23.
[151] Siehe dazu: H. v. Helmholtz, Philosophische Vorträge und Aufsätze, Berlin 1971, S. 187—218, 247—300.

Riemannschen Forschungsprogramms für das Verständnis der allgemeinen Relativitätstheorie — frühzeitig auf die *Möglichkeiten* grundsätzlicher Veränderungen der Raumvorstellungen für die Welt der Atome aufmerksam gemacht hat.[152]

In den zu Beginn der 20er Jahre geführten Diskussionen der Atomphysiker, ob die Newtonsche Mechanik für inneratomare Prozesse ausreichend sei oder nicht, hat ein erkenntnistheoretisch-methodologisches Prinzip Bedeutung gewonnen, über das es lohnt weiter nachzudenken. Es handelt sich um das *Beobachtbarkeitsprinzip.*[153] 1919 hat W. Pauli — damals Student im 1. Semester — in einem Artikel zu Weyls Gravitationstheorie vermerkt, daß diese Theorie mit der Feldstärke *im Innern* des Elektrons operiert, und festgestellt: „Für den Physiker ist diese aber nur als die Kraft auf einen Probekörper definiert, und da es keine kleineren Probekörper gibt als das Elektron selbst, scheint der Begriff der elektrischen Feldstärke in einem mathematischen Punkte eine leere, inhaltslose Fiktion zu sein. *Man möchte gern daran festhalten, in die Physik nur prinzipiell beobachtbare Größen einzuführen.*“[154] (Hervorhebung — U. R.)

A. Hermann, K. v. Meyenn und V. F. Weisskopf weisen zu Recht darauf hin, daß — obgleich E. Mach Taufpate Paulis war und ihm während seiner Schulzeit Ratschläge für die wissenschaftliche Lektüre erteilt hat — diese Zeilen weniger unter dem Einfluß Machs als vielmehr unter dem Einfluß Einsteins geschrieben wurden.[155] Daß sie keine Verbeugung vor den Orientierungen empiristischer Wissenschaftsphilosophie Machscher Prägung waren, sondern eine wichtige erkenntnistheoretisch-methodologische Prämisse von Physikern zum Ausdruck brachten, die, Boltzmann, Planck, Einstein u. a. folgend, die relative Eigenständigkeit der Theorieentwicklung betonten, belegt auch ein Brief M. Borns zu diesem Artikel Paulis.

Born schrieb (ebenfalls 1919): „Besonders interessiert hat mich Ihre Bemerkung am Schlusse, daß Sie die Anwendung der Kontinuumstheorie auf das Innere des

[152] Das war zu Beginn der 20er Jahre keineswegs Allgemeingut der Physiker. Wenn man an Riemann erinnerte, dann geschah das fast ausschließlich im Zusammenhang mit den theoretischen Vorstellungen der allgemeinen Relativitätstheorie. Unter dem Eindruck der Argumente Einsteins, Weyls und anderer Relativitätstheoretiker betonte man, daß Riemanns Programm notwendigerweise zum 4-dimensionalen Raum-Zeit-Kontinuum der allgemeinen Relativitätstheorie führe, vergaß aber zu erwähnen, daß es möglicherweise zur Darstellung der Ereignisse im „Unmeßbarkleinen“ gänzlich anderer Raumvorstellungen bedürfe. Bis heute findet man in der Literatur kaum einen Hinweis darauf, daß auch die Entwicklung der Mikrophysik dem Riemannschen Programm gefolgt ist, allerdings in einer gänzlich anderen Weise, als das Einstein, Weyl und andere erwartet haben.

[153] Vgl. H. Hörz, Werner Heisenberg und die Philosophie, Berlin 1966, S. 257ff.; M. E. Omelyanovsky, Dialectics in Modern Physics, Moskva 1979, S. 95ff.; Metodologičeskie prinzipy fiziki, Moskva 1975, S. 451—476; V. S. Stepin, Stanovlenie naučnoi teorii, Minsk 1976.

[154] W. Pauli, Mercurperihelbewegung und Strahlenablenkung in Weyls Gravitationstheorie, in: Verhandlungen der Deutschen Physikalischen Gesellschaft **21** (1919), S. 749.

[155] Vgl. W. Pauli, Wissenschaftlicher Briefwechsel mit Bohr, Einstein, Heisenberg u. a., Bd. 1, a. a. O., S. 11.

Elektrons für sinnlos halten, weil es sich dabei um prinzipiell nicht beobachtbare Dinge handelt. Gerade *diesen Gedanken verfolge ich seit längerer Zeit*, allerdings bisher ohne positiven Erfolg, *nämlich, daß der Ausweg aus allen Quantenschwierigkeiten von ganz prinzipiellen Punkten aus gesucht werden muß*: man darf die Begriffe des Raumes und der Zeit als eines 4-dimensionalen Kontinuums nicht von der makroskopischen Erfahrungswelt auf die atomistische Welt übertragen, diese verlangt offenbar eine andere Art von Zahlenmannigfaltigkeit als adäquates Bild. Aber wie das zu machen wäre, davon habe ich keine Ahnung. Ich bin zwar noch nicht alt, aber schon zu alt und belastet, als daß mir so etwas einfallen könnte. Das ist Ihre Aufgabe; nach allem, was ich von Ihnen höre, sind Sie für solche Probleme berufen."[156]

M. Born war damals zu Überlegungen gekommen, wie sie bereits Riemann angestellt hatte. Inzwischen war durch Einstein und Minkowski nahegelegt zu fragen, welche Eigenschaften die *4-dimensionale Mannigfaltigkeit* beim Übergang vom *Raum-Zeit-Konzept* der Makrophysik zur Mikrophysik zeitigt. Davon auszugehen, daß die Raum-Zeit-Beziehungen auf der Ebene des Atoms dieselben sind wie auf der Ebene von Steinen und anderen unmittelbar beobachtbaren Körpern, schien ihm 1919 unwahrscheinlich. Ungeachtet der aufmunternden Worte für Pauli, erwartete Born aber ebenso wie Sommerfeld und andere die Lösung dieses Problems eigentlich von Einstein.

Als er sich ab 1922 selbst zusammen mit einer Gruppe junger Physiker (unter ihnen Pauli und Heisenberg) intensiver mit den grundsätzlichen Problemen der Atomphysik beschäftigte, muß der Gedanke an das Beobachtbarkeitsprinzip eine große Rolle gespielt haben. Immer wieder war bei ihm und bei seinen Mitarbeitern die Rede davon, was man eigentlich beobachte und was man daher wirklich zum Ausgangspunkt einer theoretisch konsistenten Quantentheorie machen könne. Die Überlegungen nach den tatsächlich beobachtbaren Größen gewannen für Born und seine jungen Mitarbeiter bei der *Suche nach einer neuen Mechanik* Bedeutung.

Die Möglichkeit einer neuen Mechanik, bereits von *Helmholtz* im Zusammenhang mit Riemanns Raumvorstellungen und von *Boltzmann* in der Atomismusdebatte erwogen, war von Einstein, Bohr und Sommerfeld frühzeitig als ein entscheidendes Problem der sich im 20. Jahrhundert stürmisch entwickelnden Atomphysik angesehen worden. Mit den Erfolgen des Bohr-Sommerfeldschen Atommodells maß aber nur noch *Bohr* diesem Gedanken Gewicht zu. Er drängte sich erst allmählich aus den Widersprüchen zwischen der Theorie und dem Experiment und den Schwierigkeiten mit der Theorie selbst wieder auf. Eine „verwirrende Vielfalt" von Problemen (komplizierte Eigenschaften der Spektren, die nicht unbedingt mit der Frage nach einer neuen Mechanik zusammenhingen)[157] erschwerte diesen Prozeß. Von entscheidender Bedeutung wurden die Berechnungen

[156] M. Born, Brief vom 23. 12. 1919 an W. Pauli, in: Ebenda, S. 10.
[157] Vgl. F. Hund, Geschichte der Quantentheorie, a. a. O., S. 108ff.

des Wasserstoffmoleküls und des Heliumatoms, die Erklärung des Zeeman-Effektes sowie die Strahlungs- und Dispersionstheorie.

Nachdem Pauli 1921 bei der Berechnung des Wasserstoffmolekelions (zwei Zentren, ein Elektron) auf der Grundlage der Bohr-Sommerfeldschen Quantentheorie eine Ionisierungsspannung errechnet hatte, die nicht mit der gemessenen übereinstimmte, war es naheliegend, die Grenzen der Theorie an möglichst einfachen Objekten genauer zu untersuchen. In Göttingen arbeitete Pauli unter Anleitung von M. Born an der Übertragung der astronomischen Störungsrechnung auf die Dynamik von Atomen mit mehreren Elektroden. Wie auch Bohr dachte Born „viel darüber nach, woher es kommt, daß bei mehreren Elektronen, die Mechanik zu versagen scheint"[158]. Um dies besser zu verstehen, konzentrierte man sich auf das Heliumatom, welches mit einem Kern und zwei Elektronen das einfachste Objekt für störungstheoretische Berechnungen darstellte.[159]

Vorübergehend hatten dann Born und Heisenberg den Eindruck, daß die in der Astronomie seltenen, zufällig entarteten Fälle bei der quantentheoretischen Behandlung des Mehrkörperproblems erfolgreich wären. Aus der Mannigfaltigkeit komplizierter Bahnen wurden auf diesem Wege besonders einfache stationäre Zustände herausgehoben. Heisenberg schrieb an Pauli: „Born ist sehr begeistert von diesen Resultaten, weil man nun vielleicht eine einfache mathematische Methode hat, die Symmetrieverhältnisse und Länge der Perioden im System der Elemente zu bestimmen. Wir studieren hier nämlich alle mit Gewalt Poincaré, und in dem steht eigentlich die Quantentheorie aller Atommodelle schon drin."[160] Gemeint war Poincarés „Les méthodes nouvelles de la méchanique céleste". Borns und Heisenbergs Hoffnung aber trog. Lediglich in grober Näherung konnte man davon ausgehen, daß die Elektronen entsprechend mechanischer Gesetze miteinander wechselwirken.

158 M. Born, Brief vom 11. 4. 1923 an N. Bohr, in: BSC 9,2.

159 Vgl. M. Born, Quantentheorie und Störungsrechnung, in: Die Naturwissenschaften, **11** (1923), S. 542.

160 W. Heisenberg, Brief vom 12. 12. 1922 an W. Pauli, in: W. Pauli, Wissenschaftlicher Briefwechsel mit Bohr, Einstein, Heisenberg u. a., Bd. 1, a. a. O., S. 74. Zugleich stieß man aber in Göttingen auf Phänomene, die mit der bisherigen Mechanik unvereinbar waren. So berichtete J. Franck am 23. 12. 1922 N. Bohr, daß Berechnungen Hunds ergeben hatten, „daß die Elektronen im Argon, aber auch im Krypton wirklich die Atome ohne Ablenkung durchqueren können". (N. Bohr, Collected Works, Bd. 4, a. a. O., S. 699.) Darin sah man eine Forderung der Quantentheorie für kleine Geschwindigkeiten der Elektronen, obgleich „dies im ersten Moment wohl etwas wild" schien (ebenda).
N. Bohr betonte in diesem Zusammenhang: „Es bedeutet natürlich eine der gewöhnlichen Raum-Zeit-Beschreibung der physikalischen Phänomene fremdartig gegenüberstehende Annahme, die aber von einer Art ist, auf die man vorbereitet sein dürfte, und die man wohl gezwungen wird auch auf ganz anderen Gebieten einzuführen. In schlichten Worten bedeutet dies etwa: ich sehe keine andere Erklärung der Ramsauerschen Versuche, und bin so skeptisch gegenüber den bewährten Prinzipien der Physik, daß ich mich nicht berechtigt fühle, ihren Gedanken als absoluten Unsinn abzuweisen." (N. Bohr, Brief vom 29. 12. 1922 an J. Franck, in: BSC 2,4.)

Unter Hinweis auf den anomalen Zeeman-Effekt[161] und die Multipletts der Spektralterme äußerte sich Born bereits im Bohr-Heft der „Naturwissenschaften" 1923 sehr pessimistisch in bezug auf die Möglichkeit, „daß eine konsequente Anwendung der mechanischen Gesetze mit Hilfe der Störungsrechnung zu einer vollständigen Ableitung der Atome, ihrer chemischen und physikalischen Eigenschaften, besonders ihrer Spektren, führen wird"[162]. Die Ähnlichkeit der Atome mit Planetensystemen schien nur in Grenzen zutreffend: „Die Übereinstimmung ist nur in den einfachsten Fällen genau vorhanden. Der Fortschritt der Quantentheorie aber wird sich hierdurch nicht aufhalten lassen, sondern gerade aus den vorhandenen Widersprüchen neue Kräfte gewinnen."[163] Aus den Mißerfolgen beim Heliumatom wurden weitreichende Schlußfolgerungen gezogen. Heisenberg vermutete: „. . . man muß doch wohl ganz neue Hypothesen einführen — entweder neue Quantenbedingungen, oder Abänderungsvorschläge für die Mechanik."[164] Damit wurden die Berechnungen der Heliummodelle trotz ihrer unbefriedigenden Ergebnisse für die weitere Theorieentwicklung wegweisend.

Bohr deutete sie als ein wichtiges „Zeugnis für die Unzulässigkeit der jetzigen Grundlage der Quantentheorie, soweit es Systeme mit mehreren Elektronen betrifft".[165] Born stellte fest: „Es wird immer wahrscheinlicher, daß nicht nur neue Annahmen im gewöhnlichen Sinne physikalischer Hypothesen erforderlich sein werden, sondern daß das ganze System der Begriffe der Physik von Grund aus um-

[161] Damit hatte Heisenberg noch als Student im 1. Semester 1920/21 seine Beschäftigung mit der Quantentheorie begonnen und Sommerfeld verblüfft, indem er wider alle damaligen Gepflogenheiten halbe Quantenzahlen einführte. Obgleich es seit jenem, dem Motto „Der Erfolg heiligt die Mittel" geschuldeten Schritt durch ihn, Landé u. a. Fortschritte im Verständnis der Aufspaltung von Spektraltermen unter dem Einfluß äußerer magnetischer Felder gab, war man noch weit von einem physikalischen Verständnis dieses Effektes entfernt. Siehe dazu: P. Forman, Alfred Landé and the Anomalous Zeeman Effect, 1919—1921, in: Historical Studies in the Physical Sciences, Bd. 2, Philadelphia 1970, S. 153—261; D. Serwer, Unmechanischer Zwang: Pauli, Heisenberg, and the Rejection of the Mechanical Atom, 1923—1925, in: Historical Studies in the Physical Sciences, Bd. 8, Philadelphia 1977, S. 189—256; E. Back/A. Landé, Zeemaneffekt und Multiplettstruktur der Spektrallinien, Berlin 1925; W. Pauli, Wissenschaftlicher Briefwechsel mit Bohr, Einstein, Heisenberg u. a., Bd. 1, a. a. O., S. 9 (umfangreicher Briefwechsel Pauli/Landé von 1919—1926).

[162] M. Born, Quantentheorie und Störungsrechnung, a. a. O., S. 541.

[163] Ebenda, S. 542.

[164] W. Heisenberg, Brief vom 19. 2. 1923 an W. Pauli, Wissenschaftlicher Briefwechsel mit Bohr, Einstein, Heisenberg u. a., Bd. 1, a. a. O., S. 80. Siehe außerdem Heisenbergs Briefe vom 21. 2. und 26. 3. an W. Pauli, in: Ebenda, S. 81, 82, 86; M. Born/W. Heisenberg, Die Elektronenbahnen im angeregten Heliumatom, in: Zeitschrift für Physik, **16** (1923), S. 137—158.

[165] N. Bohr, Brief vom 2. 5. 1923 an M. Born, in: BSC 9,2. Die beim Helium vorliegenden „Abweichungen von den mechanischen Gesetzen oder den Quantenregeln" waren für M. Born eine „Katastrophe" (M. Born, Brief vom 4. 3. 1923 an N. Bohr, in: BSC 9,2). N. Bohr hingegen sprach lediglich von den „tiefliegenden Schwierigkeiten . . ., die wir überall treffen, sobald wir mit Systeme mit mehreren Elektronen zu tun haben." (N. Bohr, Brief vom 9. 4. 1923 an M. Born, in: Ebenda.)

gebaut werden muß."[166] Dabei setzte er seine Hoffnung vor allem auf die physikalische Intuition von Bohr und konnte schwerlich ahnen, daß eine Vermutung seiner Assistenten Pauli und Heisenberg schließlich die Lösung bringen sollte.

Pauli und Heisenberg waren schon 1921/22 die Bahnen im Bohr-Sommerfeldschen Atommodell mystisch erschienen. Da aber Elektronenbahnen außerhalb der Atome in der Nebelkammer beobachtet werden konnten und das Modell mit der Bahnvorstellung zu vernünftigen Ergebnissen führte, konnte man die Bahnen nicht einfach als unwirklich bezeichnen. Es ging Pauli und Heisenberg zunächst darum, zu verstehen, was die vermutlich unhaltbaren Bohrschen Annahmen eigentlich bedeuteten.[167]

Nachdem Pauli sich vergeblich mit Modellrechnungen zum anomalen Zeeman-Effekt geplagt hatte und zu der Überzeugung gelangt war, daß auch die Berechnungen des Heliumatoms durch Born und Heisenberg erfolglos geblieben waren, verschärfte sich sein Verdacht bezüglich der Bahnvorstellungen im Atom. In seinem ausführlichen Bericht aus Kopenhagen hatte er im Frühsommer 1923 an Sommerfeld geschrieben: „. . . es scheint mir eines der wichtigsten Ereignisse des letzten Jahres zu sein, daß die Schwierigkeiten des Mehrkörperproblems bei den Atomen physikalischer und nicht mathematischer Art sind."[168] Für ihn war am *Versagen der Mechanik* kaum noch zu zweifeln. Die „Ersatzmodelle" (anstelle klassisch mechanischer Atommodelle wurden bedingt periodische Systeme eingeführt)[169] führten auch nicht zum durchschlagenden Erfolg. Für Pauli war somit klar: „Die Sache muß vielmehr wesentlich tiefer liegen. Ich denke oft daran, daß . . . bei der Wechselwirkung der Elektronen im Atom, sich die einzelnen Elektronenbahnen mehr wie ein System von Oszillatoren verhalten, deren Frequenzen nicht mit denen der Bewegung, sondern mit denen der Übergänge übereinstimmen. (Etwas ähnliches hat schon Epstein gesagt.)"[170] Im Hinblick auf Heisenbergs Heliummodell stellte er fest: „Es scheint mir sicher, daß . . . auch die klassischen Bewegungsgesetze modifiziert werden müssen."[171] Diese Überzeugung war charakteristisch für die Einstellung der mit Bohr in Kopenhagen zusammenarbeitenden Physiker.

[166] M. Born, Quantentheorie und Störungsrechnung, a. a. O., S. 542. Diesem Urteil schloß sich Bohr nicht an. Er glaubte an „eine einheitliche Auffassung der Quantentheorie . . ., in die sich das Versagen der Mechanik für stationäre Zustände mit mehreren Elektronen ungezwungen einfügt." (N. Bohr, Brief vom 2. 5. 1923 an M. Born, in: BSC 9,2.) Die unausweichlichen begrifflichen Neuerungen sollten dabei im wesentlichen auf spezielle Probleme beschränkt bleiben, nicht aber die gesamten Grundlagen der Atomtheorie betreffen.

[167] Siehe dazu: W. Heisenberg, Der Teil und das Ganze, München 1969, S. 56—58.

[168] W. Pauli, Brief vom 6. 6. 1923 an A. Sommerfeld, in: W. Pauli, Wissenschaftlicher Briefwechsel mit Bohr, Einstein, Heisenberg u. a., Bd. 1, a. a. O., S. 95.

[169] A. Landé sprach von „Ersatzmechanik" (ebenda, S. 94, Anm. 6).

[170] W. Pauli, Brief vom 6. 6. 1923 an A. Sommerfeld, in: Ebenda, S. 96.

[171] Ebenda, S. 99. Landé hat dies mit dem Titel eines am 15. 7. 1923 eingereichten Artikels „Das Versagen der Mechanik in der Quantentheorie" zum Ausdruck gebracht, in: Die Naturwissenschaften, **11** (1923), S. 725—726.

Aus der Überzeugung heraus, daß es einer neuen Mechanik, bezeichnet als „*Atommechanik*“ oder „*Quantenmechanik*“ bedarf, wurden seit 1923 die grundlegenden theoretischen Fragen der Atomphysik auch in Göttingen behandelt.[172] Die im Wintersemester 1923/24 von M. Born gehaltenen „Vorlesungen über Atommechanik“ lagen 1925 in überarbeiteter Form als Buch vor, das ausdrücklich auf den vorläufigen Charakter der Theorie aufmerksam machte. Es war als „1. Band“ bezeichnet worden, ohne daß sein Autor den Inhalt des 2. Bandes kennen konnte. In einem im November 1924 geschriebenen Vorwort hieß es, daß der vorgelegte Band den Versuch darstellt, „die Grenzen abzustecken, bis zu denen die heute geltenden Prinzipien der Atom- und Quantentheorie sich bewähren, und die Wege zu bahnen, die über diese Grenzen hinausführen“.[173] Der noch zu schreibende 2. Band sollte dann „eine höhere Annäherung an die ‚endgültige‘ Atommechanik enthalten“.[174] Die aber galt es erst noch zu finden.

Nach dem Scheitern der Berechnungen des Heliumatoms auf Bohr-Sommerfeldscher Grundlage wandte sich Heisenberg, wie vor ihm bereits Pauli, wiederum dem Zeeman-Effekt zu. Im Oktober 1923 wurde von Göttingen nach Kopenhagen über eine neue Theorie dieses Effektes berichtet. Ihr methodischer Ausgangspunkt lautete: „Die Modellvorstellungen haben prinzipiell nur einen symbolischen Sinn, sie sind das klassische Analogon zur ‚diskreten‘ Quantentheorie.“[175] Diese Auffassung war eine Konsequenz aus vielen vergeblichen Bemühungen um Modellvorstellungen auf der Grundlage der klassischen Mechanik und Elektrodynamik. Jetzt, wo man nicht mehr daran glaubte, daß die Mechanik für die Atomphysik beibehalten werden könnte, wurde diese Erfahrung zu einem methodischen Prinzip verallgemeinert.

Born forderte die „Diskretitierung der Atomphysik“[176]; Heisenberg nahm dieses Programm auf, indem er ein Verfahren angab, nach dem man die in der klassischen Mechanik auftretenden Differentialquotienten in quantentheoretische

[172] Siehe dazu: M. Born, Mein Leben, München 1975, S. 288ff.; H. Born/M. Born, Der Luxus des Gewissens, München 1969, S. 46ff., 130. Die erste Arbeit Borns, in der von „Quantenmechanik“ die Rede war (M. Born, Über Quantenmechanik, in: Zeitschrift für Physik, **26** (1924), S. 379—395) drückte bereits mit dem Titel aus, wovon damals viele Physiker überzeugt waren. H. A. Lorentz hatte am 10. 12. 1923 eine neue Mechanik gefordert, um Plancks Oszillatorhypothese, Bohrs Quantenbedingung für die Stationarität der Elektronenbahnen und Bohrs Strahlungshypothese physikalisch zu verstehen. Dazu bedurfte es für Lorentz einer Mechanik der Diskontinuitäten, einer „Mechanik der Quanten“. Siehe dazu: M. Jammer, The Conceptual Development of Quantum Mechanics, a. a. O., S. 155. Auch für Einstein war klar, daß die gesuchte Grundlage der Quantentheorie „nicht einfach in einer Ergänzung der klassischen Mechanik und Elektrodynamik bestehen“ könne (Bietet die Feldtheorie Möglichkeiten für die Lösung des Quantenproblems? (1923), in: A. Einstein, Akademie-Vorträge, a. a. O., S. 1).

[173] M. Born, Vorlesungen über Atommechanik, Bd. 1, Berlin 1925, S. V.

[174] Ebenda.

[175] W. Heisenberg, Brief vom 9. 10. 1923 an W. Pauli, in: W. Pauli, Wissenschaftlicher Briefwechsel mit Bohr, Einstein, Heisenberg u. a., Bd. 1, a. a. O., S. 125.

[176] Ebenda, S. 127.

Differenzenquotienten überführte und damit erstaunlich gute Ergebnisse erzielte. Innerhalb des damals bekannten „Ersatzmodells" („Atomrest" = Kern + innere Elektronenschalen; Elektronen auf der Außenschale) wurden *einem* stationären Zustand *mehrere* mechanische Bahnen zugeordnet. Diese Idee war nicht neu, vorher aber nicht ernsthaft in quantentheoretischen Berechnungen benutzt worden. Mit Heisenbergs 1924 veröffentlichter Arbeit[177] wurde sie zu einem wichtigen Schritt in den Auseinandersetzungen um die Vorstellung von Elektronenbahnen überhaupt. Pauli fühlte sich bestärkt in seiner Überzeugung, daß dieses Bild aufzugeben sei.

Heisenberg betonte, daß die *unmechanischen* Eigenschaften des Ersatzmodells sich später einmal direkt aus der Quantenmechanik ergeben müßten. Pauli war zunächst von der neuen Theorie wegen des formalistischen Herangehens und der fehlenden *physikalischen* Idee enttäuscht. Weil damit weder die halben Quantenzahlen noch das immer wieder beklagte Versagen des Larmor-Theorems erklärt war, handelte es sich nicht um jene Theorie, auf die er so sehr gehofft hatte. Er kritisierte heftig, schrieb jedoch an Kramers: „Ich würde es aber sehr begrüßen, wenn Bohr Heisenbergs Arbeit lesen und begutachten würde. Vielleicht regt es ihn dazu an, dann selbst die richtige Theorie zu machen . . ."[178] Bohr gegenüber äußerte er sich noch freimütiger: „Kürzlich sah ich Heisenberg gelegentlich einer Physikerzusammenkunft in Braunschweig. Es geht mir immer sehr merkwürdig mit ihm. Wenn ich über seine Ideen nachdenke, so kommen sie mir gräßlich vor, und ich schimpfe innerlich sehr darüber. Denn er ist sehr unphilosophisch, er achtet nicht auf klare Herausarbeitung der Grundannahmen und ihren Zusammenhang mit den bisherigen Theorien. Wenn ich aber mit ihm spreche, so gefällt er mir sehr gut, und ich sehe, er hat allerlei neue Argumente — wenigstens im Herzen. Ich halte ihn dann — abgesehen davon, daß er persönlich auch ein sehr netter Mensch ist — für sehr bedeutend, sogar für genial und glaube, daß er die Wissenschaft noch einmal sehr vorwärts bringen wird. Auch an seiner letzten Sache . . . wird wohl viel Wahres dran sein, wenn sie auch nicht klar durchdacht ist. Ich habe mich deshalb sehr gefreut, daß Sie ihn nach Kopenhagen eingeladen haben. Hoffentlich werden Sie dann zusammen die Atomtheorie ein gutes Stück vorwärts bringen und einige Probleme lösen, mit denen ich mich vergeblich geplagt habe

[177] Vgl. W. Heisenberg, Über eine Abänderung der formalen Regeln der Quantentheorie beim Problem der anomalen Zeemaneffekte, in: Zeitschrift für Physik **26** (1924), S. 291—307. Das Manuskript mit dem ursprünglichen Titel „Über ein neues Quantenprinzip und dessen Anwendung auf die Theorie der anomalen Zeemaneffekte" befindet sich im Archive for History of Quantum Physics 45,8. Siehe dazu auch: E. MacKinnon, Heisenberg Models and the Rise of Matrix Mechanics. In: Historical Studies in the Physical Sciences, Bd. 8, Philadelphia 1977, S. 137—188; D. Serwer, Unmechanischer Zwang: Pauli, Heisenberg, and the Rejection of the Mechanical Atom, 1923—1925, in: Ebenda, S. 189—256.

[178] W. Pauli, Brief vom 19. 12. 1923 an H. A. Kramers, in: W. Pauli, Wissenschaftlicher Briefwechsel mit Bohr, Einstein, Heisenberg u. a., Bd. 1, a. a. O., S. 135.

und die für mich viel zu schwierig sind. Hoffentlich wird dann auch Heisenberg eine philosophische Einstellung seiner Gedanken mit nach Hause bringen.“[179]

Während man sich Anfang 1924 in Kopenhagen vor allem um die neue Quantentheorie der Strahlung bemühte, war Pauli in Hamburg über den Zustand der Atomphysik so verzweifelt, daß er sich vorübergehend davon zurückzog. Unter dem Eindruck der Heisenbergschen Überlegungen zum Zeeman-Effekt und mit der Aussicht einer baldigen Reise nach Kopenhagen dachte er weiter über die Richtung der notwendigen radikalen Änderungen in den Grundlagen der Quantentheorie nach. An Bohr schrieb er: „Die wichtigste Frage scheint mir die, *inwieweit überhaupt von bestimmten Bahnen der Elektronen in den stationären Zuständen gesprochen werden darf.* Ich glaube, daß dies keineswegs als selbstverständlich vorausgesetzt werden darf ... Heisenberg hat nach meiner Ansicht gerade in diesem Punkte das Richtige getroffen.“[180]

Die zu Beginn des Jahres 1924 von Bohr, Kramers und Slater vorgeschlagene Quantentheorie der Strahlung eröffnete der Dispersionstheorie neue Möglichkeiten. Die quantentheoretischen Vorstellungen über die Einwirkung des Lichtes auf Atome stellten deshalb ein so besonders kompliziertes Problem dar, weil man es hier unausweichlich damit zu tun hatte, die Diskontinuitäten der Atom- und Strahlungstheorie mit der Kontinuität der elektromagnetischen Feldtheorie in einer Synthese zusammenzuführen. Das war wesentlich schwieriger als der Aufbau der logisch widerspruchsfreien, aber inkonsistenten Bohr-Sommerfeldschen Atomtheorie.[181] Diffraktion und Interferenz schienen die Lichtquantentheorie für die Dispersion zu verbieten; andererseits waren unbedingt die diskontinuierlichen Emissions- und Absorptionsprozesse zu berücksichtigen.

Bei der vorläufigen Lösung des Problems half die Vorstellung vom Strahlungsfeld virtueller Oszillatoren. Diese Vorstellung konnte man auch unabhängig von der Modifikation der Energie- und Impulserhaltungssätze aufrechterhalten, wie sie Bohr, Kramers und Slater ins Auge gefaßt hatten. Ausgehend von dem Versuch, Wellentheorie und Lichtquanten über die Hilfskonstruktion des virtuellen Strahlungsfeldes auszusöhnen, gelang es Kramers 1924, eine Dispersionsformel anzu-

[179] W. Pauli, Brief vom 11. 2. 1924 an N. Bohr, in: Ebenda, S. 143/144.

[180] W. Pauli, Brief vom 21. 2. 1924 an N. Bohr, in: Ebenda, S. 148. D. Serwer hat auf der Grundlage der wissenschaftlichen Korrespondenz W. Paulis zu Recht die bisher unterschätzte Bedeutung dieses überkritischen und daher in Publikationen oft übervorsichtigen Schüler Sommerfelds, Borns und Bohrs herausgearbeitet. Dabei hat er an vielen dokumentarisch belegten interessanten Details den Einfluß Paulis auf Heisenberg — ebenfalls ein Schüler Sommerfelds, Borns und Bohrs — nachgewiesen, allerdings seinerseits den umgekehrten Einfluß Heisenbergs auf Pauli vernachlässigt. Vgl. D. Serwer, Unmechanischer Zwang: Pauli, Heisenberg and the Rejection of the Mechanical Atom, 1923—1925, a. a. O., S. 189—256.

[181] Siehe dazu: M. Jammer, The Conceptual Development of Quantum Mechanics, a. a. O., S. 165, 181 ff.; P. Ehrenfest schrieb im klaren Verständnis der Bedeutung dieses Problems für die Atomtheorie schon am 27. 9. 1921 an N. Bohr: „Mich interessiert nichts auch nur entfernt so als eine GUTE Dispersionstheorie. — Wer wird sie finden? Und Wann?“ (N. Bohr, Collected Works, Bd. 3, a. a. O., S. 629.)

geben, die gute Übereinstimmung mit den Beobachtungen erbrachte. In diese Formel gingen neben den Einsteinschen Wahrscheinlichkeitsausdrücken für die Übergänge zwischen den stationären Zuständen die quantentheoretischen Absorptions- und Emissionsfrequenzen ein.[182]

Den Erkenntnisfortschritt in der Dispersionstheorie nahm M. Born (assistiert von W. Heisenberg) zum Anlaß, das Problem der Wechselwirkung zwischen den Elektronen eines Atoms wieder aufzugreifen. An diesem Problem war man beim Helium gescheitert. In seiner Arbeit „Über Quantenmechanik" (Juni 1924) ging er davon aus, daß auf „jedes Elektron ein Wechselfeld wirkt, dessen Frequenz von derselben Größenordnung ist wie bei einer Lichtwelle"[183]. Weil Atome auf Lichtquellen gänzlich „unmechanisch" reagieren können (Quantensprünge), dürfe man auch nicht erwarten, daß die Wechselwirkungen zwischen den Elektronen eines Atomes den Gesetzen der klassischen Mechanik folgen.

Um die Konturen der zukünftigen „Quantenmechanik" ausmachen zu können, prüfte Born die Möglichkeit, Kramers Überlegungen zur Wechselwirkung zwischen Lichtfeld und Leuchtelektron auf die Wechselwirkung zwischen mehreren Elektronen eines Atoms zu übertragen. Ein korrespondenzmäßiger Anschluß der „Quantenmechanik" an die klassische Mechanik war möglich, wenn man die Differentialquotienten entsprechend einer Bohrschen Forderung durch Differenzenquotienten ersetzte. Von nun an stand die Frage, die der klassischen Mechanik entsprechenden quantenmechanischen Größen *so* zu erraten, daß eine *konsistente* und *mit den experimentellen Daten übereinstimmende neue Mechanik* konstituiert werden konnte. Borns erster Vorschlag dazu verfügte schon über eine Reihe von Eigenschaften, die unerläßlich waren, er bewährte sich aber entgegen der Hoffnung des Autors bei der quantitativen Berechnung einfacher Systeme noch nicht.

Heisenberg hatte sich in der Zusammenarbeit mit Born in die Dispersionstheorie vertieft und konnte während seines zweiten Forschungsaufenthaltes in Kopenhagen (September 1924 bis April 1925) zusammen mit Kramers neue Resultate publizieren, welche Bohr unabhängig vom damals noch ungelösten Problem der Energie- und Impulserhaltungssätze veranlaßten, einen nahenden Wendepunkt in der Theorieentwicklung zu diagnostizieren: „Wir haben hier in der letzten Zeit neue Hoffnung geschöpft, vielleicht mit Hilfe des Oszillatorgesichtspunktes wesentlich weiter zu kommen."[184]

Während Bohr, Born und Heisenberg im Dezember 1924 schon in unmittelbarer Erwartung eines entscheidenden Wendepunktes in der Quantentheorie lebten, beurteilte Pauli — insbesondere nach seiner Kritik an der Quantentheorie der

[182] Vgl. H. A. Kramers, The Law of Dispersion and Bohr's Theory of Spectra, in: Nature, **113** (1924), S. 673—674; The Quantum Theory of Dispersion, in: Ebenda, **114** (1924), S. 310.

[183] M. Born, Über Quantenmechanik, in: Zeitschrift für Physik, **26** (1924), S. 379.

[184] N. Bohr, Brief vom 22. 12. 1924 an W. Pauli, in: W. Pauli, Wissenschaftlicher Briefwechsel mit Bohr, Einstein, Heisenberg u. a., Bd. 1, a. a. O., S. 195.

Strahlung von Bohr, Kramers und Slater — die Situation damals weitaus pessimistischer: „Ob die Zeit hierfür jetzt schon gekommen ist? Und ob wir wirklich jetzt schon an einem entscheidenden Wendepunkt stehen, wie Sie meinen? Hoffentlich haben Sie Recht, aber ich glaube eher, es wird noch eine Weile dauern. Wie dem auch sei, ich werde geduldig warten; wenn ich überhaupt noch die Lösung erleben werde, dann bin ich schon zufrieden.“[185]

Daß man sich dieser Lösung näherte, dazu hatten auch Paulis Überlegungen zu Mehrelektronenatomen beigetragen. Von Heisenberg als die erwartete Rückkehr „ins Land der Formalismusphilister“[186] gefeiert, hatte Pauli 1924 unter Rückgriff auf eine Idee Stoners[187] den Abschluß der Gruppen im natürlichen System der Elemente auf *ein* Prinzip zurückgeführt. Diese später als Paulisches „Ausschließungsprinzip“ bezeichnete Feststellung wurde erstmalig im Brief an Landé vom 24. 11. 1924 erwähnt. Pauli ging davon aus, daß alle Elektronen durch das Symbol n_{k_1}, m_1, m_2 charakterisiert werden können. „*Dann soll es verboten sein, daß mehr als ein Elektron mit gleichem n (äquivalent) zu den gleichen Werten der drei Quantenzahlen* k_1, m_1, m_2 *gehört. Wenn ein Elektron einem bestimmten* n_{k_1}, m_1, m_2*-Zustand entspricht, dann ist dieser Zustand ‚besetzt‘*. (Gilt natürlich nur für die betreffende Hauptquantenzahl.)“[188] Damit war eine 4. Quantenzahl eingeführt.[189]

Erstmalig in seiner Arbeit über die Multiplettstruktur von Spektren der Mehrelektronenatome hat Pauli den Bahnbegriff der Mechanik methodisch bewußt vermieden.[190] Aus seinen Untersuchungen zog er nun den Schluß, „daß nicht nur

185 W. Pauli, Brief vom 31. 12. 1924 an N. Bohr, in: Ebenda, S. 198.

186 W. Heisenberg auf einer Postkarte vom 15. 12. 1924 an W. Pauli, in: Ebenda, S. 192.

187 Siehe dazu: W. Pauli, Das Ausschließungsprinzip und die Quantenmechanik (1946), in: W. Pauli, Aufsätze und Vorträge über Physik und Erkenntnistheorie, a. a. O., S. 129—146; L. van der Waerden, Exclusion Principle and Spin, in: M. Fierz, V. F. v. Weisskopf (Hrsg.), Theoretical Physics in the Twentieth Century, New York 1960, S. 199ff.

188 W. Pauli, Brief vom 24. 11. 1924 an A. Landé, in: W. Pauli, Wissenschaftlicher Briefwechsel, mit Bohr, Einstein, Heisenberg u. a., Bd. 1, a. a. O., S. 180.

189 R. Kronig entwickelte im Januar 1925, ausgehend vom Pauli-Prinzip, die Vorstellung, daß das Elektron über einen Eigendrehimpuls verfügt. Diese Idee aber wurde nicht publiziert, weil Pauli und zunächst auch Bohr sie schroff ablehnten. Im Herbst 1925 formulierten dann G. E. Uhlenbeck und S. Goudsmit die Hypothese vom Elektronenspin. Nachdem L. H. Thomas die mit der Einführung der neuen Quantenzahl verbundenen theoretischen Unstimmigkeiten mittels relativistischer Korrekturen beseitigen konnte, wurde aus der Hypothese eine gesicherte Erkenntnis. Siehe dazu: R. Kronig, The Turning Point, in: M. Fierz, V. F. v. Weisskopf (Hrsg.), Theoretical Physics in the Twentieth Century, a. a. O., S. 5—89; B. L. van der Waerden, Exclusion Principle and Spin, in: Ebenda, S. 199—244; S. A. Goudsmit, It Might as Well be Spin, in: Physics Today, **29**, June 1976, S. 40—43; G. E. Uhlenbeck, Personal reminiscences, in: Ebenda, S. 43—48. Heute wissen wir, daß der Spin *kein* klassisches Analogon besitzt. Seine Entdeckung ist historisch Element des hier betrachteten Theorieentwicklungsprozesses. In systematischer Beziehung allerdings wurde mit dem Spin ein über unseren Untersuchungsgegenstand hinausweisendes Problem aufgeworfen.

190 Vgl. W. Pauli, Über den Zusammenhang des Abschlusses der Elektronengruppe im Atom mit der Komplexstruktur der Spektren, in: Zeitschrift für Physik, **31** (1925), S. 765—783.

der dynamische Kraftbegriff, sondern auch der kinematische Bewegungsbegriff der klassischen Theorie tiefgehende Modifikationen wird erfahren müssen"[191]. Er forderte, den *Bewegungsbegriff*, welcher dem Korrespondenzprinzip zugrunde liegt, genauer zu analysieren, und meinte, daß Energie- und Impulswerte stationärer Zustände etwas viel Realeres seien als „Bahnen". Programmatisch schrieb er am 12. Dezember 1924 an Bohr: „Das (noch unerreichte) Ziel muß sein, diese und alle anderen physikalisch realen, beobachtbaren Eigenschaften der stationären Zustände aus den (ganzen) Quantenzahlen und quantentheoretischen Gesetzen zu deduzieren. Wir dürfen aber nicht die Atome in die Fesseln unserer Vorurteile schlagen wollen (zu denen nach meiner Meinung auch die Annahme der Existenz von Elektronenbahnen im Sinne der gewöhnlichen Kinematik gehört), sondern wir müssen umgekehrt unsere Begriffe der Erfahrung anpassen."[192]

Die *Begriffe* den Erfahrungen anzupassen war eine Forderung, die man in Kopenhagen unvoreingenommen unterstützte. Daß man dabei das Verlangen nach Anschaulichkeit nicht als Argument zur Beibehaltung bestimmter Begriffssysteme einbringen konnte, war für Bohr kein Streitpunkt (vielleicht für Kramers). Anders hingegen sah es damals noch mit dem Vorschlag der *völligen* Aufgabe mechanischer Bahnvorstellungen im Atom und der ihr zugrunde liegenden Raumauffassung aus: „Daß Ihre eigenen schönen Zahlenharmonien nicht so ganz unabhängig von den armen klassischen Raumbegriffen sind, wie der Gebrauch von 4 Dimensionen für eine Beschreibung der Elektronenbahnen vermuten lassen könnte, dürfte vielleicht auf die Entstehung von Quantenbahnen mit denselben 4 Quantenzahlen in den ‚äußeren' und ‚inneren' Teilen der Atome hindeuten."[193]

Trotz unterschiedlicher Beurteilungen des Leistungsvermögens des Korrespondenzprinzips erkannte Bohr Paulis Arbeit zur Multiplettstruktur als einen wichtigen Schritt auf dem Wege zur neuen Theorie an. Pauli selbst hatte keinen Zweifel an der Vorläufigkeit seiner weit über Landé und Heisenberg hinausgehenden Überlegungen. Er selbst bewertete seine Theorie als „Unsinn": „Die Auffassung, von der ich ausgehe, ist ganz bestimmt ein Unsinn . . . Aber ich glaube, daß das, was ich hier mache, *kein größerer* Unsinn ist, als die bisherige Auffassung der Komplexstruktur. Mein Unsinn ist zu dem bisher üblichen Unsinn konjugiert. Eben deshalb glaube ich, daß dieser Unsinn beim jetzigen Stand des Problems notwendigerweise gemacht werden muß. Der Physiker, dem es einmal gelingen wird, diese beiden Unsinne zu addieren, der wird die Wahrheit erhalten.

Es kommt mir vor allem darauf an, wieder Leben in alle diese Fragen zu bringen."[194] Kein Zweifel — das hat Pauli auch tatsächlich erreicht. Bohr protestierte nicht gegen Paulis „Unsinn". Er sprach seinerseits vom „Wahnsinn", welcher

[191] W. Pauli, Brief vom 12. 12. 1924 an N. Bohr, in: W. Pauli, Wissenschaftlicher Briefwechsel mit Bohr, Einstein, Heisenberg u. a., Bd. 1, a. a. O., S. 188, 189.
[192] Ebenda, S. 189.
[193] N. Bohr, Brief vom 15. 12. 1924 an W. Pauli, in: Ebenda, S. 195.
[194] W. Pauli, Brief vom 12. 12. 1924 an N. Bohr, in: Ebenda, S. 188.

jenem von Heisenberg nicht nachstehe, betonte aber gleichzeitig: „Im Ganzen stehen wohl beide Arten von Wahnsinn in allzuenger Verbindung mit der Wahrheit, um sie als isolierte Punkte kritisieren zu können.“[195] Sicher nicht unbeeinflußt von derartigen Gedanken Bohrs, schrieb Heisenberg ebenfalls als Antwort auf Paulis Brief mit den weitreichenden Folgerungen für die Theorieentwicklung: „... wenn Sie selbst meinen, etwas gegen die bisherigen Arten von Schwindel geschrieben zu haben, so ist das natürlich ein Mißverständnis; denn Schwindel × Schwindel gibt nichts richtiges und daher können sich zwei Schwindel *nie* widersprechen“.[196]

Bohr, Heisenberg und Pauli wußten sich im Prinzip darin einig, daß der Durchbruch zur konsistenten Quantenmechanik nicht ohne weitere Inkonsistenzen der quasiklassischen Annäherungen an die Theorie möglich war. Keiner von ihnen hat ernsthaft daran gedacht, die Konsistenz der neuen Theorie über eine Summation inkonsistenter Annäherungen zu erhalten. Um zu einer tieferen, das Wesen inneratomarer Prozesse erfassenden Wahrheit zu gelangen, konnte es nicht nur darum gehen, „die beiden Unsinne zu addieren“. Gefordert war eine *neue* Idee, ein *neuer* Ansatz. Manche der charakteristischen Züge der gesuchten neuen Theorie waren aber bereits in den inkonsistenten quasiklassischen Theorieansätzen zu erahnen.

Nachdem Heisenberg und Pauli nur noch bedingt bzw. überhaupt nicht mehr von mechanischen Bahnvorstellungen Gebrauch machten, verdichtete sich auch Bohrs Ahnung, raumzeitliche Bilder inneratomarer Prozesse aufgeben zu müssen. Seine kritische Haltung gegenüber der bisherigen Theorie nahm weiter zu. An Heisenberg schrieb er einen Tag, nachdem Geiger ihn vom Ausgang der mit Bothe unternommenen Versuche informiert hatte: „Trotz aller Dunkelheit steht es wohl augenblicklich verhältnismäßig noch viel besser mit den Geheimnissen der Atome als mit der allgemeinen Beschreibung des raumzeitlichen Vorkommens der Quantenprozesse. Besonders durch Gespräche mit Pauli angeregt, quäle ich mich in diesen Tagen nach besten Kräften, mich in die Mystik der Natur einzuleben und versuche mich auf alle Eventualitäten vorzubereiten, ja sogar auf die Annahme

195 N. Bohr, Brief vom 15. 12. 1924 an W. Pauli, in: Ebenda, S. 195. Bohr war damals zutiefst davon überzeugt, daß es zur Lösung der anstehenden Probleme entscheidender neuer Ideen bedurfte (N. Bohr, Brief vom 5. 12. 1924 an R. H. Fowler, in: BSC 10,3). Im Brief vom 9. 12. 1924 an M. Born hieß es, daß man genötigt sei, „die übliche Fassung der Quantentheorie, wie sie für den Atombau ausgebildet ist, als einen Grenzfall einer mehr allgemeinen Theorie anzusehen, um eine sinngemäße Anknüpfung an die klassische Theorie erreichen zu können“ (BSC 9,2). Das Charakteristikum der vorhandenen Näherung wurde in der Möglichkeit gesehen, die Übergangs*zeiten* zu vernachlässigen. Auch M. Born und J. Franck erwarteten damals, „dass die Quantentheorie jetzt notwendig einen Schritt vorwärts machen muss, in der Richtung, daß die Übergangszeiten nicht mehr als unendlich kurz gegen die Lebensdauer der Zustände selbst angesehen werden können“. (M. Born, Brief vom 15. 12. 1924 an N. Bohr, in: BSC 9,2.)

196 W. Heisenberg, Brief vom 15. 12. 1924 an W. Pauli, in: W. Pauli, Wissenschaftlicher Briefwechsel mit Bohr, Einstein, Heisenberg u. a., Bd. 1, a. a. O., S. 192, 193.

einer Kopplung der Quantenprozesse in entfernten Atomen. Die Kosten dieser Annahme sind allerdings so groß, daß sie sich nicht in der gewöhnlichen, raumzeitlichen Beschreibung ermessen lassen."[197]

Geiger teilte er mit: „Ich war ganz darauf vorbereitet, daß der von uns vorgeschlagene Gesichtspunkt der Unabhängigkeit des Quantenprozesses in entfernten Atomen sich als unrichtig herausstellen sollte. Die ganze Sache war mehr der Ausdruck der Bestrebung, eine möglichst große Anwendbarkeit der klassischen Begriffe zu erzielen, als eine abgeschlossene Theorie. Nicht nur waren die Einwände von Einstein sehr beunruhigend, sondern in letzter Zeit habe ich gefühlt, daß eine Erklärung der Stoßerscheinungen, besonders der Ramsauerschen Resultate der Durchdringung langsamer Elektronen durch Atome, unsere gewöhnlichen raumzeitlichen Naturbeschreibung Schwierigkeiten . . . darbietet."[198]

In seiner im Juli 1925 veröffentlichten Arbeit über Stoßprobleme betrachtete Bohr den klassischen Fall der Ablenkung von α-Strahlen am Atomkern (Rutherford), für den die bisherige Mechanik ausreichte, und das Versagen der Elektrodynamik für die von Franck und Hertz untersuchten Elektronenstoßexperimente als zwei Grenzfälle: „. . . bei anderen Stoßerscheinungen muß man darauf vorbereitet sein, daß eine komplizierte Beschreibung nötig ist, bei der weder eine rein mechanische Beschreibung noch eine entsprechend einfache Formulierung der Quantengesetze durchführbar ist".[199] Unter dem Eindruck der experimentellen Entscheidung *für* eine Kopplung betonte er in einem Nachsatz zur Stoßarbeit, daß es in der nun zu verwerfenden Strahlungstheorie gar nicht so sehr um eine Entscheidung zwischen zwei konkurrierenden Theorien über die Lichtfortpflanzung gehe (er selbst war immer noch skeptisch gegenüber der Teilchenauffassung vom Licht geblieben, während Heisenberg eine schließlich auch von Bohr verteidigte *dualistische* Strahlungstheorie als einzigmögliche Konsequenz der Versuche von Geiger und Bothe ansah). Bohr stellte fest: „Vielmehr handelt es sich um das Problem, in welchem Umfang die raumzeitlichen Bilder, mittels deren die Beschreibung der Naturerscheinungen bis jetzt versucht worden ist, bei atomaren Prozessen anwendbar sind."[200] Dafür sah er nunmehr große Schwierigkeiten. Zugleich konstatierte er befriedigt, daß die Erhaltungssätze offensichtlich doch für den

[197] N. Bohr, Brief vom 18. 4. 1925 an W. Heisenberg, in: BSC 11,2. Gegenüber Rutherford hat Bohr damals die Alarmsignale in den theoretischen Grundlagen erwähnt. Dieser erwiderte: „Your letter sounded alarming but you cannot expect to solve the whole problem of modern physics in a few years. So be cheerful over the fact that there is still a great deal to do!" (E. Rutherford im Brief vom April 1925.)

[198] N. Bohr, Brief vom 21. 4. 1925 an H. Geiger, in: BSC 11,1; In einem „P. S." zum ebenfalls am 21. 4. 1925 geschriebenen Brief an R. H. Fowler informierte N. Bohr über den Eingang der entsprechenden Mitteilung Geigers vom Versuchsausgang. Bohrs erster Kommentar darauf lautete: „It seems therefore, that there is nothing else to do than to give our revolutionary efforts as hounourable a funeral as possible." (BSC 10,3.)

[199] N. Bohr, Über die Wirkung von Atomen bei Stößen, in: Zeitschrift für Physik, **34** (1925), S. 143.

[200] Ebenda, S. 154.

Einzelprozeß exakt gelten und somit die Bedenken gegenüber der bisherigen Deutung thermodynamischer Erscheinungen entfielen.

Zu fragen blieb, ob der durch die Quantentheorie der Strahlung von Bohr, Kramers und Slater eingeleitete, in der Dispersionstheorie von Kramers, Heisenberg ebenso wie in den Ansätzen von Born und Bohr zu Stoßprozessen fortgeführten Tendenz zur „Virtualisierung der Physik“[201] in Verbindung mit der Aufgabe bisher üblicher raumzeitlicher Vorstellungen beibehalten werden sollte oder ob man diese Tendenz gemäß der Hoffnungen von Einstein und Pauli durchbrechen konnte. Da mit einer „*Virtualisierung der Physik*“ unweigerlich die bisherige, an der klassischen Physik orientierte *Kausalitätsauffassung* zu überprüfen war, führten die entscheidenden Fragen im Ringen um eine neue Mechanik und Elektrodynamik auf jene von Riemann bereits diskutierte Problemstellung. Um die Kausalzusammenhänge auf der Ebene der Atome aufzuklären, waren die für diese Ebene der Materiestruktur charakteristischen *Raum-Zeit-Eigenschaften* zu untersuchen. Ein adäquates Bild der atomistischen Welt bedurfte möglicherweise, so wie es Born 1919 vermutet hatte, einer anderen Art von Zahlenmannigfaltigkeit als die des 4-dimensionalen Kontinuums, mit welchem die klassische Mechanik, die Maxwellsche Elektrodynamik und die Thermodynamik auskamen.

Auf der Suche nach einem adäquaten und theoretisch konsistenten Bild der atomistischen Welt waren verschiedene Möglichkeiten getestet worden, die zu revolutionären Veränderungen im Theoriengebäude der Physik hätten führen müssen. Die Überzeugung von der *Notwendigkeit revolutionärer Veränderungen* hatte sich bei Bohr, Born, Heisenberg und Pauli allmählich gefestigt. Trotzdem konnte aber nicht ausgeschlossen werden, daß man über eine evolutionäre Fortschreibung der Theorie in der Atomphysik entscheidende Fortschritte erzielt. Das Einheitliche des Theorieentwicklungsprozesses spaltend, um es in seinen widersprechenden Bestandteilen erkennen zu können, kommt es nun darauf an, der Frage nachzugehen, wie man in den frühen 20er Jahren ohne revolutionäre Neuerungen in der Quantentheorie auszukommen gedachte.

3.3. Lösung des „Quantenrätsels“ ohne revolutionäre Neuerung?

So wie Einstein 1909 betont hatte, „daß das Elementarquantum *e* ein Fremdling ist in der Maxwell-Lorentzschen Elektrodynamik“,[202] mußte man zu Beginn der 20er Jahre das Elementarquantum *h* nach wie vor noch als einen Fremdling in den quantentheoretischen Berechnungen ansehen. Zwar war nun gesichert, daß es

[201] Ein Ausdruck W. Paulis, den W. Heisenberg im Brief vom 8. 1. 1925 an N. Bohr benutzte, in: BSC 11,2.

[202] A. Einstein, Zum gegenwärtigen Stand des Strahlungsproblems, in: Physikalische Zeitschrift, **10** (1909), S. 192.

„diskrete, quantenmäßig ausgezeichnete Zustände mechanischer und elektrischer Systeme gibt, die sich aus der stetigen Mannigfaltigkeit der ‚klassisch' möglichen Zustände herausheben",[203] niemand vermochte aber zu sagen, wo deren tiefere Ursachen verborgen lagen.

In Übereinstimmung mit der Erfahrung führte man die Diskretheit der Zustände in die Theorie über Postulate ein, welche mit der gleichzeitig weiter benutzten klassischen Mechanik und Elektrodynamik nicht verträglich waren. Zwar hatte man es gelernt, in den entsprechenden inkonsistenten theoretischen Konstruktionen logische Widersprüche zu vermeiden, wußte aber nach wie vor nicht, wie die Problemantinomie von Kontinuität und Diskontinuität aufzulösen war. F. Reiche sprach davon, daß der dieses Dunkel erhellende Gedankenblitz fehle.[204]

Einstein hatte 1909 gehofft, die Elektrodynamik so zu modifizieren, daß sie die Existenz der elektrischen Elementarladung, des „Elementarquantums" *e* erklärt. Er erwartete, Diskontinuität auf Kontinuität zurückzuführen. Der in der Elektrodynamik auftauchende Widerspruch zwischen Kontinuität und Diskontinuität sollte also nach Einstein beseitigt werden, indem man die Antithese zur bisherigen These von der durchgängigen Kontinuität eliminierte. Ein Problem (fehlerhafte Anwendung der logischen Schlußregeln lagen nicht vor) wäre damit gelöst worden, ohne daß es zur Synthese von These und Antithese gekommen wäre. Die Möglichkeit einer solchen Lösung schien naheliegend, wenn man an die Vielzahl der in der mathematischen Physik untersuchten Eigenwertaufgaben mit diskreten Spektren dachte (z. B. bei der Schwingung einer befestigten Saite).

Über die Sommerfeldsche Feinstrukturkonstante (dimensionslose Größe) waren seit 1915 *e*, *c* und *h* in Beziehung gesetzt. Einstein hatte schon 1909 vermutet, „daß die gleiche Modifikation der Theorie, welche das Elementarquantum *e* als Konsequenz enthält, auch die Quantenstruktur der Strahlung als Konsequenz enthalten wird"[205].

Nachdem mit der allgemeinen Relativitätstheorie eine Neufassung der Gravitationstheorie vorlag, hoffte man, über eine Vereinigung des Gravitationsfeldes und des elektromagnetischen Feldes zu einer einheitlichen Feldtheorie zu gelangen. Einstein, Weyl, Eddington u. a. waren davon überzeugt, schließlich die Physik in Feldphysik auflösen zu können. Damit wollten sie der Forderung nach Kontinuität maximal genügen und die Dualität von Feld und Teilchen (Maxwellsche Elektrodynamik und Newtonsche Mechanik) der klassischen Physik überwinden. In diesem Programm mußten — unabhängig von seiner konkreten Durchführung — *e* und *h* als Konsequenzen *kontinuierlicher* Feldgleichungen erscheinen.

Trotz vielfältiger Bemühungen in dieser Richtung gab es zu Beginn der 20er Jahre keinerlei Erfolge. So schrieb beispielsweise A. Einstein am 3. 3. 1920 an

[203] F. Reiche, Die Quantentheorie. Ihr Ursprung und ihre Entwicklung, Berlin 1921, S. 149.
[204] Vgl. ebenda, S. 150.
[205] A. Einstein, Zum gegenwärtigen Stand des Strahlungsproblems, in: Physikalische Zeitschrift, **10** (1909), S. 192.

M. Born: „Ich brüte in meiner freien Zeit immer über das Quantenproblem vom Standpunkt der Relativität. Ich glaube nicht, daß die Theorie das Kontinuum wird entbehren können. Es will mir aber nicht gelingen, meiner Lieblingsidee, die Quantenstruktur aus einer Überbestimmung durch Differentialgleichungen zu verstehen, greifbare Gestalt zu geben."[206] Obwohl er diesen Gedanken weiter verfolgte, gab es auch in den nächsten Jahren nur Mißerfolge. Am 29. 4. 1924 hieß es: „Meine Versuche, den Quanten greifbare Gestalt zu geben, sind allerdings immer wieder gescheitert, aber die Hoffnung gebe ich noch lange nicht auf."[207]

M. Born, der anfänglich die Lösung des Quantenrätsels in erster Linie von Einstein erwartete, setzte seine Hoffnungen mit dem Fortschreiten der eigenen

[206] A. Einstein, Brief vom 3. 3. 1920 an M. Born, in: A. Einstein, H. u. M. Born, Briefwechsel 1916—1955, a. a. O., S. 36, 37. Am 27. 1. 1920 hatte er geschrieben: „Daran, daß man die Quanten lösen müsse durch Aufgeben des Kontinuums, glaube ich nicht. Analog hätte man denken können, die allgemeine Relativität durch Aufgeben des Koordinatensystems zu erzwingen. Prinzipiell könnte ja das Kontinuum aufgegeben werden. Wie soll man aber die relative Bewegung von *n* Punkten irgendwie beschreiben ohne Kontinuum? Paulis Einwand (siehe dazu Fußnote 154 — U. R.) geht nicht nur gegen Weyl, sondern gegen jede andere Kontinuumstheorie, auch gegen eine solche, die das Elektron als Singularität behandelt. Ich glaube nach wie vor, man muß eine solche Überbestimmung durch Differentialgleichungen suchen, daß die *Lösungen* nicht mehr Kontinuumscharakter haben. Aber wie?" (Ebenda, S. 32.) Pauli, der diesem Programm nicht folgte, hat seinen Einwand gegen Weyl in der Tat als einen generellen Einwand gegen jede andere Kontinuumstheorie aufgefaßt. In einem Brief vom 20. 9. 1923 an A. S. Eddington hieß es dazu: „Ich glaube nun überhaupt nicht, daß dieses Problem der elektrischen Elementarteilchen von irgendeiner Theorie gelöst werden kann, die den Begriff der kontinuierlich variierenden Feldstärken, die gewissen Differentialgleichungen genügen, auf die Gebiete im Inneren der Elementarteilchen anwendet. Die Gründe habe ich am Schluß meines Enzyklopädiereferates (Relativitätstheorie — U. R.) zusammengestellt und halte sie auch jetzt noch für überzeugend." (W. Pauli, Wissenschaftlicher Briefwechsel mit Bohr, Einstein, Heisenberg u. a., Bd. 1, a. a. O., S. 115.)
Er erläuterte in diesem Brief, daß die Quantentheorie nicht nur eine Modifikation der Lichttheorie verlangt, wie sie Einstein vorgenommen hatte, sondern eine neue Bestimmung für den Begriff des elektromagnetischen Feldes für nichtstatische Vorgänge fordert. Es hieß dort: „Die berühmten Widersprüche zwischen Interferenzfähigkeit des in den verschiedenen Richtungen emittierten Lichtes und dessen Eigenschaft, zum Beispiel beim lichtelektrischen Effekt stets in Energiequanten $h\nu$ disponibel zu bleiben (Einsteins ‚Lichtquanten'), die kommen nur daher, daß wir zwar die *Gesetze* der klassischen Theorie aufgeben, aber doch noch immer mit den *Begriffen* dieser Theorie operieren." (Ebenda, S. 116.) Bei der Modifikation des Feldbegriffes sollte es sich nicht um ein Zurückgehen auf Vor-Maxwellsche Positionen handeln: „Statt diskontinuierliche Funktionen einzuführen, wird man vielleicht zweckmäßig dieselben willkürlich zu kontinuierlichen Funktionen ergänzen, und so wie die Gesetze der Relativitätstheorie gegenüber Koordinatentransformation invariant sind, so werden die Gesetze der zukünftigen Quantenphysik vielleicht auch gegenüber Abänderungen der Feldfunktionen selbst invariant sein, sofern diese nur gewisse Abzählungsergebnisse unverändert lassen.
Zusammenfassend möchte ich also sagen: Wir wissen heute noch nicht, was wir an den rasch veränderlichen elektromagnetischen Vorgängen prinzipiell beobachten können und was nicht. Sobald wir dies wissen werden, wird das Quantenrätsel gelöst sein." (Ebenda, S. 117.)

[207] A. Einstein, Brief vom 29. 4. 1924 an M. Born, in: A. Einstein, H. u. M. Born, Briefwechsel 1916—1955, a. a. O., S. 89. Einer dieser gescheiterten Versuche war der in den Fußnoten 110 und 172 erwähnte Akademie-Vortrag Einsteins von 1923.

Arbeiten immer mehr auf Bohr. An Einstein berichtete auch er verschiedentlich über vergebliche Bemühungen, in den Prinzipienfragen weiterzukommen. Dabei vermerkte er, daß mit den Erfolgen des Bohr-Sommerfeldschen Atommodells im Detail das System in seiner Gesamtheit „um so verrückter erscheint".[208] Resignierend hieß es 1923: „An die großen Quantenrätsel komme ich trotz aller Mühe nicht heran."[209] Born bemerkte in jenen Jahren sehr wohl, daß Einstein die Lösung des Quantenrätsels in einer völlig anderen Richtung suchte als Bohr und er selbst. Trotzdem sah er keine Veranlassung zu methodischer Kritik. Mit Bescheidenheit vermerkte er am 15. 7. 1925, er sei sich bewußt, daß das, was er mache, verglichen mit Einsteins oder Bohrs Gedanken „recht alltägliches Zeug ist".[210]

Einstein schätzte Bohrs Arbeiten sehr[211], konnte sich aber nicht mit einem Theorieansatz bescheiden, der in seinen Grundlagen inkonsistent war. Ihm ging es immer wieder um das Verständnis des Quantenpostulats. Er konnte weder, Sommerfeld folgend, die Grundfragen einfach verdrängen, noch nahm er es wie Bohr auf sich, theoretische Inkonsistenzen im Rahmen eines vorläufigen Modells „auszuhalten". Daß er bei seinen Bemühungen um das „Quantenrätsel" in den 20er Jahren die Lösung mehr in einer kontinuierlichen Entwicklung der Theorie suchte, während Bohr eher Diskontinuitäten in diesem Prozeß erwartete, muß man mit Bohrs Bemerkungen zum Unterschied zwischen ihm und Sommerfeld ebenfalls als „eine Frage des Gefühls" ansehen.

So wie Einstein setzte auch Planck zu Beginn der 20er Jahre immer noch auf Kontinuität. Seine Bemühungen, die von ihm formulierte Quantenhypothese widerspruchsfrei in die klassische Physik zu integrieren, waren gescheitert. Mit Bewunderung und Erstaunen registrierte er, wie radikal die Quantentheorie in vielen Gebieten der Physik bisherige Vorstellungen verändert hatte. 1923 — zehn Jahre nach Einführung des Bohrschen Atommodells — war für Planck nicht mehr daran zu zweifeln, daß die von Bohr und Sommerfeld entwickelte Theorie richtig sei. Man könne sich zwar wundern, daß ein „derartiger Frontalangriff auf die so sicher fundierte, so sorgfältig abgerundete und vielseitig erprobte klassische Theorie" erfolgreich sein konnte, müsse diesen Erfolg aber zugeben.[212]

Während man in Kopenhagen und Göttingen darüber nachdachte, wie man zu einer konsistenten Quantentheorie kommen konnte, die sich zwangsläufig noch weiter von der klassischen Physik entfernen mußte, warnte Planck. Für ihn ging es nicht an, „daß man nun einfach alles Bisherige fortwirft und mit fliegenden

[208] M. Born, Brief vom 6. 8. 1922 an A. Einstein, in: A. Einstein, H. u. M. Born, Briefwechsel 1916—1955, a. a. O., S. 80.

[209] M. Born, Brief vom 7. 4. 1923 an A. Einstein, in: Ebenda, S. 82.

[210] M. Born, Brief vom 15. 7. 1925 an A. Einstein, in: Ebenda, S. 90.

[211] In einem undatierten Brief schrieb A. Einstein 1922 an M. Born: „Bohrs Arbeiten flößen mir Hochachtung ein durch den sicheren Instinkt, der sie leitet." (Ebenda, S. 78.)

[212] M. Planck, Die Bohrsche Atomtheorie, in: Die Naturwissenschaften, **11** (1923), S. 535.

Fahnen in das Lager des neuen Propheten übergeht"[213]. Dem gewissenhaften Theoretiker stellte er „die ebenso dringende wie schwierige Aufgabe, aus dem System der klassischen Theorie diejenigen Bestandteile abzutrennen und auszumerzen, welche für die neue Theorie unbrauchbar und unannehmbar sind, die übrigen Bestandteile aber mit den neu hinzuzunehmenden Hypothesen zu vereinigen und diese Gemeinschaft in ihren weiteren Konsequenzen auszubilden"[214]. In diesen Zusammenhang wurde davon gesprochen, daß die klassische Theorie keineswegs, wie man früher immer geglaubt habe, aus „einem einzigen Guß" gebildet sei. Sie verfüge vielmehr über eine erstaunlich große Zahl logisch voneinander unabhängiger Axiome. Die antimechanistische Kritik am physikalischen Forschungsprogramm des mechanischen Materialismus führte bei Planck nicht zur Aufgabe, sondern zu Modifikationsversuchen dieses Programms.

Planck ging ähnlich wie Sommerfeld davon aus, daß man im Prinzip bereits über die adäquate Quantentheorie verfüge und deren zweifelsohne noch vorhandenen Inkonsistenzen über Modifikationen der klassischen Theorie abbauen müsse. Man brauchte nach seiner Überzeugung also keine neue Theorie, sondern mußte nur die schwerwiegenden Unstimmigkeiten im Rahmen der vorhandenen beseitigen.

Dieser Gedanke wurde von E. Rutherford unterstützt, der wenig später gegen die Vorstellung polemisierte, „daß die Wissenschaft durch die Zerstörung älterer wohlbegründeter Theorien fortschreitet"[215]. Diese Vorstellung nannte er einen „viel zu weit verbreiteten Irrtum"[216]. Damit hatte er insofern nicht unrecht, als in Erwartung einer prinzipiellen Neuerung in der Quantentheorie in metaphysischer Vereinfachung immer wieder der Eindruck entstehen konnte, als habe das Neue nichts mit dem Alten zu tun. Nicht alle Physiker, die davon überzeugt waren, daß es in der Quantentheorie revolutionärer Neuerungen bedürfe, waren in ihren Äußerungen so vorsichtig wie Bohr. Um *den* prinzipiell neuen Ansatz zu finden, mußte man originelle Ideen auf ihre Tragweite prüfen. Daß man dabei nicht immer den korrespondenzmäßigen Anschluß des neuen Theorieansatzes mit der alten bewährten Theorie im Auge hatte, kann nicht verwundern. Eine Reihe radikaler Ansätze waren für Rutherford Anlaß zur Mahnung, methodisch vorsichtiger vorzugehen.

Planck und Rutherford unternahmen selbst wenig, gemäß ihrer Vorstellung Axiome der klassischen Theorie zu modifizieren. Sommerfeld widmete sich der Perfektionierung der mathematischen Methoden innerhalb der quasiklassischen Quantentheorie und versuchte, über das Konzept der Quantenzahlen phänomenologisch weiterzukommen. Obgleich sich Einstein nicht vorrangig mit dem „Quan-

213 Ebenda.
214 Ebenda.
215 E. Rutherford, Die elektrische Struktur der Materie, in: Die Naturwissenschaften, **12** (1924), S. 14.
216 Ebenda.

tenrätsel“ beschäftigte, verbanden sich die Hoffnungen jener Theoretiker, die meinten, in der Quantentheorie ohne revolutionäre Neuerung auszukommen, mit seinem Programm. Somit gab es bis 1925 in den Erwartungshaltungen der Physiker zur Weiterentwicklung der Quantentheorie eine Polarisierung: *Einstein* oder *Bohr*?

Während Einstein die *Lichtquantenhypothese* verteidigte, hegte Bohr ernsthafte Bedenken. Während Einstein an der Beschreibung physikalischer Erscheinungen im *4-dimensionalen Raum-Zeit-Kontinuum mittels Differentialgleichungen* und am *Kausalprinzip* festhalten wollte, meinte Bohr, in der Quantentheorie eine völlig andere Beschreibungsform zu benötigen. Während für Einstein *Diskontinuitäten* sich auf dem Hintergrund vorausgesetzter *Kontinuität* ergaben, ging Bohr davon aus, daß die *diskreten Zustände* in der Quantentheorie auf prinzipielle *Diskontinuität* hinweisen.

Analysiert man die physikalischen Arbeiten und die wissenschaftlichen Kontakte in den frühen 20er Jahren, springt die Vielfalt der Beziehungen der Physiker in Kopenhagen und Göttingen sofort ins Auge. Es ist aber eine unzulässige Vereinfachung, Bohr, Born, Pauli und Heisenberg der „scientific community“ zuzurechnen und alle Physiker, die in den Grundlagenfragen der Quantentheorie wie Einstein dachten, außerhalb anzusiedeln.[217]

Einsteins Vorstellung stand nicht außerhalb der rationalen Diskussionen um die Grundlagen einer zukünftigen konsistenten Atomtheorie, sondern innerhalb. Die Polarisierung Einstein oder Bohr bedeutete keine kommunikationslose Trennung beider Auffassungen. Außerdem gab es Übergänge. Während Schrödinger insgesamt der Einsteinschen Position zuneigte, scheute er sich nicht, die damit unverträgliche Aufgabe des Energie- und Impulserhaltungssatzes euphorisch zu begrüßen. Während Pauli der Bohrschen Position verpflichtet war, hatte er damals noch ähnlich motivierte Bedenken wie Einstein und Schrödinger gegen eine „Virtualisierung der Physik“.

Die um die Vertiefung der theoretischen Grundlagen der Atomphysik bemühte „scientific community“ stellte zu Beginn der 20er Jahre einen vielfach gegliederten Organismus miteinander konkurrierender und trotz unterschiedlicher Forschungsprogramme teilweise miteinander kooperierender Schulen dar, in dem die Intensität der Kommunikation zwischen den einzelnen Gliedern sehr unterschiedlich war. Wenn wir heute konstatieren müssen, daß der Anteil einzelner Schulen an der unmittelbaren Herausbildung der Quantenmechanik im Zeitraum von 1925—1927 ungleich war, so darf das nicht zu ahistorischen Konstruktionen wie der einer „scientific community“ ohne Einstein führen.

Einstein, der bekanntlich nicht schulenbildend gewirkt hat,[218] förderte die Entwicklung der Quantentheorie vor allem durch seine Beiträge zur Strahlungs-

[217] Vgl. A. Hermann, Die Funktion und Bedeutung von Briefen, in: W. Pauli, Wissenschaftlicher Briefwechsel mit Bohr, Einstein, Heisenberg u. a., Bd. 1, a. a. O., S. XXXIX.

[218] Dies war ein generelles Problem der Berliner Physik in den 20er Jahren (vgl. dazu: H.-J. Treder, Zur Geschichte der Physik an der Berliner Akademie von 1870—1930, in: Physiker über Physiker, Bd. 1, Berlin 1975, S. 11—48; R. Rompe/H.-J. Treder, Die große Zeit der Physik in

theorie und zur Quantenstatistik. An Sommerfeld bewunderte er nicht zuletzt dessen Talent als Lehrer. Eine so große Zahl junger Talente — unter ihnen Pauli und Heisenberg — aus dem Boden zu stampfen, das war für ihn „etwas ganz Einzigartiges".[219]

Sommerfeld selbst beschäftigte sich kaum mit den Grundlagen der Quantentheorie. Was er über Heisenbergs modellmäßige Deutung des anomalen Zeeman-Effektes schrieb, hat über diesen Fall hinaus Gültigkeit. „Alles klappt, bleibt aber doch im tiefsten Grunde unklar",[220] lautet jener Satz, der so treffend die Art und Weise charakterisiert, wie man in München unter Sommerfelds Leitung die Theorie der Atome entwickelte.

1924 schrieb Sommerfeld: „Die *ganze Zahl* (Quantenzahl), welche die diskontinuierliche Reihe der Atomzustände ordnet, wird zur Beherrscherin der Physik und der physikalischen Gesetze."[221] Für ihn war die Quantentheorie zwar noch nicht reif, deduktiv dargestellt zu werden. Es schien aber sicher, „daß wir von der Gesamtheit der Zustandsmöglichkeiten auszugehen haben, die durch den sog. Phasenraum dargestellt werden"[222]. Wie vorher bereits Bohr, warnte jetzt auch Sommerfeld davor, die bisherigen quasiklassischen Modelle allzu ernst zu nehmen. Im Unterschied zu Bohr aber war er nach wie vor unerschütterlich in seinem Glauben an die bisherige Quantentheorie: „Die Schwierigkeiten, die heutzutage immer deutlicher in der Atomphysik hervortreten, scheinen mir weniger in einer übertriebenen Anwendung der Quantentheorie als vielmehr in einem vielleicht übertriebenen Glauben an die Realität der Modellvorstellungen zu liegen."[223]

Den entscheidenden Unterschied zwischen der Kopenhagener und der Münchener Schule der Quantentheoretiker sah Sommerfeld im Verständnis und der Handhabung des *Korrespondenzprinzips*. Er anerkannte, daß dieses Prinzip zum

Berlin, in: Physiker über Physiker, Bd. 2, Berlin 1979, S. 9—25; H.-J. Treder, Albert Einstein in Berlin 1913—1933, Teil I, a. a. O., S. 7—78).
E. Schrödinger, der 1927 nach Berlin gekommen war, schrieb am 25. 9. 1930 an N. Bohr: „Ich möchte . . . ganz ausdrücklich sagen, daß *Berlin* nicht das ist, was ich ‚den richtigen Ort und die richtige Anregung' nennen möchte — leider". Und er begründete das mit einer Einschätzung der führenden Berliner Physiker, in der er Einstein nicht einmal erwähnte: „Planck hatte, wie Sie wissen, gar kein Talent, ‚Schule zu bilden', Laue hat wenig, und ich selbst habe ungefähr so wenig wie Planck. Außerdem ist der ganze Betrieb zu groß, man hat mit zu Vielen und mit zu Vielem zu tun, kann dem Einzelnen zu wenig Zeit widmen." Am 25. 4. 1931 hieß es wiederum in einem Brief an N. Bohr: „Wir in Berlin sind zu sehr Eigenbrötler, gehen ein jeder unseren privaten Gedanken nach, regen junge Leute wenig an, üben auch zu wenig Kritik an ihnen." (Beide Briefe in BSC 25,3.)

219 A. Einstein, Brief vom 14.(?) 1. 1922 an A. Sommerfeld, in: A. Hermann (Hrsg.), A. Einstein, A. Sommerfeld, Briefwechsel. Sechzig Briefe aus dem goldenen Zeitalter der Physik, a. a. O., S. 98.

220 A. Sommerfeld, Brief vom 11. 1. 1925 an A. Einstein, in: Ebenda, S. 97.

221 A. Sommerfeld, Grundlagen der Quantentheorie und des Bohrschen Atommodells, in: Die Naturwissenschaften, **12** (1924), S. 1047.

222 Ebenda, S. 1048.

223 Ebenda, S. 1049.

Leitfaden aller Entdeckungen Bohrs und seiner Schüler geworden sei, lehnte es aber schließlich als unbefriedigend ab. Sein Grund dafür war die mit diesem Prinzip vollzogene „Mischung quantentheoretischer und klassischer Gesichtspunkte“[224]. Während Bohr über den von diesem Prinzip vermittelten Anschluß der Quantentheorie an die klassische Strahlungstheorie zur *konsistenten Quantenmechanik* kommen wollte, meinte Sommerfeld, dieses Prinzip müsse sich als eine besonders wichtige Folge der zukünftigen, *vervollständigten*, aber eben nicht prinzipiell veränderten *Quantentheorie* ergeben.

Die Polarisierung zwischen Kopenhagen und München konnte an Göttingen nicht spurlos vorübergehen. M. Born stellte nach Sommerfelds Reaktion auf seine „Vorlesungen über Atommechanik. Band I“ fest: „So sitze ich jammervoll zwischen München und Kopenhagen und muß sehen, wie ich weiterleben kann. Im ganzen zieht mein philosophisch angekränkelter Kopf mich nach Norden.“[225]

Spätestens 1925 mußte man Partei ergreifen, wenn man sich mit der Atomtheorie beschäftigte. Wer aber hätte damals mit Gewißheit zu sagen vermocht, ob es in der Quantentheorie revolutionärer Neuerungen bedürfe oder solche Neuerungen nicht erforderlich waren? Für *Bohr* war die quasiklassische Quantentheorie eine rationale Verallgemeinerung der klassischen Physik und eine notwendige Zwischenstufe auf dem Wege zu einer prinzipiell neuen Theorie. *Sommerfeld* betonte, daß die Quantentheorie den Gültigkeitsbereich der klassischen Theorie einschränke. Er erwartete weitere Präzisierungen der vorhandenen Theorie, aber keine prinzipiell neue Theorie.

Während eine prinzipiell neue physikalische Theorie kaum ohne Veränderungen der *philosophisch-weltanschaulichen Positionen* der Physiker abgehen konnte, ergab sich für Physiker, die in den quantentheoretischen Postulaten lediglich Restriktionen für die Theorien der klassischen Physik sahen, kaum die Notwendigkeit, bisherige philosophische Positionen kritisch zu überdenken. Einstein, Planck, Rutherford, Sommerfeld u. a. haben daher spontan-materialistische Auffassungen in ihren Reflexionen über die methodologischen Voraussetzungen der Physik (oftmals als „Realismus“ bezeichnet) betont und die Notwendigkeit hervorgehoben, am Kausalitätsprinzip und an den relativistischen Eigenschaften der Raum-Zeit festzuhalten. Bohr, Born, Heisenberg, Pauli u. a. begannen zu spüren, daß die bisherigen mechanisch-materialistischen Positionen, das Kausalitäts- und das Raum-Zeit-Konzept, für die Atomphysik wahrscheinlich zu eng werden.

Im Ringen um eine neue Theorie sowie deren weltanschauliche, erkenntnistheoretische und methodologische Grundlage kam es physikalisch und philosophisch zur logischen Negation bis dahin weitverbreiteter Auffassungen. Bis zur Jahresmitte des Jahres 1925 gab es aber an keiner Stelle einen solchen Fall, daß die Antithese zu einer entsprechenden, bislang akzeptierten These beanspruchen konnte, wahr zu sein. Das änderte sich erst mit den sich zwischen 1925—1927

224 Ebenda, S. 1048.
225 M. Born, Brief vom 24. 4. 1925 an N. Bohr, in: BSC 9,2.

vollziehenden Erkenntnisprozessen. Einen Vorgeschmack darauf konnte man in jenen Entwicklungen bekommen, die zeigten, daß Licht sowohl Wellen- als auch Teilchencharakter besitzt. Der generelle Welle-Teilchen-Dualismus, wie er erstmalig von de Broglie ausgesprochen wurde, blieb jedoch zunächst noch eine von mehreren originellen Spekulationen, welche sich in physikalischen Theorien erst bewähren mußten oder andernfalls schließlich zu verwerfen waren (Abb. 7).

3.4. Revolutionäre Neuerungen

Im Gegensatz zu den Erwartungen von Einstein, Planck, Rutherford und im Unterschied zum Forschungsprogramm von Sommerfeld verdichtete sich 1925 in Kopenhagen und Göttingen die Überzeugung von der Notwendigkeit revolutionärer Neuerungen in den Grundlagen der Atomphysik immer stärker. Während Theoretiker, die meinten, in der Quantentheorie ohne revolutionäre Neuerungen auszukommen, die Unabhängigkeit der grundlegenden Axiome der klassischen Physik hervorhoben, betonten ihre wissenschaftlichen Opponenten gerade die relative Geschlossenheit der klassischen Physik. Im Lager Einsteins suchte man nach jener Stelle im Theoriengebäude der Physik, an der man eine Lösung der grundlegenden Problemantinomie von Kontinuität und Diskontinuität erzielen konnte, welche das übrige Gebäude mehr oder weniger unangetastet lassen sollte. Im Lager Bohrs suchte man den Zugang zu einer prinzipiell neuen Quantentheorie, welche das bisherige Theoriengebäude der Physik nicht unverändert lassen konnte.

Der Durchbruch gelang W. Heisenberg im Frühsommer 1925. Von Born, Jordan und Heisenberg wurde in Göttingen in wenigen Wochen die *Matrizenmechanik* geschaffen. Wesentliche Beiträge zu einer neuartigen und besonders eleganten Darstellung dieser Theorie kamen von Dirac aus England, wo man damals im allgemeinen keine Revolution im physikalischen Denken erwartete.[226]

Bereits 1926 gelang E. Schrödinger mit der *Wellenmechanik* ein völlig anderer Zugang zur konsistenten nichtrelativistischen Quantenmechanik. Nachdem durch Pauli und Schrödinger die mathematische Äquivalenz der Matrizen- und der Wellenmechanik nachgewiesen werden konnte, traten die Probleme des Verständnisses und der Anwendung der neuen Theorie in den Mittelpunkt des Interesses.

M. Born hat eine bis heute gültige physikalische Interpretation der in der Quantenmechanik auftauchenden mathematischen Ausdrücke gegeben. W. Heisenberg hat 1927 mit den *Unbestimmtheitsrelationen* eine Konsequenz der Theorie gezogen, die ebenso wie das von Bohr zur gleichen Zeit formulierte *Komplementaritätsprinzip* Anlaß zu prinzipiellen erkenntnistheoretischen und methodologischen Eröterungen gab. Diese nun im einzelnen näher zu untersuchenden Schritte

[226] Vgl. Interview mit P. A. M. Dirac vom 1. 4. 1962, in: AHQP.

Problem	Kontinuität	Diskontinuität
KM	Einstein (1905)	
↓		Bohr (1913)
	Sommerfeld (1915)	
	Born (1922)	
	Heisenberg (1922)	
	de Broglie (1923)	
„Atommechanik“		Born (1924)
„Quantenmechanik“		Heisenberg (1925)
		Pauli (1925)
	Schrödinger (1926)	
mechanische Bahnen	Bohr (1913)	
	Sommerfeld (1915)	
		Pauli (1921/22)
		Heisenberg (1925)
	Born (1925/26)	Bohr (1925)
		Heisenberg (1927)
Strahlungstheorie		Einstein (1905/6)
		Sommerfeld
		Bohr (1913)
	Bohr, Kramers, Slater (1924/25)	
		Bohr (1927)
{Raum-Zeit} mikrophys.	Einstein (1905/6)	
↓		Born (1919)
		Darwin (1919)
		Pauli (1919)
	de Broglie (1923)	
		Bohr (1925)
{Raum-Zeit} makrophys.	Schrödinger (1926)	Heisenberg (1925)
{Kausalität} mikrophys.	Einstein (1917)	
↓		Darwin (1919)
	Pauli (1925)	Bohr (1925)
{Kausalität} makrophys.		Born (1926)
		Heisenberg (1927)
		Pauli (1927)
E = const.	Einstein (1905/6)	
		Darwin (1919)
		Bohr, Kramers, Slater (1924/25)
	Bohr (1925)	Schrödinger (1925)

Abb. 7. Kontinuität oder Diskontinuität in der Theorieentwicklung

der physikalischen Forschung sind *nicht* mehr als Veränderungen im Rahmen der mit dem Bohrschen Atommodell gesetzten *Ausgangsqualität* der physikalischen Theorie zu verstehen. Sie markieren vielmehr *qualitative Sprünge* (Diskontinuitäten) im Theorieentwicklungsprozeß, der schließlich zur *Lösung der Problemantinomie der Mechanik* für den nichtrelativistischen Fall geführt hat.

3.4.1. Matrizenmechanik

Mit der bei Sommerfeld, Bohr und Born zunehmenden Vorsicht gegenüber den im Sinne der klassischen Physik anschaulichen Modellvorstellungen für Atome gewann die Frage an Bedeutung, was eigentlich an diesen Vorstellungen falsch sein könne. Um diese Frage beantworten zu können, griff Heisenberg auf das *Beobachtbarkeitsprinzip* zurück.

Die Bahnen der Elektronen, welche bei Bohr und später vor allem bei Sommerfeld eine so herausragende Rolle spielten, wurden in keinem Experiment beobachtet. Vieles deutete darauf hin, daß sie dem Versuch geschuldet waren, inneratomare Prozesse mechanisch berechenbar und klassisch anschaulich zu machen. Wenn man nun aber — wie es 1925 die feste Überzeugung von Born, Pauli, Heisenberg und Bohr war — die Mechanik ändern und auf bisherige Anschaulichkeitsvorstellungen weitestgehend verzichten mußte, warum sollte man dann an der Vorstellung von Bahnen, am Bahnbegriff festhalten? Wäre es nicht vielmehr zweckmäßig, allein beobachtbare Folgen atomarer Prozesse der neuzuschaffenden Mechanik zugrunde zu legen? Unzweifelhaft meßbar sind die Differenzen der einzelnen Schwingungsfrequenzen und die Intensität der Linien atomarer Spektren. Daraus ergab sich die Frage, ob diese Größen nicht genügen, um eine neue, in sich konsistente Theorie zu begründen. Heisenbergs Versuch, das Wasserstoffatom zu berechnen, scheiterte an der Kompliziertheit des entsprechenden mathematischen Problems. Er wandte sich deshalb von realen Atomen ab und versuchte, die Grundlagen der neuen Theorie für mathematisch einfachere Modelle (harmonischer und anharmonischer Oszillator) zu entwerfen.[227]

Sein Programm bestand darin, „eine der klassischen Mechanik analoge quantentheoretische Mechanik auszubilden, in welcher nur Beziehungen zwischen be-

[227] Ausführliche Berichte über diese Arbeiten liegen vor in: W. Heisenberg, Der Teil und das Ganze, a. a. O., S. 85ff.; AHQP, Interviews mit W. Heisenberg vom 15. 2., 19. 2., 22. 2. und 25. 2. 1963; N. Bohr, Die Entstehung der Quantenmechanik (1961), in: N. Bohr, Atomphysik und menschliche Erkenntnis, Bd. 2, a. a. O., S. 75—79; N. Bohr, Collected Works, Bd. 5 (in Vorbereitung); D. C. Cassidy, Werner Heisenberg and the Crisis in Quantum Theory 1920—1925, Purdue University (Phil. Diss.) 1976; M. Born, Mein Leben, a. a. O., S. 297ff.; B. L. van der Waerden, Introduction zu: Sources for History of Quantum Physics, a. a. O., S. 25—37.

obachtbaren Größen vorkommen"[228]. Ausgehend von den Bohrschen Frequenzbedingungen und der Kramerschen Dispersionstheorie, schlug er eine quantentheoretische Umdeutung der klassischen Größen vor, die sich als tragfähige Grundlage der Quantenmechanik erweisen sollte. Der damals 23jährige W. Heisenberg errichtete mit einer sinnreichen Darstellung kinematischer und dynamischer Größen durch *nicht-vertauschbare Symbole* die Grundpfeiler der Matrizenmechanik.

Seine methodische Forderung, welche den Göttinger Physikern damals ebenso selbstverständlich erschien wie W. Pauli,[229] war wesentlich bescheidener als das an Machs Empirismus orientierte Programm des Neopositivismus, über das Verifikationsprinzip eine sichere Basis für die Entwicklung wissenschaftlicher Theorien und die Feststellung der Wahrheit ihrer Aussagen zu bekommen.[230] Heisenberg meinte, dem Verfahren Einsteins zu folgen, welches zur Aufstellung der Relativitätstheorie geführt hatte. Um so verblüffter mußte er sein, als er einige Monate später ausgerechnet von Einstein selbst hören sollte, daß man in eine physikalische Theorie doch wohl nicht nur beobachtbare Größen aufnehmen könne.[231]

Einstein betonte, daß es heuristisch von Wert sein mag, sich daran zu erinnern, was man tatsächlich beobachtet. Es sei aber völlig falsch, eine Theorie nur auf beobachtbare Größen gründen zu wollen. „Erst die Theorie entscheidet darüber, was man beobachten kann", soll er Heisenberg erklärt haben.[232]

Im Gespräch, das sich an Heisenbergs ersten Berliner Vortrag am 28. 4. 1926 über die neue Quantenmechanik anschloß, führte Einstein damals aus, daß man

[228] W. Heisenberg, Über quantentheoretische Umdeutung kinematischer und mechanischer Beziehungen (1925), in: G. Ludwig, Wellenmechanik. Einführung und Originaltexte, a. a. O., S. 195. E. MacKinnon hat Heisenbergs Hinweis auf das Beobachtbarkeitsprinzip als Legitimation seiner auf anderem Wege erzielten Erkenntnisse gewertet (E. MacKinnon, Heisenberg Models, and the Rise of Matrix Mechanics, in: Historical Studies in the Physical Sciences, Bd. 8, Philadelphia 1977, S. 138, 163, 185). D. Serwer schreibt diesen methodologischen Ausgangspunkt der Heisenbergschen Arbeit vor allem dem Einfluß Paulis zu (D. Serwer, Unmechanischer Zwang: Pauli, Heisenberg, and the Rejection of the Mechanical Atom 1923—1925, in: Ebenda, S. 237ff.). A. Hermann hat Heisenberg kurzerhand in die positivistische Traditionslinie gestellt und dabei Schwierigkeiten mit Heisenbergs klarer Ablehnung des Machschen Empirismus bekommen (A. Hermann, Werner Heisenberg in Selbstzeugnissen und Bilddokumenten, Hamburg 1976, S. 29ff.).

[229] Siehe dazu auch Anmerkungen 154 und 156.

[230] Vgl. M. Schlick, Allgemeine Erkenntnislehre, Berlin 1918; H. Reichenbach, Relativitätstheorie und Erkenntnis apriori, Berlin 1920; L. Wittgenstein, Tractatus-logico-philosophicus, London 1922. Später vor allem: R. Carnap, Physikalische Begriffsbildung, Karlsruhe 1926; R. Carnap, Der logische Aufbau der Welt, Berlin 1928; R. Carnap, Scheinprobleme in der Philosophie, Berlin 1928. Siehe dazu auch: I. S. Narski, Positivismus in Vergangenheit und Gegenwart, Berlin 1967, S. 422; H. Horstmann, Der Physikalismus als Modellfall positivistischer Denkweise, Berlin 1973; J. Schreiter, Zur Kritik der philosophischen Grundpositionen des Wiener Kreises, Berlin 1977.

[231] Vgl. W. Heisenberg, Der Teil und das Ganze, a. a. O., S. 91.

[232] Ebenda.

in der experimentellen Forschung von der Gültigkeit der Naturgesetze ausgeht. Wenn bislang unbekannte Naturgesetze erforscht werden sollen, muß man voraussetzen, daß die bereits bekannten Gesetze auf dem Weg vom zu beobachtenden Vorgang bis zur registrierten Sinneswahrnehmung so funktionieren, daß man sicher sein darf, von tatsächlichen Beobachtungen reden zu können und keinen Sinnestäuschungen zu unterliegen.

Damit war genau die erkenntnistheoretische Situation bei der Schaffung der Quantenmechanik umrissen. Man suchte nach Gesetzen der Mikrowelt. Das empirische Datenmaterial waren die mit physikalischen Geräten registrierten makrophysikalischen Wirkungen mikrophysikalischer Erscheinungen. Um die mit diesen Geräten registrierten Daten als relevante Beobachtungsdaten ansehen zu können, mußte die Gültigkeit der Gesetze der klassischen Physik vorausgesetzt werden. Gerade diese Gesetze sollten aber von den zu findenden Gesetzen der Quantenphysik in ihrem Gültigkeitsbereich eingeschränkt werden. Einsteins Einwand gegen Heisenbergs Forderung, nur Beziehungen zwischen beobachtbaren Größen in die Theorie aufzunehmen, bestand also darin, daß ohne die neue Theorie noch gar nicht entschieden werden konnte, was man eigentlich beobachtet, und ohne die Beobachtung auf der Grundlage der klassischen Theorie nicht gesagt werden konnte, wovon die neue Theorie eigentlich ausgehen soll.

Heisenberg hatte eine Theorie gesucht, die die Stabilität der Atome und deren Strahlungsspektren erklären sollte. Deshalb war seine Feststellung berechtigt, daß die Bahnen der Elektronen im Atom nicht beobachtet werden. Hätte er dagegen eine Mechanik für die Bewegung von Mikroteilchen gesucht, wäre es durchaus legitim gewesen, von der Bewegung freier Elektronen auszugehen. Dafür hätten sich die Spuren von Elektronen in der Nebelkammer angeboten. Es wäre zunächst überhaupt nicht einzusehen gewesen, daß diese Bahnen von denen der Makroobjekte verschieden sein sollten. Es hätte also scheinbar keinen Grund gegeben, die Mechanik zu ändern.

Heisenbergs Grundsatz „Bei der Berechnung von irgendwelchen Größen, als Energie, Frequenz u. s. w. dürfen nur Beziehungen zwischen prinzipiell kontrollierbaren Größen vorkommen“,[233] darf also nicht mit dem Programm des Neopositi-

[233] W. Heisenberg, Brief vom 24. 6. 1925 an W. Pauli, in: Wissenschaftlicher Briefwechsel mit Bohr, Einstein, Heisenberg u. a., Bd. 1, a. a. O., S. 227. Dieser Brief wurde kurz nach Heisenbergs Helgoland-Aufenthalt geschrieben, bei dem ihm die entscheidende Idee zur „quantentheoretischen Umdeutung“ gekommen war. Er bringt ebenso wie sein Schreiben vom 21. 6. 1925 (unmittelbar nach dem ersten mündlichen Gedankenaustausch über den neuen Ansatz mit Pauli in Hamburg) die Hoffnung und die Unsicherheit zum Ausdruck, mit denen Heisenberg der Ausgestaltung seiner Theorie entgegensah. Am 21. 6. schrieb er: „In meinen Versuchen eine Quantenmechanik zu fabrizieren, geht's nur langsam weiter; aber ich werd' mich nicht drum kümmern, wie weit ich mich von der Theorie der bedingt-periodischen Systeme entferne.“ (Ebenda, S. 221.) Am 24. 6. hieß es: „Über meine eigenen Arbeiten hab' ich fast keine Lust zu schreiben, weil mir selbst alles noch unklar ist und ich nur ungefähr ahne, wie es werden wird; aber vielleicht sind die Grundgedanken doch richtig.“ (Ebenda, S. 227.) Nach einem Gespräch mit Kramers, über den auch Bohr dann von dem neuen Schritt erfuhr,

vismus verwechselt werden, nach welchem die in metaphysischer Trennung von den theoretischen Aussagen unterstellten „rein empirischen Aussagen" alleinige Basis einer verifizierbaren naturwissenschaftlichen Theorie sein sollten. Während der Neopositivismus in Machscher Tradition von einer metaphysischen Trennung zwischen Theorie und Erfahrung ausging, gehörte für Heisenberg der dialektische Zusammenschluß beider Pole des naturwissenschaftlichen Erkenntnisprozesses faktisch zu den konstitutierenden Elementen seines Theoriebildungsprozesses. Diesen Sachverhalt auch methodisch bewußt zu machen, gelang aber erst Einstein.

Heisenbergs „quantentheoretische Umdeutung kinematischer und mechanischer Beziehungen" markierte den erfolgreichen Ausgangspunkt zur neuen Mechanik. Seine im September 1925 veröffentlichte Arbeit stieß auf das lebhafte Interesse der führenden Theoretiker im Bereich der Atomphysik. Bohr, Born und Pauli waren davon überzeugt, daß damit ein entscheidender neuer Schritt auf dem Wege zur Quantenmechanik getan war.[234] Es gab aber ebenso wie bei vorangegangenen

verstärkte sich Heisenbergs Optimismus. „Inzwischen bin ich etwas, aber nicht viel, weitergekommen, und bin im Herzen wieder überzeugt, daß diese Quantenmechanik schon richtig ist, weshalb Kramers mich des Optimismus anklagt", äußerte er sich am 29. 6. wiederum gegenüber Pauli (ebenda, S. 229). Am 9. 7. schickte ihm Heisenberg das Manuskript seiner Arbeit, die den Durchbruch brachte. Er bat darum, es in 2—3 Tagen zurückzuschicken, weil er die Arbeit noch in den letzten Tagen vor seiner Abreise aus Göttingen „entweder fertig machen oder verbrennen" wollte (ebenda, S. 231). Am 29. 7. 1925 ging das Manuskript dann bei der „Zeitschrift für Physik" ein.

[234] W. Pauli schrieb am 27. 7. 1925 an Kramers: „Insbesondere habe ich Heisenbergs kühne Ansätze (von denen Sie wohl in Göttingen gehört haben) mit Jubel begrüßt. Sicherlich ist man noch weit davon entfernt, etwas Abgeschlossenes sagen zu können . . . Aber was mich so sehr an den Heisenbergschen Überlegungen gefreut hat, das ist die *Methode* seines Vorgehens und die *Bestrebung*, aus der heraus er diese Überlegungen angestellt hat. Überhaupt glaube ich, daß ich jetzt hinsichtlich meiner wissenschaftlichen Ansichten Heisenberg sehr nahe gekommen bin und daß wir ziemlich in allem übereinstimmende Meinungen haben, soweit dies überhaupt bei zwei selbstständig denkenden Menschen möglich ist. Mit Freude habe ich auch wahrgenommen, daß Heisenberg in Kopenhagen bei Bohr ein bißchen das philosophische Denken gelernt hat und sich vom rein Formalen doch merklich abwendet. Ich wünsche ihm deshalb von ganzem Herzen Erfolg bei seinen Bestrebungen! So fühle ich mich denn jetzt weniger einsam als etwa vor einem halben Jahr, wo ich mich (geistig wie räumlich) zwischen der Scylla der zahlenmystischen Münchener Schule und der Charybdis des von Ihnen mit zelotischen Exzessen propagierten reaktionären Kopenhagener Putsches ziemlich allein befand! Jetzt hoffe ich von Ihnen nur, daß sie den Prozeß der Gesundung der Kopenhagener Physik (Pauli hatte in diesem Schreiben die Widerlegung der Strahlungstheorie von Bohr, Kramers und Slater als ein „ungeheures Glück" bezeichnet — U. R.), der ja infolge Bohrs starkem Wirklichkeitssinn nicht ausbleiben kann, nicht mehr länger verzögern werden." (W. Pauli, Wissenschaftlicher Briefwechsel mit Bohr, Einstein, Heisenberg u. a., Bd. 1, a. a. O., S. 233, 234.) Am 9. 10. 1925 schrieb Pauli an Kronig: „Die Heisenbergsche Mechanik hat mir wieder Lebensfreude und Hoffnung gegeben. Die Lösung des Rätsels bringt sie zwar nicht, aber ich glaube, daß es jetzt wieder möglich ist, vorwärts zu kommen. Man muß zunächst versuchen, die Heisenbergsche Mechanik noch etwas mehr vom Göttinger formalen Gelehrsamkeitsschwall zu befreien und ihren physikalischen Kern noch besser bloßzulegen." (Ebenda, S. 247.)
M. Born schrieb am 10. 10. 1925 an N. Bohr: „Ich bin sehr froh, daß Heisenbergs Idee Ihnen

Versuchen anderer Autoren nicht die Gewißheit, ob der gewählte konkrete Ansatz die entstehenden Probleme wirklich lösen konnte oder ob er sich wieder als eine der letztlich unbrauchbaren theoretischen Spekulationen herausstellen würde.[235]

Heisenberg hoffte zwar, daß die Grundgedanken seiner Arbeit richtig sind, war aber mit seinem neuen Schema mit Ausnahme der Formulierung der Quantenbedingungen zunächst reichlich unzufrieden. Nicht zuletzt, weil er nicht verstehen konnte, „was eigentlich die Bewegungsgleichungen bedeuten, wenn man sie als Relation zwischen [den] Übergangswahrscheinlichkeiten auffaßt"[236], und weil er zunächst nur für den harmonischen, nicht aber den anharmonischen Oszillator die Konstanz der Energie beweisen konnte, war er vom Konstruktiven seines Ansatzes weniger überzeugt als von seiner Methodenkritik an der bisherigen Theorie. Am 9. 7. 1925 sprach er von seiner Überzeugung, daß die Kreis- und Ellipsenbahnen im Bohr-Sommerfeldschen Atommodell keinen *physikalischen* Sinn haben könnten: „Meine ganzen kümmerlichen Bestrebungen gehen dahin, den Begriff der Bahnen, die man doch nicht beobachten kann, restlos umzubringen und geeignet zu ersetzen ... Meine eigene Meinung über das Geschreibsel, über das ich gar nicht sehr glücklich bin, ist die: daß ich von dem negativen kritischen Teil fest überzeugt bin, daß ich aber den positiven für reichlich formal und dürftig halte; aber vielleicht können Leute, die mehr können, etwas Vernünftiges draus machen."[237]

Um so erstaunlicher mutet es an, daß Heisenberg Bohr sehr spät von diesen Bestrebungen berichtet hat. Er schrieb ihm zu Beginn seines Helgoland-Aufenthaltes (also zu einem Zeitpunkt, der *vor* seiner entscheidenden Idee lag)[238] und dann erst wieder zweieinhalb Monate später. Nach seinem Urlaub bereitete sich Heisenberg auf eine Reise nach Kopenhagen vor. Am 31. 8. 1925 schrieb er noch aus

gefällt. Ich glaube ganz sicher, daß sie einen großen Fortschritt bedeutet." (BSC 9,2.) N. Bohr berichtete am 14. 10. 1925 P. Ehrenfest von einem Vortrag über Atomphysik, in dem er versucht habe, „Stellung zu nehmen zu der letzten Wendung durch Heisenberg". Er schrieb: „Ich bin voller Begeisterung darüber und überhaupt über die Aussichten für die weitere Entwicklung." (BSC 10,1.) Gegenüber den bisherigen Ansätzen wurde der Heisenbergsche als der der „rationalen Quantenmechanik" ausgezeichnet (N. Bohr, Brief vom 26. 11. 1925 an R. H. Fowler, in: BSC 10,3.) Am 27. 1. 1926 äußerte sich Bohr gegenüber Rutherford: „In fact, due to the last work of Heisenberg prospects have with a stroke been realized, which although only vague grasped have for a long time been the centre of our wishes." (BSC 15,3.)

235 A. Einstein schrieb am 20. 9. 1925 an P. Ehrenfest: „Heisenberg hat ein großes Quantenei gelegt. In Göttingen glauben sie daran (ich nicht)" (Einstein Archiv. Dieser Brief unterliegt dem Copyright und wird mit Erlaubnis der Hebrew University of Jerusalem zitiert.) Am 7. 3. 1926 äußerte er sich gegenüber H. Born: „Die Heisenberg-Bornschen Gedanken halten alle in Atem, das Sinnen und Denken aller theoretisch interessierten Menschen. An die Stelle einer dumpfen Resignation ist eine uns Dickblütern einzigartige Spannung getreten." (A. Einstein, H. und M. Born, Briefwechsel 1916—1955, a. a. O., S. 96.)

236 W. Heisenberg, Brief vom 24. 6. 1925 an W. Pauli, in: W. Pauli, Wissenschaftlicher Briefwechsel mit Bohr, Einstein, Heisenberg u. a., Bd. 1, a. a. O., S. 228.

237 W. Heisenberg, Brief vom 9. 7. 1925 an W. Pauli, in: Ebenda, S. 231.

238 Vgl. W. Heisenbergs Brief vom 8. 6. 1925 an N. Bohr, in: BSC 11,2.

Zell (Tirol) an Bohr: „Freilich hab ich im ganzen letzten Monat garnicht an Physik gedacht und weiß nicht, ob ich noch etwas davon verstehe. Vorher hatte ich, wie Ihnen Kramers vielleicht erzählt hat, eine Arbeit über Quantenmechanik verbrochen, bei der ich gerne Ihre Ansicht hören würde."[239] Dieses Schreiben Heisenbergs, der weder damals noch später an mangelndem Selbstvertrauen litt, läßt vermuten, daß seine Hoffnung, andere könnten „etwas Vernünftiges" aus seinem Ansatz machen, im Sommer des Jahres 1925 mit der Furcht gemischt war, die „quantentheoretische Umdeutung" enthalte möglicherweise noch einen grundsätzlichen Irrtum. Solche Zweifel haben vielleicht eine schnellere direkte Information an Bohr verhindert; sie führten aber nicht zur Verzögerung der Publikation jener am 29. 7. 1925 bei der „Zeitschrift für Physik" eingehenden Arbeit.

Ein stärker auf die Begründung der neuen Gedanken ausgerichteter Denker hätte möglicherweise mit ihrer Veröffentlichung noch länger gewartet. Die Orientierung an der empiristischen Forderung, daß *jede* mathematische Größe einer physikalischen Theorie mit beobachtbaren Größen verbunden werden müsse, hätte die Publikation einer physikalischen Arbeit mit uninterpretierten mathematischen Größen gänzlich unmöglich gemacht. Die frühzeitig gewonnene Überzeugung von der Originalität seines Denkens und die Ablehnung *strenger* methodologischer Regeln innerhalb der physikalischen Forschung haben Heisenberg 1925 einen quantenmechanischen Ansatz publizieren lassen, der zunächst keineswegs als unproblematisch gelten konnte.

Heisenberg ging im Sommer 1925 davon aus, daß selbst für die einfachsten Atome die Newtonsche Mechanik *nicht gelten kann*; „es gilt eben eine andere, eine ‚Quantenmechanik', und man muß sich nur darüber wundern, daß das Wasserstoffatom zufällig hinsichtlich der Energiekonstante mit etwas klassischem übereinstimmt"[240]. Diese Feststellung konnte er natürlich nicht beweisen. In der damaligen Situation konnte man mit gewissem Recht auch noch annehmen, daß die bislang unbeobachtbaren Größen der quasiklassischen Quantentheorie mit weiteren Fortschritten der experimentellen Technik und Methodik eines Tages beobachtbar würden. Die Schwierigkeiten der Theorie konnte man im Prinzip noch mit „Abweichungen von der klassischen Mechanik" deuten. Unter Hinweis auf die Problemantinomie der Mechanik zog es Heisenberg 1925 vor (nachdem man 12 Jahre mit dieser Inkonsistenz der Bohrschen Atomtheorie „gelebt" hatte), an der Gültigkeit der klassischen Mechanik für den in der Atomphysik untersuchten Objektbereich nicht mehr festzuhalten und die Hoffnung auf Beobachtung

[239] W. Heisenberg, Brief vom 31. 8. 1925 an N. Bohr, in: Ebenda.

[240] W. Heisenberg, Brief vom 21. 6. 1925 an W. Pauli, in: W. Pauli, Wissenschaftlicher Briefwechsel mit Bohr, Einstein, Heisenberg u. a., Bd. 1, a. a. O., S. 219. Pauli, der schon 1923 vermutete, daß für Atome mit mehreren Elektronen mechanische Bilder unzulänglich seien, muß bei Heisenbergs Besuch in Hamburg Zweifel an dieser Auffassung zum Ausdruck gebracht haben. Jedenfalls schrieb ihm Heisenberg unmittelbar nach diesem Gespräch: „Nur wundere ich mich darüber, daß Sie sich über das ‚Versagen der Mechanik' wundern. Wenn so etwas, wie die Mechanik, gälte, würd man nie verstehen können, daß es Atome gibt" (ebenda).

bislang unbeobachtbarer Größen gänzlich aufzugeben. Dieser Schritt war nicht anders als durch seinen Erfolg zu rechtfertigen.

Heisenberg erkannte, welche Größen in die von ihm gesuchte *Quantenmechanik* nicht einzugehen haben. Elektronenbahnen im Atom, Umlauffrequenzen und ähnliche Begriffe waren ihm in der Atomphysik Analoga zu den im 17. Jahrhundert viel diskutierten und schließlich aus der Physik verbannten „verborgenen Qualitäten". Heisenberg hatte aber den physikalischen Sinn der von ihm formulierten quantenmechanischen Größen und der für diese neuen Größen charakteristischen Rechenregeln noch nicht erfaßt, vermochte mit der Theorie noch kein reales System (etwa das Wasserstoffatom) zu berechnen und sah nicht einmal, wie der von ihm geschaffene Formalismus auch so einfache Phänomene abzubilden vermochte, wie die empirisch leicht zu konstatierenden Bahnen von Elektronen in der Wilsonschen Nebelkammer.

Zwar knüpften spätere Diskussionen der erkenntnistheoretischen Probleme der Quantenmechanik immer wieder an dem von Heisenberg formulierten und mit Erfolg benutzten Entscheidungskriterium für die Auswahl theoretisch relevanter Größen an; die tiefgehende Analyse dieses methodologischen Prinzips durch Einstein blieb aber lange Zeit die Ausnahme. Zunächst mußte der von Heisenberg im Ansatz formulierte Formalismus erst voll entfaltet werden. Erst dann konnte man sich intensiv um seine erkenntnistheoretisch-methodologischen Voraussetzungen und Implikationen bemühen.

Nachdem Heisenberg die klassischen Größen quantentheoretisch umgedeutet[241] und Rechenregeln für die formal eingeführten quantenmechanischen Größen (von Born als *Matrizen* erkannt) vorgeschlagen hatte, entwickelten Born und Jordan in Zusammenarbeit mit ihm den quantenmechanischen Formalismus.[242]

[241] Eine erste Andeutung darüber findet sich im Brief Heisenbergs vom 5. 6. 1925 an R. de L. Kronig, in dem es heißt: „Der Grundgedanke ist: In der klassischen Theorie genügt die Kenntnis der Fourierreihe der Bewegung um *alles* auszurechnen ... Es liegt nun nahe, anzunehmen, daß auch in der Quantentheorie durch die Kenntnis der Übergangswahrscheinlichkeiten, oder der korrespondierenden Amplituden alles gegeben ist." (AHQP 16,6.) Der in der Strahlungstheorie von Bohr, Kramers und Slater enthaltene Gedanke, die beobachtbaren Strahlungsfrequenzen mit Schwingungen im Atom zu verbinden, welche *wellentheoretisch* zu beschreiben sind, ist über die Kramersche Dispersionstheorie bei Heisenberg heuristisch fruchtbar geworden. Auf eine entsprechende Anfrage von van der Waerden schrieb Heisenberg am 8. 10. 1963: „Ich habe der Wellentheorie des Lichtes wenigstens so weit vertraut, daß ich mir sagte: also muß im Atom irgend etwas mit dieser richtigen Frequenz schwingen und das muß doch bedeuten, daß man für das Elektron irgendeine seltsame Kinematik einführen muß, die diese Frequenz durch Kombination zweier stationärer Zustände liefert." (B. L. van der Waerden, Introduction zu: Sources for History of Quantum Physics, a. a. O., S. 29.) Daß es sich bei dieser Darstellung um keine ahistorische Rekonstruktion der Geschichte handelt, belegt auch Heisenbergs Zustimmung für „die neue Einsteinsche Arbeit über die Atome, die sich nach [der] Wellentheorie bewegen" (W. Heisenberg, Brief vom 24. 6. 1925 an W. Pauli, in: W. Pauli, Wissenschaftlicher Briefwechsel mit Bohr, Einstein, Heisenberg u. a., Bd. 1, a. a. O., S. 226).

[242] Vgl. M. Born und P. Jordan, Zur Quantenmechanik (1925), in: G. Ludwig, Wellenmechanik, Einführung und Originaltexte, a. a. O., S. 210—237; M. Born, W. Heisenberg und P. Jordan, Zur Quantenmechanik II., in: Zeitschrift für Physik, **35** (1926), S. 557—615.

Symbolisierte man die von Heisenberg über das von ihm verschärfte Korrespondenzprinzip eingeführten Matrizen für den Impuls und die Koordinate mit p und q, so ergab sich die Vertauschungsrelation

$$pq - qp = \frac{h}{2\pi i} \tag{5}$$

welche in der klassischen Mechanik unbekannt war. Damit hatte man einen fundamentalen Unterschied zur klassischen Physik herausgearbeitet und war zugleich auf den korrespondenzmäßigen Anschluß der neuen Theorie an die alte gestoßen. Wenn man h als vernachlässigbar kleine Größe ansehen kann, gibt es auf der Grundlage von (5) für die quantenmechanischen Größen formal keinen Unterschied mehr zu den p und q der klassischen Mechanik.

Der neue mathematische *Formalismus* war in sich *konsistent* und konnte *logisch widerspruchsfrei* auf einfache atomphysikalische Erscheinungen angewandt werden. Pauli und Dirac gelang es, das Wasserstoffatom zu berechnen,[243] nachdem Born und Jordan gezeigt hatten, daß die Heisenbergschen Quantenbedingungen den Energieerhaltungssatz liefern und die Bohrschen Frequenzbedingungen aus den quantenmechanischen Gleichungen folgen. Die Bewegungsgleichungen ergaben sich als

$$\dot{p} = -\frac{\partial H}{\partial q} \qquad \dot{q} = \frac{\partial H}{\partial p} \tag{6}$$

Damit galten also die aus der klassischen Mechanik bekannten Hamiltonschen Gleichungen auch für die entsprechenden quantenmechanischen Größen.

Der Durchbruch war erzielt. Es lag ein erfolgversprechender Versuch vor, „den neuen Tatsachen — statt durch mehr oder weniger künstliche und gezwungene Anpassung der alten gewohnten Begriffe — durch die Schaffung eines neuen, wirklich angemessenen Begriffssystems gerecht zu werden“[244]. Es gab den mathematischen Formalismus zu einer neuen Mechanik, die Matrizenform der Quantenmechanik, von Born und Jordan als „wahre Diskontinuumstheorie“[245] bezeichnet.

Die physikalische Interpretation dieses Formalismus war allerdings nach wie vor noch unbefriedigend. Man konnte damit die energetischen Niveaus stationärer Zustände berechnen und hatte auch Gleichungen für die Zustandsänderungen

[243] Vgl. W. Pauli, Über das Wasserstoffspektrum vom Standpunkt der neuen Quantenmechanik, in: Zeitschrift für Physik, **36** (1926), S. 336—363 (eingegangen am 17. 1. 1926); P. A. M. Dirac, Quantum Mechanics and a Preliminary Investigation of the Hydrogen Atom, in: Proceedings of the Royal Society, **A 110** (1926), S. 561—569 (eingegangen am 22. 1. 1926). Die ersten Mitteilung Paulis erfolgte vor dem 3. 11. 1925 in zwei verlorengegangenen Briefen an Heisenberg. Siehe dazu W. Pauli, Wissenschaftlicher Briefwechsel mit Bohr, Einstein, Heisenberg u. a., Bd. 1, S. 252ff.

[244] M. Born und P. Jordan, Zur Quantenmechanik (1925), in: G. Ludwig, Wellenmechanik, Einführung und Originaltexte, a. a. O., S. 211.

[245] Ebenda, S. 237.

gefunden. Über die Beziehungen der neuen Mechanik zur klassischen Mechanik wußte man im Prinzip nicht mehr als mit dem verschärften Korrespondenzprinzip bereits ausgesagt war.[246] Man kannte die Regeln, nach denen die quantentheoretische Umdeutung klassischer Größen vorzunehmen war, hatte aber für diese Regeln keine andere Rechtfertigung als den Erfolg der mit ihrer Hilfe ausgeführten Berechnungen im Rahmen des neuen Formalismus.

M. Born brachte gegenüber Bohr zum Ausdruck, daß er die Form, zu der man Heisenbergs Idee inzwischen in Göttingen ausgebaut hatte, in gewissem Sinne für etwas Endgültiges hielt (soweit man davon in der Physik überhaupt sprechen könne). Er schrieb am 10. 10. 1925: „Für mich hat die Möglichkeit dieser Formulierung einen ganz persönlichen Reiz. Ich leide nämlich seit meiner Studentenzeit an einer fixen Idee, nämlich der, daß die wesentlichen Gesetze der Physik ihre adäquate Formulierung als Invarianten linearer Substitutionen finden müssen . . . Gewiß scheint Ihnen eine solche Betrachtungsart recht willkürlich, denn der Formalismus ist für die eigentlich physikalischen Zusammenhänge recht nebensächlich."[247] Über diesen formalen Aspekt hinausgehend, vermerkte Born: „Ich bin sehr gespannt, wie weit die bisher formulierten Grundsätze reichen; es ist noch möglich, daß neue Prinzipien hinzukommen müssen. Aber daß das Skelett der Formulierung vernünftig ist, davon bin ich fest überzeugt."[248]

Bohr, Heisenberg und Pauli konnten sich in der Tat nicht an den formalen Betrachtungen Borns berauschen. Die Frage nach der Vollständigkeit der Theorie, die die Inkonsistenzen der quasiklassischen Quantentheorie für die Mechanik zu überwinden vermochte, bewegte aber auch sie. Heisenberg sprach davon, daß er „immer noch ziemlich unglücklich über die ganze Theorie" (Drei-Männer-Arbeit) sei.[249] Pauli hielt es für unumgänglich, Borns Hang zur formalen Mathematik zu überwinden. Im Brief vom 17. 11. 1925 an N. Bohr ging er aber noch wesentlich weiter.

Pauli vermerkte, daß die noch offenen Fragen (Teilchen in unendlichen Räumen, Stoßprozesse, korrespondenzmäßiger Anschluß der neuen Theorie im Grenzfall großer Quantenzahlen für *alle* Anwendungen der Theorie) damit im Zusammenhang stehen könnten, daß in der Theorie nicht alle beobachtbaren Größen wirklich vorkämen. Dazu zählte er die *Zeitmomente der Übergangsprozesse*, die „gewiß prinzipiell beobachtbar sind"[250]. Das von Heisenberg formulierte Beobachtbarkeitsprinzip erweiterte er, indem er forderte, „daß eine wirklich befriedigende

[246] W. Heisenberg, Brief vom 23. 10. 1925 an W. Pauli: „Das Schlimmste ist, daß ich über den Übergang in die klassische Theorie nie Klarheit bekommen kann." (W. Pauli, Wissenschaftlicher Briefwechsel mit Bohr, Einstein, Heisenberg u. a., Bd. 1, a. a. O., S. 251.)

[247] M. Born, Brief vom 10. 10. 1925 an N. Bohr, in: BSC 9,2.

[248] Ebenda.

[249] W. Heisenberg, Brief vom 16. 11. 1925 an W. Pauli, in: W. Pauli, Wissenschaftlicher Briefwechsel mit Bohr, Einstein, Heisenberg u. a., Bd. 1, a. a. O., S. 255.

[250] W. Pauli, Brief vom 17. 11. 1925 an N. Bohr, in: Ebenda, S. 260.

physikalische Theorie nicht nur keine unbeobachtbaren Größen mitverwenden darf, sondern auch *alle* beobachtbaren Größen miteinander verknüpfen muß"[251]. Gleichzeitig brachte er seine feste Überzeugung zum Ausdruck, „daß in den Grundgesetzen einer befriedigenden physikalischen Theorie der Begriff ‚Wahrscheinlichkeit' nicht vorkommen darf"[252]. Er war damals für die Erfüllung dieses Wunsches bereit, „einen beliebig hohen Preis zu zahlen".[253] Bohr ging auf Paulis Vermutungen zustimmend ein, ohne sich zur Rolle des Wahrscheinlichkeitsbegriffs zu äußern.[254]

Bevor man in diesen Fragen weiter kam, standen mit den Auseinandersetzungen um den Spin und einen völlig neuen Zugang zur Quantenmechanik andere Probleme auf der Tagesordnung. Zunächst hatte Dirac eine von der Göttinger Matrizenmechanik unterschiedene Darstellung der Quantenmechanik gegeben.[255] Born und Wiener gingen dazu über, die Heisenbergschen Matrizen durch lineare Operatoren zu ersetzen.[256] Diese Arbeiten brachten die neue Mechanik ihrer allgemeinsten Darstellung im Hilbert-Raum näher, führten aber nicht zu neuen Schwierigkeiten im physikalischen Verständnis der Theorie. Anders schien das zunächst beim wellenmechanischen Zugang zur Quantenmechanik der Fall zu sein, mit dem Schrödinger die Physiker ab Januar 1926 überraschte.[257]

3.4.2. Wellenmechanik[258]

Am 27. 1. 1926, zu einem Zeitpunkt, an dem Pauli, Bohr und Heisenberg, tief beunruhigt über das Versagen der Quantenmechanik bei der Feinstruktur des Wasserstoffs, Probleme (Spin, Struktur des Elektrons) erörterten, die nach

[251] Ebenda.
[252] Ebenda.
[253] Ebenda.
[254] Vgl. N. Bohr, Brief vom 25. 11. 1925 an W. Pauli, in: Ebenda, S. 268, 269.
[255] Vgl. P. A. M. Dirac, The Fundamental Equations of Quantum Mechanics, in: Proceedings of the Royal Society, **A 109** (1925), S. 642—653.
[256] Vgl. M. Born und N. Wiener, Eine neue Formulierung der Quantengesetze für periodische und nichtperiodische Vorgänge, in: Zeitschrift für Physik, **36** (1926), S. 174—187. Born meinte, auf diesem Weg approximativ die Orte von Teilchen in die Quantenmechanik einführen zu können (siehe dazu auch: U. Röseberg, Determinismus und Physik, a. a. O., S. 89ff.). An N. Bohr schrieb er in Beantwortung von dessen Brief vom 25. 11. 1925: „Ich glaube hier die Wurzel zu haben für den Anschluß der Quantentheorie an die gewöhnliche Geometrie. Auch wird mir allmählich klarer, was Lichtquanten bedeuten. Vorläufig sind allerdings unsere mathematischen Formeln meist noch klüger als wir; die Formeln entstehen ganz von selbst, die Interpretation aber ist oft schwierig." (BSC 9,2.)
[257] Heisenberg berichtete, daß man in Göttingen die Möglichkeit eines solchen Zuganges früher auch schon erwogen, aber dann schnell wieder verworfen habe (Interview mit W. Heisenberg vom 19. 2. 1963, S. 25, 26, in: AHQP). Das erhellte auch M. Borns Brief vom 15. 7. 1925 an A. Einstein. (A. Einstein, H. u. M. Born, Briefwechsel 1916—1955, a. a. O., S. 90/91.)
[258] Eine ausführliche Darstellung findet man in: H. Kragh, On the History of Early Wave Mechanics, Roskilde 1979.

relativistischer Verallgemeinerung der neuen Mechanik verlangten, ging in den „Annalen der Physik" Schrödingers erste Mitteilung seiner in vier Teilen veröffentlichten Arbeit „Quantisierung als Eigenwertproblem" ein.[259]

Schrödinger war durch Einstein auf de Broglies Überlegungen zum Welle-Teilchen-Dualismus hingewiesen worden.[260] Damit sah er eine neue Möglichkeit, mit den der Quantentheorie zugrunde liegenden Diskontinuitäten fertig zu werden. Nachdem der von ihm begrüßte Versuch von Bohr, Kramers und Slater aufgegeben werden mußte und die Matrizenmechanik vorlag, sah es für das Einsteinsche Programm zur Entwicklung der Quantentheorie zeitweilig ziemlich hoffnungslos aus. Einstein selbst schrieb am 25. 12. 1925 seinem Freund M. Besso: „Das Interessanteste, was die Theorie in letzter Zeit geliefert hat, ist die Heisenberg-Born-Jordansche Theorie der Quantenzustände. Ein wahres Hexeneinmaleins, in dem unendliche Determinanten (Matrizen) an die Stelle der kartesischen Koordinaten treten. Höchst geistreich und durch große Kompliziertheit gegen den Beweis der Unrichtigkeit hinreichend geschützt."[261]

In dieser Situation wurde Schrödinger an die Beziehungen der Wellentheorie des Lichts und der geometrischen Optik sowie an Hamiltons Untersuchungen über die Analogien zwischen Mechanik und geometrischer Optik erinnert. Die geometrische Optik stellt eine gute Näherung für kleine Wellenlängen dar. Möglicherweise, so argumentierte nun Schrödinger, ist das Versagen der Mechanik in der Atomtheorie ebenfalls eine Folge der kleinen Abmessungen (kleine Radien der Elektronenbahnen, starke Krümmungen): „Vielleicht ist unsere klassische Mechanik das *volle* Analogon der geometrischen Optik und als solches falsch . . . Dann gilt es, eine ‚undulatorische Mechanik' zu suchen — und der nächstliegende Weg dazu ist wohl die wellentheoretische Ausgestaltung des *Hamilton*schen Bildes."[262] Mit de Broglies Hypothese vom Wellencharakter aller Teilchen lag die

259 Vgl. E. Schrödinger, Quantisierung als Eigenwertproblem. Erste Mitteilung (1926), in: G. Ludwig, Wellenmechanik, Einführung und Originaltexte, a. a. O., S. 108—122; Zweite Mitteilung, in: Ebenda, S. 122—145; Vierte Mitteilung, in: Ebenda, S. 174—193.

260 Siehe dazu: V. V. Raman, P. Forman, Why was it Schrödinger who developed de Broglies Ideas?, in: Historical Studies in the Physical Sciences, Bd. 1 (1969), S. 291—314. In einem Brief vom 16. 11. 1925 an A. Landé begrüßte Schrödinger dessen „Zurück zur Wellentheorie": „Auch ich neige sehr dazu. Ich habe mich dieser Tage stark mit Louis de Broglies geistvollen Thesen beschäftigt. Ist außerordentlich anregend, hat aber doch noch sehr große Härten. Ich habe vergebens versucht, mir von der Phasenwelle des Elektrons auf der Keplerbahn ein Bild zu machen." (AHQP 4.)

261 A. Einstein, Brief vom 25. 12. 1925 an M. Besso, in: A. Einstein, M. Besso, Correspondence 1903—1955, a. a. O., S. 215, 216.

262 E. Schrödinger, Quantisierung als Eigenwertproblem. Zweite Mitteilung (1926), in: G. Ludwig, Wellenmechanik. Einführung und Originaltexte, a. a. O., S. 131, 132. Schrödinger hat in diesem Zusammenhang auf Einsteins Arbeit hingewiesen, in der de Broglies Hypothese erwähnt wurde. Am 23. 4. 1926 schrieb Schrödinger an Einstein: „Übrigens wäre die ganze Sache sicherlich nicht jetzt und vielleicht nie entstanden (ich meine, nicht von meiner Seite), wenn mir nicht durch Ihre zweite Gasentartungsarbeit auf die Wichtigkeit der de Broglieschen Ideen die Nase gestoßen worden wäre." (K. Przibram (Hrsg.), Schrödinger, Planck, Einstein,

erforderliche Voraussetzung vor, nun eine Theorie zu entwickeln, die gegenüber der am Teilchenbild orientierten Matrizenmechanik als diametral entgegengesetzt erscheinen mußte.

Schrödinger fand schnell die fundamentale Bewegungsgleichung, welche in einer allgemeineren als der von ihm anfangs benutzten Schreibweise die Form hat

$$i\hbar \frac{\partial \Psi}{\partial t} = H\Psi \qquad (7)$$

wobei Ψ die Wellenfunktion und H den Hamiltonoperator des Systems darstellen. Die von Bohr und Sommerfeld phänomenologisch eingeführten Quantenzahlen ergaben sich aus dieser Gleichung zwanglos als Lösungen entsprechender Eigenwertprobleme für den stationären Fall. Nahezu gleichzeitig mit Pauli und Dirac gelang es Schrödinger, das Wasserstoffatom zu berechnen. Was auf der Grundlage der Matrizenmechanik möglich war, ließ sich auch mit der Wellenmechanik ausführen.

Pauli nahm Sommerfelds Mitteilung über den Erfolg Schrödingers sehr interessiert auf. „Vielleicht ist sein Weg doch nicht so verrückt", lautete sein erster Kommentar.[263] Einstein stellte euphorisch fest: „Schrödinger hat ein paar wundervolle Arbeiten über die Quantenregeln gemacht (Ann. d. Phys.). Das riecht nach tiefer Wahrheit."[264] An Schrödinger selbst schrieb er: „Ich bin überzeugt, daß sie mit Ihrer Formulierung der Quantenbedingung einen entscheidenden Fortschritt gefunden haben, ebenso wie ich überzeugt bin, daß der Heisenberg-Bornsche Weg abwegig ist."[265]

Indem Schrödingers Wellengleichung als Lösung des entsprechenden Eigenwertproblems sowohl diskrete Linienspektren als auch kontinuierliche Banden-

Lorentz. Briefe zur Wellenmechanik, Wien 1963, S. 24.) An M. Planck, dessen Zustimmung ihm ebenso wichtig war wie die Einsteins, schrieb er am 26. 2. 1926: „Ich habe die allerverwegensten Hoffnungen, daß es jetzt gelingen wird, eine harmonische, von allen Härten freie Quantentheorie aufzubauen, und zwar nicht in dem Sinne, daß alles immer unstetiger und ganzzahliger wird, sondern gerade im umgekehrten Sinn: die schönen klassischen Methoden liefern selbsttätig alle Ganzzahligkeit, die man braucht, es ist keine Mystik in den ganzen Zahlen, es sind die nämlichen, die uns in Kugelflächenfunktionen, Hermite'schen und Laguerre'schen Polynomen (erstere beim Oszillator, letztere beim Wasserstoffelektron) längst vertraut sind. Sommerfelds Vergleich mit der Zahlenmystik der Pytagoräer stimmt *genau*: die Ganzzahligkeiten im Atom haben ungefähr denselben Grund wie die harmonischen Obertöne einer schwingenden Saite." (AHQP 41.)

263 W. Pauli, Brief vom 9. 2. 1926 an A. Sommerfeld, in: W. Pauli, Wissenschaftlicher Briefwechsel mit Bohr, Einstein, Heisenberg u. a., Bd. 1, a. a. O., S. 293. Ähnlich hatte sich vorher schon N. Bohr geäußert. An G. Hevesy schrieb er am 25. 1. 1926: „Even if wave mechanics cannot help us with the problem of nature's discontinuity, it is a most beautiful discovery." (BSC 11,3.)

264 A. Einstein, Brief vom 1. 5. 1926 an M. Besso, in: A. Einstein, M. Besso, Correspondence 1903—1955, a. a. O., S. 225.

265 A. Einstein, Brief vom 26. 4. 1926 an E. Schrödinger, in: K. Przibram (Hrsg.), Schrödinger, Planck, Einstein, Lorentz, Briefe zur Wellenmechanik, a. a. O., S. 26.

spektren lieferte, erschien die Quantenmechanik in der Schrödinger-Darstellung zunächst als problemloser Anschluß an die klassische Mechanik. Da Heisenberg in seinem formalen Ansatz zur Matrizenmechanik einen radikalen Bruch mit der klassischen Mechanik vollzogen hatte, indem er diskontinuierliche Größen zum Ausgangspunkt seines theoretischen Ansatzes machte, stand seiner *revolutionären* Neuerung nun scheinbar mit der Wellenmechanik eine erfolgversprechende *evolutionäre* Fortführung der klassischen Mechanik gegenüber.

Im Gegensatz zu Heisenbergs Begründungen für das Ausschalten solcher Begriffe wie „Elektronenort" und „Elektronenbahn" aus der Atommechanik folgte für Schrödinger die Haltlosigkeit dieser Begriffe unmittelbar aus dem neuen physikalischen Ansatz. Unter Berufung darauf, daß es schließlich auch sinnlos sei, im Bereich einer Beugungserscheinung den Verlauf der Lichtstrahlen aufzuspüren, erklärte er, warum der Begriffsapparat der neuen Mechanik von dem der klassischen Korpuskelmechanik unterschieden sein müsse. Er übte heftige Kritik an den von Bohr, Born, Heisenberg, Jordan und Dirac geäußerten Vermutungen, daß sich das Geschehen im Atom möglicherweise „der räumlich-zeitlichen Form des Denkens" nicht werde eingliedern lassen.[266] Er schrieb damals, daß dies „einer vollständigen Waffenstreckung" gleichkäme.

Schrödinger ging davon aus, daß die Denkformen durch den Menschen nicht verändert werden können. Für ihn stand fest: „Was wir innerhalb derselben nicht verstehen können, das können wir überhaupt nicht verstehen."[267] Zwar gebe es solche Dinge; er glaube aber nicht, daß die Atomstruktur zu ihnen gehöre. Festhalten an den in der klassischen Physik entstandenen Traditionen physikalischen Denkens oder Agnostizismus sogar innerhalb des Objektbereiches der Physik war die von Schrödinger formulierte metaphysische Alternative. Er entschied sich gegen Agnostizismus *in* der Physik.

Nach Bekanntwerden des neuen quantenmechanischen Formalismus (1926) hegte kaum ein Physiker Zweifel, daß nun zwei einander ausschließende Ansätze zur Quantenmechanik vorlagen und es darauf ankäme, zu entscheiden, welcher von beiden der richtige sei bzw. ob man sich überhaupt schon auf dem richtigen Wege zur neuen Theorie befände. Diese Entscheidung für den einen oder anderen physikalischen Ansatz schien zugleich an grundlegende philosophisch-weltanschauliche Entscheidungen gebunden zu sein.

So wie Einstein nahmen auch Schrödinger und Heisenberg an, daß nur einer der beiden Ansätze zur Quantenmechanik richtig sein könne. Zur Überraschung aller fanden aber bald schon Schrödinger und von ihm unabhängig Pauli, daß

[266] E. Schrödinger, Quantisierung als Eigenwertproblem. Zweite Mitteilung (1926), in: G. Ludwig, Wellenmechanik, Einführung und Originaltexte, a. a. O., S. 138.

[267] Ebenda.

Wellen- und Matrizenmechanik mathematisch äquivalent sind.[268] Damit waren jedoch weder die Probleme des Verständnisses der Ψ-Funktion, welche den Schlüssel zur Lösung aller quantenmechanischen Probleme in der Wellenmechanik darstellte, noch die Probleme des Anschlusses der neuen Theorie an die alte gelöst.

Schrödingers „realistische“ Interpretation der Wellenfunktion (zunächst als Schwingungsamplitude im dreidimensionalen Raum, später als Gewichtsfunktion im quantenmechanischen Konfigurationsraum) stieß sehr schnell auf unüberwindliche Schwierigkeiten („Zerfließen“ der Wellenpakete von stabilen Teilchen). Das hinderte Schrödinger aber nicht daran, in Ψ eine physikalische Größe zu sehen, die nicht prinzipiell von denen der klassischen Physik verschieden sein sollte. Insbesondere sah er sie als eine unmittelbar meßbare Größe an. Deshalb betonte er auch, daß es keinerlei Probleme beim Anschluß der Wellenmechanik an die klassische Mechanik gebe, während die Matrizenmechanik derartige Probleme zeitige. Demhingegen betonte Pauli: „Sowohl in der Göttinger, als auch in der Schrödingerschen Formulierung der Quantenprobleme wird grundsätzlich keine raumzeitliche Beschreibung der Bewegung des Elektrons im Atom gegeben . . . Das Problem des asymptotischen [Anschlusses] an die gewöhnlichen raum-zeitlichen Bilder im Grenzfalle großer Quantenzahlen sowie die Bestimmung der Zeitpunkte der Übergangsprozesse bleibt nach wie vor ungelöst. Aber es ist doch ein Fortschritt, die Probleme jetzt von zwei verschiedenen Seiten aus zu sehen. Man sieht wohl auch, wie vom Standpunkt der Quantenmechanik aus der Gegensatz zwischen bewegtem Punkt und Wellensystem zu Gunsten von etwas Allgemeinerem verblaßt.“[269]

[268] Vgl. E. Schrödinger, Über das Verhältnis der Heisenberg-Born-Jordanschen Quantenmechanik zu der meinen (1926), in: G. Ludwig, Wellenmechanik. Einführung und Originaltexte, a. a. O., S. 146—173. W. Pauli, Brief vom 12. 4. 1926 an P. Jordan, in: W. Pauli, Wissenschaftlicher Briefwechsel mit Bohr, Einstein, Heisenberg u. a., Bd. 1, a. a. O., S. 315—320. N. Bohr berichtete im Brief vom 19. 4. 1926 R. H. Fowler von Paulis Erfolg und schrieb euphorisch: „It looks indeed that we are on a high road to advance now.“ Für ihn ging es nicht mehr um eine Entweder-Oder-Entscheidung zugunsten der Matrizen- oder der Wellenmechanik: „It looks even that Schrödinger's method may offer a simplification in the calculations especially as regards the determination of the transition probabilities.“ (BSC 10,3.)

[269] W. Pauli, Brief vom 12. 4. 1926 an P. Jordan, in: W. Pauli, Wissenschaftlicher Briefwechsel mit Bohr, Einstein, Heisenberg u. a., Bd. 1, a. a. O., S. 319, 320. In diesem Brief hatte Pauli eine Arbeit von C. Lanczos (Über eine feldmäßige Darstellung der neuen Quantenmechanik, in: Zeitschrift für Physik, **35** (1926), S. 812—830) erwähnt, in welcher nachgewiesen wurde, daß die Matrizenmechanik *keine* reine Diskontinuumstheorie ist. Paulis abfällige Bemerkung über diese Arbeit hat B. L. van der Waerden (From matrix Mechanics and Wave Mechanics to Unified Quantum Mechanics, in: J. Mehra (Hrsg.), The Physicist's Conception of Natur, Dordrecht 1973, S. 276—293) als sachlich unberechtigt erwiesen. Der Schein trügt. So wie die *Wellenmechanik* (entgegen Schrödingers Auffassung) *keine* reine *Kontinuumstheorie* ist, so ist die *Matrizenmechanik* (entgegen Borns und Jordans Auffassung) *keine* reine *Diskontinuumstheorie*. Das „Allgemeinere“ beider Theorien zeigt sich bereits in jeder einzelnen von ihnen.

Obgleich sich bezüglich dieses „Allgemeineren" fast gleichlautende Formulierungen auch bei Heisenberg und Schrödinger fanden, gaben sie ihre einseitige Parteinahme für den eigenen Ansatz aus erkenntnistheoretischen und physikalischen Erwägungen nicht auf. Die Auseinandersetzungen spitzten sich eher noch zu.

In jener Arbeit, die den Beweis der mathematischen Äquivalenz der Matrizen- und der Wellenmechanik enthält, hatte Schrödinger angemerkt, daß er sowohl durch die komplizierte Mathematik als auch die mangelnde Anschaulichkeit von Heisenbergs Arbeit ursprünglich abgeschreckt worden sei. Diese Haltung hätte nach dem Äquivalenzbeweis überprüft werden müssen.

Schrödinger wollte sich jedoch nicht vorbehaltlos der Auffassung anschließen, „welche ganz im Sinne von Kirchhoff und Mach die Aufgabe der physikalischen Theorie lediglich in einer möglichst *sparsamen* mathematischen Beschreibung der empirischen Zusammenhänge zwischen beobachtbaren Größen" erblickt.[270] Deshalb wandte er sich gegen Versuche, aus erkenntnistheoretischen Gründen in der Atomdynamik die Anschaulichkeit zu unterdrücken und nur mit abstrakten Begriffen wie Übergangswahrscheinlichkeiten, Energieniveaus u. dgl. zu operieren. Für ihn blieb die Mikromechanik „eine Verfeinerung der Markomechanik . . ., welche durch die geometrisch-mechanische Kleinheit der Objekte notwendig gemacht wird".[271]

Heisenberg, der selbst erfolgreich Schrödingers Theorie bereits im April 1926 auf das Mehrkörperproblem angewandt hatte, machte am 8. 6. 1926 gegenüber Pauli folgende „inoffizielle Bemerkung über Physik: Je mehr ich über den physikalischen Teil der Schrödingerschen Theorie nachdenke, desto abscheulicher finde ich ihn. Man stelle sich das rotierende Elektron vor, dessen Ladung über den ganzen Raum verteilt ist mit der Achse in einer 4. und der 5. Dimension. Was Schrödinger über Anschaulichkeit seiner Theorie schreibt, ‚*dürfte wohl kaum eine sinngemäße* . . .' in a. w. ich finde es Mist. Die große Leistung der Schröd[ingerschen] Theorie ist die Berechnung der Matrizenelemente . . . Der Zusammenhang mit de Broglie ist aber noch garnicht entdeckt (Für *ein* Partikel gibt es ja gar keine Interferenz, also braucht man da nicht über d[e] Broglie-Wellen sprechen.)"[272]

Während Pauli am 24. 5. 1926 gegenüber Schrödinger „die stärksten Zweifel an der Durchführbarkeit einer konsequenten reinen Kontinuums-Feld-Theorie der de Broglie Strahlung" äußerte („Man muß wahrscheinlich doch auch wesentlich diskontinuierliche Elemente in die Beschreibung der Quantenphänomene ein-

[270] E. Schrödinger, Über das Verhältnis der Heisenberg-Born-Jordanschen Quantenmechanik zu der meinen (1926), in: G. Ludwig, Wellenmechanik, Einführung und Originaltexte, a. a. O., S. 167.

[271] Ebenda, S. 169, 170.

[272] W. Heisenberg, Brief vom 8. 6. 1926 an W. Pauli, in: W. Pauli, Wissenschaftlicher Briefwechsel mit Bohr, Einstein, Heisenberg u. a., Bd. 1, a. a. O., S. 328, 329.

führen.")[273], schrieb Schrödinger am 18. 6. 1926 an W. Wien: „Es scheint ja, daß zur Zeit nicht auf allen Seiten die Überzeugung besteht, daß eine Abkehr von den grundsätzlichen Diskontinuitäten unbedingt zu begrüßen ist, *wenn* es damit geht. Ich aber habe immer mit Inbrunst gehofft, daß das möglich sein wird, und würde mit beiden Händen zugegriffen haben — wie ich bei Bohr-Kramers-Slater mit beiden Händen zugriff — auch wenn der Zufall nicht gerade mir selbst den ersten (mit Rücksicht auf de Broglie muß ich richtiger sagen: den zweiten) Zipfel in die Hände gespielt hätte."[274]

Nachdem Heisenberg in München gegen Schrödingers Auffassungen im Anschluß an dessen Vortrag polemisiert hatte und von Wien (jenem Experimentalphysiker, der ihn bei seiner Doktorprüfung fast hatte durchfallen lassen) beinahe aus dem Hörsaal geworfen worden wäre, berichtete er am 28. 7. 1926 Pauli: „So nett Schr[ödinger] persönlich ist, so merkwürdig find' ich seine Physik: man kommt sich, wenn man sie hört, um 26 Jahre jünger vor. Schr[ödinger] wirft ja alles ‚quantentheoretische': nämlich lichtelektrischen Effekt, Francksche Stöße, Stern-Gerlacheffekt usw. über Bord; dann ist es nicht schwer, eine Theorie zu machen. Aber sie stimmt eben nicht mit der Erfahrung."[275] A. Sommerfeld faßte seinen Eindruck mit den Worten zusammen, „daß die ‚Wellenmechanik' zwar eine bewunderungswürdige Mikromechanik ist, daß aber die fundamentalen Quantenrätsel dadurch nicht im Entferntesten gelöst werden"[276].

Mit dem Beweis der mathematischen Äquivalenz zweier quantenmechanischer Formalismen war zwar eine überraschende Wende in der Entwicklung der Quantenmechanik eingetreten, die Auseinandersetzungen um die erkenntnistheoretischen Fragen konnten aber damit nicht entschieden werden.

Im physikalischen Verständnis der neuen Theorie stand man erst am Anfang. Ein wichtiger Schritt vorwärts war Borns statistische Interpretation der Schrödingerschen Wellenfunktion.[277] Damit wurden jedoch auch die philosophisch-weltanschaulichen Auseinandersetzungen um das Verständnis der neuen physikalischen Theorie verschärft.

3.4.3. Fortschritte im Ringen um das Verständnis des formalen Apparates

Born hatte bereits bei der Ausgestaltung des quantenmechanischen Formalismus die Idee, bestimmte quadratische Größen des Formalismus als Wahrscheinlichkeiten im Sinne des klassischen Verständnisses dieser Größen zu deuten, vermochte

273 W. Pauli, Brief vom 24. 5. 1926 an E. Schrödinger, in: Ebenda, S. 326.

274 E. Schrödinger, Brief vom 24. 5. 1926 an W. Wien (AHQP 41,11).

275 W. Heisenberg, Brief vom 28. 7. 1926 an W. Pauli, in: W. Pauli, Wissenschaftlicher Briefwechsel mit Bohr, Einstein, Heisenberg u. a., Bd. 1, a. a. O., S. 337, 338.

276 A. Sommerfeld, Brief vom 26. 7. 1926 an W. Pauli, in: Ebenda, S. 337.

277 Siehe dazu: M. Jammer, The Conceptual Development of Quantum Mechanics, a. a. O., S. 187, 281ff.; U. Röseberg, Quantenmechanik und Philosophie, Berlin 1978, S. 88—95; sowie die dort angegebene Literatur.

eine solche Idee aber noch nicht auszuführen. Bei seiner 1926 erfolgten statistischen Interpretation der Ψ-Funktion ließ er sich von Einsteins Konzept leiten, das Quadrat der optischen Wellenamplitude als Wahrscheinlichkeitsdichte für das Auftreten von Photonen anzunehmen. Born übertrug diesen Gedanken auf die Schrödingersche Wellenfunktion und brach dabei radikal mit der Vorstellung, daß Ψ eine unmittelbar physikalisch meßbare Größe sei. Während Einstein noch ironisch von einem „Gespensterfeld" gesprochen hatte, postulierte Born ein durch die skalare Funktion Ψ (abhängig von den Koordinaten der Partikel und der Zeit) bestimmtes „Führungsfeld", das sich in Übereinstimmung mit der Schrödinger-Gleichung (7) ausbreitet.

In Abweichung von Heisenbergs Verzicht auf den Bahnbegriff (dieser Gedanke blieb für inneratomare Prozesse weiterhin fruchtbar, war aber für die aperiodischen Bewegungen bzw. die makroskopisch periodischen Bewegungen von Mikroobjekten nicht ausreichend) sprach Born wieder von Bahnen: Impuls und Energie würden vom Führungsfeld so übertragen, „als wenn Korpuskeln (Elektronen) tatsächlich herumfliegen. Die Bahnen dieser Korpuskeln sind nur so weit bestimmt, als Energie- und Impulssatz sie einschränken; im übringen wird für das Einschlagen einer bestimmten Bahn nur eine Werteverteilung der Funktion Ψ bestimmt."[278] Danach bestimmt $\Psi(\vec{r}, t)\ \Psi^*(\vec{r}, t)\ \mathrm{d}\vec{r}$ die *Wahrscheinlichkeit*, ein Teilchen zum Zeitpunkt t am Ort $\vec{r} + \mathrm{d}\vec{r}$ vorzufinden.

Sowie man $|\Psi|^2$ als Wahrscheinlichkeit deutete, war klar, daß in Abweichung von der klassischen statistischen Mechanik Interferenzterme in den Wahrscheinlichkeitsausdrücken zusammengesetzter Systeme auftreten können. Bei Überlagerung zweier vorher voneinander unabhängiger Wellenfelder Ψ_1 und Ψ_2 mit den entsprechenden Wahrscheinlichkeitsdichten $P_1 = |\Psi_1|^2$ und $P_2 = |\Psi_2|^2$ ergab sich eine neue Wellenfunktion $\Psi = \Psi_1 + \Psi_2$ und eine dementsprechende Wahrscheinlichkeitsdichte.

$$P = |\Psi|^2 = |\Psi_1|^2 + |\Psi_2|^2 + \Psi_1\Psi_2^* + \Psi_1^*\Psi_2\,, \tag{8}$$

die sich um den Term $\Psi_1\Psi_2^* + \Psi_1^*\Psi_2$ von der aus der klassischen Theorie bekannten Addition der Wahrscheinlichkeiten unterscheidet. Die probabilistisch gedeutete Funktion war also von ganz anderem Charakter als die Verteilungsfunktionen in der klassischen statistischen Physik.

Neben den bislang nirgends in der Physik auftretenden Interferenztermen wurde mit den Wahrscheinlichkeitsausdrücken der Bornschen Deutung aber noch eine weitere Abweichung von der klassischen Physik nahegelegt. Die Bahnen der Korpuskeln sollten Wahrscheinlichkeitsgesetzen gehorchen. Wie war das zu verstehen?

In seiner vorläufigen Mitteilung hatte Born besonderen Wert auf die Fest-

[278] M. Born, Quantenmechanik der Stoßvorgänge (1926), in: G. Ludwig, Wellenmechanik, Einführung und Originaltexte, a. a. O., S. 259.

stellung gelegt, daß mit der neuen Interpretation der Quantenmechanik die philosophische Determinismusproblematik auf die Tagesordnung gesetzt sei. Er neigte dazu, „die Determiniertheit in der atomaren Welt aufzugeben“,[279] weil es vom Standpunkt der Quantenmechanik keine Größe gebe, die im Einzelfalle den Effekt eines Stoßes kausal festlegen könne, und aus der bisherigen experimentellen Praxis auch nicht zu sehen sei, daß innere Eigenschaften des Atoms das Einzelereignis kausal festzulegen vermögen. Er betonte, daß damit eine philosophische Problematik angesprochen sei, die mit physikalischen Argumenten allein nicht zu entscheiden wäre.

In der endgültigen Mitteilung seiner Ergebnisse war dann das Konzept für einen von der klassischen Physik unterschiedenen Determinationstyp enthalten. Born faßte sein Ergebnis in der Feststellung zusammen: „Die Bewegung der Partikeln folgt Wahrscheinlichkeitsgesetzen, die Wahrscheinlichkeit selbst aber breitet sich im Einklang mit dem Kausalgesetz aus.“[280] Er schloß nun entgegen seiner Überzeugung aus der „Vorläufigen Mitteilung“ die Möglichkeit nicht aus, „daß es weitere, noch nicht in die Theorie eingeführte Parameter gibt, die das Einzelereignis determinieren“[281].

Der mit der statistischen Deutung der Ψ-Funktion eingeleitete Übergang zu einer neuen physikalischen Denkweise vollzog sich nur allmählich. Born selbst sah in der *symbolischen* Beschreibung, die an die Stelle der *raumzeitlichen* getreten war, einen viel einschneidenderen Schritt als in der *Wahrscheinlichkeitsinterpretation* der symbolischen Beschreibung.[282] Es ist daher nicht verwunderlich, daß man dieser neuen Interpretation zunächst wenig Beachtung schenkte bzw. sie schroff ablehnte. Heisenberg bezichtigte Born des Verrats am Geiste der Matrizenmechanik.

In Fortführung seiner ersten Untersuchung über Stoßprobleme formulierte Born die „dringliche Aufgabe festzustellen, wie weit die mathematisch so glänzende Wellenmechanik mit der experimentell so fruchtbaren Vorstellungsweise der Quantensprünge vereinbar ist. Die Frage lautet also: In welchen Fällen lassen sich die Ergebnisse der Wellenmechanik in der Sprache der Quantensprünge interpretieren?“[283] Es kam für Born darauf an, „eine Verschmelzung“ von Heisenbergs Betrachtungsweise und Schrödingers Formalismus auszuführen.[284]

[279] M. Born, Zur Quantenmechanik der Stoßvorgänge. Vorläufige Mitteilung (1926), in: Dokumente der Naturwissenschaft Abteilung Physik, Bd. 1.; M. Born, Zur statistischen Deutung der Quantentheorie, Stuttgart 1962, S. 51.

[280] M. Born, Quantenmechanik der Stoßvorgänge (1926), in: G. Ludwig, Wellenmechanik, Einführung und Originaltexte, a. a. O., S. 239.

[281] Ebenda, S. 259.

[282] Vgl. Interview mit M. Born vom 17. 10. 1962, S. 27, in: AHQP.

[283] M. Born, Das Adiabatenprinzip in der Quantenmechanik (1926), in: Dokumente der Naturwissenschaft Abteilung Physik, Bd. 1, a. a. O., S. 96.

[284] Vgl. ebenda, S. 94. Siehe auch: M. Born/V. Fock, Beweis des Adiabatensatzes, in: Zeitschrift für Physik, **51** (1928), S. 165—180. M. Born, Bemerkungen zur statistischen Deutung der Quantenmechanik, in: F. Bopp, Werner Heisenberg und die Physik unserer Zeit, Braun-

Er kam zu dem Schluß, daß, wenn man die Wellenfunktion eines Atoms in der Form

$$\Psi(\vec{r}, t) = \Sigma\, c_n \Psi_n(\vec{r})\, \Psi_n(t) \tag{9}$$

schreibt, die Größe

$$|c_n|^2 = |\int \Psi(\vec{r}, t)\, \Psi_n^*(\vec{r}, t)\, d\vec{r}|^2 \tag{10}$$

ein Maß für die Zustandswahrscheinlichkeit des Zustandes Ψ_n ist und die Übergangswahrscheinlichkeit vom Zustand Ψ_n zum Zustand Ψ_m störungstheoretisch berechenbar wird. Für den einzelnen „Quantensprung" liefert die Quantenmechanik eine a-priori-Wahrscheinlichkeit seines Auftretens. Seine kausale Verursachung und sein Verlauf lassen sich mit dieser Theorie nicht beschreiben. Born bezweifelte, daß dies in einer Sprache, welche unserem Anschauungsvermögen Bilder suggeriert, überhaupt möglich sei.

Mit der neuen Interpretation der Wellenfunktion war der Boden bereitet für die Behandlung noch weitaus komplizierterer Fragen im Zusammenhang mit einer geschlossenen Interpretation der Quantenmechanik. Jordan und Dirac hatten mit der Ausarbeitung der *Transformationstheorie* den Kern des mathematischen Formalismus der nichtrelativistischen Quantenmechanik zum Abschluß gebracht.[285] Der Sinn dieser Transformationstheorie bestand darin, eine Vorschrift zur Berechnung der Wahrscheinlichkeit anzugeben, daß eine Messung einer Observablen einen bestimmten Eigenwert ergeben wird, wenn vorher die Messung einer anderen Observablen einen fixierten Eigenwert geliefert hatte.

An der weiteren Ausgestaltung des mathematischen Apparates der nichtrelativistischen Quantenmechanik beteiligten sich nun auch die Mathematiker.

schweig 1961, S. 103ff. Schrödinger blieb diesen Bemühungen gegenüber skeptisch. Am 4. 7. 1927 fragte er M. Planck nach der Meinung der Berliner Physiker: „Ist es wahr, was die Matrizen- und q-Zahlenphysiker sagen, daß die Wellengleichung nur das Verhalten eines statistischen Ensembles beschreibt . . .? Ich würde es gerne glauben, denn die Auffassung ist wirklich viel bequemer, wenn ich nur mein Gewissen darüber beruhigen könnte, daß es nicht leichtsinnig ist, so leichten Kaufes über die Schwierigkeiten hinwegzukommen . . . Am verdächtigsten an der Bornschen Wahrscheinlichkeitsauffassung ist mir, daß bei ihrer näheren Durchführung (von seiten ihrer Anhänger) natürlich die merkwürdigsten Dinge herauskommen: Wahrscheinlichkeiten von Ereignissen, die der naiven Auffassung als unabhängig erscheinen, verhalten sich bei Zusammensetzen nicht einfach multiplikativ, sondern es ‚interferieren Wahrscheinlichkeitsamplituden' in ganz geheimnisvoller Weise (nämlich natürlich so wie meine Wellenamplituden). In einer ganz neuen Arbeit von Heisenberg sollen sogar meine viel belächelten Wellenpakete endlich ihre zutreffende Deutung als ‚Wahrscheinlichkeitspakete' gefunden haben." (K. Przibram (Hrsg.), Schrödinger, Planck, Einstein, Lorentz. Briefe zur Wellenmechanik, a. a. O., S. 17, 18.)

[285] Vgl. P. A. M. Dirac, The Physical Interpretation of Quantum Dynamics, in: Proceedings of the Royal Society, **A 113** (1927), S. 621—641; P. Jordan, Über eine neue Begründung der Quantenmechanik, in: Zeitschrift für Physik, **40** (1927), S. 809—838.

Heisenbergs Appell wurde von Hilbert in Göttingen aufgegriffen, der sich seit Frühjahr 1926 mit seinem Assistenten L. W. Nordheim und Studenten intensiv den „Mathematischen Grundlagen der Quantentheorie" (Vorlesung im Wintersemester 1926/27) widmete.[286]

Hatte Riemann 1854 in Göttingen die Frage gestellt, welcher *mathematischen Mannigfaltigkeit* man sich bei der adäquaten Formulierung mikrophysikalischer Gesetzmäßigkeiten zu bedienen habe, so wußte man 1927, daß das *4-dimensionale Raum-Zeit-Kontinuum* dafür nicht ausreicht. Man *mußte* zum wesentlich allgemeineren *Hilbert-Raum* übergehen. Beim Aufbau der nichtrelativistischen Quantenmechanik verschwand damit endgültig die Willkür der quasiklassischen Quantentheorie. Es ergaben sich aber Probleme beim Übergang vom quantenmechanischen *Darstellungsraum* zum 3-dimensionalen *Beobachtungsraum* der klassischen Physik.

Wegen der Besonderheiten des mathematischen Darstellungsraumes der Quantenmechanik wurde vor allem in Göttingen und in Kopenhagen das „Symbolische" der neuen Theorie stark betont. Man vergaß dabei aber oft auch die beispielsweise schon in Borns Brief vom 23. 12. 1919 (!) an Pauli aufgeworfene Frage, ob das 4-dimensionale Raum-Zeit-Kontinuum für die Quantentheorie noch genügt. Nachdem klar war, daß dies *nicht* der Fall ist, sprach man jetzt verschiedentlich von den *„außerhalb* von Raum und Zeit" ablaufenden Quantenprozessen.

Die makrophysikalischen Folgen mikrophysikalischer Ereignisse belegen aber, daß die Bewegung der Mikroobjekte und deren entsprechende Darstellungsräume *in das 4-dimensionale Raum-Zeit-Kontinuum eingebettet* sind. Von Vorgängen *„außerhalb von Raum und Zeit"* zu sprechen war eine Verallgemeinerung, welche mit der Quantenmechanik eigentlich *nicht begründet* werden konnte.

1926 kam es vor allem darauf an, ein einheitliches Verständnis des neuen Formalismus zu schaffen. Es ging darum, Regeln zu finden, nach denen das Resultat eines jeden Experiments innerhalb des anzunehmenden Gültigkeitsbereiches der neuen Theorie mit den Ergebnissen der Theorie verglichen werden konnte. Es mußte die Struktur der neuen Theorie in allen Feinheiten untersucht werden. Man hatte festzustellen, wie weit die von der Theorie benutzten Größen physikalisch interpretierbar waren und welche der angebotenen Interpretationen verbindlich ist. Dabei galt es, erkenntnistheoretisch-methodologische Fragestellungen und die der Theorie zugrunde liegenden philosophisch-weltanschaulichen Voraussetzungen zu klären.

Bohr spürte, daß die *Meinungsverschiedenheiten* zwischen den Vertretern der *Matrizenmechanik* und der *Wellenmechanik* ausgeräumt werden mußten. Er lud Schrödinger im Oktober 1926 nach Kopenhagen ein, wo es zu intensiven Dis-

[286] Dies kann insofern nicht verwundern, als Hilbert schon vor 1925 regen Anteil an der Entwicklung der Quantentheorie genommen hat. „Wir Mathematiker wollen wenigstens unser Interesse und unseren guten Willen zeigen", hatte er am 23. 8. 1923 an N. Bohr geschrieben (BSC 12,1).

kussionen kam, an denen auch Heisenberg und andere teilnahmen. Während sich anschließend Bohr und Schrödinger in Briefen die Nützlichkeit ihrer Debatten gegenseitig versicherten, gewann man in Kopenhagen die feste Überzeugung, daß Schrödinger nicht imstande sei, den *revolutionären* Gehalt der Quantentheorie zu erfassen. Paulis Wort vom „Züricher Lokalaberglauben" machte die Runde[287]. Man hatte in der Umgebung Bohrs keinen Zweifel, selbst auf dem richtigen Weg zu sein.[288]

Schrödinger seinerseits wurde in der Überzeugung bestärkt, daß Bohr, Born, Heisenberg, Jordan, Pauli und Dirac in der Radikalität ihres Denkens weit über das Ziel hinausgeschossen waren. Nach seinem Besuch in Kopenhagen schrieb er: „Bohrs ... Einstellung zu den Atomproblemen ... ist wirklich merkwürdig. Er ist vollkommen überzeugt, daß ein Verständnis im gewöhnlichen Sinne des Wortes unmöglich ist. Dabei treibt das Gespräch fast immer sofort philosophischen Fragen zu, und man weiß bald nicht mehr, ob man den Standpunkt wirklich einnimmt, den er bekämpft, und ob man wirklich den Standpunkt, den *er* einnimmt, bekämpfen muß. Ganz sicher ist der Standpunkt der anschaulichen Bilder, den de Broglie und ich einnehmen, noch längst nicht genug durchgeführt, um auch nur von den wichtigsten Tatsachen Rechenschaft zu geben. Und es ist geradezu wahrscheinlich, daß [von uns] da und dort ein Irrweg betreten worden ist, der verlassen werden muß."[289]

Für Schrödinger bestand keine Veranlassung, die Suche nach anschaulichen Bildern im Sinne der klassischen Physik aufzugeben. Die Überzeugung von der Möglichkeit solcher Bilder teilte er mit Einstein, der allerdings bei der Beurteilung des bereits Erreichten nun zurückhaltender wurde. Am 21. 8. 1926 hatte er sich gegenüber Sommerfeld besorgt darüber geäußert, daß man in der Wellenmechanik nicht erkennen könne, wie man von dem $3N$-dimensionalen Konfigurationsraum der quantenmechanischen Wellenfunktionen (N = Teilchenzahl) zum 3- bzw. 4-dimensionalen Koordinatenraum übergehen könne.[290] Nach den Diskussionen Schrödingers in Kopenhagen schrieb Einstein an Sommerfeld: „Die Erfolge von Schrödingers Theorie machen großen Eindruck, und doch weiß ich nicht, ob es sich um mehr handelt als bei der alten Quantenregel, d. h. um etwas,

287 W. Pauli, Brief vom 22. 11. 1926 an E. Schrödinger, in: W. Pauli, Wissenschaftlicher Briefwechsel mit Bohr, Einstein, Heisenberg u. a., Bd. 1, a. a. O., S. 357. Pauli bat darum, diese Bemerkung, die offensichtlich Schrödinger zu Ohren gekommen war, „nicht als persönliche Unfreundlichkeit Dir gegenüber, sondern als Ausdruck der sachlichen Überzeugung anzusehen, daß die Quantenphänomene in der Natur solche Seiten zeigen, die nicht mit den Begriffen der Kontinuumsphysik (Feldphysik) allein erfaßt werden können". Und er fügte hinzu: „Glaube aber nicht, daß mir diese Überzeugung das Leben leicht macht, ich habe mich ihretwillen schon sehr geplagt und werde das wohl auch noch weiter tun müssen!"

288 Vgl. W. Heisenberg, Der Teil und das Ganze, a. a. O., S. 104ff.

289 E. Schrödinger, Brief vom 21. 10. 1926 an W. Wien, in: AHQP 41,11.

290 Vgl. A. Einstein, Brief vom 21. 8. 1926 an A. Sommerfeld, in: A. Hermann (Hrsg.), A. Einstein, A. Sommerfeld, Briefwechsel. Sechzig Briefe aus dem goldenen Zeitalter der Physik a. a. O., S. 108.

was einer Seite des wirklichen Geschehens entspricht. Ist man der Lösung des Rätsels wirklich nähergekommen?"[291] Er zweifelte daran, blieb selber aber abwartend.

Schrödinger einerseits und Bohr, Heisenberg und Pauli andererseits rangen konstruktiv um das richtige Verständnis des formalen Apparates der nichtrelativistischen Quantenmechanik. Schrödingers Programm wurde in die These gekleidet: „Man darf, auch wenn hundert Versuche fehlschlagen, die Hoffnung nicht aufgeben, ich sage nicht durch klassische Bilder, aber durch logisch widerspruchsfreie Vorstellungen von der wirklichen Beschaffenheit des räumlich-zeitlichen Geschehens zum Ziele zu kommen."[292] Er hielt es für außerordentlich wahrscheinlich, auf diesem Wege Fortschritte zu erzielen. Sein Kernproblem war die Problemantinomie von Kontinuität und Diskontinuität, wie sie sich in Gestalt der Wellentheorie und der Teilchentheorie des Lichtes zeigte.

Im Brief vom 23. 10. 1926 an Bohr diskutierte er die Wechselwirkung einer Lichtwelle mit einer Atomgesamtheit. Er hob hervor, daß einerseits *jedes* Atom dieser Gesamtheit eine schwache Sekundärwelle abgeben müsse und andererseits für den Fall der Resonanzfrequenz nur *einzelne* Atome in einen energetisch entsprechend höheren Zustand gehoben würden. Dies sah er als eine logisch widerspruchsvolle Aussage an. Wenngleich bei strenger Fassung des Begriffs *kein* logischer Widerspruch vorliegt (die Aussage „jedes Atom . . ." gilt für andere Bedingungen als die Aussage „einzelne Atome . . ."), tritt in diesem Beispiel zweifelsohne aber die Problemantinomie Welle und Teilchen zutage. Schrödinger wollte sich nicht mit Erklärungen abspeisen lassen, daß zwar die bisherigen Worte und Begriffe nicht ausreichend seien, der mathematische Formalismus der Theorie aber alles symbolhaft richtig erfasse. Er schrieb: „Ich kann mich bei dieser Konstatierung nicht befriedigen, und ich kann daraus für mich nicht das Recht ableiten, mit widerspruchsvollen Aussagen weiter zu operieren. Man kann die Aussagen abschwächen, indem man z. B. sagt, die Atomgesamtheit verhält sich ‚in gewisser Beziehung so, als ob . . .' und in ‚gewisser Beziehung so, als ob . . .', aber das ist doch so zu sagen nur ein juristischer Behelf, der sich nicht in klares Denken umsetzen läßt."[293]

Bohr, dem es mehr darum ging, diesen „juristischen Behelf" in klares Denken umzusetzen, schickte Schrödinger als Antwort auf dessen Brief den Artikel von O. Klein, in welcher die Problemantinomie der Elektrodynamik vom Standpunkt

[291] A. Einstein, Brief vom 28. 11. 1926 an A. Sommerfeld, in: Ebenda, S. 109.

[292] E. Schrödinger, Brief vom 23. 10. 1926 an N. Bohr, in: BSC 16,2.

[293] Ebenda. Gegenüber R. H. Fowler äußerte N. Bohr am 26. 10. 1926 unter Bezug auf die Diskussionen mit Schrödinger und dessen Hoffnungen hinsichtlich der weiteren Theorieentwicklung: „. . . but I think that we succeeded at least in convincing him that for the fulfillment of this hope we must prepared to pay a cost, as regards reformation of fundamental concepts, formidable in comparison with that hitherto contemplated by the supporters of the ideas of a continuity theory of atomic phenomena." (BSC 10,3.)

der Wellenmechanik behandelt wurde.[294] In seinem Kommentar hob er die Korrespondenz von Elektrodynamik und Quantentheorie hervor: „In der Tat läßt sich auf Grund der Wellenmechanik eine Korrespondenztheorie aufbauen, die in sich ebenso geschlossen ist wie die Matrixmechanik, die ihrerseits als eine auf der Korpuskelmechanik sich stützende Korrespondenztheorie aufgefaßt werden kann. Es ist dabei interessant zu sehen, wie der Begriff der Welle oder der Korpuskel als der mehr geeignete Begriff sich darbietet, je nach dem Platz in der Beschreibung wo die Annahme der Diskontinuitäten explizite auftritt.“[295]

Bohr hatte seit den Versuchen von Bothe und Geiger seine einseitige Bevorzugung der Wellentheorie des Lichtes aufgegeben und um eine adäquate Formulierung für den Welle-Teilchen-Dualismus gerungen. Er teilte Einsteins Auffassung nicht, daß die Welleneigenschaften sich als statistischer Effekt auf dem Hintergrund primärer Korpuskeleigenschaften des Lichtes ergeben. Ihm ging es, nachdem er die Wellentheorie in ihrer Einseitigkeit erkannt hatte, um eine Synthese von These (Welle) und Antithese (Teilchen). Dazu bedurfte es vor allem eines neuen physikalischen Konzepts.

Wenn man auch weiterhin gewillt war — Bohr war dies ebenso wie Schrödinger —, logische Widersprüche in physikalischen Theorien auszuschließen, mußte man zugleich Klarheit über die sprachlichen Mittel erlangen, mit denen eine solche Synthese adäquat zum Ausdruck gebracht werden konnte. Bohr benutzte dazu ein Argument, das verständlich machen sollte, warum einmal der *Begriff* „Welle“, ein andermal der Begriff „Korpuskel“ in den Vordergrund trat. Dies war für ihn so, weil „die Definition jedes Begriffes oder viel mehr jedes Wortes die Kontinuität der Erscheinungen wesentlich voraussetzt und daher mehrdeutig wird, sobald diese Voraussetzung nicht aufrechterhalten wird“[296].

[294] Vgl. O. Klein, Elektrodynamik und Wellenmechanik vom Standpunkt des Korrespondenzprinzips, in: Zeitschrift für Physik, **41** (1927), S. 407—442. Für Bohr handelte es sich um eine vollständige Korrespondenztheorie; „. . . since every notion, or rather every word, we use is based on the idea of continuity, and becomes ambiguous as soon as that idea fails“. (N. Bohr, Brief vom 24. 11. 1926 an C. Darwin, in: BSC 9,4.)

[295] N. Bohr, Brief vom 2. 12. 1926 an E. Schrödinger, in: BSC 16,2.

[296] Ebenda. Bohr fügte hinzu: „Dies ist aber wohl nur das von Ihnen verhaßte Greuel der Unterirdischen, und ich brauche kaum zu betonen, mit wie großem Interesse ich Ihre Bestrebungen folge, Ihre lichteren Hoffnungen zu verwirklichen. Wenn Sie nicht in gewöhnlicher Zeit und Raum die Gespenster ganz tot schlagen können, läßt sich vielleicht in einer fünfdimensionalen Welt in der Zukunft ein Vertrag schließen.“
W. Pauli hat Kleins Ausführungen zur Dispersionstheorie und zum Compton-Effekt kritisiert. In seinem Brief vom 29. 3. 1927 hieß es in bezug auf diesen Teil des von Bohr an Schrödinger geschickten Artikels: „Er wird das auch nie richtig verstehen, solange er glaubt, die mehrdimensionalen Räume ignorieren oder sie als ein Verlegenheitsmittel in die Enge geratener Theoretiker betrachten zu können — während sie doch in Wirklichkeit tief im Wesen der Sache liegen und anscheinend das einzige Mittel bilden, die quantitative Korrespondenz (in Ihrem Sinne) herzustellen zwischen Differentialgesetzen kontinuierlicher Funktionen und dem diskontinuierlichen ,willensfreien‘ Geschehen in der Wirklichkeit.“ (W. Pauli, Wissenschaftlicher Briefwechsel mit Bohr, Einstein, Heisenberg u. a., Bd. 1, a. a. O., S. 389, 390.)

Zur Lösung des physikalischen Problems mußte man einen Schritt weiter gehen. Um den nächsten Schritt beim Ausbau der Quantenmechanik sprachlich adäquat auszudrücken, reichte Bohrs Erklärung der Vieldeutigkeit von Wörtern noch nicht aus. Die von Schrödinger als „juristischer Behelf" apostrophierten Beschreibungen „in gewisser Beziehung so, als ob Welle" und in „gewisser Beziehung so, als ob Teilchen" wurden mit den *Heisenbergschen Unbestimmtheitsrelationen* und im *Bohrschen Komplementaritätsprinzip* in klares Denken umgesetzt. Diese Umsetzung stellt den Höhepunkt des in der vorliegenden Untersuchung zu behandelnden Eindringens der Physiker in die philosophisch vielschichtige Widerspruchsproblematik dar und wird erst auf dem Hintergrund der gesamten vorangegangenen Entwicklung der Quantentheorie voll verständlich.

Die Unbestimmtheitsrelationen und das Komplementaritätsprinzip sind Resultat kollektiven Ringens um das Verständnis der nichtrelativistischen Quantenmechanik und zugleich Ergebnisse intensiver eigenständiger Überlegungen zweier Theoretiker, die sich besondere Verdienste um die Lösung der Problemantinomie der Mechanik erworben haben. Das kollektive Ringen schloß die konträren Positionen Schrödingers auf der einen Seite und Bohrs, Heisenbergs, Paulis und weiterer Mitarbeiter Bohrs auf der anderen Seite ein. Im engeren Sinne beschränkt es sich auf die intensiven Diskussionen zwischen Bohr und Heisenberg in Kopenhagen sowie die nicht zu unterschätzenden Anregungen Paulis (sowohl in Briefen als auch im persönlichen Gespräch). Die Formulierung beider Prinzipien wurde schließlich in der Isolation gefunden.[297] Die sprachliche Fixierung des Komplementaritätsprinzips und das Verständnis der Unbestimmtheitsrelationen war ein Prozeß, der im Hinblick auf seine philosophischen Implikationen bis heute nicht als abgeschlossen gelten kann.[298]

[297] Siehe dazu: N. Bohr, Collected Works, Bd. 6 (in Vorbereitung); G. Holton, Zur Genesis des Komplementaritätsgedankens, in: G. Holton, Thematische Analyse der Wissenschaft, Frankfurt a. M. 1981, S. 144—254; K. M. Meyer-Abich, Korrespondenz, Individualität und Komplementarität (Diss.), Hamburg 1965; K. Stolzenburg, Die Entwicklung des Bohrschen Komplementaritätsgedankens in den Jahren 1924 bis 1929 (Diss.), a. a. O.

[298] Vgl. J. Agassi, A Hegelian View of Complementarity, in: British Journal for Philosophy of Science, **9** (1958/59), S. 57—63; I. S. Alekseev, Koncepcija dopolnitel'nosti, Moskva 1978; H. Hörz, Atome — Kausalität — Quantensprünge, Berlin 1964; Materialističeskaja dialektika i konzepzija dopolnitel'nosti, Kiev 1975; P. K. Feyerabend, On a Recent Critique of Complementarity, in: Philosophy of Science, **35** (1968), S. 309—331, **36** (1969), S. 82—105; A. Grünbaum, Complementarity in Quantum Physics and its Philosophical Generalization, in: J. Philos., **54** (1977), S. 713—727; D. A. Howard, Complementarity and Ontology: Niels Bohr and the Problem of Scientific Realism in Quantum Physics (Diss.) Boston 1979; Die Idee der Komplementarität. In: Dialectica **2** (1948) 3/4; M. Jammer, The Philosophy of Quantum Mechanics, New York—London—Sydney—Toronto 1974, S. 85—251; B. G. Kuznecov, Princip dopolnitel'nosti, Moskva 1968; D. R. Murdoch, Complementarity: A Study of Bohr's Philosophy of Quantum Physics (Diss.) Oxford; M. E. Omelyanowsky, Dialectics in Modern Physics, Moscow 1979, S. 119—141; W. Pauli, Die philosophische Bedeutung der Idee der Komplementarität (1950), in: W. Pauli, Aufsätze und Vorträge über Physik und Erkenntnistheorie, Braunschweig 1961, S. 10—17; A. R. Pozner, Metod dopolnitel'nosti:

3.4.4. Quantenmechanische Unbestimmtheitsrelationen

Bei der physikalischen Deutung der Quantenmechanik gingen Bohr und Heisenberg von unterschiedlichen Positionen aus. In Heisenbergs Erinnerungen heißt es über die Zeit, die sich dem Besuch Schrödingers in Kopenhagen (Oktober 1926) anschloß: „In diesen Monaten sprach ich auch mit Bohr in Kopenhagen fast täglich über die Grundprobleme der Quantentheorie. Bohr versuchte, den Dualismus zwischen Wellenbild und Korpuskelbild zum Ausgangspunkt der physikalischen Interpretation zu machen, während ich mich bemühte, ohne Anleihe bei der Wellenmechanik den Weg zu Ende zu gehen, der durch die Quantenmechanik und die Diracsche Transformationstheorie vorgezeichnet schien."[299]

Bestimmt durch seinen Ausgangspunkt, die als korrespondenzmäßige Verallgemeinerung der *Korpuskel*mechanik verstandene Matrizenmechanik, kam Heisenberg zwangsläufig auf das Problem der *Bahnvorstellungen* zurück. Hierüber hatte er seit 1922 immer wieder mit Pauli korrespondiert. Als Pauli am 17. 11. 1925 an Bohr geschrieben hatte, daß in der Matrizenmechanik die Zeitmomente der Übergangsprozesse noch nicht fixiert sind, teilte Heisenberg ihm folgende, für

soderžanija i sfery dejstvija, Moskva 1981; Prinzip dopolnitelnosti i materialističeskaja dialektika, Moskva 1976; Metodologičeskie prinzipy fiziki, Moskva 1979; 385—450; E. Scheibe, The Logical Analysis of Quantum Mechanics, Oxford 1973, S. 29—35; C. F. v. Weizsäcker, Komplementarität und Logik (1955), in: C. F. v. Weizsäcker, Zum Weltbild der Physik, Stuttgart 1970, S. 281—331.

299 W. Heisenberg, Erinnerungen an die Zeit der Entwicklung der Quantenmechanik, in: M. Fierz, V. F. Weisskopf (Hrsg.), Theoretical Physics in the Twentieth Century, London 1960, S. 45. Siehe dazu auch: Interview mit W. Heisenberg vom 25. 2. 1963, S. 16, in: AHQP; L. Rosenfeld, Men and Ideas in the History of Atomic Theory (1971), in: Selected Papers of Leon Rosenfeld, a. a. O., S. 289—294.
Der Briefwechsel zwischen Heisenberg und Pauli aus jenen aufregenden Monaten vermittelt einen lebendigen Eindruck davon, wie folgenreich die Unterschiedlichkeit der Ausgangspositionen von Heisenberg und Bohr sein sollte. Am 5. 2. 1927 schrieb Heisenberg über eine Arbeit von Ehrenfest und Uhlenbeck an W. Pauli: „Daß alle quantenmechanischen Arbeiten noch einmal à la Wellenmechanik publiziert werden, ist doch beinahe ärgerlich." (W. Pauli, Wissenschaftlicher Briefwechsel mit Bohr, Einstein, Heisenberg u. a., Bd. 1, a. a. O., S. 374.) Am 4. 4. 1927 hieß es bei Heisenberg im Zusammenhang mit den Erörterungen von Gedankenexperimenten in Kopenhagen: „Durch Übertreiben nach der einen, wie der anderen Seite kann man viel diskutieren, ohne etwas Neues zu sagen." (Ebenda, S. 391.) Am 16. 5. 1927 wurde Pauli mitgeteilt: „Leider haben die Diskussionen der letzten Zeit zu groben persönlichen Mißverständnissen zwischen Bohr — Klein und mir geführt, an denen ich natürlich einen Teil der Schuld trage." (Ebenda, S. 395.) Die Erklärung folgte am 31. 5. 1927: „Wie Sie wissen, hielt ich die Dirac-Jordan-Theorie für besser als die Wellenmechanik (auch in diskontinuierlich-korrespondenzmäss[iger] Form), weil die Dirac J[ordan] Th[eorie] unanschaulicher und allgemeiner ist und die Diskontinuitäten etwas leichter zu formulieren gestattet. So bin ich in einen Kampf für die Matrizen und gegen die Wellen gekommen; im Eifer dieses Kampfs hab' ich Bohrs Einwände gegen meine Arbeit oft zu scharf kritisiert und, ohne es zu wissen und zu wollen, ihn persönlich dadurch verletzt. Wenn ich jetzt über diese Diskussionen damals nachdenke, kann ich sehr gut verstehen, daß Bohr darüber ungehalten war." (Ebenda, S. 396, 397).

den „Hausgebrauch“ zurechtgelegte Vorstellung mit: „Wenn ein Punkt im Raum wie in der neuen Theorie keinen bestimmten Platz mehr hat oder dieser Platz nur noch symbolisch formal definiert ist, so wird dasselbe auch für den Zeitpunkt eines Ereignisses gelten. Aber es wird stets einen groben Zeitverlauf geben, wie einen groben Platz im Raum, d. h., *innerhalb* unserer geometrischen Anschauung wird man doch eine *grobe* Beschreibung der Phänomene durchführen können. Ich halte für möglich, daß diese *grobe* Beschreibung vielleicht das einzige ist, was man von einem Formalismus verlangen kann.“[300]

Dieser an Ehrenfests „grobe“ und „feine“ Dichteverteilung in der statistischen Mechanik erinnernde Gedanke wurde in den Diskussionen gegen Ende des Jahres 1926 wieder aufgenommen. In einem 12 Seiten langen Brief vom 19. 10. 1926[301] ging Pauli unter anderem auf die inzwischen in den Blickpunkt gerückten Stoßfragen ein. Innerhalb seiner als „unverdauter Knödel“ bezeichneten Überlegungen kam er auf einen damals „dunklen Punkt“, die Impulskomponenten p und die kartesischen Koordinaten q betreffend: „Die p's müssen als *kontrolliert*, die q's als *unkontrolliert* angenommen werden. Das heißt, man kann immer nur die Wahrscheinlichkeiten bestimmter Änderungen der p's bei gegebenen Anfangswerten derselben und *gemittelt über alle möglichen Werte der* q berechnen.“[302] Soweit war die *Mathematik* des Stoßes im dreidimensionalen Fall klar, nicht aber die *Physik*: „Es ist immer dieselbe Sache: es gibt wegen Beugung keine beliebig dünnen Strahlen in der Wellenoptik des Ψ-Feldes, und man darf nicht gleichzeitig den ‚p-Zahlen‘ und den ‚q-Zahlen‘ gewöhnliche ‚c-Zahlen‘ zuordnen. Man kann die Welt mit dem p-Auge und m[a]n kann sie mit dem q-Auge ansehen, aber wenn man beide Augen zugleich aufmachen will, dann wird man irre.“[303]

Gleichzeitig fragte sich Pauli, wieso eigentlich die entsprechenden Matrixelemente Stoßwahrscheinlichkeiten bestimmen. Um das aufzuklären, war man durch die bisherige Theorieentwicklung dazu gekommen, daß „die Verknüpfung der Matrixelemente mit der Beobachtung zugänglichen Daten auf dem Umweg über die emittierte Strahlung vorgenommen wird. Ich bin aber jetzt“, so schrieb Pauli weiter, „mit der ganzen Inbrunst meines Herzens davon überzeugt, daß die *Matrixelemente mit prinzipiell beobachtbaren kinematischen (vielleicht statistischen) Daten der betreffenden Teilchen in den stationären Zuständen verknüpft sein müssen.*“[304] „Kinematische Daten“ waren für ihn „statistische Daten, die sich auf

[300] W. Heisenberg, Brief vom 24. 11. 1925 an W. Pauli, in: W. Pauli, Wissenschaftlicher Briefwechsel mit Bohr, Einstein, Heisenberg u. a., Bd. 1, a. a. O., S. 262/63.

[301] Der Wert dieses Briefes wird aus Heisenbergs Reaktion vom 28. 10. 1926 klar: „Daß ich so spät antworte, kommt daher, daß Ihr Brief dauernd hier die Runde machte und Bohr, Dirac und Hund uns darum raufen ... Über Ihre Betrachtung über die Stoßprozesse bin ich *sehr* begeistert, weil man den physikalischen Sinn des Bornschen Formalismus nun wirklich viel besser versteht als vorher.“ (W. Pauli, Wissenschaftlicher Briefwechsel mit Bohr, Einstein, Heisenberg u. a., Bd. 1, a. a. O., S. 349.)

[302] W. Pauli, Brief vom 19. 10. 1926 an W. Heisenberg, in: Ebenda, S. 345.

[303] Ebenda, S. 347.

[304] Ebenda.

den zeitlichen Verlauf des Verhaltens des Teilchens beziehen. Diese Daten können durchaus von solcher Art sein, daß man *nicht* von einer bestimmten ‚Bahn' des Teilchens reden kann."[305] In diesem Zusammenhang wurde hervorgehoben, daß wiederum nicht gleichzeitig nach p und q gefragt werden darf.

Für Heisenberg war das interessanteste an diesem inhaltsreichen Brief jener von Pauli erwähnte „dunkle Punkt": „Die Gleichung $pq - qp = hi$ entspricht also immer in der Wellenvorstellung der Tatsache, daß es keinen Sinn hat, von einer monochromatischen Welle in einem bestimmten Zeitpunkt (oder sehr kurzen Zeitintervall) zu sprechen. Macht man aber die Linie nicht zu scharf, das Zeitintervall nicht zu kurz, so hat das sehr wohl einen Sinn. Analog hat es keinen Sinn, von der Lage einer Korpuskel bestimmter Geschwindigkeit zu reden. Nimmt man es aber mit Geschwindigk[eit] und Lage nicht so genau, so hat das sehr wohl einen Sinn."[306] Dabei hatte Heisenberg die Hoffnung, daß sich zukünftig in der Quantenmechanik Raum und Zeit als statistische Begriffe erweisen werden, wie etwa Temperatur, Druck usw. in einem Gas. Er ging davon aus, daß räumliche und zeitliche Begriffe für *ein* Teilchen sinnlos seien, aber um so sinnvoller würden, je mehr Teilchen vorhanden sind. Da er von der *Diskontinuität von Raum und Zeit* nach der Transformationstheorie restlos überzeugt war, schrieb er im Anschluß an den von Pauli aufgegriffenen Planckschen Vorschlag, den Phasenraum in Zellen aufzuteilen: „Wenn schon einmal Raum-Zeit irgendwie diskontinuierlich sind, so ist es doch sehr befriedigend, daß es keinen Sinn hat, von z. B. Geschwindigkeit $\dot{x}$ in einem Punkt x zu sprechen. Denn um Geschwindigkeit zu *definieren*, braucht man doch mindestens 2 Punkte, die in einer Diskontinuumswelt eben *nicht* unendlich benachbart liegen können. Wenn wir von Ort, od[er] Geschwindigkeit reden, brauchen wir eben immer Worte, die in einer Diskontinuumswelt offenbar garnicht anständig definiert sind."[307]

Es ging in den Überlegungen Heisenbergs und Paulis ebenso wie in den Diskussionen von Bohr und Heisenberg immer wieder um den korrespondenzmäßigen Anschluß der Quanten*mechanik* an die *klassische Mechanik*. Die Begriffe der klassischen Mechanik waren nicht einfach in die Quantenmechanik übernommen worden. Die neue Theorie operierte mit formalen Größen, von denen man noch nicht wußte, wie sie im Grenzfall in jene aus der klassischen Mechanik bekannten meßbaren Größen übergehen.

In der Heisenbergschen Matrizenmechanik kam der Begriff der Elektronenbahnen nicht vor. Elektronen hinterlassen aber in der Wilsonschen Nebelkammer Spuren, die als Bahnen dieser Teilchen deutbar sind. Eine Theorie, die be-

[305] Ebenda, S. 348.
[306] W. Heisenberg, Brief vom 28. 10. 1926 an W. Pauli, in: Ebenda, S. 350.
[307] W. Heisenberg, Brief vom 15. 11. 1926 an W. Pauli, in: Ebenda, S. 354, 355. Die Konsequenzen dieser Diskussionen werden in der Feynmanschen Konzeption der Quantenmechanik am besten verdeutlicht. Siehe dazu: U. Röseberg, Determinismus und Physik, Berlin 1975, S. 89—95.

anspruchte, Gesetzmäßigkeiten in den Beziehungen zwischen beobachtbaren Größen zu erfassen, mußte selbstverständlich auch die beobachtbaren Spuren von Elektronen in der Nebelkammer abzubilden erlauben. Das schien aber nicht der Fall zu sein. Damit lag ein schwerwiegender Einwand gegen den neuen Formalismus vor.

Heisenberg versuchte, diese Schwierigkeiten im Rahmen der Transformationstheorie zu beheben, und ging davon aus, daß mit dem vorliegenden Formalismus bereits der in sich *geschlossene* und *konsistente* Apparat der neuen Theorie gegeben war.[308] Diese *Annahme* erwies sich als außerordentlich fruchtbar. Es muß aber berücksichtigt werden, daß 1927 die gegenteilige Annahme ebenfalls berechtigt erscheinen konnte.

Ausgangspunkt der folgenden quantenmechanischen Berechnungen war eine Analyse der *realen* Beobachtungen. Da die beobachtbaren Spuren der Elektronen in der Wilsonschen Nebelkammer nichts anderes als eine Folge von einzelnen Wassertröpfchen sind, deren Ausdehnung wesentlich größer ist als die der Elektronen selbst, konnte man aus diesen Spuren korrekterweise noch nicht auf die Existenz von klassischen Bahnen der Elektronen schließen. Ein räumlich sehr viel größeres Wassertröpfchen vermag das Elektron zu keinem Zeitpunkt im Sinne des Bahnbegriffs der klassischen Mechanik zu lokalisieren. Wegen dieser Unbestimmtheit des Ortes läßt sich aus dem Verlauf der Spur in der Nebelkammer auch nicht eindeutig auf den Impuls des Elektrons schließen. Ort und Impuls lassen sich aber in Abhängigkeit von der Breite der tatsächlich beobachteten Spur mit ausmeßbaren Unbestimmtheiten angeben.

Daraus nun erwuchs die Frage, ob in der Theorie, die beanspruchte, eine adäquate Beschreibung *aller* beobachtbaren Phänomene der Atomphysik zu sein, eine Situation herstellbar ist, in der das Elektron über eine Koordinate $x \pm \Delta x$ und gleichzeitig über eine Impulsprojektion auf die x-Achse $p_x \pm \Delta p_x$ verfügt. Die Δx und Δp_x mußten mindestens so klein gemacht werden können, daß es keine Widersprüche zur Beobachtung gab. In der klassischen Mechanik wäre es möglich gewesen, Δx und Δp_x gleichzeitig gegen Null gehen zu lassen. Die Vertauschungsrelation (5) verbot das aber für die Quantenmechanik. Es konnte gezeigt werden, daß dort für die Mittelwerte des Quadrats der Abweichung $\langle(\Delta x)^2\rangle$ und $\langle(\Delta p_x)^2\rangle$ immer gilt[309]

$$\langle(\Delta x)^2\rangle \langle(\Delta \mathrm{k}_x)^2\rangle \geqq \frac{h^2}{4}. \qquad (11)$$

[308] Vgl. W. Heisenberg, Über den anschaulichen Inhalt der quantentheoretischen Kinematik (1927), in: Dokumente der Naturwissenschaft Abteilung Physik, Bd. 4; W. Heisenberg/N. Bohr, Die Kopenhagener Deutung der Quantentheorie, Stuttgart 1963, S. 9—35.

[309] In Heisenbergs erster Publikation wurde die Unbestimmtheitsrelation in der Form $\Delta q \cdot \Delta p \sim h$ mitgeteilt. Spätere Untersuchungen haben diese Relation mathematisch weiter präzisiert, ohne ihren physikalischen Kern zu verändern. Siehe beispielsweise: M. Jammer, The Philosophy of Quantum Mechanics, a. a. O., S. 55—84.

Mit dieser Unbestimmtheitsrelation für Ort und Impuls war eine Konsequenz der neuen Theorie aufgezeigt, die einen der prinzipiellen Unterschiede zwischen der klassischen und der Quantenmechanik markiert. Während die klassische Mechanik davon ausging, daß Massenpunkte sich auf mathematischen Raum-Zeit-Kurven mit besonderen Stetigkeits- und Differenzierbarkeitseigenschaften bewegen, kommt dieser Bahnbegriff in der Quantenmechanik nicht vor und wird durch den Formalismus sogar streng verboten. *Je kleiner* die Unbestimmtheit des Ortes eines Mikroobjektes gemacht wird, um *so größer* wird notwendigerweise gleichzeitig die Unbestimmtheit des Impulses dieses Objektes.

Diese völlig unerwartete Eigenschaft des quantenmechanischen Formalismus ermöglichte es, die beobachtbaren Spuren von Elektronen in der Nebelkammer eindeutig zu beschreiben und zu erklären. Das Resultat der Heisenbergschen Berechnungen rechtfertigte also die ursprüngliche Überzeugung, daß die Quantenmechanik *nicht* modifiziert werden müsse.

Neben der Orts-Impuls-Unbestimmtheitsrelation formulierte Heisenberg noch eine entsprechende Energie-Zeit-Unbestimmtheitsrelation. Er konnte seine Bemühungen um das Verständnis dieser in der klassischen Mechanik völlig unbekannten Relationen physikalisch 1927 mit dem Nachweis abschließen, daß derartige Unbestimmtheitsrelationen Folgen der Vertauschungsregeln der entsprechenden Operatoren sind und daher für alle nichtkommutativen Operatoren gelten müssen.

War Heisenberg 1925 davon ausgegangen, *nur Beziehungen zwischen beobachtbaren Größen* in der Theorie zuzulassen, stieß er jetzt auf eine Eigenschaft der *Theorie, die festlegte, was beobachtbar ist.* In Übereinstimmung mit der Quantenmechanik lassen sich Bahnen im Sinne der klassischen Mechanik nicht beobachten und werden für Mikroobjekte auch tatsächlich nirgends beobachtet.

Die Forderung nach Ausschluß von Beziehungen zwischen nichtbeobachtbaren Größen war zum Zeitpunkt des Entwurfs der neuen physikalischen Theorie eine heuristisch gerechtfertigte Forderung. Die Unbestimmtheitsrelationen sind ein weiterer Beweis dafür, daß diese Forderung 1925 nicht im Sinne einer normativen Regel der starken Methodologie zu realisieren war. Der die Theorieentwicklung vorantreibende *dialektische Widerspruch*, daß einerseits die Theorie von der Beobachtung auszugehen hat und andererseits erst festlegt, was eigentlich beobachtet werden kann, wurde in den späteren Arbeiten Heisenbergs methodisch reflektiert.

In seinen Erinnerungen an die Entstehung der Atomphysik hat er 1969 die Unbestimmtheitsrelation für Ort und Impuls als Konsequenz der Feststellung Einsteins bezeichnet, daß erst die Theorie entscheide, was man beobachten könne.[310] Aus der zitierten Originalarbeit Heisenbergs und seinem Briefwechsel von 1927 ist ersichtlich, daß diese Behauptung wohl vor allem als rationale Rekonstruktion seines Vorgehens zu verstehen ist. Die methodische Klarheit des Jahres 1969 schon

[310] Vgl. W. Heisenberg, Der Teil und das Ganze, a. a. O., S. 111.

1927 unterstellt, hätten manche der sich aus den mißverständlichen Formulierungen der genannten Originalarbeit ergebenden Schwierigkeiten vermieden oder mindestens gemildert werden können.

Im Widerspruch zum Anliegen dieser Arbeit benutzte Heisenberg 1927 Begriffe wie „Unsicherheit", „Unsicherheitsrelation" und „Ungenauigkeit". Später wurde von „Ungenauigkeitsrelationen" gesprochen. Mit dieser Wortwahl war die Möglichkeit zur physikalischen Mißdeutung der Unbestimmtheitsrelationen gegeben. Oft wurden die entsprechenden Formulierungen dann so verstanden, als gebe es eigentlich klassische Bahnen, wir seien aber nicht in der Lage, sie genau zu bestimmen. Die Unbestimmtheitsrelationen erschienen damit als Mangel unserer Kenntnisse. Diese Auffassung aber galt es gerade zu verhindern, wenn man herausfinden wollte, ob klassisch-mechanische Bahnen für Mikroobjekte möglich sind und wie die Spuren in der Wilsonschen Nebelkammer zustande kommen.

Das festzustellen ist vom Standpunkt der siegreichen Quantenmechanik relativ einfach. Darüber bereits Klarheit zum Zeitpunkt der Ausarbeitung der neuen physikalischen Gedanken vorauszusetzen oder zu erwarten wäre aber ahistorisch.

Heisenberg ging in seiner Arbeit von 1927 von Gedankenexperimenten aus, die, später vielfach modifiziert, auch in den philosophisch-erkenntnistheoretischen Diskussionen immer wieder herangezogen wurden. Der Gedanke, daß wegen des Compton-Effektes jede Messung des Ortes eines Elektrons durch Licht zugleich mit einer unstetigen Veränderung seines Impulses verbunden sei und jede Impulsmessung in Übereinstimmung mit de Broglies Hypothese eine Ortsveränderung nach sich zieht, war insofern fruchtbar, als die Bedeutung der *Wechselwirkung* eines *Meßgerätes* mit dem *Meßobjekt* im Meßprozeß damit herausgearbeitet wurde. Man durfte nicht länger wie in der Makrophysik darauf hoffen, den Einfluß des Meßgerätes auf das Meßobjekt vollständig vernachlässigen zu können.

Dieser richtige Gedanke hatte im Zusammenhang mit der anschaulichen Vorstellung von derartigen Meßprozeduren aber auch den Nachteil, daß man implizit beim Elektron immer die Existenz eines Ortes unterstellte. Für Heisenberg ergab sich das ganz zwanglos daraus, daß er weiterhin noch das Korpuskelbild vorzog. Wegen des seiner Meinung nach notwendigen diskontinuierlichen Elements in der neuen Theorie schien allerdings der Geschwindigkeitsbegriff keinen Sinn mehr zu haben. Nur stetige Kurven können differenzierbar sein. Die „Bahn eines Elektrons" mußte man sich anschaulich aus einzelnen, voneinander getrennten Punkten vorstellen.

Heute weiß man, daß diese Bahnvorstellung mit der Quantenmechanik ebenso unvereinbar ist wie die Schrödingersche Interpretation der Wellenfunktion. 1927 war man sich über die diesbezüglichen Widersprüchlichkeiten der Heisenbergschen Arbeit noch nicht im klaren. Inzwischen ist es einfach, festzustellen, daß in ihr das prinzipiell Neue zum Teil noch in der alten, nicht mehr voll funktionsfähigen Sprache ausgedrückt wurde. Es kam auf der Ebene der benutzten Sprache zu einer Situation, die jener in der Theorie glich, als N. Bohr 1913 die Maxwellsche Elektrodynamik und die Newtonsche Mechanik (zusammen mit entsprechenden

Quantenpostulaten) unterstellte, obgleich er von der Überzeugung ausging, daß gerade diese Theorien verändert werden müssen.

Heisenbergs Arbeit bot aber außer dem Problem der adäquaten sprachlichen Fixierung des neuen quantenmechanischen Resultates durch eine Reihe weiterer umstrittener theoretischer Positionen noch mehr Zündstoff für die kommenden Auseinandersetzungen. Beispielsweise sah er in den „Ungenauigkeiten" gleichzeitiger Orts- und Impulsmessungen sowie den analogen „Ungenauigkeiten" bei der Bestimmung anderer Größen den eigentlichen Grund für das Auftreten statistischer Zusammenhänge in der Quantenmechanik. Damit gab er, obwohl bereits damals von der Grundsätzlichkeit des Wahrscheinlichkeitscharakters quantenmechanischer Voraussagen überzeugt, ungewollt den späteren Diskussionen Nahrung, die um die mögliche Ergänzung der neuen Theorie durch „verborgene Parameter" geführt wurden.

Heisenberg gründete seine Überzeugung, daß der Formalismus der Quantenmechanik keiner Revision mehr bedürfe, vor allem darauf, daß es gelungen war, Beziehungen „zwischen konkreten experimentell gegebenen Zahlen" anzugeben.[311] Wenn man wie Heisenberg davon ausging, daß die Physik „nur den Zusammenhang der Wahrnehmungen formal beschreiben" soll, war mehr auch nicht zu fordern.[312] Da die quantenmechanischen Unbestimmtheitsrelationen eine exakte Folge des mathematischen Apparates der Transformationstheorie waren, bot es sich an, nun mit ihrer Hilfe die Gültigkeit der nichtrelativistischen Quantenmechanik zu überprüfen. Der Vergleich mit der durch die Endlichkeit der Lichtgeschwindigkeit gegebenen Relativität der Gleichzeitigkeit in der speziellen Relativitätstheorie lag auf der Hand. In einem ersten Entwurf seines Artikels brachte Heisenberg das auf die Formel: „Die Vertauschungsrelationen sind für die Qu[anten]-M[echanik], was die Relativität der Gleichzeitigkeit der Relativit[äts]theorie bedeutet. Wenn es je ein Experiment gäbe, das *p* und *q* gleichzeitig und *genau* zu bestimmen gestattete, müßte die Qu[anten]-M[echanik] notwendig falsch sein."[313] Verständlich, daß viele Angriffe auf die Quantenmechanik später Versuche waren, im Experiment oder Gedankenexperiment die *Ungültigkeit* der sich aus den Vertauschungsrelationen ergebenden Unbestimmtheitsrelationen zu erweisen. Da

[311] W. Heisenberg, Über den anschaulichen Inhalt der quantentheoretischen Kinematik (1927), a. a. O., S. 9.

[312] Ebenda, S. 34. Man geht sicher nicht fehl in der Annahme, Heisenbergs Bemerkung im Brief vom 23. 2. 1927 an W. Pauli „. . . daß es wirklich in vielen Punkten noch unklar ist; das weiß ich sehr gut" (W. Pauli, Wissenschaftlicher Briefwechsel mit Bohr, Einstein, Heisenberg u. a., Bd. 1, a. a. O., S. 381) auf diesen Punkt ebenso zu beziehen wie auf das vorher erwähnte Sprachparadoxon.

[313] W. Heisenberg, Brief vom 23. 2. 1927 an W. Pauli, in: W. Pauli, Wissenschaftlicher Briefwechsel mit Bohr, Einstein, Heisenberg u. a., Bd. 1, a. a. O., S. 378.

keinem dieser Versuche Erfolg beschieden war, sind die Unbestimmtheitsrelationen heute eine der besten Stützen für die Gültigkeit der Quantenmechanik.[314]

Heisenberg betonte, daß man vom „Ort eines Elektrons" und von dessen „Geschwindigkeit" nur dann sprechen kann, wenn man gleichzeitig Experimente anzugeben vermag, mit deren Hilfe man diese Größen zu messen gedenkt. Da dies nur für kanonisch konjugierte Größen von Bedeutung war, wurden somit indirekt zwei Größenarten unterschieden: solche, denen unabhängig vom Meßverfahren feste Werte zugeordnet werden können, und solche, von denen man nur sprechen kann, wenn man gleichzeitig ein entsprechendes Meßverfahren angibt.

Für die bald schon um die Frage der Materialität der Mikroobjekte aufflammenden philosophischen Diskussionen muß man die in den ersten quantenmechanischen Arbeiten zumeist als Trivialität betrachtete Tatsache hervorheben, daß die Objekte der nichtrelativistischen Theorie ohne Verletzung der Unbestimmtheitsrelationen immer durch eine Reihe von exakt bestimmten Größen charakterisiert sind (damals bekannt waren Ruhemasse, elektrische Ladung und Spin).[315]

Aus der Unbestimmtheitsrelation für Ort und Impuls zog Heisenberg den Schluß: „*Die ‚Bahn' entsteht erst dadurch, daß wir sie beobachten.*"[316] Er hielt Diracs Bemerkung, daß die Statistik erst durch unsere Experimente in die Natur hereingebracht wird, für tiefer als die Feststellung von Born und Jordan, daß die

[314] Die zentrale Bedeutung der Unbestimmtheitsrelationen scheint Pauli zu der Frage veranlaßt zu haben, ob man nicht, ausgehend von diesen Relationen, die Theorie deduktiv aufbauen oder mindestens plausibler einführen könne. Heisenberg schrieb ihm am 9. 3. 1927 in Beantwortung eines verlorengegangenen Briefes: „Ich glaub' garnicht, daß man die quantitativen Gesetze irgendwie plausibel machen kann aus der Gl[eichung] $p_1 q_1 \sim \frac{h}{2\pi i}$. Aber das ist in der Qu[anten]-M[echanik] nicht anders, als sonst irgendwo. Z. B. läßt sich das Prinzip der konstanten Lichtgeschwindigkeit in der Relativitätsth[eorie] auch nicht begründen. Weshalb sollte die Lichtgeschw[indigkeit] nicht von den Massen im Unendlichen abhängen? Die Annahme *konstanter* Lichtgesch[windigkeit] ist nur die einfachste, wenn man einmal Einsteins Definition der Gleichzeitigk[eit] annimmt. So glaub' ich auch: wenn man einmal weiß, daß p und q nicht einfach Zahlen sind, sondern daß $p_1 q_1 \sim \frac{h}{2\pi i}$, dann ist eben die Annahme, daß p und q Matrizen seien, die denkbar einfachste. Natürlich, ich seh' gut, daß diese Formulierung unbefriedigend scheinen kann, aber ist es nicht die gleiche Willkür, die wir in allen physika-l[ischen] Theorien treffen?" (W. Pauli, Wissenschaftlicher Briefwechsel mit Bohr, Einstein, Heisenberg u. a., Bd. 1, a. a. O., S. 383, 384.)

[315] Noch weitergehende Änderungen des Objektbegriffes waren aber damals schon im Gespräch. Pauli sprach im Brief vom 17. 10. 1927 an N. Bohr von der Hoffnung, „daß die Atomistik der elektrischen Ladung sich später einmal analog auffassen lassen wird, wie die Existenz stationärer Zustände, so daß die Zahl der Elementarladungen in einem gewissen Gebiet als Quantenzahl erscheinen wird". (Ebenda, S. 412.)

[316] W. Heisenberg, Über den anschaulichen Inhalt der quantentheoretischen Kinematik (1927), a. a. O., S. 22.

Naturgesetze statistisch seien.[317] Mit solchen Bemerkungen, dem Hinweis auf die Unkontrollierbarkeit der Wechselwirkung zwischen Objekt und Apparat sowie auf die Reduktion des Wellenpakets bei der Beobachtung war eine bis heute anhaltende Diskussion um die *Rolle des Beobachters* in der Theorie provoziert, die philosophisch um die Subjekt-Objekt-Dialektik geführt wurde und wird.

Heisenberg stellte fest, daß die statistischen Gesetze in der klassischen Theorie von denen in der Quantentheorie unterschieden sind. In allen Fällen von Relationen exakt meßbarer Größen der klassischen Theorie gelten diese auch in der Quantentheorie entsprechend (Impuls- und Energiesatz). Wegen der Unbestimmtheitsrelationen, die z. B. die gleichzeitige Anwendbarkeit solcher Begriffe wie Ort und Impuls einschränken, sei aber an der scharfen Formulierung des Kausalgesetzes: „Wenn wir die Gegenwart genau kennen, können wir die Zukunft berechnen" nicht der Nachsatz, sondern die Voraussetzung falsch: „Wir können die Gegenwart in allen Bestimmungsstücken prinzipiell nicht kennenlernen. Deshalb ist alles Wahrnehmen eine Auswahl aus einer Fülle von Möglichkeiten und eine Beschränkung des zukünftig Möglichen. Da nun der statistische Charakter der Quantentheorie so eng an die Ungenauigkeit aller Wahrnehmung geknüpft ist, könnte man zu der Vermutung verleitet werden, daß sich hinter der wahrgenommenen statistischen Welt noch eine ‚wirkliche' Welt verberge, in der das Kausalgesetz gilt. Aber solche Spekulationen scheinen uns, das betonen wir ausdrücklich, unfruchtbar und sinnlos. Die Physik soll nur den Zusammenhang der Wahrnehmungen formal beschreiben. Vielmehr kann man den wahren Sachverhalt viel besser so charakterisieren: Weil alle Experimente den Gesetzen der Quantenmechanik ... unterworfen sind, so wird durch die Quantenmechanik die Ungültigkeit des Kausalgesetzes definitiv festgestellt."[318]

[317] Vgl. ebenda, S. 14. Diesen Punkt hat Heisenberg in seiner Veröffentlichung gegenüber der ersten Mitteilung an Pauli vom 23. 2. 1927 wesentlich abgeschwächt (siehe dazu: W. Pauli, Wissenschaftlicher Briefwechsel mit Bohr, Einstein, Heisenberg u. a., Bd. 1, a. a. O., S. 377). Am 14. 3. 1927 schrieb W. Heisenberg an W. Pauli, daß bei den Überlegungen zum Meßproblem, wenn man die messenden Apparate mit zum Quantensystem rechne, noch sehr viel zu tun sei: „Vielleicht führt die Diskussion dieser Seite der Qu[anten]-M[echanik] noch zu Überraschungen über das, was sie den ‚freien Willen' der Natur nennen. Ich glaube aber eigentlich nicht, sondern glaub', daß die bisherigen Schwierigkeiten nur an der Unübersichtlichkeit der vielen Dimensionen liegen." (Ebenda, S. 387.)

[318] W. Heisenberg, Über den anschaulichen Inhalt der quantentheoretischen Kinematik (1927), a. a. O., S. 34. Die Bedeutung dieser Sätze wird relativiert durch einen Kommentar Heisenbergs vom 9. 3. 1927 an W. Pauli, der bislang unbekannt war. Heisenberg kommentierte seine weitreichenden Verallgemeinerungen 14 Tage, bevor er den Artikel zum Druck gab: „Dieser Schluß ist aber überhaupt noch sehr zweifelhaft, und ich kann mir denken, daß ich ihn noch zehnmal ganz ändere oder ganz weglasse. Der letzte Satz ist offensichtlich in einem plötzlichen Wutanfall über einige neuerschienene Arbeiten entstanden; aber das kann wohl so stehenbleiben." (W. Pauli, Wissenschaftlicher Briefwechsel mit Bohr, Einstein, Heisenberg u. a., Bd. 1, a. a. O., S. 384.) Neben der in Anm. 95 angegebenen Literatur siehe dazu auch: G. Bratoev, Kvantova mechanika i pričinnost, Sofia 1975; H. Hörz, Werner Heisenberg und die Philo-

Ein traditionell philosophisches Problem sollte damit durch die neue Quantenmechanik definitiv gelöst sein. In Wirklichkeit wurde aber keine Lösung des *philosophischen* Problems gegeben, sondern im Anschluß an eine *physikalische* Erkenntnis eine lang anhaltende philosophische Diskussion provoziert.

Pauli sprach in Reaktion auf die Mitteilung der wesentlichen Überlegungen von Heisenberg noch vor deren Veröffentlichung euphorisch von der „Morgenröte der Neuzeit" und stellte fest: „Es wird Tag in der Quantentheorie."[319] Damit hatte er Recht, wenn er den physikalischen Gehalt der Heisenbergschen Überlegungen meinte. Die gleichzeitig aufgestellten philosophischen Behauptungen waren aber, wie sich bald zeigen sollte, eher dazu angetan, Verwirrung zu stiften.

Dies hatte auch Bohr empfunden, der auf Heisenbergs Artikel weitaus weniger euphorisch reagierte als Pauli. Bohr riet sogar zunächst von einer Veröffentlichung des Artikels in dieser Form ab. Heisenberg publizierte ihn trotzdem, er fand sich lediglich bereit, geringfügige Korrekturen in einem Nachtrag anzufügen.

Heisenberg kündigte Pauli an, daß Bohr beabsichtige, eine Arbeit über den begrifflichen Aufbau der Quantentheorie zu schreiben „unter dem Gesichtspunkt: ‚Es gibt Wellen und Korpuskeln', — wenn man damit gleich anfängt, kann man natürlich auch alles widerspruchsfrei machen"[320]. „Natürlich" allerdings war das eben erst *nach* dem Komplementaritätsprinzip. Wie schwer dieser Gedanke aufzunehmen war, bewies Heisenberg wenige Zeilen später in demselben Brief. Mit einer neuerlichen Rechtfertigung des Ausgangspunktes seiner Überlegungen zeigte er an, daß er den Standpunkt des Bohrschen Komplementaritätsdenkens noch nicht eingenommen hatte: „Auch sonst lassen sich wohl einige Punkte besser sagen und in allen Einzelheiten diskutieren, wenn man eben mit den Wellen gleich eine quantitative Diskussion anfängt. Trotzdem bin ich natürlich nach wie vor der Ansicht, daß die Diskontinuitäten das einzig interessante an der Qu[anten]th[eorie] sind und daß man sie nie genug betonen kann; deswegen bin ich auch nach wie vor so froh über diese letzte Arbeit . . .; alle Resultate der Arbeit sind ja richtig, und

sophie, Berlin 1966; M. Sabitov, Dialektika neobchodimosti i slučajnosti v kvantovoj mechanike, Alma-Ata 1974; M. Usmanov, Dialektika v kvantovoj mechanike, Taškent 1975; P. I. Vizir/A. D. Ursul, Dialektika opredelennosti i neopredelennosti, Kišinev 1976.

319 Interview mit W. Heisenberg vom 25. 2. 1963, S. 16, in: AHQP. 17. So aber dachten keineswegs alle Physiker, die die Entwicklung der Quantentheorie maßgeblich mitgeprägt haben. P. Ehrenfest beispielsweise verspürte das heftige Bedürfnis, „inmitten des Hexensabbats der neueren Quantenrechnerei" die Stimmen von Bohr und Einstein zu hören. Er schrieb am 24. 6. 1927 an N. Bohr, daß er alle seine Kräfte darauf konzentriert habe, „diese verteufelte Rechenmaschine zu capieren", um zugleich resignierend festzustellen: „Aber jetzt, wo ich es einigermaßen kann, sehe ich, daß ich ganz außer Stande bin, die Sache ‚physikalisch' zu durchschauen, welche Bedeutung dieses Wort auch immer noch besitzen möge. Auch die ‚Anschauliche Interpretation' von Heisenberg hat mir gerade in den wesentlichsten Punkten noch gar nicht darin geholfen." (BSC 10,1.)

320 W. Heisenberg, Brief vom 16. 5. 1927 an W. Pauli, in: W. Pauli, Wissenschaftlicher Briefwechsel mit Bohr, Einstein, Heisenberg u. a., Bd. 1, a. a. O., S. 394.

über sie bin ich auch mit Bohr einig; sonst sind zwischen Bohr und mir wesentliche Geschmacksunterschiede über das Wort ‚anschaulich' vorhanden."[321]

Während Heisenberg für die nichtrelativistische Quantenmechanik nach wie vor in der metaphysischen Alternative von Kontinuität und Diskontinuität verharrte und die Kontinuität logisch negierte, hatte die philosophische Tiefe Bohrs bereits zur Stufe dialektischer Synthese von These und Antithese gefunden. Auch Heisenbergs Auffassungen zum Übergang von der Mikro- zur Makromechanik waren denen Bohrs weit unterlegen. In jenem Brief, in welchem Heisenberg am 10. 3. 1927 Bohr in Norwegen von seinen neuen physikalischen Ergebnissen Mitteilung gemacht hatte, stellte er einfach fest: „Die klassische Mechanik ist ganz und gar ein Teil der Quantenmechanik."[322] So einfach aber lagen die Dinge für den spontanen Dialektiker Bohr schon damals nicht mehr.

3.4.5. Komplementaritätsprinzip

Bohr hatte während seines Norwegen-Aufenthaltes zu Beginn des Jahres 1927 keine neuen physikalischen Formeln gefunden, die den Inhalt der Quantenmechanik verdeutlichen konnten. Er stieß vielmehr in seinen physikalischen Überlegungen auf eine „neue Art, über Naturerscheinungen zu denken".[323]

Hatten wir schon bei den Heisenbergschen Unbestimmtheitsrelationen auf die Schwierigkeiten der sprachlichen Fixierung der neuen Gedanken hinweisen müssen, so ist ein solcher Hinweis für das Komplementaritätsprinzip in noch stärkerem Maße angebracht. Es ist gewiß nicht allein Bohrs nahezu pedantischer Sorgfalt im Formulieren geschuldet, daß es relativ langer Zeit bedurfte, bevor dieser Gedanke publiziert wurde.[324] Nach der ersten veröffentlichten Darstellung der

[321] Ebenda, S. 394, 395.

[322] W. Heisenberg, Brief vom 10. 3. 1927 an N. Bohr (Original in dänischer Sprache), in: BSC 11,2.

[323] M. Born, Die statistische Deutung der Quantenmechanik (1954), in: M. Born, Physik im Wandel meiner Zeit, Braunschweig, Berlin 1957, S. 173. Was für Borns statistische Interpretation der Wellenfunktion gilt, kann zugleich für das Bohrsche Komplementaritätsprinzip in Anspruch genommen werden.

[324] Bohr trug sich zunächst mit dem Gedanken, den Beitrag von N. R. Campbell, Philosophical Foundations of Quantum Theory (Nature, **119** (1927), S. 779) zu kommentieren, der am 28. 5. 1927 erschienen war. Er bereitete sich zugleich auf einen Vortrag für den internationalen Physikerkongreß anläßlich des 100. Todestages von Volta in Como (September 1927) und den 5. Solvay-Kongreß (laut Einladung von H. A. Lorentz vom 4. 6. 1926 sollte dort behandelt werden „the conflict between the classical theories and the quantum theory" — BSC 13,3) mit Überlegungen zur begrifflichen Grundlage der Quantenmechanik vor. Am 13. 1. 1928 schrieb Pauli, nachdem er schon im Oktober 1927 einen ausführlichen schriftlichen Kommentar zum Manuskript abgegeben hatte, nun in Vorbereitung auf Bohrs Besuch in Hamburg: „Die Papierscheren und Leimtöpfe des Instituts werden aufs beste für sie vorbereitet werden." (W. Pauli, Wissenschaftlicher Briefwechsel mit Bohr, Einstein, Heisenberg u. a., Bd. 1, S. 425.) Bohr beabsichtigte, während dieses Besuchs seine wesentlich überarbeitete deutsche Fassung der Vorträge in Como und Brüssel fertigzustellen. Sein Beitrag mit dem Komplementaritätsprinzip wurde schließlich *ein Jahr nach* Heisenbergs Abhandlung mit den Unbestimmtheitsrelationen publiziert: N. Bohr, Das Quantenpostulat und die neuere Entwicklung der Atomistik, in: Die Naturwissenschaften, **16** (1928), S. 245—257.

begrifflichen Grundlagen der Quantenmechanik unter Verwendung des Komplementaritätsprinzips rang Bohr eigentlich bis an sein Lebensende um dessen sprachliche und inhaltliche Präzisierung.[325] Gegner des Komplementaritätsprinzips, wie etwa Einstein, haben Bohr kritisiert, er hätte dieses Prinzip nirgends klar eingeführt.

Im Gegensatz zu Heisenberg ging Bohr bei seinen Überlegungen zum anschaulichen Verständnis der Quantenmechanik nicht vom bestehenden mathematischen Formalismus, sondern von jenen Bildern aus, die der Entwicklung dieses Formalismus physikalisch vorausgegangen waren. Dabei hatte man es mit einer nicht auflösbaren *Dualität* von Welle und Teilchen zu tun: „In der klassischen Mechanik sind wir jederzeit in der Lage, Rechenschaft (in Zeit und Raum) abzulegen; dies können wir nicht in der Quantentheorie, und deshalb bekommen wir eine Dualität in unsere Bilder, die sich darin äußert, daß wir das besprochene Wechselspiel zwischen Korpuskel und Welle (Diskontinuität und Kontinuität) haben."[326]

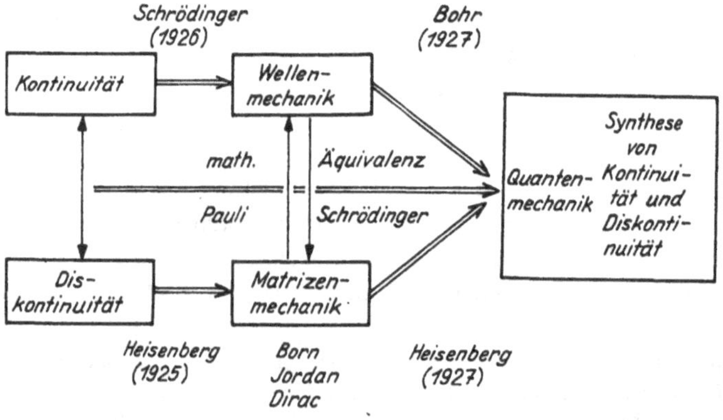

Abb. 8: Zur Rolle physikalischer Kontinuitäts- und Diskontinuitätsauffassungen auf dem Weg zur konsistenten nichtrelativistischen Quantenmechanik

Der Welle-Teilchen-Dualismus auf der Grundlage von de Broglies „Materiewellen" und der Welle-Teilchen-Dualismus beim Licht waren noch nicht als zwei Erscheinungsformen einer, *alle* materiellen Objekte charakterisierenden, wesentlichen Eigenschaft erkannt. Die Objekte mit Ruhemasse wurden noch in Analogie zu den Photonen mit der Ruhemasse 0 betrachtet.

Der Anfang des Jahres 1927 im Denken Bohrs vollzogene Schritt von der naturwissenschaftlich festgestellten *Dualität* zur *Komplementarität* ist erstmals in einem

[325] Siehe dazu: N. Bohr, Atomtheorie und Naturbeschreibung, Berlin 1931; Niels Bohr, Atomphysik und menschliche Erkenntnis, Bd. 1 und 2, Braunschweig 1964 und 1966; Interview mit N. Bohr vom 17. 11. 1962 (einem Tage vor seinem Tode), in: AHQP.

[326] Manuskript Bohrs in O. Kleins Handschrift. Zitiert bei: K. Stolzenburg, Die Entwicklung des Bohrschen Komplementatitätsgedankens in den Jahren 1924 bis 1929 (Diss.), a. a. O., S. 149.

Manuskript vom 10. 7. 1927 dokumentiert. Es heißt dort: „Die Theorie zeigte ja eine Dualität, wenn man einerseits das Superpositionsprinzip und andererseits die Erhaltung von Energie und Impuls betrachtet. Komplementäre Seiten der Erfahrung, die sich nicht in einem Raum-Zeitbild vereinen lassen, das auf den klassischen Theorien beruht."[327] „Erhaltung von Energie und Impuls" stand bei Bohr nach Aufgabe der 1924 mit Kramers und Slater vorgeschlagenen Strahlungstheorie für „Individualität". Im Brief an W. Pauli vom 17. 8. 1927 faßte er seine „Auffassung vom Wesen der Quantentheorie" in die Feststellung, daß „die scheinbar widersprüchlichen Forderungen nach Superposition und Individualität nicht konträre, sondern komplementäre Seiten der Natur sind".[328] — „Contraria sunt complementa" wurde zum Wahlspruch Bohrs, den er in das 1947 entworfene Familienwappen aufnahm, welches auch das chinesische Symbol für Yin und Yang, die beiden gegensätzlichen und sich zugleich ergänzenden Elemente enthält.[329]

Bohr betonte immer wieder, daß die Begriffe der klassischen Physik nur begrenzt für die Erklärung atomarer Phänomene anwendbar sind. Heisenbergs Unbestimmtheitsrelationen hatten das 1927 in nachhaltiger Weise unterstrichen. In der zusammenfassenden Darstellung der neuen Entwicklungen[330] ging Bohr ebenso wie Heisenberg von der Bedeutung des Quantenpostulats aus. Daraus folgte für ihn der Verzicht auf kausale raum-zeitliche Beschreibung inneratomarer Prozesse. Damit aber war lediglich gemeint, daß es keinen Sinn habe, im stationären Zustand der Atome Elektronen„bahnen" in Übereinstimmung mit klassisch-mechanischen Vorstellungen zu unterstellen und daß die Zustandsänderungen nicht anders als durch Angabe entsprechender Übergangswahrscheinlichkeiten deutbar seien.

Davon ausgehend, machte Bohr auf die in der Quantentheorie auftauchenden Probleme mit dem *Beobachtungsbegriff* aufmerksam. Mikroobjekte können nicht beobachtet werden, ohne dabei ihren Zustand entscheidend zu beeinflussen. Dies ist nur für makrophysikalische Phänomene (eingeschlossen die makrophysikalischen Folgen mikrophysikalischer Ereignisse) möglich. Bohr sprach von der später immer wieder aufgegriffenen „Willkür des Beobachtungsbegriffes" (es läßt sich nicht eindeutig festlegen, wie weit Beobachtungsmittel in der Form von Meßapparaturen reichen und wo das beobachtete Objekt beginnt). Nach ihm brachte das Quantenpostulat einen „irrationalen" Zug in die Naturbeschreibung. Damit

[327] Manuskript Bohrs zitiert in: Ebenda. Im Briefwechsel N. Bohrs taucht das Wort „komplementär" bereits wesentlich früher auf, hat aber zunächst noch eine andere Bedeutung. Im Zusammenhang mit dem zweiten „Nature"-Beitrag des Jahres 1921 zum Atombau schrieb Bohr am 16. 9. 1921 an E. Rutherford von „complementary remarks concerning the contents of my former letter and constitutes, as I believe, an essential progress as regards the problem in question." (BSC 6,3.)

[328] N. Bohr, Brief vom 13. 8. 1927 an W. Pauli, in: W. Pauli, Wissenschaftlicher Briefwechsel mit Bohr, Einstein, Heisenberg u. a., Bd. 1, a. a. O., S. 407.

[329] Vgl. S. Rozental (Hrsg.), Niels Bohr. His Life and Work as Seen by his Friends and Colleagues, a. a. O., S. 304.

[330] Vgl. N. Bohr, Das Quantenpostulat und die neuere Entwicklung der Atomistik (1927), in: N. Bohr, Atomtheorie und Naturbeschreibung, Berlin 1931, S. 34ff.

jedoch meinte er im Unterschied zu zahlreichen seiner späteren Interpretatoren: mit den Mitteln der klassischen Physik unverständlich.

Bohr gelangte zu folgendem Dilemma: Jede *Definition des Zustandes* eines physikalischen Systems setzt voraus, daß dieses von anderen Systemen genügend *isoliert* ist (strenggenommen sogar absolut isoliert). Das Quantenpostulat aber verbietet jegliche *Beobachtung* für absolut isolierte Systeme. Für diese verlieren Raum und Zeit der klassischen Physik ihren Sinn. Um zu beobachten, muß man auf das Beobachtungsobjekt *einwirken*. Läßt man aber solche (in der klassischen Physik vernachlässigten) Wechselwirkungen bei der Beobachtung zu, hebt also die Isolation des Systems teilweise auf, so ist dessen Zustand nicht mehr eindeutig definiert. Nach Bohr kann dann auch von Kausalität im Sinne der klassischen Physik keine Rede mehr sein.

Riemann hatte 1854 den Zusammenhang zwischen Raumkonzept und Kausalitätsauffassung verdeutlicht. Nachdem die Quantenmechanik dazu gezwungen hatte, das Raum-Zeit-Konzept der klassischen Physik wesentlich zu verallgemeinern, ergab sich nach Bohr für die Raum-Zeit-Darstellung der klassischen Physik und deren Kausalitätsauffassung gemäß der neuen Theorie die Notwendigkeit zur Einführung eines neuen erkenntnistheoretisch-methodologischen Prinzips. Bohr schrieb: „Nach dem Wesen der Quantentheorie müssen wir uns also damit begnügen, die Raum-Zeit-Darstellung und die Forderung der Kausalität, deren Vereinigung für die klassischen Theorien kennzeichnend ist, als komplementäre, aber einander ausschließende Züge der Beschreibung des Inhalts der Erfahrung aufzufassen, die die Idealisation der Beobachtungs-, bzw. Definitionsmöglichkeiten symbolisieren.“[331]

Heisenberg war seit seiner ersten, für die Quantenmechanik wegweisenden Arbeit von den Beobachtungsmöglichkeiten allein ausgegangen und hatte zunächst nur ungenügend berücksichtigt, daß diese im Bereich der Quantentheorie nicht mehr wie in der klassischen Physik mit den Definitionsmöglichkeiten identisch sind. Bohr formulierte die Aufgabe, eine „Komplementaritätstheorie“ auszubilden, „deren Widerspruchsfreiheit nur durch das Abwägen der Definitions- und Beobachtungsmöglichkeiten beurteilt werden kann“[332].

In Übereinstimmung mit diesem Prinzip hat es keinen Sinn, so zu tun, als ob die Mikroobjekte eigentlich Teilchen sind und folglich über einen Ort verfügen. Sie müssen gleichzeitig als Wellen und Teilchen behandelt werden. Es ist zu klären, ob Ort und Impuls von Mikroobjekten Größen sind, deren messende Beobachtung jeweils die Definitionsmöglichkeit der entsprechenden anderen Größe einschränkt. Heisenbergs Unbestimmtheitsrelation (11) hat gezeigt, daß das der Fall ist. Folglich kann man die Existenz eines Ortes bei Mikroobjekten nicht ohne weiteres voraussetzen.

Das Komplementaritätsprinzip erlaubt diesen Sachverhalt logisch widerspruchs-

[331] Ebenda, S. 36.
[332] Ebenda.

frei auszudrücken. In seiner allgemeinsten Form besagte es ursprünglich, daß zum anschaulichen Verständnis der Erkenntnisse der Mikrophysik stets ein Paar solcher klassisch-physikalischer Begriffe benutzt werden muß, die einander quantenmechanisch wechselseitig ausschließen (kanonisch konjugierte Größen).[333] Damit waren die Grenzen abgesteckt, bis zu denen die entsprechenden Begriffe der klassischen Physik in der neuen Theorie anwendbar blieben.[334] Davon, daß die klassische Mechanik „ganz und gar Teil der Quantenmechanik" sei, konnte aber nicht mehr die Rede sein.

Bohr bezeichnete in seinem Brief vom 13. 4. 1927 an Einstein Heisenbergs Unbestimmtheitsrelationen als „einen äußerst bedeutungsvollen Beitrag zu der Diskussion der allgemeinen Probleme der Quantentheorie"[335]. Er kommentierte diese Arbeit, ausgehend von seinen Überlegungen zum Komplementaritätsprinzip: Seit langem weiß man, welche Schwierigkeiten entstehen, weil die Quantentheorie Worte benutzt, deren klassisch-physikalische Bedeutung sie nicht aufrechterhalten kann. „Diese Begriffe geben uns ja nur die Wahl zwischen Charybdis und Scylla je nachdem wir unsere Aufmerksamkeit auf die kontinuierliche oder diskontinuierliche Seite der Beschreibung richten", schrieb er in diesem Zusammenhang und betonte, „daß die durch unsere eigenen Gewohnheiten bedingten Hoffnungen uns hier in Versuchung führen, da es ja bis jetzt immer möglich gewesen uns zwischen den Realitäten schwimmend zu halten, so lange wir bereit sind, jeden gewohnten Wunsch als Opfer zu bringen."[336]

Bohr hatte Heisenberg, der einseitig nur die Diskontinuitäten hervorgehoben wissen wollte, bei der Publikation der Unbestimmtheitsrelationen zu dem Nachtrag veranlaßt, „daß ich in einigen Diskussionen dieser Arbeit wesentliche Punkte übersehen hatte. Vor allem beruht die Unsicherheit in der Beobachtung nicht ausschließlich auf dem Vorkommen von Diskontinuitäten, sondern hängt direkt zusammen mit der Forderung, den verschiedenen Erfahrungen gleichzeitig gerecht zu werden, die in der Korpuskulartheorie einerseits, der Wellentheorie andererseits zum Ausdruck kommen."[337] Bohr konnte nun seinerseits leicht eine Beziehung zwischen dem *Komplementaritätsprinzip* und den *Unbestimmtheitsrelationen* herstellen: „Eben dieser Umstand, daß die Begrenzung unserer Begriffe so genau mit der Begrenzung unseres Beobachtungsvermögens zusammenfällt erlaubt, wie Heisenberg betont, Widersprüche zu vermeiden."[338] Dabei aber kam es auf eine Symmetrie der dualen Momente der klassischen Physik an. Während Heisenberg seinen Begriff von Anschaulichkeit einseitig mit der Korpuskelvorstellung ver-

[333] Vgl. ebenda, S. 6.
[334] W. Heisenberg, Die Entwicklung der Quantentheorie 1918—1928, in: Die Naturwissenschaften, **17** (1929) S. 494.
[335] N. Bohr, Brief vom 13. 4. 1927 an A. Einstein, in: BSC 10,2.
[336] Ebenda.
[337] W. Heisenberg, Über den anschaulichen Inhalt der quantentheoretischen Kinematik (1927), a. a. O., S. 34, 35.
[338] N. Bohr, Brief vom 13. 4. 1927 an A. Einstein, in: BSC 10,2.

bunden hatte, erinnerte Bohr daran, „wie unentbehrlich bei dem jetzigen Stand der Wissenschaft die Begriffe der kontinuierlichen Feldtheorie sind. Wenn wir nur von Partikeln und Quantensprüngen sprechen, ist eine einfache Einführung in die Theorie, die auf einem Hinweis auf die Begrenzung der Beobachtungsmöglichkeiten basiert . . ., schwer zu finden, denn die erwähnte Unsicherheit ist ja nicht allein an das Vorhandensein von Diskontinuitäten gebunden, sondern eben an die Möglichkeit ihrer genauen Beschreibung, denjenigen Eigenschaften der materiellen Teilchen und des Lichts zu Folge, die in der Wellentheorie zum Ausdruck kommen."[339] (Abb. 9.)

Zeit	Erkenntnisse Probleme	Autor	Prinzipienformulierung
1919	*ED im* Elektron gültig?	Born Pauli	In physikalische Theorien gehen nur prinzipiell beobachtbare Größen ein
1921	Trajektorien	Pauli	
1922	$(\vec{p}, \vec{q})$ *im* Atom?	Heisenberg	
1925	$\left.\begin{matrix} p \\ q \end{matrix}\right\}$ Operatoren $pq - qp = hi$	Heisenberg	
	QM unvollständig? (Gibt Zeitmomente der Übergangsprozesse nicht an)	Pauli	Physikalische Theorie muß *alle* beobachtbaren Größen miteinander verknüpfen
1926		Einstein	Erst die Theorie entscheidet, was man beobachten kann
	Trajektorien werden in der Wilsonschen Nebelkammer beobachtet		
	q nur noch symbolisch formal definiert	Heisenberg	
	p und q nicht gleichzeitig kontrolliert	Pauli	
1927	$\Delta p\, \Delta q \sim h$ (11)	Heisenberg Bohr	Beobachtungsbedingungen für p schränken Definitionsmöglichkeiten für q in Übereinstimmung mit (11) ein

Abb. 9. Vom Beobachtbarkeitsprinzip zum Komplementaritätsprinzip

Ebenso wie Heisenberg bei seiner Argumentation zur Kausalitätsproblematik machte Bohr in den ersten Darstellungen seines Komplementaritätsprinzips keinen

[339] Ebenda.

Unterschied zwischen *philosophischen* und *physikalischen* Begriffen. Es entstand damit der Eindruck, daß die neue physikalische Theorie unanalysiert auch Aussagen über die Möglichkeiten philosophischer Konzeptionen betreffe. In diesem Punkt vermochten sich Heisenberg und Bohr nicht über das für den mechanischen Materialismus charakteristische methodische Vorgehen zu erheben. Die Spezifik der physikalischen und philosophischen Begriffe wurde verwischt, um dann teilweise mit Argumenten der positivistischen Schulphilosophie bestimmte philosophische Konzeptionen als durch die Physikentwicklung überholte und daher zu eliminierende Auffassungen zu charakterisieren.

In den Heisenbergschen Unbestimmtheitsrelationen kommt jeweils eine konkrete Form der für die Mikrophysik durchgängig erforderlichen Komplementaritätsauffassung zum Ausdruck. Man kann die Quantenmechanik unter Einbeziehung dieser Relationen interpretieren, ohne das Bohrsche Komplementaritätsprinzip zu benutzen. In diesem Falle ist man aber sprachlich nur schwer in der Lage, Mißdeutungen zu entgehen, wie sie beispielsweise durch Heisenbergs Arbeit von 1927 nahegelegt wurden. Unmöglich ist es dagegen, die Quantenmechanik unter Umgehung der Unbestimmtheitsrelationen allein auf der Grundlage des Komplementaritätsprinzips zu interpretieren. Was komplementäre Eigenschaften sind, folgt aus der Theorie.[340]

3.4.6. „Kopenhagener Deutung“

In aufreibenden Diskussionen um die neuen Erkenntnisse wurde schließlich ein als „*Kopenhagener Deutung*“ der Quantenmechanik in die Literatur eingegangener Konsensus erarbeitet, den Bohr erstmalig im Herbst 1927 in Como und Brüssel vortrug. Unter dem Feuer physikalischer und philosophisch-weltanschaulicher Kritik wurde dieser Standpunkt von Bohr, Pauli und Heisenberg verteidigt und in der Folgezeit von ihnen und weiteren Schülern Bohrs präzisiert.

Wie selbst die Stellungnahmen Heisenbergs und Bohrs aus jener Zeit ausweisen, wo sie nahezu täglich über diese Fragen diskutierten, war es beiden Denkern schwer, mit *einheitlichen* Positionen an die Öffentlichkeit zu treten. Das wurde keineswegs leichter, als die räumliche Trennung nur noch selten Gelegenheit bot, sich über die Grundlagenprobleme in Zusammenhang mit den bereits gesicherten physikalischen Erkenntnissen auszutauschen. Dies gilt es zu berücksichtigen, wenn nachfolgend die Auseinandersetzungen zwischen Einstein und Bohr exemplarisch für die Auseinandersetzungen um die weltanschaulichen,

[340] Das scheint bis heute den von Bohr selbst und von vielen seiner Anhänger unternommenen Versuchen zur Anwendung des Komplementaritätsprinzips außerhalb der Quantenmechanik Grenzen aufzuerlegen. Wenn nicht aus einer gut fundierten Theorie gefolgert werden kann, *was komplementäre Eigenschaften sind*, ist dieses Prinzip eher dazu angetan, fruchtbare Ansätze zu behindern denn zu fördern.

erkenntnistheoretischen und methodologischen Fragen der nichtrelativistischen Quantenmechanik im Zusammenhang mit den offenen und den vermeintlich offenen physikalischen Fragen behandelt werden.

Die „Kopenhagener Deutung" der Quantenmechanik wurde niemals in einem einzigen, für alle Anhänger gleichermaßen verbindlichen Text fixiert. Sie existiert vielmehr in zahlreichen Darstellungen, die sich zwar in ihrem wesentlichen physikalischen Gehalt nicht unterscheiden, die aber über eine Reihe von Akzentverschiebungen in den jeweiligen philosophischen Positionen verfügen. Die physikalisch entscheidenden Beiträge zu dieser Deutung sind in Borns statistischer Interpretation der Wellenfunktion, in den Heisenbergschen Unbestimmtheitsrelationen und dem Bohrschen Komplementaritätsprinzip zu sehen. Sie stellt ein nur außerordentlich schwer auflösbares Gemisch physikalisch richtiger Feststellungen, implizit darin enthaltener physikalischer Problemstellungen und eine Reihe philosophisch-weltanschaulicher und erkenntnistheoretisch-methodologischer Positionen dar.[341]

Jede Anwendung der Quantenmechanik beruht nach der „Kopenhagener Deutung" auf folgenden Voraussetzungen:

1. Der Zustand eines physikalischen Systems wird durch einen Vektor im Hilbert-Raum gegeben (Ψ).

2. Wenn zwei Größen Ψ_1 und Ψ_2 Zustände *eines* Systems sind, dann ist auch ihre lineare Kombination $\Psi = a\Psi_1 + b\Psi_2$ ein Zustand dieses Systems.

3. Die zeitliche Änderung des Zustandes eines Systems ist über die Schrödinger-Gleichung bestimmt.

4. Jeder Meßprozeß einer beobachtbaren Größe läßt sich als Einwirkung eines entsprechend gewählten Hermiteschen Operators auf den Zustand des Systems darstellen. Dabei wird eine Eigenfunktion und der ihr entsprechende Eigenwert des Operators projiziert. Eine gleichzeitige Messung zweier kanonisch konjugierter Variablen (zueinander komplementärer Variabler) ist durch die jeweilige Unbestimmtheitsrelation begrenzt. Im Meßprozeß findet die Reduktion der Wellenfunktion, also eine diskontinuierliche Veränderung dieser Größe statt.

[341] Siehe dazu: N. Bohr, Atomphysik und menschliche Erkenntnis, Braunschweig 1966, S. 1—7; 30ff.; W. Heisenberg, Physik und Philosophie, Frankfurt a. M. 1959, S. 28—40; C. F. v. Weizsäcker, The Copenhagen Interpretation, in: T. Bastin (Hrsg.), Quantum Theory and Beyond, Cambridge 1971, S. 23—40.
Zur Diskussion um die „Kopenhagener Deutung" siehe die in Anm. 298 genannte Literatur sowie: D. I. Blochinzev, Prinzipial'nye voprosy kvantovoj mechaniki, Moskva 1966; J. Bub, The Interpretation of Quantum Mechanics, Dordrecht 1974; M. Bunge (Hrsg.), Quantum Theory and Reality; B. d'Espagnat, Conceptual Foundations of Quantum Mechanics, London 1976; V. A. Fok, Quantenphysik und philosophische Probleme, in: Dialektik in der modernen Naturwissenschaft, Berlin 1973, S. 124—141; H. Hörz, Werner Heisenberg und die Philosophie, Berlin 1966; J. M. Jauch, Foundations of Quantum Mechanics, Reading 1968; J. Mehra, The Quantum Principle, Dordrecht 1974; W. C. Price/S. S. Chiswick (Hrsg.), The Uncertainty Principle and the Foundations of Quantum Mechanics, New York 1977; U. Röseberg, Quantenmechanik und Philosophie, Berlin 1978.

Nicht geklärt ist, ob jedem Hermiteschen Operator eine beobachtbare Größe entspricht.

5. Ψ ist keine im Sinne der klassischen Physik deutbare, unmittelbar meßbare Größe, sondern wird immer als Wahrscheinlichkeitsdichte interpretiert.

6. Die logisch widerspruchsfrei formulierte, in sich konsistente nichtrelativistische Quantenmechanik ist innerhalb ihres Gültigkeitsbereiches eine vollständige Theorie.

Entsprechend dieser Deutung gilt die Problemantinomie der Mechanik für den nichtrelativistischen Fall als gelöst. Für den weiteren, hier nicht mehr zu betrachtenden Theorieentwicklungsprozeß wurde die Problemantinomie der Elektrodynamik von entscheidener Bedeutung.

Es kam, ausgehend von der nichtrelativistischen Quantenmechanik, vor allem darauf an, das Mehrkörperproblem der relativistischen Quantentheorie zu lösen und eine konsistente Quantenfeldtheorie zu entwickeln. Dieser Prozeß hat zu neuen Problemen geführt, mit denen sich die physikalische Grundlagenforschung teilweise heute noch beschäftigt. Er verlief keineswegs einfacher als jener in der vorliegenden Untersuchung betrachtete. Nur kurze Zeit konnte der Optimismus beibehalten werden, den Pauli 1927 in Freude über die neue Mechanik empfand. Er schrieb damals: „Momentan bin ich sehr mit Quantenelektrodynamik beschäftigt. Ich bin eigentlich guten Mutes und beurteile die jetzige Lage der Physik ziemlich günstig. Es hat fast den Anschein, als ob die Lösung des Quantenrätsels nicht mehr sehr fern liegt.“[342]

Die Quantenelektrodynamik konnte jedoch erst in den 40er Jahren mit Arbeiten von S. Tomonaga, J. Schwinger, R. P. Feynman, F. Dyson u. a. zu einem relativen Abschluß gebracht werden.[343] Wie wir heute wissen, ist aber auch damit das „Quantenrätsel“ noch nicht gelöst. Gelöst sind die Problemantinomien des Bohrschen Atommodells von 1913. Mit ihrer Lösung sind zugleich neue entstanden.

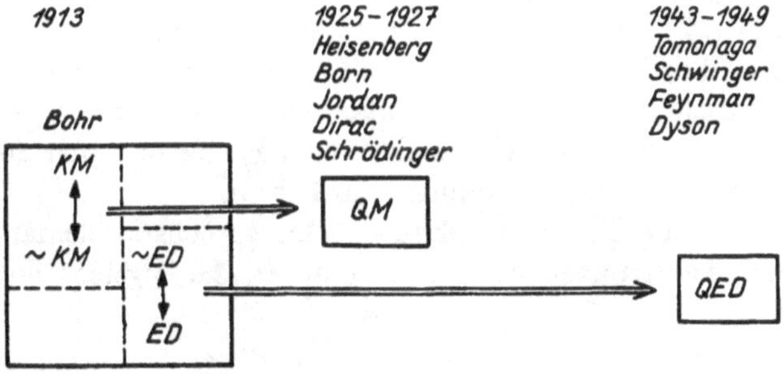

Abb. 10: Lösung der Problemantinomien des Bohrschen Atommodells

[342] W. Pauli, Brief vom 29. 3. 1927 an N. Bohr, in: W. Pauli, Wissenschaftlicher Briefwechsel mit Bohr, Einstein, Heisenberg u. a., Bd. 1, a. a. O., S. 389.

[343] Vgl. E. Segre, Die großen Physiker und ihre Entdeckungen, München 1981, S. 279ff.; V. S. Stepin, Stanovlenie naučnoj teorii, Minsk 1976, S. 188ff.

3.5. Einstein oder Bohr?

Die Lösung der Problemantinomie der Mechanik erfolgte, wie wir gesehen haben, in einem *revolutionären* Akt, der 1925 mit Heisenbergs „quantentheoretischer Umdeutung" der Begriffe der klassischen Mechanik eingeleitet und 1927 mit dem Bohrschen Komplementaritätsprinzip im wesentlichen abgeschlossen wurde. Bevor aus dem hier rekonstruierten „Szenarium einer wissenschaftlichen Revolution" philosophische Verallgemeinerungen hinsichtlich der eingangs gestellten Fragen und Probleme gewonnen werden, ist zunächst daran zu erinnern, daß die für den Zeitraum von 1913 bis 1927 verfolgten Traditionslinien nach vollzogener Revolution nicht einfach abgebrochen sind.

Mit den revolutionären Neuerungen in der Quantentheorie von 1925—1927 konnte nicht erwartet werden, daß die Erkenntnisse, welche in so starkem Maße den Vorstellungen der klassischen Physik widersprachen, allein deshalb von allen Physikern begeistert aufgenommen werden, weil sie mit der Erfahrung übereinstimmten und logisch widerspruchsfrei in ein konsistentes theoretisches Schema eingepaßt waren. Wenn selbst jene Theoretiker, die mit fundamentalen Beiträgen an der Errichtung des neuen Theoriengebäudes beteiligt waren, wie einerseits Bohr, Heisenberg, Born, Jordan, Dirac und Pauli sowie andererseits Schrödinger und de Broglie, grundsätzliche Meinungsverschiedenheiten in physikalischen und philosophisch-weltanschaulichen Fragen hatten, wie sollten dann Theoretiker, die mit Einstein auf eine evolutionäre Fortführung der Theorieentwicklung gehofft hatten, plötzlich die *Unvermeidlichkeit* der revolutionären Neuerung einsehen?

Da bereits am Vorabend des revolutionären Umbruchs innerhalb des Theoriengebäudes der Physik die unterschiedlichen Erwartungshaltungen der Physiker an die weitere Theorieentwicklung auf die Frage „Einstein oder Bohr?" gebracht werden konnte, scheint es legitim, die Tendenzen der Auseinandersetzungen um die Grundlagenprobleme der nichtrelativistischen Quantenmechanik anhand der Einstein-Bohr-Debatte[344] zu skizzieren. Diese begann 1927 auf der fünften Solvay-Konferenz und endete mit Einsteins Tod 1955. Bohr ist bis zu seinem Tod (1962) auf die angeschnittenen Fragen immer wieder zurückgekommen. Die zwischen ihm und Einstein kontrovers diskutierten Probleme rufen auch heute noch heftigen wissenschaftlichen Meinungsstreit hervor.

Im Mittelpunkt der für die philosophische Widerspruchsproblematik höchst relevanten Auseinandersetzungen standen und stehen die engstens miteinander

[344] Darüber ist oft und ausführlich berichtet worden. Siehe beispielsweise: N. Bohr, Diskussion mit Einstein über erkenntnistheoretische Probleme der Atomphysik, in: A. Schilpp (Hrsg.), Albert Einstein als Philosoph und Naturforscher, a. a. O., S. 115—150; J. Mehra, The Solvay Conferences on Physics, a. a. O., S. 153—179; N. Rosen, Kann man die quantenmechanische Beschreibung der physikalischen Wirklichkeit als vollständig betrachten?, in: P. C. Aichelburg/R. U. Sexl (Hrsg.), Albert Einstein. Sein Einfluß auf Physik, Philosophie und Politik, Braunschweig—Wiesbaden 1979, S. 59—70.

verbundenen Probleme des philosophischen *Materialismus* (von vielen Physikern als „Realismusproblematik" diskutiert) und der erkenntnistheoretischen *Subjekt-Objekt-Beziehung.*[345] Physikalisch ging und geht es um die *Vollständigkeit* der nichtrelativistischen Quantenmechanik in ihrer vorliegenden Form, die *Interpretation* ihrer physikalischen Größen und das Verständnis des *Meßprozesses.*[346]

Die fünfte Solvay-Konferenz (24.—29. 10. 1927), an der außer Sommerfeld und Jordan alle führenden Quantentheoretiker teilnahmen, war der Auftakt zu den Diskussionen um diese Grundlagenprobleme. Die damals in ihrer Grundstruktur vorliegende Theorie war der quasiklassischen Theorie dank ihrer inneren Konsistenz weit überlegen und konnte bereits praktische Erfolge bei der Lösung von Problemen aufweisen (z. B. Berechnung des Heliumatoms durch Heisenberg, des Wasserstoffmoleküls durch Heitler und London u. a.), an denen die alte Quantentheorie immer wieder gescheitert war.

Über die neuen Entwicklungen wurde in Brüssel von Bragg, Compton, de Broglie, Born und Heisenberg, Schrödinger sowie von Bohr vorgetragen. Dabei mußten zwangsläufig auch jene Fragen wieder aufgegriffen werden, die Schrödinger, Bohr, Heisenberg u. a. im Oktober 1926 in Kopenhagen so intensiv erörtert hatten.

Nach der „Kopenhagener Deutung" der Quantenmechanik ändert sich die Wellenfunktion im Augenblick einer makrophysikalischen *Beobachtung* des mikrophysikalischen Objektes. Eine der Verhaltensmöglichkeiten wird in der Beobachtung realisiert. Dieser Prozeß ist dadurch *irreversibel*, daß die mikrophysikalischen

[345] Siehe dazu: H. Hörz, Materie und Bewußtsein, Berlin 1965, S. 55ff.

[346] Während in den Diskussionen dialektisch-materialistischer Philosophen und Physiker in den 50er Jahren relativ häufig unterstellt wurde, daß Einsteins „realistische" Position ebenso wie seine Überzeugung von der Unvollständigkeit der nichtrelativistischen Quantenmechanik eine Folge seines spontanen Materialismus wäre und Bohrs mehr „instrumentalistische" Position die Konsequenz idealistischer Auffassungen sei, wurde in den späteren dialektisch-materialistischen Arbeiten immer deutlicher herausgearbeitet, daß Einstein *und* Bohr mit der philosophischen Materialismusproblematik rangen. Nach wie vor gibt es aber auch in der dialektisch-materialistischen Literatur unterschiedliche Bewertungen der Positionen Einsteins und Bohrs. Manchem Autor erscheint heute (in Furcht vor mechanistischen Vereinfachungen) die Auffassung Einsteins völlig bzw. weitestgehend unbegründet. Vergleiche beispielsweise: V. V. Bažan/P. S. Dyšlevyj/V. S. Luk'janec, Dialektičeskij materializm i problema real'nosti v sovremennoj fizike, Kiev 1974, S. 208ff.; B. G. Kuznecov, Princip dopolnitel'nosti, Moskva 1968; A. Müller, Quantum Mechanics: A Physical World Picture, Budapest 1974; M. Sabitov, Dialektika neobchodimosti i slučajnosti v kvantovoj mechanike, Alma-Ata 1974, S. 79ff.; M. Usmanov, Dialektika v kvantovoj mechanike, Alma-Ata 1975, S. 128ff.
Gleichzeitig gibt es Versuche, Einsteins Erwartungen an die physikalische Theorieentwicklung mit Notwendigkeiten dieses Prozesses zu verwechseln. Vergleiche beispielsweise: D. I. Blochinzev, Principial'nye voprosy kvantovoj mechaniki, Moskva 1966; A. A. Tjapkin, K razvitiju statističeskoj interpretacii kvantovoj mechaniki na osnove sovmestnogo koordinatno-impul'snogo predstavlenija, in: Filosofskie voprosy kvantovoj fiziki, Moskva 1970, S. 139 bis 180.
Gegen beide Extreme wenden sich: L. G. Antipenko, Problema fizičeskoj real'nosti, Moskva 1973, S. 76ff.; K. Fuchs/H. Hörz/F. Kaschluhn, 75 Jahre Quantentheorie, Berlin 1977; R. Rompe/H.-J. Treder, Grundfragen der Physik, Berlin 1980, S. 28—32.

Ereignisse im Beobachtungsakt makrophysikalisch fixiert werden. Mit der Beobachtung eines bestimmten Ereignisses verschwinden augenblicklich die anderen vorher vorhandenen Möglichkeiten für das Verhalten dieses Objektes. Die Wellenfunktion wird reduziert auf jenen für das entsprechende Ereignis verantwortlichen Teil.

Angesichts dieses Sachverhalts ergab sich für Einstein die Frage, ob eine Theorie, welche alle Möglichkeiten für Versuchsausgänge unter konkreten Bedingungen und die jeweiligen Wahrscheinlichkeiten anzugeben vermag, vollständig sein kann, wenn sie nicht zugleich mindestens prinzipiell zuläßt, das einzelne Beobachtungsergebnis innerhalb einer vollkommeneren Theorie noch genauer vorauszusagen. Es ist klar, daß in *jedem* Beobachtungsakt *ein* bestimmtes Ergebnis erzielt wird. Die gegenwärtige Theorie gibt die Wahrscheinlichkeit für die Realisierung aller unter konkreten Bedingungen zugelassenen Möglichkeiten an. Sollte es aber auch beim weiteren Erkenntnisfortschritt tatsächlich ausgeschlossen sein, genauere Angaben darüber zu erzielen, welche Möglichkeit Wirklichkeit wird?

Die „Kopenhagener Deutung" nimmt zu dieser Frage eindeutig Stellung, indem sie eine solche Erweiterung der Theorie ausschließt. Der von Einstein wiederholt als *heuristisches Prinzip* geäußerte Gedanke, daß erst die Theorie bestimmt, was beobachtet werden kann, wurde zum *unumstößlichen erkenntnistheoretisch-methodologischen Prinzip* dieser Deutung der Quantenmechanik. Dabei aber mußte implizit unterstellt werden, daß diese Theorie innerhalb ihres Gültigkeitsbereiches objektive gesetzmäßige Zusammenhänge adäquat widerspiegelt. Die Annahme, daß erst die Theorie bestimmt, was beobachtet wird, läßt sich mit der dialektisch-materialistischen Auffassung zur erkenntnistheoretischen Widerspiegelungsproblematik rechtfertigen. Wird diese Position jedoch nicht vorausgesetzt, dann kann man den im Widerspruch zu tatsächlichen Experimenten und Beobachtungen stehenden Vorstellungen von theoriegeleiteter subjektiver Willkür nur schwer entrinnen.

Beginnend mit der fünften Solvay-Konferenz schlug Einstein Gedankenexperimente vor, die die prinzipielle Möglichkeit von Beobachtungen demonstrieren sollten, welche nicht an die Heisenbergschen Unbestimmtheitsrelationen gebunden waren. Von Bohr, sekundiert durch Pauli und Heisenberg, konnte immer wieder gezeigt werden, daß keines der vorgeschlagenen Experimente geeignet war, die Unvollständigkeit der Quantenmechanik über eine Verletzung der Heisenbergschen Unbestimmtheitsrelationen nachzuweisen.[347]

[347] Außerordentlich instruktiv der Bericht, den P. Ehrenfest am 3. 11. 1927 seinen Schülern, Goudsmit, Uhlenbeck und Dieke gab: „Herrlich war es fuer mich den Zweigespraechen zwischen Bohr und Einstein beizuwohnen. Schachspielartig. Einstein immer neue Beispiele. Gewissermassen Perpetuummobile zweiter Art um die UNGENAUIGKEITSRELATION zu durchbrechen. Bohr stets aus einer dunklen Wolke von Philosophischen Rauchgewoelkes die Werkzeuge heraussuchend um Beispiel nach Beispiel zu zerbrechen. Einstein wie die Teuferln in der Box: Jeden morgen wieder frisch herausspringend. Oh das war koestlich. Aber ich bin fast rueckhaltlos pro Bohr Contra Einstein. Er verhaelt sich nun exact gegen Bohr wie die Vertheidiger der absoluten Gleichzeitigkeit sich gegen ihn verhielten." (AHQP 61).

Mit dem Scheitern dieser Versuche aber waren Einsteins Vorbehalte gegen die neue Theorie noch nicht abgebaut. Unmittelbar nach der Solvay-Konferenz formulierte er eine Auffassung, die er bis an sein Lebensende durchhalten sollte. Er schrieb am 9. 11. 1927: „Zu der ‚Quantenmechanik' denke ich, daß sie bezüglich der ponderablen Materie etwa ebenso viel Wahrheit enthält, wie die Theorie des Lichts ohne Quanten. Es dürfte eine richtige Theorie statistischer Gesetze aber eine unzureichende Auffassung der einzelnen Elementarprozesse sein."[348] Für ihn blieb es dabei, daß die Quantentheorie als Theorie der Lichtteilchen die mikroskopische Voraussetzung der makroskopischen Wellentheorie darstellt. Seine Distanz zum Welle-Teilchen-Dualismus beim Licht ließ ihm Bohrs Komplementaritätsdenken unannehmbar erscheinen.

Die vom Standpunkt der klassischen Physik unauflöslichen Widersprüche des Welle-Teilchen-Dualismus werden in der komplementären Beschreibung, die ihnen Bohr gab, aufgelöst und zugleich bewahrt. Die *Beobachtung* des einen Aspektes schränkt gleichzeitig die *Definitionsmöglichkeit* für den anderen ein. Beobachten und Definieren sind *Tätigkeiten des Subjektes* der Erkenntnis. Die Beziehungen, die zwischen diesen Tätigkeiten bestehen, existieren unabhängig vom Subjekt und können daher also nur durch das Objekt bestimmt sein. Wenn man sie als *„objektiv"* bezeichnet, meint das *subjektunabhängig, vom Objekt bestimmt*.

Bohr fühlte sich durch die Quantenmechanik an die alte Wahrheit gemahnt, „daß wir sowohl Zuschauer als Teilnehmer in dem großen Schauspiel des Daseins sind"[349]. Dieser sich aus der Theorieentwicklung ergebende *Zwang zur Berücksichtigung dialektisch widersprüchlicher Beziehungen zwischen dem Erkenntnissubjekt und dem Erkenntnisobjekt auf der Ebene der Interpretation von Erkenntnisresultaten* hat Bohr schließlich veranlaßt, das Komplementaritätsprinzip in Verbindung mit den Heisenbergschen Unbestimmtheitsrelationen als *einzige* Möglichkeit einer widerspruchsfreien und konsistenten Theorie für den untersuchten Objektbereich aufzufassen. Da insbesondere Heisenberg ein ausgesprochen phänomenologisches Verständnis physikalischer Theorien an den Tag legte, sah sich Einstein 1928 zu der resignierenden Feststellung veranlaßt: „Die Heisenberg-Bohrsche Beruhigungsphilosophie — oder Religion? — ist so fein ausgeheckt, daß sie dem Gläubigen einstweilen ein sanftes Ruhekissen liefert, von dem er sich nicht so leicht aufscheuchen läßt. Also lasse man ihn liegen."[350]

Das aber tat Einstein nicht; sondern schon 1930 auf der sechsten Solvay-Konferenz fuhr er fort, die physikalischen Voraussetzungen der „Kopenhagener Deu-

348 A. Einstein, Brief vom 9. 11. 1927 an A. Sommerfeld, in: A. Hermann (Hrsg.), A. Einstein, A. Sommerfeld, Briefwechsel, Sechzig Briefe aus dem goldenen Zeitalter der Physik, a. a. O., S. 112.

349 N. Bohr, Die Atomtheorie und die Prinzipien der Naturbeschreibung (1929), in: N. Bohr, Atomtheorie und Naturbeschreibung, a. a. O., S. 77.

350 A. Einstein, Brief vom 31. 5. 28 an E. Schrödinger, in: K. Przibram (Hrsg.), Schrödinger, Planck, Einstein, Lorentz, Briefe zur Wellenmechanik, a. a. O., S. 29.

tung" kritisch zu hinterfragen. Dabei machte er dieselben Erfahrungen wie drei Jahre vorher. Keines seiner vorgebrachten Argumente hat die Anhänger dieser Deutung gezwungen, den *physikalischen* Kern ihrer Auffassung zu modifizieren.

Wenn Einstein bis an sein Lebensende Zweifel an der Endgültigkeit der nichtrelativistischen Quantenmechanik hegte, so war das gewiß nicht in erster Linie jenen zahlreichen Vorschlägen für Neufassungen der bisherigen Theorie geschuldet. Vielmehr war Einsteins kritische Haltung vor allem *erkenntnistheoretisch motiviert*. Sie wurde 1935 *physikalisch* mit einem von ihm zusammen mit Podolsky und Rosen vorgeschlagenen Gedankenexperiment erhärtet.[351]

In dem von Einstein, Podolsky, Rosen vorgetragenen Einwand (EPR-Einwand) gegen die Quantenmechanik, der bis heute in vielfach modifizierter Form wiederholt wird, ging es um Interferenzphänomene weit voneinander separierter Systeme. In der Interpretation von Einstein und Mitarbeitern führt die Quantenmechanik in den von ihnen diskutierten Fällen zu instantaner Wechselwirkung über große Entfernungen und steht damit im Widerspruch zur speziellen Relativitätstheorie, derzufolge für Informationsübertragungen die Lichtgeschwindigkeit eine unüberschreitbare obere Grenze darstellt. Bohr machte darauf aufmerksam, daß eine solche Interpretation die Konsequenz fehlerhafter Anwendung der Quantenmechanik sei. Damit aber können natürlich physikalische Experimente nicht ausgeschlossen werden, welche die Berechtigung der jeweiligen Interpretation der Theorie selbst zu überprüfen gestatten. Im Zusammenhang mit diesen letztlich nur physikalisch zu entscheidenden Fragen wurden mit dem EPR-Einwand schwerwiegende erkenntnistheoretisch-methodologische Probleme aufgeworfen.

Einstein, Podolsky, Rosen unterschieden zwischen der „physikalischen Realität" und jenen Begriffen und Theorien, mit denen etwas über diese Realität ausgesagt werden kann. Eine Theorie soll *vollständig* sein, wenn jedes Element der „physikalischen Realität" seine Entsprechung in der physikalischen Theorie gefunden hat. Um also die Vollständigkeit einer Theorie zu bestimmen, benötigt man ein Kriterium zur Feststellung der „physikalischen Realität". Einstein, Podolsky, Rosen schrieben: „Wenn wir, ohne irgendwie störend in ein System einzugreifen, mit Sicherheit (d. h. mit der Wahrscheinlichkeit 1) den Wert einer physikalischen Größe voraussagen können, dann existiert ein Element der physikalischen Realität, das dieser physikalischen Größe entspricht."[352] Diese als hinreichendes Kriterium *„physikalischer Realität"* angesehene Feststellung verdeutlicht bereits, welche Schwierigkeiten es bereitet, naturwissenschaftlich über die Realität eines Objektes oder einer Beziehung zu sprechen, ohne prinzipiell die Sprache benutzen zu wollen, mit der dieses Objekt bzw. diese Beziehung erforscht werden soll.

Dem Einsteinschen Vorgehen, *Erkenntnistheorie* und *Ontologie* mit einem undialektischen Realismusbegriff auseinanderzureißen, liegt philosophisch der

[351] Vgl. A. Einstein/B. Podolsky/N. Rosen, Can Quantum-Mechanical Description of Physical Reality be Considered Complete? in: Physical Revue, **47** (1935), S. 777.
[352] Ebenda, S. 777.

Versuch zugrunde, die Beziehungen von Materie und Bewußtsein mit denen von Subjekt und Objekt zu identifizieren. Lenin hatte bereits festgestellt, daß der Gegensatz von Materialismus und Idealismus *nur* in den erkenntnistheoretischen Überlegungen absolut ist.[353] Für jeden konkreten Erkenntnisprozeß muß die dialektisch verstandene Wechselwirkung von Subjekt und Objekt berücksichtigt werden. Diese läßt sich nicht auf die Beziehungen von Materie und Bewußtsein reduzieren. Jede reale Subjekt-Objekt-Beziehung im Erkenntnisprozeß verfügt über materielle und ideelle Komponenten, die es im einzelnen konkret zu analysieren gilt.

Die Kritik Bohrs am spontan-materialistischen, undialektischen Realismusverständnis Einsteins ist philosophisch soweit berechtigt, wie sie nicht in die idealistische Gegenpositionen umschlägt.[354] Mit der Bohrschen Argumentation aber läßt sich nicht definitiv nachweisen, daß Modifikationen der Quantenmechanik außerhalb des Bereichs bisheriger experimenteller Prüfungen *mit Notwendigkeit* ausgeschlossen sind. Sie scheinen heute zwar unwahrscheinlicher denn je. Entgegen der Überzeugung von Bohr sind aber tatsächlich vorgeschlagene Modifikationen der Theorie, die korrespondenzmäßig an die bisherige Quantenmechanik anschließen, nicht ohne weiteres zu verwerfen, sondern weiterhin in jenem Gebiet sorgfältig zu überprüfen, wo sie zu Abweichungen von den Vorhersagen der etablierten Theorie führen müßten. Experimente zur Überprüfung bekannter quantenmechanischer Voraussagen für weit separierte Systeme haben nach wie vor in der physikalischen Grundlagenforschung noch Bedeutung.[355]

Die Mehrzahl der Physiker hat Bohrs physikalische und erkenntnistheoretische Positionen zum EPR-Einwand vorbehaltlos geteilt. Unter der Voraussetzung der nichtmodifizierten Quantenmechanik hat er deutlich gemacht, daß *jeder* Eingriff in ein System mit einer Störung des Systems verbunden ist. Weil die Trennung eines einheitlichen Systems in zwei voneinander separierte Teile nicht ohne Störung des Zustands dieses Systems möglich ist, kann man auch nicht die Information über den Zustand *vor* der Trennung benutzen, um *nach* der Trennung auf der Grundlage der Messung an einem Teilsystem den Zustand des anderen Teilsystems ohne Messung genauer zu bestimmen, als dies die entsprechende quantenmechanische Aussage erlaubt. Bohr machte damit in seiner Argumentation wesentlich Gebrauch davon, daß Ψ *unser Wissen* vom Zustand des Objektes beschreibt. Da er das in erkenntnistheoretischer Hinsicht als befriedigend ansah, machte er seine Position ebenso unangreifbar wie Einstein die seine.

[353] Vgl. W. I. Lenin, Materialismus und Empiriokritizismus, in: Werke, Bd. 14, Berlin 1968, S. 244.

[354] Vgl. N. Bohr, Can Quantum-Mechanical Description of Physical Reality be Considered Complete?, in: Physical Revue, **48** (1935), S. 696.

[355] Vgl. F. Kaschluhn, Einstein und die Deutung der Quantentheorie, in: H.-J. Treder (Hrsg.), Einstein-Centenarium 1979, Berlin 1979, S. 173—186; J. P. Vigier, Report on the Einstein-Podolsky-Rosen Paradoxon, in: Ebenda, S. 187—208.

Einstein ging davon aus, daß die Quantenmechanik im Gegensatz zur Relativitätstheorie traditionelle realistische Positionen der Physik preisgibt und sich mit einem viel zu bescheidenen Erkenntnisideal begnügt. Deshalb hielt er aus *philosophisch-weltanschaulichen* Gründen die Suche nach einer Modifikation der Quantenmechanik für berechtigt und war bemüht, physikalische Gründe beizubringen, die seine philosophische Überzeugung stützen sollten. „Ich glaube noch an die Möglichkeit eines Modells der Wirklichkeit, d. h. einer Theorie, die die Dinge selbst und nicht nur die Wahrscheinlichkeit ihres Auftretens darstellt", hieß es 1933.[356]

Daran hat sich bis an sein Lebensende nichts geändert, obgleich die Hartnäckigkeit, mit der Bohr seinen Standpunkt verteidigt hat, Einstein nicht unbeeindruckt lassen konnte. Schrödinger berichtete er 1936 über ein mehrstündiges Gespräch mit Bohr, in dem dieser sich über alle jene gewundert habe, die „der Quantentheorie einen seidenen Strick drehen wollen aus der bewußten paradoxen Situation, die doch so notwendig, so im Wesen der Sache gelegen, so im Experiment gefordert sei. Es sei Anmaßung, wenn wir forderten, die Natur habe unseren vorgefaßten Meinungen von ‚Realität' zu genügen, wir hätten bescheiden aufzumerken, wie es in der Natur wirklich zugehe und unsere Gedanken gefälligst daran anzupassen."[357] Von der Anpassung der Gedanken an die Tatsachen als Ziel der Theorie war aber bei Mach schon die Rede gewesen. Diese erkenntnistheoretische Position hatte Einstein längst hinter sich gelassen. Trotzdem verunsicherte ihn die Diskussion mit Bohr: „Es spricht aus ihm eine so tiefe innere Überzeugung eines so außerordentlich gescheiten Menschen, daß man es schwer hat, in der eigenen fest zu bleiben, besonders wo man eigentlich keine hat als nur die: Kinder, da stimmt was nicht!

Ich halte es aber doch für gut, wenn diejenigen, die das finden, fortfahren den anderen in aller Freundschaft hartnäckig auf den Leib zu rücken, sei es auch nur, um mit der Zeit einen immer klareren Ausdruck des Bohr-Heisenberg-Standpunktes zu Tage zu quetschen. Denn die bisherigen Meinungsäußerungen sind wenigstens für mich immer noch sehr gewunden und sybillinisch. Wer zum Schluß ‚Recht behält', ist mir wirklich egal. Aber ich kann nicht eine Meinung vertreten, die ich weder selbst klar denken noch einem jungen Menschen, der mich befragt, erklären kann."[358]

Bohr, der über jede Kritik erfreut war, weil sie ihm Gelegenheit bot, das Gesagte noch besser zu formulieren, hat bereits zu diesem Zeitpunkt die Einsteinsche Kritik nicht mehr als konstruktiv empfunden. Um so mehr muß es ihn bedrückt haben, daß sich Einsteins Position mit der Zeit verhärtete. So beispielsweise klang der alte Einwand gegen das Kausalitätsverständnis der Quantentheoretiker in einem Brief Einsteins an Bohr 1949 nochmals in ironischer Form an. Einstein sprach wiederum „von der bangen Frage . . ., ob Gott würfelt und ob wir an einer der

[356] A. Einstein, Mein Weltbild, Frankfurt a. M. 1972, S. 118.

[357] A. Einstein, Brief vom 23. 3. 1936 an E. Schrödinger, in: AHQP 37,5. Einstein Archiv. Dieser Brief unterliegt dem Copyright und wird mit Erlaubnis der Hebrew University of Jerusalem zitiert.

[358] Ebenda.

physikalischen Beschreibung zugänglichen Realität festhalten sollen oder nicht"[359]. Wegen der prinzipiellen Rolle des Wahrscheinlichkeitskonzepts bei der Interpretation des quantenmechanischen Formalismus erschien ihm die in der Quantenmechanik verbleibende „Willkür" unzumutbar groß. Bohr hingegen stellte in seinem Antwortschreiben fest, daß es sich gar „nicht darum handelt, ob wir an einer physikalischen Realität festhalten sollen oder nicht, sondern darum, den von ihnen (Einstein — U. R.) gewiesenen Weg weiter zu verfolgen und die logischen Voraussetzungen für die Beschreibung der Realitäten zu erkennen"[360]. Bohr stellte also die Existenz einer physikalischen Realität nicht in Abrede, drang aber darauf, die Voraussetzungen aufzuklären, unter denen etwas über diese Realität zu erfahren ist. Dafür berief er sich wiederum auf den von Einstein eingeschlagenen Weg.

Charakteristisch für diesen Weg war das tiefe Eindringen in die Dialektik der Beziehungen von Theorie und Empirie. In Übereinstimmung mit seinem Vorgehen in der physikalischen Forschung hatte sich Einstein mit dem *Empirismus* und dem *Rationalismus* kritisch auseinandergesetzt. Er hatte dabei eine Konzeption angestrebt, die die Einseitigkeiten beider erkenntnistheoretischer Extreme vermied, ohne deren jeweiligen rationalen Kern aufzugeben. Einschluß der Beobachtungsbedingungen in die erkenntnistheoretischen Reflexionen (seit der speziellen Relativitätstheorie) und Berücksichtigung der Rolle der Theorie für die Beobachtung schienen für Einstein kaum noch zu hinterfragende Selbstverständlichkeiten einer der Physikentwicklung des 20. Jahrhunderts adäquaten *Erkenntnistheorie* zu sein. Wegen der prinzipiellen Rolle, die dem Beobachterstandpunkt in der „Kopenhagener Deutung" der Quantenmechanik zukam, hatte er aber ernsthafte physikalische Vorbehalte gegen die so gedeutete *Theorie*.

Einstein faßte 1949 seine Position zur Quantenmechanik nochmals zusammen. Dabei betonte er, es sei dies „die einzige gegenwärtige Theorie, welche die Erfahrungen über den Quantencharakter der mikromechanischen Vorgänge einheitlich zu begreifen gestattet"[361]. Es stand für ihn fest: „Die in dieser Theorie gegebenen formalen Zusammenhänge — das heißt ihr ganzer mathematischer Formalismus — müssen wohl in jeder zukünftigen brauchbaren Theorie in Form von logischen Folgerungen enthalten sein."[362] Alle Versuche, die Heisenbergschen Unbestimmtheitsrelationen innerhalb des Gültigkeitsbereichs der Quantenmechanik außer Kraft zu setzen, waren nun auch von ihm endgültig aufgegeben: „Die Theorie ist bisher die einzige, welche den korpuskularen und undulatorischen Doppelcharakter der Materie logisch befriedigend vereinigt, und die in ihr ent-

[359] A. Einstein, Brief vom 4. 4. 1949 an N. Bohr (BSC 28,2). Dieser Brief unterliegt dem Copyright und wird mit Erlaubnis der Hebrew University of Jerusalem zitiert.

[360] N. Bohr, Brief vom 11. 4. 1949 an A. Einstein (BSC 28,2). Der Sprache Einsteins folgend, fügte dem Bohr hinzu, „daß niemand — und nicht einmal der liebe Gott selber — wissen kann, was ein Wort wie würfeln in diesem Zusammenhang heißen soll".

[361] A. Einstein, Autobiographisches, in: A. Schilpp (Hrsg.), Albert Einstein als Philosoph und Naturforscher, a. a. O., S. 30.

[362] A. Einstein, Bemerkungen zu den in diesem Band vereinigten Arbeiten, in: ebenda, S. 494.

haltenen (prüfbaren) Beziehungen sind nach Maßgabe der durch die Unbestimmtheitsrelation gesetzten natürlichen Grenzen *vollständig*."[363]

Trotzdem blieb die Situation für Einstein alles andere als befriedigend. *Physik* galt ihm weiterhin als „eine Bemühung, das Seiende als etwas begrifflich zu erfassen, was unabhängig vom Wahrgenommen-Werden gedacht wird"[364]. Dieses unabhängig vom „Wahrgenommen-Werden" Gedachte war das „Physikalisch-Reale". Er, der nach Northrop sorgfältiger als viele andere Physiker vor ihm und nach ihm jene Beziehung beachtet hat, „wie sie zwischen dem Wissenschaftler als Erkennendem und dem Gegenstand der Physik als Erkanntem besteht",[365] kam wegen einer *undialektischen Realismuskonzeption* zu der Überzeugung, daß die Quantenmechanik unvollständig sein müsse.

In der „Kopenhagener Deutung" der Quantenmechanik hatte man den Begriff des „Physikalisch Realen", wie ihn Einstein benutzte, eliminiert und damit allen physikalischen Bemühungen, „das Seiende als etwas begrifflich zu erfassen, was unabhängig vom Wahrgenommen-Werden gedacht wird", die Basis entzogen.

Während die „Kopenhagener Deutung" der Quantenmechanik Ψ als erschöpfende Darstellung unseres Wissens vom Zustand eines Systems bzw. eines einzelnen Objekts ansah und feststellte, daß darüber hinaus keinerlei Angaben möglich sind, war für Einstein diese Größe eine Beschreibung des durchschnittlichen Verhaltens eines Ensembles von Mikroobjekten. Genauere Festlegungen für das Verhalten der Elemente der Gesamtheit sollten möglich sein.

Auf der Grundlage der Elimination des Begriffs „physikalischer Realität" im Einsteinschen Sinne und bei erzwungener Anerkennung realistischer Voraussetzungen bezüglich bestimmter Eigenschaften mikrophysikalischer Objekte hat Bohr im Gegensatz zu Einstein die mathematischen Strukturen der Quantenmechanik nicht unmittelbar mit den Zusammenhängen in der objektiven Realität gleichgesetzt (Komplementaritätsprinzip). Widersprüche waren für Bohr nicht notwendigerweise nur Widersprüche zwischen Begriffen. Das erhellt auch seine Bemerkung über die „tiefen Wahrheiten" als „Behauptungen, deren Gegenteil auch tiefe Wahrheiten enthält"[366].

Während Einstein, Planck, Schrödinger u. a. dazu tendierten, innerhalb einer physikalischen Theorie jegliche Information über die für die Entwicklung dieser Theorie bedeutsame Subjekt-Objekt-Dialektik auszuschließen, vertraten Bohr, Born, Heisenberg u. a. die Auffassung, daß dieser Ausschluß spätestens in der Quantenmechanik nicht mehr möglich sei.

Beide Positionen sind konsequent materialistisch faßbar. Vieles scheint gegenwärtig dafür zu sprechen, daß das Ideal Einsteinscher Naturerkenntnis ein allzu

[363] Ebenda.

[364] A. Einstein, Autobiographisches, in: Ebenda, S. 31.

[365] F. S. C. Northrop, Einsteins Begriff der Wissenschaft, in: P. A. Schilpp (Hrsg.), Albert Einstein als Philosoph und Naturforscher, a. a. O., S. 269.

[366] N. Bohr, Diskussion mit Einstein über erkenntnistheoretische Probleme der Atomphysik, in: P. A. Schilpp (Hrsg.), Albert Einstein als Philosoph und Naturforscher, a. a. O., S. 150.

stark der klassischen Physik verhaftetes Ideal ist. Angesichts der offenen Probleme in der Meßtheorie der Quantenmechanik erscheint es aber verfrüht, auf dieser Stufe physikalischer Erkenntnis völlig auszuschließen, daß es noch einmal gelingt, eine subjektunabhängige Theorie im Einsteinschen Sinne zu formulieren. Mit dem tieferen Eindringen in die objektiven Gesetze der Natur kommt jedoch aller Wahrscheinlichkeit nach der Subjekt-Objekt-Dialektik eine stets wachsende Rolle zu. Sicher sind die Gegensätze im Verständnis der Quantenmechanik als einer vorliegenden Theorie ebenso wie die konkreten Erwartungen bezüglich ihrer Modifikationsmöglichkeiten *in der physikalischen Forschung* aufzulösen. Zum Teil sind sie bereits zugunsten der Bohrschen Position aufgelöst. Und trotzdem spricht manches dafür, daß es *philosophisch* bei den gegensätzlichen Positionen Einsteins und Bohrs gar nicht um die *endgültige Lösung* eines Widerspruchs als vielmehr um das *Leben mit* einem, sich auf jeder Erkenntnisstufe neu reproduzierenden Widerspruch geht, es sich also im echten Sinne des Wortes um einen dialektischen Widerspruch handelt: *Der Mensch kann als Erkenntnissubjekt nur in der gegenständlichen und theoretischen Auseinandersetzung mit dem Erkenntnisobjekt erkennen; gleichzeitig ist seine Erkenntnistätigkeit auf Erkenntnis objektiver, von dieser Tätigkeit unabhängiger gesetzmäßiger Beziehungen gerichtet.*

In der Quantenmechanik wird dies gegenwärtig am prägnantesten durch das Komplementaritätsprinzip ausgedrückt. Nach Bohr betont der Begriff Komplementarität „den Charakter der objektiven Beschränkung unabhängig vom subjektiven Urteil in all denjenigen Erfahrungsbereichen, wo eine eindeutige Mitteilung prinzipiell die Berücksichtigung der Umstände erfordert, unter denen die Resultate gewonnen werden“[367]. Dabei handelt es sich, wie Bohr besonders in seinen letzten Lebensjahren betonte, um eine *objektive* Beschränkung. Den Philosophen machte Bohr zum Vorwurf, daß sie gerade diesen Zug seiner Komplementaritätskonzeption nicht aufgenommen hätten.[368] Bei diesem pauschalen Vorwurf verkannte er allerdings, daß er selbst früher Formulierungen gebraucht hatte, die zu Mißverständnissen Anlaß gaben. So hatte er beispielsweise 1929 davon gesprochen, daß „durch eine weitgehende Vertiefung des Beobachtungsproblems“ der „subjektive Charakter aller Begriffe der klassischen Physik“ klargelegt sei.[369] Indem mit solchen Formulierungen der objektivistischen Tendenz der klassischen Physik eine subjektivistische entgegengesetzt wurde, war natürlich auch das subjektivistische Fehlverständnis des Komplementaritätsprinzips nahegelegt. Diese Gefahr hat Bohr selbst aber klarer erkannt als viele seiner Anhänger. Er hat gerade deshalb die *Objektivität* des Komplementaritätsprinzips hervorgehoben.

[367] N. Bohr, Rutherford-Gedenkvorlesung (1958), in: N. Bohr, Atomphysik und menschliche Erkenntnis, Bd. 2, a. a. O., S. 60.

[368] Vgl. Interview mit N. Bohr vom 17. 11. 1963, S. 4, in: AHQP.

[369] N. Bohr, Wirkungsquantum und Naturbeschreibung (1929), in: N. Bohr, Atomtheorie und Naturbeschreibung, a. a. O., S. 63.

Bei den Diskussionen um mögliche Modifikationen der Quantenmechanik handelt es sich letztlich um die Feststellung, ob die Mikroobjekte einen solchen Erfahrungsbereich verkörpern, in dem „eine eindeutige Mitteilung prinzipiell die Berücksichtigung der Umstände erfordert, unter denen die Resultate gewonnen werden." Apriori-Setzungen, wie sie in der Behauptung von der unabdingbaren Notwendigkeit des Komplementaritätskonzepts enthalten sind, helfen da nicht weiter. Obgleich dieses Konzept in Verallgemeinerung der Dialektik des Erkenntnisprozesses auf der Basis eines der Problemantinomie von Kontinuität und Diskontinuität zugrunde liegenden objektiven dialektischen Widerspruchs formuliert wurde, ist es wie jedes andere *Resultat* wissenschaftlicher Forschung nicht dagegen gefeit, metaphysisch zu erstarren. Während Bohr die komplementäre Beschreibung für die *einzig mögliche* objektive Beschreibung gehalten hat,[370] bleibt Einsteins Zweifel methodisch weiterhin berechtigt. Allerdings muß man betonen, daß für den Gesamtverlauf der Einstein-Bohr-Debatte heute mehr denn je zu gelten scheint, was H. A. Lorentz 1910 festgestellt hatte: „Eine neue Theorie, wenn sie lebenskräftig ist, gewinnt an Kraft durch die Einwände, die sie hervorruft."[371] Die nichtrelativistische Quantenmechanik hat sich auch in dieser Debatte als eine außerordentlich lebenskräftige Theorie erwiesen. Daß die zahlreichen, bislang praktisch folgenlosen Einwände für die Lebenskraft der Theorie von Bedeutung waren, unterliegt keinem Zweifel.

Den bisherigen Verlauf der philosophischen Diskussionen um die nichtrelativistische Quantenmechanik zusammenfassend, kann man feststellen: Es hat sich einerseits gezeigt, daß zahlreiche Schwierigkeiten auftauchen, wenn man den quantenmechanischen Formalismus als ein System von Größen und ihrer Beziehungen nimmt, die so in der objektiven Realität vorliegen. Keine der philosophischen Realismusvarianten hat bisher zu physikalischen Erkenntnisfortschritten geführt. Die Behandlung der Ψ-Funktion als klassisch-physikalische Größe führt zum EPR-Einwand, dem man nur entgeht, wenn man die Quantenmechanik als Ensembletheorie faßt oder wenn man langreichweitige Wechselwirkungen postuliert, für die es aber physikalisch sonst keinerlei Hinweise gibt. Die mathematischen Strukturen des Formalismus scheinen also nicht mit den Zusammenhängen in der objektiven Realität identisch zu sein, wie Einstein im Verfolg des Galileischen Gedankens meinte.

Andererseits wurde deutlich, daß der Versuch, den quantenmechanischen Formalismus ausschließlich als Symbol zu verstehen, ohne den Abbildcharakter dieser Theorie zu betonen, zu idealistischen Konsequenzen führt, die schwerlich mit den physikalischen Erkenntnissen selbst in Übereinstimmung zu bringen sind. Die von der nichtrelativistischen Quantenmechanik geforderte Identität der Mikroobjekte mit sich selbst ist nur zu gewährleisten, wenn es neben den Eigen-

[370] Vgl. Interview mit N. Bohr vom 17. 11. 1962, S. 4, in: AHQP.

[371] H. A. Lorentz, Brief vom 20. 10. 1910 an J. Stark. Zitiert bei: A. Hermann, Frühgeschichte der Quantentheorie (1899—1913), a. a. O., S. 98.

schaften, die zu den Beobachtungsmitteln relativ sind (kanonisch konjugierte Operatoren), auch Eigenschaften gibt, die die Objekte unabhängig von der Beobachtung charakterisieren (Masse, Ladung, Spin). Damit entfernt sich der Objektbegriff der nichtrelativistischen Theorie nur teilweise vom Objektbegriff der klassischen Physik.[372]

Die nichtrelativistische Quantenmechanik erweist sich wie die klassische Mechanik als eine dialektische Einheit von Abbild und Entwurf, wobei gegenüber der klassischen Mechanik die Bedeutung des Entwurfs zugenommen hat.[373] Die Zusammenhänge in der objektiven Realität lassen sich nicht mit den von der Theorie erfaßten mathematischen Strukturen identifizieren, wohl aber in einem dialektisch verlaufenden Erkenntnisprozeß immer adäquater abbilden. Innerhalb des Gültigkeitsbereichs der bisherigen Theorie sind vollkommenere Abbildungen der tatsächlichen Zusammenhänge nicht auszuschließen. Was aber tatsächliche Zusammenhänge auf dieser Ebene der Materiestruktur sind, läßt sich gegenwärtig nicht genauer sagen, als das in der nichtrelativistischen Quantenmechanik zum Ausdruck kommt.

[372] Vgl. U. Röseberg, Dialektik von Kontinuität und Diskontinuität in der Quantentheorie, in: H. Hörz/U. Röseberg (Hrsg.), Materialistische Dialektik in der physikalischen und biologischen Erkenntnis, Berlin 1981, S. 177ff.

[373] Vgl. U. Röseberg, Mathematische Strukturen in den Weltbildvorstellungen der Physik, in: 16. Weltkongreß für Philosophie, Sektionsvorträge, Düsseldorf 1978, S. 555—558.

4. Widersprüche der Entwicklung und Entwicklung der Widersprüche

Die historischen Untersuchungen haben im Detail belegt, daß die Herausbildung der nichtrelativistischen Quantenmechanik mit Bohr tatsächlich als der „zunehmende Gebrauch weiter und weiter verfeinerter mathematischer Abstraktionen zur Sicherung der (*logischen* — U. R.) Widerspruchsfreiheit bei der Beschreibung atomarer Phänomene“ (S. 71) zu verstehen ist. Die Einstein-Bohr-Debatte und deren Fortführung in den gegenwärtigen wissenschaftslogischen und -philosophischen Untersuchungen von Grundlagenproblemen der Quantenmechanik signalisieren, daß insbesondere mit den Unbestimmtheitsrelationen bzw. dem Komplementaritätsprinzip der philosophischen Forschung Fragen zur *dialektischen* Widerspruchsproblematik aufgegeben sind, die noch nicht als abschließend geklärt gelten dürfen.[1] Dabei ist zu beachten, daß Dialektik keine letzten Worte verträgt, aber natürlich mehr ist als ein potentiell unbegrenzt zu führender Dialog.

Für unseren Zusammenhang besonders interessant erscheint die Parallelität im Ringen um begriffliche Klarheit beim philosophischen Widerspruchsbegriff und beim physikalischen Komplementaritätsbegriff. So wie die Kategorie des dialektischen Widerspruchs der ständigen Anstrengung des Begriffs bedarf, sah sich Bohr bis an sein Lebensende genötigt, den von ihm in die Interpretation der nichtrelativistischen Quantenmechanik eingeführten Begriff der „Komplementarität“ zu präzisieren. Uns geht es darum, den von Bohr besonders stark empfundenen Zwang zur Dialektik in die laufenden Diskussionen zum dialektischen Widerspruch einzubringen. In Übereinstimmung mit den Ausführungen in den ersten beiden Kapiteln ist nun das vorliegende historische Material philosophisch weiter zu verallgemeinern.

Wir hatten es in den wissenschaftshistorischen Untersuchungen mit der Problematik von *Kontinuität und Diskontinuität* auf allen drei Ebenen der Dialektik zu tun.[2]

[1] Siehe dazu die in Anm. 298 und 341 angeführte Literatur.

[2] Dies ist gegenüber allen Versuchen zu betonen, Dialektik auf *eine* dieser drei Ebenen zu reduzieren. Zu berücksichtigen aber ist, daß die *Bezeichnung* der Probleme materialistischer Dialektik auf den drei Ebenen nur im speziellen Fall übereinstimmt. Um Kontinuität und Diskontinuität des Theorieentwicklungsprozesses geht es natürlich auch bei der Lösung *anderer* Problemantinomien.

Aus der Analyse der Widersprüche innerhalb der Theorieentwicklung gilt es jetzt zu entscheiden, *ob* dialektische Widersprüche als Quelle und Triebkraft *dieses* Prozesses aufzufassen sind und *ob* man bei der Herausbildung der nichtrelativistischen Quantenmechanik philosophisch berechtigt von einem *Entwicklungs*prozeß sprechen kann. Hat man es mit einem Entwicklungsprozeß zu tun, dann steht die Frage nach den Kriterien der *Höher*entwicklung. Es ist zu prüfen, inwiefern sich das Konzept der *Problemantinomien* bei der Analyse dialektischer Widersprüchlichkeit der Objekte dieses Prozesses bewährt. Damit im Zusammenhang steht die Frage nach der heuristischen Fruchtbarkeit des Engelsschen Konzepts der *Naturdialektik* für die Entwicklung mathematisierter Naturwissenschaften, die Beziehung von *logischen* und *dialektischen Widersprüchen* und die Abbildbarkeit *dialektischer Widersprüche* in *logisch widerspruchsfreien mathematisierten naturwissenschaftlichen Theorien.*

Die vorangegangenen wissenschaftshistorischen Untersuchungen legen *Präzisierungen* dialektisch-materialistischer Positionen zur Quantenmechanik nahe. Aus der Sicht des Erkenntnisprozesses *und* seines Resultats stellt sich dabei manches anders dar als allein aus der Sicht fertiger Erkenntnisse.

4.1. Herausbildung der nichtrelativistischen Quantenmechanik als Entwicklungsprozeß

Zwischen 1913 und 1927 vollzog sich innerhalb der physikalischen Grundlagenforschung ein Prozeß, der philosophisch nicht anders als ein *Entwicklungsprozeß* verstanden werden kann. Ausgangspunkt dieses auf der Ebene der subjektiven Dialektik und der Dialektik des Erkenntnisprozesses verlaufenden Vorganges war das 1913 formulierte *Bohrsche Atommodell* mit seiner logisch widerspruchsfreien, aber theoretisch inkonsistenten Synthese von klassischer Mechanik und Elektrodynamik einerseits und den mit der klassischen Physik unverträglichen zusätzlichen Quantenpostulaten andererseits. 1927 am Endpunkt des betrachteten Forschungsprozesses lag die theoretisch konsistente *nichtrelativistische Quantenmechanik* in ihren Grundlagen ausgearbeitet vor.

In den theoretischen Grundlagen des Bohrschen Atommodells wurden die logischen Widersprüche des Rutherfordschen Atommodells in spezifischer Weise überwunden (3.1.1.). Bohr gab genau an, unter welchen Bedingungen die klassische Mechanik und Elektrodynamik gelten sollten und unter welchen Bedingungen damit unverträgliche Quantenpostulate gelten. Obgleich er davon überzeugt war (ebenso wie viele andere Theoretiker damals auch), daß die Newtonsche Mechanik und die Maxwellsche Elektrodynamik auf der Ebene von Atomen und Molekülen *nicht* gelten, bestimmte er die *Ausgangsqualität* des Theorieentwicklungsprozesses, der zu einer *neuen* und *besseren* Theorie führen sollte, durch eben diese zu überwindenden *alten* Theorien und hypothetisch eingeführte *zusätzliche* Postulate. Der erstaunliche Erfolg dieser theoretisch inkonsistenten Konstruktion hat — wie am Beispiel Sommerfelds, aber auch Borns und Heisenbergs (bei ihnen allerdings nur kurzzeitig) gezeigt wurde (3.1.3.3. und 3.2.3.) — verschiedentlich die Frage nach einem völlig neuen Theorieverständnis der Physik aufkommen lassen. Es war Anfang der 20er Jahre nicht auszuschließen, daß man *keine neue* Theorie brauchte, sondern möglicherweise mit diesem inkonsistenten Theorieansatz bzw. geringfügigen Modifikationen auskommen konnte (3.3.).

Die Möglichkeit evolutionärer Erkenntnisakkumulation im Bereich der Atomphysik wurde mit dem Ausbau des Bohr-Sommerfeldschen Atommodells immer unwahrscheinlicher (3.2.). Die *Kontinuität* quantitativer und qualitativer Veränderungen im Rahmen der alten Qualität wurde nicht durch den *Willen zu revolutionären Veränderungen*, sondern den *Zwang* zu solchen Änderungen *durchbrochen*. Heisenberg hat diesen Prozeß aus der Perspektive eines relativ großen zeitlichen Abstandes betrachtet und verallgemeinernd die Frage gestellt: „Wie macht man eine Revolution?“[3]

In Furcht davor, 1969 in der BRD bei dieser Fragestellung seiner Vortragsankündigung die „falschen“ Zuhörer zu bekommen, hat er es vorgezogen, seine Reflexionen über wissenschaftliche Revolutionen[4], ausgehend von der Entwicklung der Quantenmechanik, mit dem politisch weniger verfänglichen Thema „Änderungen der Denkstruktur im Fortschritt der Wissenschaft“ anzukündigen. Er kam dabei zu einer Auffassung vom Wesen revolutionärer Umbrüche, welche keineswegs auf die Wissenschaftsentwicklung beschränkt ist.

Auf die erwähnte Frage, wie man eine wissenschaftliche Revolution macht, antwortete er sehr zur Verblüffung seiner vielen, in der Theorie der Dialektik unbewanderten Zuhörer und Leser, „indem man versucht, so *wenig* wie möglich zu ändern“[5]. Er erläuterte dies: „Wenn man nämlich erkannt hat, daß es ein Problem gibt, das sich im traditionellen Rahmen nicht lösen läßt, dann muß man, so scheint es, alle Kräfte auf die Lösung nur dieses einen Problems konzentrieren, ohne zunächst an Änderungen in anderen Bereichen zu denken. Dann ist — wenigstens in der Wissenschaft — die Wahrscheinlichkeit am größten, daß daraus eine echte Revolution entstehen kann, sofern überhaupt die Notwendigkeit für neue Fundamente besteht.“[6]

[3] W. Heisenberg, Änderungen der Denkstruktur im Fortschritt der Wissenschaft (1969), in: W. Heisenberg, Schritte über Grenzen, München 1971, S. 275.

[4] Heisenberg wurde während seiner ausführlichen zwölf Interviews im Rahmen des Projektes AHQP von T. S. Kuhn mit dessen spezifischer Auffassung wissenschaftlicher Revolutionen vertraut gemacht. Siehe dazu insbesondere: AHQP, Interview mit W. Heisenberg vom 25. 2. 1963 (8.). Was Kuhn mit dem Begriff des „Paradigmas“ fassen will, hat Heisenberg wesentlich früher mit dem der „abgeschlossenen physikalischen Theorie“ auszudrücken versucht (W. Heisenberg, Der Begriff „Abgeschlossene Theorie“ in der modernen Naturwissenschaft. in: Dialectica, 2 (1948), S. 331—336).

[5] W. Heisenberg, Änderungen der Denkstruktur im Fortschritt der Wissenschaft, a. a. O., S. 285.

[6] Ebenda, S. 285, 286.

Mit diesen Feststellungen werden eine Vielzahl von Problemen aufgeworfen, die wohl der historischen Analyse zugänglich sind, aber kaum in einem Regelwerk normativer Methodologie erfaßt werden können.

Die Erkenntnis, daß ein Problem im traditionellen Rahmen nicht lösbar ist, läßt sich retrospektiv begründen, kann jedoch im realen Theorieentwicklungsprozeß natürlich nicht vorausgesetzt werden. Selbst die retrospektive Begründung einer solchen Erkenntnis kann aber Schwierigkeiten bereiten. Forscher, die im Prozeß intensiver Auseinandersetzung mit einem Problem zu der Auffassung gelangt sind, dieses lasse sich im traditionellen Rahmen lösen, werden auch nach dem Erfolg ihrer wissenschaftlichen Kontrahenten nicht ohne weiteres bereit sein, ihr eigenes Forschungsprogramm für prinzipiell undurchführbar zu halten. Ein nahezu klassisches Beispiel stellt die Diskussionsstrategie Einsteins nach 1927 dar.

Wenn man in der Auseinandersetzung mit einem Problem zu der Vermutung kommt, es lasse sich im traditionellen Rahmen nicht lösen, dann legt auch die Heisenbergsche Forderung, „alle Kräfte auf die Lösung nur dieses einen Problems" zu konzentrieren, noch keineswegs die Forschungsstrategien fest. 1923/24 war das Dreikörperproblem beispielsweise zu einem solchen, im Rahmen des damals vorliegenden theoretischen Ansatzes nicht zu lösenden Problem geworden. Der theoretische Durchbruch wurde aber erzielt, als man sehr viel einfachere Objekte untersuchte.

„So *wenig* wie möglich zu ändern" — auch dies ist schließlich eine Forderung, die hinreichend unbestimmt bleiben *muß*. Wer wollte 1924 ausschließen, daß es notwendig sein könnte, den Energieerhaltungssatz als Gesetz des Durchschnittsverhaltens, nicht aber jedes individuellen Elementarprozesses anzusehen? Selbst Bohr, der von Anfang an betont hatte, daß die neue Theorie nur zu finden sei, wenn man die bekannten Theorien und Methoden bis an die Grenzen ihrer Leistungsfähigkeit im bislang nicht erforschten Objektbereich führt, konnte sich während der Auseinandersetzung mit den auf diesem Wege auftauchenden Schwierigkeiten nicht der Faszination von Ideen entziehen, die retrospektiv als „revoluzzerhafte" Vorstellungen erscheinen.

Heisenbergs Feststellungen sind ungeachtet all dieser Probleme adäquate Verallgemeinerungen des tatsächlichen Verlaufs des hier untersuchten Theorieentwicklungsprozesses. Sie stimmen im wesentlichen mit Bohrs seit 1913 verfolgter Forschungsstrategie überein. Bohr hatte tatsächlich versucht, bei der Lösung der sich aus seinem Atommodell ergebenden Probleme möglichst wenig an den bewährten physikalischen Theorien und Konzepten zu ändern, den Weg zur *neuen* Theorie innerhalb des begrifflichen Rahmens der *alten* Theorien zu finden. Die quantitativen und qualitativen Veränderungen im Rahmen der Ausgangsqualität des Theorieentwicklungsprozesses führten ihn und die Mitglieder seiner wissenschaftlichen Schule in immer stärkerem Maße zu der Überzeugung von der *Notwendigkeit revolutionärer Veränderungen* im Bereich der Mechanik. Heisenbergs Durchbruch zur Quantenmechanik hatte genau diese Überzeugung zur Voraussetzung. Er suchte bewußt nach einem Ansatz zur neuen Theorie (3.4.1.). Schrödinger hingegen suchte mit seinem wellentheoretischen Ansatz die durch die Matrizenmechanik vertiefte Kluft zwischen der klassischen Physik und der Quantentheorie zu überbrücken (3.4.2.). Er wurde wie Planck ein Vierteljahrhundert vorher zum „Revolutionär wider Willen".

Es zeigte sich erst allmählich, daß die *Matrizenmechanik keine* reine *Diskontinuumstheorie* ist und auch die *Wellenmechanik nicht* die Hoffnungen Einsteins auf eine reine *Kontinuumstheorie* einlöst. Beide zunächst als alternative Ansätze aufgefaßten Theorien sind *Darstellungen* ein und derselben Theorie. Diese führt ursprüngliche *Kontinuität* und *Diskontinuität* zur *Synthese.* In jeder Darstellung kommt die *dialektische Einheit* beider in unterschiedlicher Weise zum Tragen. Während Bohr dies als erster erkannte, zögerte Heisenberg noch längere Zeit, die Berechtigung der Wellenmechanik anzuerkennen. Bohr, Heisenberg, Born, Jordan, Pauli u. a. aber betonten von Anfang an die mit der Quantenmechanik gegebene *Diskontinuität der physikalischen Theorieentwicklung.* Sie gingen entsprechend ihren vorherigen Erwartungen nach 1925 davon aus, daß dieser Schritt im Prinzip durch nichts mehr gemildert werden könne und es darauf ankäme, die notwendigen Schlüsse daraus zu ziehen. Schrödinger hingegen hoffte ähnlich Einstein bis zu seinem Lebensende, die mit der Wellen- und Matrizenmechanik gesetzte *Diskontinuität der Theorieentwicklung* wieder in *Kontinuität* zu transformieren. Hier wiederholte sich methodisch, was Planck nach 1900 lange Zeit vergeblich versucht hatte. Der Hinweis auf die Erfolglosigkeit der Planckschen Bemühungen, das Wirkungsquantum organisch in das Gebäude der klassischen Physik einzubauen, impliziert jedoch nicht mit Notwendigkeit die Unfruchtbarkeit der Bemühungen Einsteins, Schrödingers u. a. um die Modifikation der nichtrelativistischen Quantenmechanik.

Der *dialektische Widerspruch* von kontinuierlichen und diskontinuierlichen Momenten der Theorieentwicklung war während des gesamten Prozesses der Herausbildung der nichtrelativistischen Quantenmechanik zutage getreten. Er fand — wie eben hervorgehoben — seine Widerspiegelung in der Theorie selbst und charakterisierte auch die Diskussionen um die Grundlagenprobleme der bereits etablierten Theorie. Besonders intensiv wurde er gegen 1925 am *Umschlagspunkt* von der Ausgangsqualität zur neuen Qualität reflektiert. In den Auseinandersetzungen um kontinuierliche oder diskontinuierliche Theorieentwicklung hoben die Anhänger der *Kontinuität* die *atomistischen Momente* innerhalb der Theorien der klassischen Physik hervor (3.3.), während die Anhänger der *Diskontinuität* das *holistische* Moment dieser Theorien besonders betonten (3.2.). Die klassischen physikalischen Theorien im wesentlichen evolutionär fortzuschreiben war angesichts der enormen Schwierigkeiten mit der quasiklassischen Quantentheorie gegen 1925 nur noch möglich, wenn man die Grundannahmen der Theorie als ein System von Einzelaussagen ansah, in dem man auch bestimmte Veränderungen vornehmen konnte, ohne die gesamte Theorie zu stören. Wer die klassischen Theorien als „abgeschlossene Theorien" in ihrer Ganzheit unterstellte, mußte angesichts der genannten Schwierigkeiten auf Diskontinuität, auf qualitativen Umschlag und damit revolutionäre Veränderungen in der Theorieentwicklung setzen.

In der Komplexität des historischen Prozesses durchdrangen sich beide Tendenzen, war die eine ohne die andere nicht denkbar. Beide waren physikalisch begründet und zugleich auch philosophisch motiviert. Die Anhänger *kontinuierlicher Theoriefortschreibung* betonten an der Theorie stärker das Moment des *Abbilds* und neigten zu mechanistischen Vorstellungen von der Widerspiegelung objektiver Gesetze in wissenschaftlichen Theorien. Die Anhänger *diskontinuierlicher Theorieentwicklung* betonten an der Theorie stärker das Moment des *Entwurfs* und neigten zur völligen Aufgabe des erkenntnistheoretischen Widerspiegelungskonzepts im Symbolismus, Konventionalismus, Instrumentalismus oder Operationalismus. Das alles sind letztlich im Idealismus mündende erkenntnistheoretische Positionen. Bohrs und Einsteins außerordentlich differenzierte Stellungnahmen aber mahnen uns, diese Unterschiede nicht allzu generalisierend in allgemeinen Regeln zu fixieren.

Historisch setzte sich *1925* die *Diskontinuität im Theorieentwicklungsprozeß* durch. Die nichtrelativistische Quantenmechanik war zunächst dem quasiklassischen Bohr-Sommerfeldschen Theorieansatz dank ihrer inneren Konsistenz weit überlegen. Die theoretische Konsistenz wurde erreicht, indem man bei der Darstellung inneratomarer bzw. -molekularer Ereignisse vom 4-dimensionalen Raum-Zeit-Kontinuum zum mathematisch komplizierten Hilbert-Raum überging. *Darstellungs- und Beobachtungsraum* der Bewegung (Veränderungen in der Zeit) materieller Objekte fielen in der Quantenmechanik nicht mehr zusammen.[7] Es gibt die bis heute für den Meßprozeß der Quantenmechanik diskutierten Probleme des

[7] Erst die Quantenmechanik machte deutlich, daß man begrifflich zwischen Darstellungs- und Beobachtungsraum einer Theorie unterscheiden muß. Vom Standpunkt der höheren Theorie zeigt sich, welche keineswegs evidenten Voraussetzungen erfüllt sein müssen, um die Eigenschaften des Darstellungsraumes und der Zeit in der klassischen Physik als adäquate Widerspiegelungen objektiver Raum- und Zeiteigenschaften zu gewährleisten. Der physikalische Erkenntnisfortschritt macht deutlich, daß „abgeschlossene Theorien" keineswegs auch physikalisch und philosophisch unproblematisch sind. Aus der Sicht der nichtrelativistischen Quantenmechanik ergaben sich neue philosophische Einsichten und auch veränderte physikalische Fragestellungen für die klassische Mechanik.
Bopp, Born u. a. betonten, daß die Schwierigkeiten im Verständnis der Quantenmechanik und ihrer philosophischen Grundlagen zum großen Teil auf falschen Vorstellungen über die Aussagen der klassischen Mechanik beruhten (vergleiche dazu ihre Beiträge in: F. Bopp (Hrsg.), Werner Heisenberg und die Physik unserer Zeit, Braunschweig 1961).
Bohr, Heisenberg, Pauli u. a. haben dagegen immer wieder dargelegt, daß das Revolutionäre der Quantenmechanik nicht allein über die Aufgabe falscher Vorstellungen über die klassische Mechanik zu erfassen ist (siehe dazu beispielsweise: W. Heisenberg, Tradition in der Wissenschaft, München 1977).

Übergangs vom Darstellungs- zum Beobachtungsraum[8]. Der EPR-Einwand und andere derartige Einwände beruhen darauf, daß die Ebenen des Darstellungs- und des Beobachtungsraumes nicht klar getrennt werden. In ihrem rationalen Kern münden sie in die nach wie vor nicht abschließend geklärte Frage nach den Möglichkeiten eines innigeren Zusammenhangs dieser beiden Ebenen, als er in der vorliegenden Quantenmechanik erfaßt ist.

Im Gegensatz zu den Behauptungen von der Immaterialität quantenmechanischer Objekte, dem Indeterminismus bzw. der Akausalität quantenmechanischer Beziehungen setzt die Darstellung der nichtrelativistischen Quantenmechanik im Hilbert-Raum Materialität der von ihr abgebildeten Objekte, Kausalität und Determinismus innerhalb des entsprechenden objektiven Zusammenhanggefüges sowie innige Beziehungen zwischen den Raum-Zeit-Eigenschaften und den anderen Eigenschaften dieser Objekte genauso voraus wie die Darstellung der klassischen Mechanik im Beobachtungsraum.

Der Darstellungsraum mikrophysikalischer Bewegungen ist direkter Beobachtung nicht zugänglich. Die Voraussagen der Theorie müssen, um experimentell überprüft zu werden, für den Beobachtungsraum formuliert werden. Dabei kommt es zu den vieldiskutierten Interpretationsproblemen der als „unanschaulich" angesehenen Quantenmechanik.[9]

Dieses relativ klare Bild von den besonderen Schwierigkeiten im Verständnis der neuen, in sich konsistenten Theorie konnte man erst entwerfen, nachdem die Theorie mathematisch hinreichend ausgebildet war. Pauli hielt bereits im März 1927 die Darstellung im Hilbert-Raum für eine tief im Wesen der Sache liegende und das wahrscheinlich einzige Mittel, „die quantitative Korrespondenz ... herzustellen zwischen Differentialgesetzen kontinuierlicher Funktionen und dem diskontinuierlichen ‚willensfreien' Geschehen in der Wirklichkeit". Er wandte sich dagegen, diese Entwicklung als „ein Verlegenheitsmittel in die Enge geratener Theoretiker" zu betrachten[10], konnte aber ebensowenig wie Bohr verhindern, daß es immer wieder Versuche gab, die *neuen* Probleme in der *alten* Sprache (ohne Komplementaritätsprinzip) auszudrücken. M. Born forderte, neuen Wein nicht

[8] Siehe dazu: G. Ludwig, Deutung des Begriffs „physikalische Theorie" und axiomatische Grundlegung der Hilbertraumstruktur der Quantenmechanik durch Hauptsätze des Messens, Berlin 1970; A. I. Pančenko, Logiko-gnoseologičeskie problemy kvantovoj fiziki, Moskva 1981; Problemy dialektiko-materialističeskogo istolkovanija kvantovoj teorii, Kiev 1972; U. Röseberg, Quantenmechanik und Philosophie, Berlin 1978, S. 168ff.

[9] Siehe dazu: H. Hörz, Zur Anschaulichkeit in der Quantentheorie, in: H. Hörz/R. Löther (Hrsg.), Natur und Erkenntnis, Berlin 1964, S. 101—133.

[10] W. Pauli, Brief vom 29. 3. 1927 an N. Bohr, in: W. Pauli, Wissenschaftlicher Briefwechsel mit Bohr, Einstein, Heisenberg u. a., Bd. 1, 1919—1929, New York—Heidelberg—Berlin, 1979, S. 389, 390.

in alte Schläuche zu schütten. Niemand aber konnte definitive Beweise dafür liefern, daß die Einwände der Gegner dieser neuen Auffassung einer rationalen Grundlage entbehren. Sollte nicht vielleicht die Darstellung im Hilbert-Raum doch nur „ein Verlegenheitsmittel in die Enge geratener Theoretiker" sein?

Die *neue* und zugleich *höhere Qualität* der Quantenmechanik gegenüber der Ausgangsqualität des betrachteten Theorieentwicklungsprozesses wurde keineswegs allein durch die *formale Konsistenz der Theorie* (welche wegen der damit entstehenden Interpretationsfragen keineswegs unproblematisch ist) bestimmt. Sie wurde vor allem durch den *Erfolg* dieser Theorie bei der Erklärung experimenteller Daten innerhalb ihres Gültigkeitsbereiches charakterisiert. Wo die Bohr-Sommerfeldsche Atomtheorie versagte, dort lieferte die nichtrelativistische Quantenmechanik in Übereinstimmung mit den empirischen Befunden Erklärungen. Daran konnten auch die Gegner der neuen Theorie nicht vorbeigehen. Die ernstzunehmenden Auseinandersetzungen werden darum geführt, ob die quantenmechanischen Erklärungen *theoretisch* ausreichend sind. Ihre praktische Nützlichkeit sind spätestens seit 1927 erwiesen.

Die nichtrelativistische Quantenmechanik hat sich bis heute innerhalb ihres Gültigkeitsbereiches bestens bewährt. Die Spektren von Atomen und Molekülen, der Aufbau von Atomen und Molekülen, die Zerfalls- und Syntheseprozesse von Kernen und andere physikalische Erscheinungen der Mikrowelt lassen sich über die entsprechenden makrophysikalischen Folgen mit dieser Theorie erklären. *Keine* der zahlreichen Überprüfungen der Quantenmechanik hat innerhalb ihres Gültigkeitsbereiches zu signifikanten Abweichungen der experimentellen Daten von den theoretischen Voraussagen geführt, obgleich vor allem in letzter Zeit intensiv nach derartigen Abweichungen gefahndet wurde.

Es gibt bislang keine zwingenden Hinweise darauf, daß die nichtrelativistische Quantenmechanik eine zu schmale theoretische Basis für die physikalische Behandlung aller chemischen Verbindungen ist. Die Quantenchemie geht davon aus, daß die praktische Schwierigkeit bei Berechnungen komplizierter Atome und Moleküle lediglich der Komplexität ihrer Objekte geschuldet ist, nicht aber eine prinzipielle theoretische Schwierigkeit darstellt. Man hat es dabei mit der Notwendigkeit zu tun, für Vielteilchenprobleme Näherungsverfahren zu begründen. Die Festkörperphysik ist im Bereich tiefer Temperaturen auf die Grenzen des Gültigkeitsbereiches für das Konzept isolierter Teilchen gestoßen. Zunehmend muß man sich hier quantenfeldtheoretischer Methoden bedienen. Vielteilchentheorie und Quantenfeldtheorie liegen jenseits des Gültigkeitsbereiches der betrachteten nichtrelativistischen Quantenmechanik.

Seitdem feststeht, daß die nichtrelativistische Quantenmechanik allen vorherigen Theorieansätzen innerhalb des entsprechenden Objektbereiches praktisch weit überlegen ist, konzentriert sich die Diskussion um die Grundlagenprobleme dieser Theorie auf die Spezifik ihrer Struktur, ihrer Gesetze und Begriffe. Dabei zeigten die Diskussionen um die *Begriffe* der neuen physikalischen Theorie den tiefen Sinn Hegelscher Kritik an mechanistisch-materialistischen Vereinfachungen des Abbildcharakters theoretischer Erkenntnisse und der für ihre Formulierung benutzten Begriffe.[11]

Seit Galilei und Newton vertrat die überwältigende Mehrzahl der Physiker die Auffassung, daß, sobald es gelänge, logische Widersprüche auf der Ebene mathematisierter physikalischer Theorien auszuschließen, die Physik nichts mehr mit jenen philosophischen Problemen zu tun habe, die schließlich in spitzfindigen philosophischen Begriffsanalysen Hegel zur Formulierung seiner Dialektik geführt hatten. Diese Überzeugung sollte sich als philosophischer Irrtum erweisen. Um aber zu erkennen, daß *Begrifflichkeit* und *Historizität* nicht nur für die Analyse *philosophischer* Systeme der Vergangenheit von Belang sind, sondern auch für die Analyse physikalischer Theorienentwicklung Bedeutung haben, muß man sich mit der Theorie der materialistischen Dialektik beschäftigen. Wer das für überflüssig oder gar schädlich erachtet, wird bei der Begriffsanalyse der Physik auf Probleme stoßen, die ihm unlösbar erscheinen.

Während von Schrödinger und anderen Theoretikern in den Auseinandersetzungen um die Schwierigkeiten bei der Interpretation der nichtrelativistischen Quantenmechanik alle Hoffnungen auf neue physikalische Begriffe gesetzt wurden, betonte Bohr wie bereits im Vorfeld der neuen Theorie immer wieder, daß auch Erscheinungen, welche der klassischen physikalischen Erklärung nicht zugänglich sind, letztlich in *klassischen* physikalischen Begriffen beschrieben werden. Inzwischen war aber auf der begrifflichen Ebene der physikalischen Theorieentwicklung eine *Negation der Negation* vollzogen.

Auf der Ebene der Ausgangsqualität dieses Theorieentwicklungsprozesses hatte Bohr die Begriffe der klassischen Mechanik und Elektrodynamik unverändert unterstellt und gleichzeitig Postulate eingeführt, die für diese Begriffe gar keinen Sinn haben. Während die Maxwellsche Elektrodynamik Licht als Welle behandelte, lief Bohrs Strahlungspostulat (2) entgegen der ursprünglichen Überzeugung seines geistigen Vaters auf die Anerkennung der Einsteinschen Lichtquantenhypothese (also die Vorstellung, Licht als einen Teilchenschauer zu behandeln) hinaus. Das brachte Schwierigkeiten mit sich, welche für Pauli nur daher kamen, „daß wir zwar die *Gesetze* der klassischen Theorie aufgeben, aber doch noch immer mit den *Begriffen* dieser Theorie operieren“[12].

Das Bohrsche Programm des korrespondenzmäßigen Anschlusses der *neuen Theorie* und ihrer Begriffe an die *alte Theorie* und deren Begriffe (3.1.3.) führte zunächst dazu, daß von Heisenberg und von Pauli die kinematischen Vorstellungen der klassischen Mechanik gänzlich *aufgegeben* (3.2.3.) und von Heisenberg dann die entsprechenden Begriffe *formal umgedeutet* wurden (3.4.1.). Dieser Stufe der *Negation klassisch-mechanischer Begriffe* schloß sich mit den Unbestimmtheits-

[11] Siehe dazu: U. Röseberg, Materialistische Dialektik und Physik, in: M. Buhr (Hrsg.), Philosophie — Wissenschaft — Politik, Berlin 1982, S. 100—108.

[12] W. Pauli, Brief vom 20. 9. 1923 an A. S. Eddington, in: W. Pauli, Wissenschaftlicher Briefwechsel mit Bohr, Einstein, Heisenberg u. a., Bd. 1, a. a. O., S. 116.

relationen (3.4.4.) und dem Komplementaritätsprinzip (3.4.5.) die Stufe der *Negation der Negation klassisch-mechanischer Begriffe* an. Die Negation der Negation von Begriffen der klassischen Mechanik in der nichtrelativistischen Quantenmechanik veranlaßt uns, die Beziehung dieser beiden Theorien weder als eine Beziehung metaphysischer Ausschließlichkeit noch als eine Beziehung des formalen Enthaltenseins der einen in der anderen Theorie zu charakterisieren.

Die Quantenmechanik ist historisch aus der klassischen Mechanik hervorgegangen. Die systematischen Beziehungen beider Theorien lassen sich aktuell nicht anders denn als *dialektisch widersprüchliche* Beziehungen fassen. Die klassische Mechanik ist die Voraussetzung der Quantenmechanik und wird von dieser dialektisch aufgehoben. Um aber die Resultate der Quantenmechanik mit den experimentellen Befunden zu vergleichen, bedarf man wiederum der Begriffe der von ihr aufgehobenen Theorie. Im Logischen wird hier das Historische aufgehoben und zugleich bewahrt. Dies hat Konsequenzen für das physikalische Verständnis der nichtrelativistischen Quantenmechanik. Über These (Mechanik) und Antithese (formale Quantenmechanik) kommt man bei der Lösung physikalischer Probleme zur dialektischen Synthese (physikalische Interpretation der Quantenmechanik). Das findet seinen Niederschlag auf der Ebene aller *physikalischen* Begriffe und hat auch Konsequenzen für einige der von der Physik benutzten *mathematischen* Begriffe. Diese sind besonders einschneidend für den unterstellten *Gesetzesbegriff* und das physikalische Verständnis des mathematischen *Wahrscheinlichkeitsbegriffes.*[13]

Der Gesamtprozeß der Herausbildung der nichtrelativistischen Quantenmechanik erweist sich damit als ein *historischer* Prozeß quantitativer und qualitativer Veränderungen im Rahmen einer Ausgangsqualität, dem Übergang zu einer durch die Negation der Negation charakterisierten höheren Qualität, mit der es möglich wird, die Aufgaben der Theorie im entsprechenden Objektbereich qualitativ besser und quantitativ umfangreicher wahrzunehmen. Dieser Prozeß, der als ein Prozeß des Lösens von Widersprüchen und des gleichzeitigen Setzens neuer Widersprüche untersucht wurde, weist alle Eigenschaften von Prozessen auf, die Gegenstand der dialektischen Entwicklungstheorie sind. Er ist damit ein für philosophische Verallgemeinerungen zur Präzisierung dieser Theorie geeignetes Objekt. Man spricht philosophisch berechtigt von einem Theorie*entwicklung*s-

[13] Zum Gesetzesbegriff siehe: R. Feynman, The Character of Physical Law, London 1965; H. Hörz, Marxistische Philosophie und Naturwissenschaften, Berlin 1974, S. 121ff. Zur Problematik des Wahrscheinlichkeitsbegriffs siehe: V. A. Fok, Quantenphysik und philosophische Probleme, in: Dialektik in der modernen Naturwissenschaft, Berlin 1973, S. 134ff.; A. S. Kravec, Priroda verojatnosti, Moskva 1976; V. I. Kupcov, Determinizm i verojatnost', Moskva 1976; J. V. Sačkov, Wahrscheinlichkeit und Struktur, Berlin 1978, S. 155ff.; M. Strauss, Modern Physics and its Philosophy, Dordrecht 1972; C. F. v. Weizsäcker, Probability and Quantum Mechanics, in: British Journal for the Philosophy of Science, **24** (1973), S. 321 bis 337.

prozeß. — Es ist erforderlich, die Rolle der einzeln analysierten Widersprüche in diesem Prozeß nun näher zu bestimmen und entsprechende Schlußfolgerungen für die philosophische Widerspruchsproblematik zu ziehen.

4.2. Widersprüche als Triebkräfte des Theorieentwicklungsprozesses

Unsere Analyse des Prozesses der Herausbildung der nichtrelativistischen Quantenmechanik setzte ein, als die mit Einführung des Planckschen Wirkungsquantums und der Quantelung der Energie gegebene Problemantinomie von Kontinuität und Diskontinuität im Bohrschen Atommodell zu einer Problemantinomie der *Atom*physik wurde. Vorher kam dieser Problemantinomie im wesentlichen innerhalb der statistischen Physik Bedeutung zu. Trotz zahlreicher Bemühungen hatte man sich in der physikalischen Forschung nicht von dem Widerspruch befreien können, daß die Newtonsche Mechanik, die Maxwellsche Elektrodynamik und die Thermodynamik von der *Kontinuität* aller physikalischen Größen ausgehen (Diskontinuität sich dort bestenfalls als Folge der Kontinuität ergibt), während die wegen des Versagens der klassischen Physik notwendig gewordene Quantentheorie in ihren diskreten Größen prinzipiell *Diskontinuität* voraussetzt. Weder die logische Negation der These (Kontinuität) noch die logische Negation der Antithese (Diskontinuität) konnte, wie die Entwicklung bis 1913 bereits nahegelegt hatte, das mit diesem Widerspruch gesetzte Problem der physikalischen Grundlagenforschung lösen. Weil es um eine dialektische Synthese von These und Antithese gehen mußte, läßt sich dieser Widerspruch heute nicht anders denn als Problemantinomie charakterisieren.

Eine dialektische Synthese war aber nicht in einem Wurf zu realisieren. Das „Quantenrätsel" wurde — wie im Vorangegangenen vielfach belegt — nahezu von allen Theoretikern als große Herausforderung, wenn nicht sogar als *die* Herausforderung der Physik des 20. Jahrhunderts empfunden. Wir haben jenen Prozeß untersucht, der dieses „Rätsel" für die *nichtrelativistische Mechanik* auf der Ebene von Atomen und Molekülen aufgelöst hat. Die nichtrelativistische Quantenmechanik ist insgesamt aber nur ein Schritt auf dem Wege zur *dialektischen Synthese von Kontinuität und Diskontinuität*, um die die moderne Physik mit dem weiteren Ausbau der *Quantentheorie* auch heute noch ringt.

Wir haben gesehen, daß die mit der Planckschen Entdeckung gegebene grundlegende Problemantinomie der Quantentheorie mit dem Bohr-Sommerfeldschen Atommodell in eine *Problemantinomie der Mechanik* und eine *Problemantinomie der Elektrodynamik* untersetzt wurde (3.1.3.4.). Innerhalb dieses Modells, das die Ausgangsqualität des entsprechenden Theorieentwicklungsprozesses bestimmte, waren beide Problemantinomien in einer logisch widerspruchsfreien Form eingeführt worden. Ihre Existenz führte zu der viel diskutierten Inkonsistenz der quasiklassischen Theorie. Es ist nicht ausgeschlossen, daß Einstein eben wegen dieser Schwierigkeiten Gedanken nicht weiter verfolgt hat, die denen Bohrs von 1912/13 ähnlich gewesen sein müssen. W. Wien betonte 1926: „Unter gewöhnlichen Umständen würde man die Bohrsche Theorie wegen ihrer Widersprüche augenblicklich über Bord geworfen haben."[14] Dies hat man nicht getan. Man erzielte mit dem von Bohr entworfenen Programm schließlich sogar einen großartigen Erfolg in der physikalischen Forschung.

Alle jene Methodologen, welche Theorieansätze prinzipiell mit ahistorischen normativen Festlegungen bewerten („starke Methodologie"), möchten eigentlich heute noch die gesamte an das Bohrsche Atommodell anknüpfende Theorieentwicklung rückgängig machen, weil diese von einem theoretisch inkonsistenten Modell ausging und auch in ihrem Resultat dazu zwingt, über Widersprüche nachzudenken. I. Lakatos, der stärker an Popper orientiert war, als Feyerabend das wahrhaben will, kam in einer Fallstudie, die wie die vorliegende ebenfalls das Bohrsche Forschungsprogramm zum Gegenstand hatte, zu dem vernichtenden Urteil von der „beispiellose[n] Niveausenkung kritischer Maßstäbe wissenschaftlicher Theorien"[15]. Geprägt von der Erwartungshaltung eines undialektischen Realismus, sah er mit Popperscher Dialektikfeindlichkeit das Hauptübel in Bohrs Behandlung des Widerspruchsproblems.

Im Unterschied zu Lakatos „rationaler Rekonstruktion von Geschichte" waren wir bemüht, von der tatsächlichen Geschichte auszugehen. Dabei allerdings wurde ein Widerspruchsverständnis unterstellt, das von dem Poppers und Lakatos' sehr verschieden ist. Daß dieses Verständnis nicht mit dem der Wissenschaftslogik unvereinbar ist, war in 2.3. deutlich geworden. Daß es der Physikentwicklung besser angepaßt ist als die normativen Festlegungen über Widerspruchsfreiheit und Konsistenz von Theorieansätzen starker Methodologie, haben die wissenschafthistorischen Untersuchungen hinreichend bewiesen.

Wir konnten zeigen, wie im Laufe eines komplizierten Forschungsprozesses allmählich klar wurde, daß für die Atomphysik zunächst die *Problemantinomie der Mechanik* von grundsätzlicher Bedeutung war (3.2.3.). — Bohr hatte anfangs vor allem die Problemantinomie der Elektrodynamik betont (3.1.1.), während Einstein zunächst die der Mechanik als die entscheidende angesehen hatte (3.2.2.). — Die nichtrelativistische Quanten*mechanik* löste, wie gezeigt wurde, die Problemantinomie der Mechanik über die dialektische Synthese (klassische Mechanik) und Antithese (Aufgabe der klassischen Mechanik). Nicht alle Re-

[14] W. Wien, Vergangenheit, Gegenwart und Zukunft der Physik, München 1926, S. 9.

[15] I. Lakatos, Falsifikation und die Methodologie wissenschaftlicher Forschungsprogramme, in: I. Lakatos/A. Musgrave (Hrsg.), Kritik und Erkenntnisfortschritt, Braunschweig 1971, S. 141. Interessant ist, daß mindestens bislang die Wissenschaftstheoretiker der konstruktivistischen Traditionslinie gegenüber der nichtrelativistischen Quantenmechanik merkliche Zurückhaltung geübt haben, während die Anhänger der analytisch-deskriptiven ebenso wie der analytisch-normativen vielfältig variiert versucht haben, einem undialektischen Realismuskonzept in der Quantenmechanik zum Durchbruch zu verhelfen.

flexionen der an diesem Prozeß beteiligten Physiker vermochten das dialektisch widersprüchliche Verhältnis von klassischer Mechanik und Quantenmechanik so adäquat auszudrücken, wie das schließlich Bohr auf der Grundlage seines Komplementaritätsprinzips gelang.[16]

Mit der Lösung der Problemantinomie der Mechanik wurden zugleich Fortschritte bei der Lösung der *Problemantinomie der Elektrodynamik* erzielt. Der *Welle-Teilchen-Dualismus* erwies sich als eine prinzipielle Eigenschaft aller materiellen Objekte (sowohl solcher mit als auch solcher ohne Ruhemasse). Die elementaren Emissions- und Absorptionsprozesse wurden als in Raum und Zeit durch *objektive Wahrscheinlichkeiten* bestimmte Prozesse (eine Konsequenz der Hilbert-Raum-Darstellung der Quantenmechanik) erkannt. Der Welle-Teilchen-Dualismus des Lichtes führte aber nicht ohne weiteres auch zur Lösung der Problemantinomie der Elektrodynamik.

Die wissenschaftshistorischen Untersuchungen haben im Detail belegt, daß die in 2.4. eingeführten *Problemantinomien* als dialektische Widersprüche auf der Ebene der *subjektiven* Dialektik Triebkraft und Quelle des Theorieentwicklungsprozesses sind. Mit der erstmalig in 3.1.3.4. vorgenommenen Differenzierung der Problemantinomien innerhalb des Bohr-Sommerfeldschen Atommodells läßt sich der Gesamtprozeß der Herausbildung der nichtrelativistischen Quantenmechanik und der Quantenelektrodynamik *systematisch* besonders einfach darstellen. Unsere Untersuchungen haben aber auch gezeigt, daß, wenn man die Widersprüche des Theorieentwicklungsprozesses auf Problemantinomien einschränkt, dieser Prozeß noch nicht in seiner ganzen Widersprüchlichkeit erfaßt ist.

Wie aus zahlreichen Äußerungen der an dem komplizierten Theorieentwicklungsprozeß in unterschiedlichem Maße beteiligten Physiker ersichtlich wurde, läßt sich eigentlich erst mit genügendem historischem Abstand entscheiden, was tatsächlich eine Problemantinomie ist. Wenn in einem Forschungsprozeß eine Situation auftaucht, in der eine These und deren Antithese gleichzeitig beanspruchen, wahr zu sein, dann kann man zunächst nur das Vorliegen eines Problems konstatieren. In metaphysischer Entstellung der Dialektik reduziert sich bei Popper die Vielfalt der konkret-historisch zu analysierenden Fälle auf Schemata der Art

$$P_1 \rightarrow VT \rightarrow FB \rightarrow P_2$$

wobei „*P*" „Probleme", „*VT*" „vorläufige Theorien" und „*FB*" „(versuchte) Fehlerbeseitigung" bezeichnen sollen.[17] Derartige „logische Rekonstruktionen

[16] Siehe dazu: I. S. Alekseev, Koncepcija dopolnitel'nosti, Moskva 1978, sowie die Beiträge von V. L. Altuchov und L. B. Baženov, in: Princip dopolnitel'nosti i materialističeskaja dialektika, Moskva 1976.

[17] K. R. Popper, Objektive Erkenntnis, Hamburg 1973, S. 315.

der Dialektik“ vermögen den Erkenntnisfortschritt nicht anders zu bemessen denn durch die Zahl der mit der Lösung eines Problems (P_1) neu entstandenen Probleme (P_2). Wir sind davon ausgegangen, daß es Aufgabe der Philosophie sei, die mit einem Problem gegebenen Widersprüche und die Entwicklung dieser Widersprüche während der Problemlösung zu analysieren. Das hat uns von Anfang an gezwungen, Problemtypen zu unterscheiden.

Problemantinomien werden immer über die Triade These-Antithese-Synthese gelöst. Auch bei Ausschluß fehlerhafter Anwendungen logischer Schlußregeln ist es aber möglich, daß ein über eine These und die entsprechende Antithese gesetztes *Problem* durch *Negation der These oder der Antithese* gelöst wird. Es wäre unbegründet, würde man solche Lösungsmöglichkeiten von Problemen innerhalb eines philosophischen Konzepts naturwissenschaftlicher Theorieentwicklung nicht als Erkenntnisfortschritt verstehen. Sie sind erkenntnistheoretisch und naturwissenschaftlich mehr als die Beseitigung von „Irrtümern“.

Einsteins Erwartung einer sich *kontinuierlich* an die klassische Physik anschließenden Quantentheorie war als historisch berechtigte physikalische Hypothese charakterisiert worden, seine methodischen Einwände gegen die nichtrelativistische Quantenmechanik entbehren bis heute nicht eines rationalen Kerns.

Obwohl die Problemantinomien sich als methodologische Hilfsmittel eignen, mit historischem Abstand Theorieentwicklungsprozesse zu untersuchen, darf die Dialektik des Theorieentwicklungsprozesses jedoch nicht auf Problemantinomien eingeschränkt werden. Selbst in den evolutionären Phasen dieses Prozesses hat man es mit einer *Vielfalt* verschiedenster, von den Beteiligten zumeist selbst reflektierter *Widersprüche* zu tun, die es historisch zu analysieren gilt.

Weit davon entfernt, jede Meinungsverschiedenheit der an einem bestimmten Forschungsprozeß beteiligten Wissenschaftler zu einem, diesen Prozeß vorantreibenden dialektischen Widerspruch hochzustilisieren, muß man in Verallgemeinerung der vorliegenden wissenschaftshistorischen Untersuchungen dem *wissenschaftlichen Meinungsstreit* einen anderen Stellenwert beimessen, als ihm Narskis Überlegungen zuordnen. Der Meinungsstreit kann darum gehen, ob der in einer These und seiner Antithese zum Ausdruck kommende Widerspruch eine nach dialektischer Synthese verlangende Problemantinomie betrifft. Er kann aber auch darum gehen, ob man die These oder deren Antithese zu negieren hat bzw. wie man bei einer solchen Negation vorgehen muß.

So wie Bohr zunächst Einsteins Lichtquantenhypothese ablehnte und eine quantentheoretisch konsistente Licht*wellentheorie* suchte, sah Einstein in der Wellentheorie eine statistische Näherung an eine quantentheoretisch konsistent zu formulierende Licht*teilchentheorie* (3.1.3.1. und 3.1.3.2.). Für beide aber war die Gegensätzlichkeit von Wellen und Teilchen der Ausgangspunkt zu Überlegungen, welche schließlich zu einer konsistenten Strahlungstheorie führen sollten. Zunächst war keineswegs klar, welches der beiden Programme erfolgreich verwirklicht werden konnte. Heute wissen wir, daß den gegensätzlichen Bemühungen Einsteins und Bohrs eine Problemantinomie zugrunde lag, der beider ursprüngliche Programme noch nicht gerecht wurden. Vor der Entdeckung des Compton-Effektes und anderer experimenteller Beweise des prinzipiellen Welle-Teilchen-Dualismus hätte man dies aber nicht sagen können.

Die objektive Widersprüchlichkeit materieller Objekte gemäß der Engelsschen Naturdialektik hätte als ein heuristischer philosophischer Hinweis auf die Möglichkeit des Welle-Teilchen-Dualismus angesehen werden können. Das aber hätte verlangt, die auftauchenden Widersprüche nicht mehr nur als Widersprüche der Begriffe zu behandeln. In der physikalischen Forschung war jedoch mindestens zu Beginn der 20er Jahre nicht auszuschließen, daß Bohrs oder Einsteins Programm der Vorstellung vom objektiven Dualismus physikalisch überlegen war. Weder Bohr noch Einstein, noch ein anderer Physiker hat damals die Engelssche Naturdialektik in die physikalischen Betrachtungen mit einbezogen. Von ihnen aber wurde bereits die Rolle des Widerspruchs von Welle- und Teilchenvorstellung für den physikalischen Erkenntnisfortschritt reflektiert.[18]

Die frühen Auseinandersetzungen um quantentheoretische Wellen- oder Teilchentheorie des Lichts lassen sich *historisch* ebensowenig wie die sich anschließenden Auseinandersetzungen um revolutionäre oder evolutionäre Theorieentwicklung vom Standpunkt der „Sieger“ *bewerten*. Wer dies versucht, kann kaum etwas zum *Verständnis* des *historischen* Prozesses beitragen. Er leistet darüber hinaus möglicherweise gefährlichen Illusionen über die Richtung des weiteren Forschungsprozesses Vorschub. Revolutionäre Veränderungen geschehen innerhalb des wissenschaftlichen Theoriengefüges ebenso wie in der Gesellschaft unter *objektiven Zwängen*. Sie bedürfen in der Gesellschaft ebenso wie in der Wissenschaft entsprechender *Entschlüsse*. Heisenberg fand nicht zufällig eine von der klassischen Mechanik abweichende Mechanik. Er suchte in Übereinstimmung mit Bohr, Born u. a. bewußt nach *der Quantenmechanik*. Dieser erlegte er mit dem Bohrschen Korrespondenzprinzip den Zwang auf, so wenig wie möglich, aber so viel wie notwendig an der klassischen Mechanik zu verändern.

[18] In den 1933 von M. Born veröffentlichten Vorträgen über Materie und Strahlung wurde unter 20. „Der Widerspruch zwischen Wellen- und Korpuskulartheorie und seine Auflösung“ behandelt (M. Born, Moderne Physik, Berlin 1933, S. 59—66). Einstein und Infeld stellten 1938 fest: „Es sieht nicht so aus, als könnte es uns je gelingen, die optischen Erscheinungen mit einer der beiden Theorien allein folgerichtig zu deuten. Vielmehr hat es den Anschein, als müßten wir einmal mit der einen und andermal mit der anderen und manchmal vielleicht sogar mit beiden gleichzeitig arbeiten. Wir sehen uns vor einer neuen Schwierigkeit, haben wir es doch hier mit zwei einander widersprechenden Auslegungen realer Phänomene zu tun. Mit einer allein kann man die optischen Erscheinungen nicht restlos deuten, mit beiden zusammen jedoch geht es.“ (A. Einstein/L. Infeld, Die Evolution der Physik, Hamburg 1956, S. 173.) Bragg hatte diese Schwierigkeit in der Strahlungstheorie mit der Bemerkung charakterisiert, der Physiker bediene sich Montag, Mittwoch und Freitag der klassischen Theorie, während er Dienstag, Donnerstag und Sonnabend die Quantentheorie benutze (M. Jammer, The Conceptual Development of Quantum Mechanics, New York 1966, S. 165). Siehe dazu auch: W. D. Kraeft/H. Vogel, Welle-Teilchen-Dualismus und dialektischer Widerspruch, in: DZfPh, 3/1970, S. 341—346.

Um die Widersprüchlichkeit des analysierten historischen Prozesses theoretisch in den Griff zu bekommen, kann und sollte man sich des Konzepts der Problemantinomien als einer wesentlichen Form der Widersprüche des Theorieentwicklungsprozesses bedienen,[19] darf aber auch damit die Vielfalt konkreter Formen widersprüchlichen Vorgehens in der wissenschaftlichen Forschung nicht über „rationale Rekonstruktionen von Geschichte" methodisch unzulässig einengen. Wie sowohl die Polarisierung der Schulen um Bohr (Kopenhagen) bzw. Born (Göttingen) und Sommerfeld (München) als auch die Polarisierungen Bohr, Heisenberg, Pauli einerseits und Einstein, Schrödinger, de Broglie andererseits gezeigt haben, gehört zu dieser Vielfalt der methodisch kultivierte wissenschaftliche Meinungsstreit. Die Theorie der Dialektik hat nicht zufällig in der Antike ihren Ausgangspunkt im Dialog genommen.

Der häufig zitierte und oft mißverstandene Satz Heraklits vom Krieg bzw. vom Streit als „Vater aller Dinge" hat, wie W. Wien 1926 zurecht hervorhob, auch für die Herausbildung der nichtrelativistischen Quantenmechanik seine Berechtigung. Auch in diesem Ringen um Erkenntnis war die Verschwendung ungeheuer. Ein Gedanke nach dem anderen wurde in den „Kampf" geworfen und „verbraucht". Stück um Stück wurde der Boden des theoretischen Neulandes erobert, wobei es nicht ohne Rückschläge abging.[20]

Wenn Heisenberg in seinen Erinnerungen zugespitzt davon sprach, daß Wissenschaft im Gespräch entsteht,[21] dann hat er damit ganz gewiß nicht die materiell-gegenständliche Auseinandersetzung des Wissenschaftlers mit seinem Erkenntnisobjekt in Experiment und Beobachtung abwerten oder die Rolle der Praxis für den Erkenntnisprozeß diskreditieren wollen. Er hat damit vor allem auf die in jedem auf Erkenntnisgewinn gerichteten *Dialog* enthaltene *Dialektik in der Bewegung von Gedanken* verwiesen.

[19] Borodkin vereinfacht zu stark, wenn er davon ausgeht, daß der Erkenntnisfortschritt in der Beseitigung logischer Widersprüche besteht, und deshalb meint, daß die Problemantinomien methodologisch funktionslos seien. Diese Vereinfachung führt ihn dazu, verschiedentlich naturwissenschaftliche Erkenntnisse selbst als dialektische Widersprüche in ihrer Konkretheit der jeweiligen wissenschaftlichen Forschung spekulativ vorwegnehmen zu wollen. Vgl. dazu: V. V. Borodkin, Problemy protivorečija v materialističeskoj dialektike, Moskva 1982.

[20] Vgl. W. Wien, Vergangenheit, Gegenwart und Zukunft der Physik, a. a. O., S. 17.
In seinem Entwurf zu dem nicht abgeschickten Antwortbrief auf C. G. Darwins Brief vom 20. 7. 1919 (siehe dazu Anm. 93, S. 119) hat N. Bohr die fundamentale Bedeutung einander widersprechender Konzeptionen hervorgehoben: „I look on most general reasoning in science as opportunistic (success- or unsuccessful) relations between conceptions more or less defined by other conceptions and helping us to overlook things . . ." (BSC 1,4).

[21] Vgl. W. Heisenberg, Der Teil und das Ganze, München 1969, S. 9. Um der rationalistischen Konsequenz dieser These zu entgehen, haben I. Prigogine und I. Stengers naturwissenschaftliche Forschung als „Dialog mit der Natur" modelliert und dabei den Widersprüchen im Dialog zwischen Naturwissenschaftlern historisch und systematisch einen hohen Stellenwert zuerkannt. Siehe dazu: I. Prigogine/I. Stengers, Dialog mit der Natur, München 1980, S. 201 ff.

Sokrates vertrat die Auffassung, die Dialektik des Dialogs werde in schriftlicher Überlieferung getötet. Er hat vermutlich deshalb keine Texte hinterlassen.

Wir können mit Blick auf die Theorie der materialistischen Dialektik nicht zum antiken Philosophieren zurückkehren, müssen aber sicher entsprechende Schlüsse für die Formalisierbarkeit von Dialektik ziehen. Dialektik läßt sich wohl nicht nach dem Vorbild der Logik entwickeln. Der Logik aber sollten keine Tabus im Bemühen um die adäquate Abbildung dialektischer Beziehungen auferlegt werden. Das heißt auch, Bemühungen zu unterstützen, in denen die Regeln des Dialogs philosophisch rekonstruiert werden sollen.

Im Dialog werden Thesen und Antithesen gegeneinander gesetzt. Die Untersuchung eines Theorieentwicklungsprozesses als eines über Thesen und Antithesen modellierten widersprüchlichen Prozesses verlangt die Analyse dieser Widersprüche. Sofern unkorrekte Definitionen bzw. unkorrekte logische Schlüsse nicht vorliegen, hat man es auch nicht mit *trivialen logischen Widersprüchen* zu tun. Der für die Entwicklung mathematisierter naturwissenschaftlicher Theorien geforderte Ausschluß logischer Widersprüche kann jedoch nicht verhindern, daß es im Forschungsprozeß immer wieder zu Situationen kommt, in denen eine These und ihre Antithese scheinbar gleichermaßen beanspruchen, wahr zu sein.

So wie die mit der klassischen Physik unverträglichen Bohrschen Quantenpostulate in logisch widerspruchsfreier Form in eine inkonsistente Modelltheorie eingeführt wurden, dürfte es auch in anderen Fällen möglich sein, Aussagen zu vermeiden, nach denen eine These und deren Antithese zugleich und in derselben Beziehung Gültigkeit beanspruchen. Darüber hinaus aber läßt sich im allgemeinen sicher nicht entscheiden, ob das durch These und Antithese gesetzte Problem über die logische Negation der These oder ihrer Antithese gelöst wird oder eine dialektische Synthese beider erfordert. Narski hat den zweiten Widerspruchstyp des Erkenntnisprozesses als *Problemantinomie* bezeichnet und darin *den* dialektischen Widerspruch des Erkenntnisprozesses gesehen. Damit, so scheint es, wird aber der Erkenntnisprozeß an die *revolutionären* Phasen des Theorieentwicklungsprozesses gebunden. Philosophisch wird somit Entwicklung mit Dialektik identifiziert und die widersprüchliche Dialektik der Bewegung noch ungenügend reflektiert.

In Verallgemeinerung des vorliegenden Materials erscheint es wichtig, Problemantinomien als dialektische Widersprüche auf der Ebene von Erkenntnis*resultaten* zu charakterisieren. Sie sind Quelle und Triebkraft von Theorie*entwicklungsprozessen* auf der Ebene der subjektiven Dialektik. Problemantinomien können sowohl für ganze Theorien (im untersuchten Fall Mechanik und Elektrodynamik) als auch für wissenschaftliche Konzepte (Trajektorien; Welle bzw. Teilchen) und die damit engstens verbundenen Begriffe auftauchen. Sie scheinen methodisch besonders fruchtbar für die philosophische Analyse innerhalb mathematisierter bzw. teilweise mathematisierter Wissenschaften zu sein, ohne daß man ihre Relevanz auf diese Wissenschaften einschränken müßte. Unberechtigt aber ist es, alle dialektischen Widersprüche innerhalb des Erkenntnisprozesses (als Einheit von Prozeß und Resultat verstanden) auf Problemantinomien im hier gebrauchten Sinne einzuschränken. Das würde bedeuten, die Dialektik des Erkenntnis*prozesses* unzulässigerweise mit der subjektiven Dialektik zu identifizieren.

In den *historischen* Untersuchungen ist die Rolle von Forscherpersönlichkeiten, ihrer weltanschaulich geprägten erkenntnistheoretisch-methodologischen Auffassungen innerhalb bestimmter wissenschaftlicher Traditionslinien, die Bedeutung einander widersprechender und sich zugleich ergänzender Forschungsprogramme, die Funktion erkenntnistheoretisch-methodologischer Prinzipien, theoretischer und methodischer Voraussetzungen der wissenschaftlichen Arbeiten deutlich geworden. Das hier analysierte wissenschaftshistorische Material ist für die systematische erkenntnistheoretisch-methodologische Forschungsarbeit zu berücksichtigen. Dabei sind zur weiteren Verallgemeinerung sicher auch noch Erkenntnisse anderer Wissenschaftsdisziplinen heranzuziehen. Von besonderer Bedeutung scheinen dafür die Logik und die Wissenschaftspsychologie zu sein. Im Hinblick auf die Vielfalt der Widersprüche von Theorieentwicklungsprozessen gilt es zunächst festzuhalten:

Während die *dialektischen Widersprüche* des Erkenntnis*prozesses* vor allem als Quelle und Triebkraft der auf Erkenntniszuwachs gerichteten Forschungsarbeiten einzelner Wissenschaftler und Wissenschaftlerkollektive in Betracht kommen, liegen mit den *Problemantinomien* relative Zielsetzungen in gesellschaftlichen Erkenntnisprozessen vor. Aus ihnen lassen sich *Kriterien für die Höherentwicklung* der entsprechenden Prozesse gewinnen. Die mit der nichtrelativistischen Quantenmechanik gelöste Problemantinomie der Mechanik eröffnet die Möglichkeit abzuschätzen, inwiefern die Quantenmechanik quantitativ umfangreichere und qualitativ bessere Aussagen zu treffen erlaubt als die quasiklassischen Näherungen des Bohr-Sommerfeldschen Atommodells.

Im Erkenntnis*prozeß* führt jede Lösung eines Widerspruches, der kein trivialer logischer Widerspruch ist, zu Erkenntnisfortschritt. Nicht jede Lösung eines Widerspruchs der Erkenntnis muß aber zwangsläufig auch Moment einer revolutionären Phase in einem Theorieentwicklungsprozeß sein. Er kann unter bestimmten Bedingungen Moment einer auf Kontinuität allein beruhenden Phase evolutionärer Theorieentfaltung sein. Dies ergibt sich beispielsweise auch aus der diskutierten *Möglichkeit* zur Lösung des „Quantenrätsels" ohne revolutionäre Neuerungen (3.3.). Eine solche Möglichkeit konnte im historischen Prozeß offensichtlich aus *objektiven* Gründen nicht verwirklicht werden und besteht bis heute lediglich noch als vage Hoffnung der Einstein folgenden Theoretiker. Das erlaubt aber trotzdem nicht den Schluß, daß jedes Problem, welches zunächst dem des „Quantenrätsels" vergleichbar erscheint, zwangsläufig Konsequenzen haben müsse, die denen der untersuchten revolutionären Veränderungen im Theoriengebäude der Physik ähnlich sind.

Die Widersprüche des Bohrschen Atommodells (Mechanik — Negation der Mechanik, Elektrodynamik — Negation der Elektrodynamik, Welle-Teilchen) haben sich als Problemantinomien im Sinne der in 2.4. bestimmten Begriffe erwiesen. Bei ihrer Lösung wurden mit der Quantenmechanik, der Quantenelektrodynamik und dem Welle-Teilchen-Dualismus physikalische Erkenntnisse erzielt, deren philosophische Verallgemeinerung Präzisierungen unserer Auffassungen zur Widerspruchsproblematik des Erkenntnisprozesses, zu den Widersprüchen auf der Ebene der subjektiven und der objektiven Dialektik nahelegen.

4.3. Dialektische Widersprüchlichkeit des Beobachtbarkeitsprinzips

Heisenbergs Hinweis auf das Beobachtbarkeitsprinzip in jener Arbeit von 1925, die den Durchbruch zur nichtrelativistischen Quantenmechanik brachte, wird in den wissenschaftsphilosophischen Erörterungen nichtmarxistischer Autoren oft als Beleg dafür angeführt, daß der gesamte Prozeß der Herausbildung der neuen Theorie im wesentlichen der empiristisch orientierten positivistischen Wissenschaftsphilosophie gefolgt sei.[22] In den dialektisch-materialistischen Untersuchungen wird dagegen oft mit dem späteren Abrücken Bohrs und Heisenbergs vom Positivismus gekontert.[23] Aus den vorliegenden Analysen ergibt sich die Halt-

[22] Dies läßt sich in unmittelbaren Reaktionen aus der wissenschaftlichen Korrespondenz „belegen" (siehe etwa den in Kap. 3, Fußnote 46 zitierten Brief G. Hevesys vom 6. 8. 1913 an N. Bohr, entsprechende Äußerungen von W. Pauli, P. Jordan u. a.). Solche spontanen Reaktionen haben ihre Ursache vor allem in der Darstellungs*form* der neuen Resultate.
Die Quantenmechanik entstand zu einer Zeit, als viele der erkenntnistheoretisch-methodologischen Positionen positivistisch orientierter Wissenschaftsphilosophen unter Physikern nahezu als Selbstverständlichkeiten galten. Dazu zählen wir: Trennung von Weltanschauung und Methode; von Theorie und Empirie; Theorie hat Erfahrungen zu *beschreiben, nicht* zu *erklären*; Erfahrungen sind theorieunabhängige *positive* Tatsachen, Sinnesdaten; philosophisch-weltanschauliche Überzeugungen lassen sich wissenschaftlich nicht rechtfertigen u. a. Dies alles wirkte sich in den ersten philosophischen Stellungnahmen zur Quantenmechanik aus: Ph. Frank, Über die „Anschaulichkeit" physikalischer Theorien, in: Naturwissenschaften, **16** (1928), S. 121—128; Ph. Frank, Was bedeuten die gegenwärtigen physikalischen Theorien für die allgemeine Erkenntnislehre?, in: Die Naturwissenschaften, **17** (1929), S. 971—994; P. Jordan, Der Charakter der Quantenphysik, in: Die Naturwissenschaften, **16** (1928), S. 765—772; P. Jordan, Über den positivistischen Begriff der Wirklichkeit, in: Die Naturwissenschaften, **22** (1934), S. 485—490.
Von den dort gegebenen Einschätzungen lassen sich noch heute alle Philosophen leiten, die meinen, daß die Quantenmechanik wegen ihres positivistisch motivierten Realismusverzichts zu modifizieren sei. Siehe dazu: M. Bunge (Hrsg.), Quantum Theory and Reality, Berlin—Heidelberg—New York 1967; P. K. Feyerabend, Der wissenschaftstheoretische Realismus und die Autorität der Wissenschaften, Braunschweig—Wiesbaden 1978, S. 80ff.; P. K. Feyerabend, Niels Bohr's Interpretation of the Quantum Theory, sowie die entsprechende Erwiderung von N. R. Hanson, Comments on Feyerabend's Niels Bohr's Interpretation of the Quantum Theory" or „Die Feierabendglocke für Copenhagen", beide in: H. Feigl/G. Maxwell (Hrsg.), Current Issues in the Philosophy of Science, New York 1961, S. 371—390, bzw. 398 bis 400.

[23] Vgl. V. A. Fok, Diskussija c Nil'som Borom, in: Voprosy filosofii, 7/1964, S. 49—53; M. E. Omelyanovsky, Dialectics in modern physics, Moscow 1979.

losigkeit der genannten Behauptung auch unabhängig von den späteren Diskussionen um die Grenzen des Positivismus.

Das Beobachtbarkeitsprinzip, demzufolge nur prinzipiell beobachtbare Größen eingehen sollen, wurde von Pauli und Born im Anschluß an Einsteins Arbeiten zur Relativitätstheorie bereits 1919 als methodische Selbstverständlichkeit behandelt. — Heisenberg ging 1925 in seinem Entwurf zur Matrizenmechanik bezüglich der kinematischen Bahnen und der Umlauffrequenzen der Elektronen im Bohr-Sommerfeldschen Atommodell von diesem Prinzip aus, nahm aber zugleich in die neue Theorie auch wieder Größen auf, die direkter Beobachtung nicht zugänglich waren (3.4.1.). Als er (einer Anregung Einsteins, mehr aber wohl Paulis Vorstellungen folgend) mit den Unbestimmtheitsrelationen 1927 anzugeben vermochte, warum die Elektronenbahnen im Atom unbeobachtbar sind, in der Wilsonschen Nebelkammer aber Elektronenspuren beobachtet werden (3.4.4.), schloß sich der Kreis methodischer Überlegungen, die das Beobachtbarkeitsprinzip in seiner heuristischen Fruchtbarkeit nun als *dialektisch widersprüchliches Prinzip* charakterisierten. Einerseits hat die Theorie danach von der Beobachtung auszugehen, und andererseits legt aber die Theorie erst fest, was eigentlich beobachtet werden kann. Wer nach einer metaphysischen „Entweder-oder“-Entscheidung verlangt, gerät zwangsläufig in Widerspruch zur Dialektik realer Theorienentwicklung.

Damit wird die Einseitigkeit von *Rationalismus*[24] und *Empirismus* hervorgehoben. Die Herausbildung der Quantenmechanik folgte weder den Vorstellungen empiristischer Methodologen, noch kann sie als Beleg für rationalistische Konzepte gewertet werden. Zwar kann man in diesem Prozeß ebenso wie in anderen Theorieentwicklungsprozessen Phasen, in denen die Sammlung und theoretische Verallgemeinerung empirischen Materials überwog, von Phasen deutlich abheben, in denen die Entwürfe neuer theoretischer Systeme und die Deduktionen innerhalb dieser Systeme im Mittelpunkt standen. Niemals aber war der andere Aspekt

[24] Die These, daß erst die Theorie festlegt, was beobachtbar sei, wird von kritischen Rationalisten oft als originäre Leistung Poppers angesehen. Abgesehen davon, daß diese These philosophisch mindestens bis auf Kant zurückverfolgt werden kann, gibt es gute Gründe für die Annahme, Popper habe damit lediglich Einstein wiederholt, der wiederum nicht unbeeinflußt von Duhem sein dürfte. Was aber darüber hinaus von den kritischen Rationalisten überhaupt nicht bemerkt wird, ist die Tatsache, daß Einstein — ganz im Gegensatz zu Popper — diese These nicht mit dem Ausschließlichkeitsanspruch des Rationalismus vertreten hat, sondern trotz Auseinandersetzung mit dem Empirismus der Sache nach als dialektische Ergänzung zum empiristischen Ansatz verstand. Einstein verhielt sich in dieser Frage als Dialektiker, während Popper bis heute seine antidialektische Negation des Empirismus nicht aufgegeben hat.

Wenn P. Janich nun den Erkenntnistheoretiker Einstein in das Reich der Legende verbannen will, so zeigt das einmal mehr, wie weit die „Autonomie konstruktiver Vernunft“ gebracht werden kann, wenn sie sich über tatsächliche erkenntnistheoretisch-methodologische Belange schöpferischer Wissenschaftler erhebt. Vgl. P. Janich, Die erkenntnistheoretischen Quellen Einsteins, in: H. Nelkowski/A. Hermann/H. Posen/R. Schrader/R. Seiler (Hrsg.), Einstein Symposion Berlin, Berlin—Heidelberg—New York 1979, S. 425, 426.

der sich dialektisch ergänzenden beiden Momente des Erkenntnisprozesses völlig ausgeschaltet. Es geht also nicht um die Unvermeidlichkeit des Schwankens zwischen beiden Extremen,[25] sondern um die Einsicht in die dialektische Widersprüchlichkeit verschiedener Momente im realen Erkenntnisprozeß.

In der im Ergebnis der Heisenbergschen Arbeiten zur Quantenmechanik festgestellten dialektischen Widersprüchlichkeit der Beobachtbarkeitsforderung wird hier besonders deren *Zirkularität* hervorgehoben. Darin findet in einer für methodische Prinzipien spezifischen Weise Berücksichtigung, was bei der in 2.3. vorgenommenen Begriffsbestimmung des dialektischen Widerspruchs bereits festgehalten wurde. Die Einheit und Entgegensetzung der begrifflichen Bestimmungen werden auch bei der sprachlichen Fixierung des Widerspruchs in ihrer *Dynamik* erfaßt. Die Vertreter einer „starken Methodologie“ sehen darin ein Indiz, daß dialektisch verstandene methodische Prinzipien zwangsläufig unverbindlich bleiben müssen.

Innerhalb der nichtmarxistischen Wissenschaftsphilosophie wird dagegen heute noch oft am empiristisch verstandenen Beobachtbarkeitsbegriff festgehalten. Neben den damit verbundenen Gefahren methodologischer Desorientierung der Forschung muß man zugleich den Stellenwert dieses Prinzips in der weltanschaulichen Argumentation beachten.

Nicht selten werden idealistische Schlußfolgerungen aus der Quantenmechanik mit diesem Prinzip begründet. Im Zusammenhang mit der Unterstellung mechanisch-materialistischer Positionen als allgemeiner Forderungen des philosophischen Materialismus wird aus der Nichtbeobachtbarkeit klassisch physikalischer Eigenschaften an den Objekten der Quantenmechanik die *Behauptung* aufgestellt, daß *die Quantenmechanik den Materialismus widerlege.*[26] Andererseits wird behauptet, die *Quantenmechanik* lasse sich *nur instrumentalistisch deuten*, sie erlaube in ihrer gegenwärtigen Struktur keinerlei Aussagen über die Existenz von Objekten und deren objektiv reale Struktur-, Bewegungs- und Entwicklungszusammenhänge.[27]

In derartigen Argumentationsstrukturen wird — neben der fehlerhaften Identifizierung von *Materialismus* mit *mechanischem* Materialismus — sehr oft falscher Gebrauch vom Beobachtbarkeitsprinzip gemacht. Aus der *Nichtbeobachtbarkeit* einer Eigenschaft wird die Behauptung ihrer *Nichtexistenz* gefolgert. Wer dabei meint, man könne Nichtbeobachtbarkeit als einen nicht mehr weiter zu hinterfragenden *empirischen* Fakt ansehen, verkennt völlig, daß Nichtbeobachtbarkeit nur *innerhalb* einer Theorie begründet ist, also die Gültigkeit der entsprechenden Theorie voraussetzt. Aber selbst wenn Nichtbeobachtbarkeit tatsächlich fest-

[25] Vgl. A. Einstein, Bemerkungen zu den in diesem Bande vereinigten Arbeiten, in: A. Schilpp (Hrsg.), Albert Einstein als Philosoph und Naturforscher, Stuttgart 1951, S. 505.

[26] Vgl. P. Jordan, Wie frei sind wir?, Osnabrück 1971, S. 68; P. Jordan, Wider das materialistische Weltbild, in: Christ und Welt, 11 43/1958, S. 6.

[27] Vgl. R. W. Bridgman, The Nature of Some of Our Physical Concepts, New York 1952; J. J. C. Smart, Between Science and Philosophy, New York 1968.

steht, kann aus ihr noch nicht auf die Nichtexistenz einer Eigenschaft geschlossen werden. Man hat dann lediglich die Möglichkeit zur Formulierung von Hypothesen. Dabei aber ist man daran gebunden, daß diese Hypothesen nicht im logischen Widerspruch zu Aussagen der als gültig unterstellten Theorie geraten. Wie die breitgefächerten Diskussionen um die Grundlagenprobleme der Quantenmechanik zeigen, erlegen insbesondere die Heisenbergschen Unbestimmtheitsrelationen undialektischen Realismuskonzepten starke Restriktionen auf.

4.4. Quantenmechanische Unbestimmtheitsrelationen und physikalischer Objektbegriff

Die physikhistorischen Untersuchungen haben gezeigt, daß sich die Heisenbergschen Unbestimmtheitsrelationen aus dem mathematischen Formalismus der nichtrelativistischen Quantenmechanik ergeben. Sie legen für die kanonisch konjugierten Operatoren unter der Voraussetzung, daß die Theorie vollständig ist, erst fest, inwiefern die entsprechenden Größen meßbar sind. Obgleich das *Beobachtbarkeitsprinzip* für die Herausbildung des quantenmechanischen Formalismus heuristisch fruchtbar war, wurde erst aus den Heisenbergschen *Unbestimmtheitsrelationen* klar, was quantenmechanisch beobachtbar ist. Zusammen mit der von Pauli festgestellten Ununterscheidbarkeit von Teilchen der gleichen Sorte innerhalb einer quantenmechanischen Gesamtheit war damit der von der klassischen Physik unterstellte *Objektbegriff* nicht mehr aufrechtzuerhalten.[28]

War bereits in der klassischen Physik der Objektbegriff der Theorien eigentlich komplizierter, als das vom mechanischen Materialismus angenommen wurde, so lag mit der nichtrelativistischen Quantenmechanik eine physikalische Theorie vor, die noch dringlicher dialektisches Denken erfordert, um den von ihr unterstellten Objektbegriff zu klären. Diese Theorie ist gezwungen, die *dialektische Widersprüchlichkeit realer Objekte* noch tiefer zu erfassen, als das in der klassischen Physik erforderlich war. Konnte man dort im Prinzip noch mit der metaphysischen Konzeption isolierter Dinge und deren Eigenschaften (Ding als Träger seiner Eigenschaften)[29] auskommen, so verlangt die Quantenmechanik nach einer differenzierteren Analyse der Eigenschaften von Objekten.

[28] Siehe dazu: B. J. Pachomov, Problema sootnošenija ob'jekta i teorii v kvantovoj mechanike, in: Filosofskie osnovanija estestvennych nauk, Moskva 1976, S. 271—286; J. V. Sačkov, Predstavlenija o materialnom ob'jekte v strukture dopolnitel'nosti, in: Princip dopolnitelnosti i materialističeskaja dialektika, Moskva 1976, S. 158—169.

[29] Zur Kritik dieser Auffassung siehe: F. Gehlhar, Raum und Zeit als Existenzformen der Materie, in: DZfPh, 7/1975, S. 893—912; F. Gehlhar, Die Rolle der Materiediskussion bei der Durchsetzung der Leninschen Materieauffassung, in: Zur Geschichte der marxistisch-leninistischen Philosophie in der DDR, Berlin 1979, S. 384—401.

Mikroobjekte sind keine an sich seienden isolierten Dinge. Sie stehen in einem physikalisch zu analysierenden Wechselwirkungszusammenhang mit anderen Objekten. Löst man sie über bestimmte materielle Bedingungen aus dem universellen Wechselwirkungszusammenhang, dann verfügen sie auch individuell über entsprechende Eigenschaften. Unter den in der Quantenmechanik zu erforschenden Eigenschaften eines Objektes sind solche, die ihm *unter allen denkbaren Bedingungen* zukommen (Masse, Ladung und Spin), und solche, die ihnen entsprechend der *speziellen Beobachtungsbedingungen* paarweise in Übereinstimmung mit den Unbestimmtheitsrelationen zukommen (Ort und Impuls; Energie und Zeit u. a.). Verschiedentlich werden die beiden Größenarten damit unterschieden, daß man sagt, die einen kämen dem „System an sich" zu, während die anderen (z. B. p und q) seine Bewegung charakterisieren. Philosophisch wird damit aber Materie und Bewegung getrennt. Zugleich wird mit der Unterstellung vom „System an sich", also von einem System außerhalb seiner Wechselwirkung, der Ansatzpunkt zu undialektischen Realismuskonzeptionen fixiert.

Quantenmechanisch hat es keinen Sinn, den von der Theorie in ihrem gesetzmäßigen Verhalten beschriebenen Objekten raumzeitliche Trajektorien oder Wellen im klassischen Verständnis zuzuschreiben. Von der Theorie werden vielmehr Verhaltensmöglichkeiten der Quantenobjekte erfaßt, von denen sich durch konkrete Versuchsbedingungen jeweils eine verwirklicht. Die Theorie legt in Kenntnis der realen Versuchsbedingungen nur das jeweilige Feld von Verhaltensmöglichkeiten fest, charakterisiert durch die entsprechenden Wahrscheinlichkeiten für die Realisierung jeder dieser einzelnen Möglichkeit.

Der Zustand eines Objektes ist nicht mehr wie in der klassischen Mechanik durch die gleichzeitige Angabe von Ort und Impuls bestimmt, sondern über die wahrscheinlichkeitstheoretisch zu interpretierende Ψ-Funktion. Aus dieser ergeben sich die Voraussagen für Orts- oder Impulsmessungen. Da aber die *Beobachtung* der einen Größe die *Definitionsmöglichkeit* der anderen so einschränkt, wie das in der Unbestimmtheitsrelation zum Ausdruck kommt, ergibt sich der *Zwang*, die Zustandscharakteristik Ψ als eine von den Größen der klassischen Physik prinzipiell verschiedene zu betrachten. Sie ist nicht mehr in dem Sinne objektivierbar, wie beispielsweise die Zustandscharakteristika der klassischen Mechanik. Indem sie aber objektive Möglichkeitsfelder für das Verhalten von Mikroobjekten unter entsprechenden Beobachtungsbedingungen erfaßt, ist sie *mehr als eine symbolische Darstellung* im Sinne des Instrumentalismus.

Gegner des Instrumentalismus, die sich nicht auf die Höhe dialektisch-materialistischer Kritik erheben können oder wollen, setzen ihre Hoffnungen auf *undialektische Realismuskonzeptionen.*[30] Dabei aktivieren manche *Philosophen* die Vor-

[30] Das wird von K. R. Popper und den Anhängern des gegenwärtig wieder an Einfluß gewinnenden „wissenschaftlichen Realismus" philosophisch „begründet". Siehe dazu beispielsweise: E. MacKinnon (Hrsg.), The Problem of Scientific Realism, Appleton — Century — Crofts 1972. Es ist auch vom „wissenschaftlichen Materialismus" wieder die Rede, ohne dabei dialektischen Materialismus zu meinen.

stellung von einer eigenständigen, von der Erkenntnistheorie unabhängigen *Ontologie.*[31] Viele der in diesem Bemühen vorgebrachten Argumente verbleiben bis heute auf der aus der Einstein-Bohr-Debatte bekannten Stufe der Negation der Heisenbergschen Unbestimmtheitsrelationen. Mit naturphilosophischen Spekulationen sollen diese — später auch von Einstein akzeptierten — physikalischen Gesetzesbeziehungen „überwunden" werden.

Bereits bei der Herausbildung der Quantenmechanik begegneten wir mehrfach Versuchen spekulativer Festschreibung mechanisch-materialistischer Überzeugungen. Die dabei entwickelten philosophischen Überlegungen waren unabhängig von der konkreten Form der neuen physikalischen Theorie. Deshalb werden sie auch heute noch von jenen wiederholt, die die nichtrelativistische Quantenmechanik für eine unbefriedigende physikalische Theorie halten.

Beispielsweise hatte Petzoldt — unter Hinweis auf die Machsche und seine eigene Philosophie — 1922 die absolute *Bestimmtheit* allen elementaren Geschehens postuliert (3.2.1.). Innerhalb seines mit positivistischer Argumentation vorgetragenen Weltsystems sollte es unmöglich sein, daß die Physik bei ihrem Vordringen in die Gesetzmäßigkeiten tieferer Schichten der Materiestruktur auf mehr Unbestimmtheiten stoßen könnte als auf der Ebene von Steinen. Wenn eine solche naturphilosophische Vorstellung richtig war — woran ihr Autor nicht im geringsten zweifelte —, mußten die Heisenbergschen Unbestimmtheitsrelationen falsch sein, oder aber man mußte in den Agnostizismus prinzipiell unerforschbarer Mikrophänomene flüchten und die Unbestimmtheitsrelationen als subjektives Unvermögen genaueren Messens deuten.

Diese beiden Möglichkeiten werden bis heute noch innerhalb philosophischer Systeme durchgespielt, die ansonsten wenig Gemeinsamkeiten zeigen. Der in der Tradition der Ontologie von N. Hartmann, G. Jacoby, E. May, A. N. Whitehead u. a. stehende G. Petry will die mikrophysikalischen Quantenobjekte selbst in ihrer „absoluten ‚ungestörten' Realexistenz kategorial und formal-quantitativ" beschreiben.[32] Für G. Hennemann ist es eine „Tatsache, daß sich mathematische Gesetzmäßigkeiten in physikalischen Realitäten verwirklicht zeigen".[33] Er, für den „ontologisch" ebenso wie für Petry „An-sich-sein", „echtes Sein" und „subjektfreie Objektivität" bedeutet,[34] sieht in der genannten Tatsache unter Berufung auf Heisenberg „ein wichtiges Argument für die Berechtigung der ontologischen Perspektive".[35]

[31] Vgl. M. Bunge, Ontology, Bd. 1: The Furniture of the World, Dordrecht 1978; Ontology, Bd. 2: A World of Systems, Dordrecht 1979.

[32] Vgl. G. Petry, Grundlagen für eine einheitliche Welt- und Materietheorie, Meisenheim 1971, S. 421.

[33] G. Hennemann, Grundzüge einer Geschichte der Naturphilosophie und ihrer Hauptprobleme, Berlin 1975, S. 149.

[34] Ebenda, S. 151.

[35] Ebenda, S. 149.

Die Ontologie wendet sich gegen positivistisch begründete instrumentalistische Deutungen der Quantenmechanik. Sie kann auch heute noch als ein Reservoir heuristischer Anregungen zur Präzisierung des Engelsschen Konzepts der Naturdialektik aufgefaßt werden. In Ignoranz der Subjekt-Objekt-Dialektik des Erkenntnisprozesses und in Ignoranz naturwissenschaftlicher Erkenntnisse aber muß sie wie zu Zeiten Schellings und Hegels philosophisch spekulativ vorgehen. Sie vermag ihre Aussagen nur zu erraten und kann voraussetzungsgemäß keine Methoden zur Überprüfung ihrer Behauptungen entwickeln. Deshalb auch sind nahezu beliebige ontologische Behauptungen denkmöglich. Trotz apodiktischer Formulierungen müssen die vielfältigen ontologischen Systeme für die physikalische Forschung weitgehend folgenlos bleiben, weil sie stets *über* die entsprechenden physikalischen Erkenntnisse gestellt werden. Wenn Petry beispielsweise unter Berufung auf Ausschluß des logischen Widerspruchs die ontologische „Doppelmöglichkeit" von Welle und Korpuskel für jedes Objekt zuläßt, nicht aber deren „Zusammenwirklichsein"[36], geht er physikalisch auf einen Erkenntnisstand *vor* der Quantenmechanik zurück[37] und behindert damit objektiv die Rezeption der Bohrschen Komplementaritätskonzeption durch die Philosophie.

Philosophen, die, in der Tradition analytischer oder konstruktivistischer Wissenschaftstheorie und -philosophie stehend, getreu dem positivistischen Programm vorgeben, jeder philosophischen Spekulation abhold zu sein, liegen mit ihren „Resultaten" sehr oft ziemlich genau in der Tendenz naturphilosophischer Spekulationen, welche selbst inzwischen häufig positivistisch verbrämt vorgetragen werden. So formulierte beispielsweise der Popper-Schüler I. Lakatos in seiner schon erwähnten Fallstudie zum Bohrschen Programm der Entwicklung der Quantentheorie: „In der neuen Quantentheorie nach 1925 wurde die ‚anarchistische' Position vorherrschend, und die moderne Quantentheorie ist in ihrer ‚Kopenhagener Deutung' zum Bannerträger des philosophischen Obskurantismus geworden. In der *neuen* Theorie inthronisierte Bohrs berüchtigtes ‚Komplementaritätsprinzip' (schwache) Widersprüche als einen grundlegenden, faktisch endgültigen Zug der Natur und verschmolz einen subjektivistischen Positivismus, eine antilogische Dialektik und selbst die Philosophie der Alltagssprache zu einer unheiligen Allianz. Nach 1925 haben Bohr und seine Verbündeten eine neue beispiellose Niveausenkung kritischer Maßstäbe für wissenschaftliche Theorien herbeigeführt. Dies führte zu einer Niederlage der Vernunft in der modernen Physik und zu einer anarchistischen Kultivierung von unverständlichem Chaos."[38]

[36] G. Petry, Grundlagen für eine einheitliche Welt- und Materietheorie, a. a. O., S. 3.

[37] Dabei spielt es keine Rolle, daß er sich auch auf Physiker beziehen könnte, die so denken wie er (A. Landé, From Dualism to Unity in Quantum Physics, Cambridge 1960).

[38] I. Lakatos, Falsifikation und die Methodologie wissenschaftlicher Forschungsprogramme, in: Kritik und Erkenntnisfortschritt, a. a. O., S. 141. Lakatos reproduzierte in dieser Auslassung lediglich in verschärfter Form, was auch Popper über die Entwicklung der Quantenmechanik gedacht hat. Vgl. dazu: K. R. Popper, Zur Kritik der Ungenauigkeitsrelationen, in: Die Naturwissenschaften, **22** (1934), S. 807—808; K. R. Popper, Quantum Mechanics without „The

Hätte jener Theoretiker, der in so beispielloser Ignoranz der Erfordernisse des tatsächlichen Theorieentwicklungsprozesses über die Resultate der physikalischen Grundlagenforschung urteilte, nicht ebenso wie der innerhalb ontologischer Tradition stehende G. Petry für sich in Anspruch nehmen wollen, „eine eindeutige, absolute, gesichtspunktfreie und subjektunabhängige Beschreibung" zu suchen?[39] Ontologen haben es dabei allerdings leichter als positivistisch orientierte Philosophen. Beiden gemeinsam aber ist im konkreten Fall ihr Fehlverständnis des Bohrschen Komplementaritätsprinzips.

4.5. Dialektische Widersprüchlichkeit des Komplementaritätsprinzips

Ausgehend vom *Korrespondenzprinzip* und dem Erfolg bei der Verwirklichung des Programms eines korrespondenzmäßigen Anschlusses an die klassische Mechanik, faßte Bohr die dialektische Widersprüchlichkeit der Beziehungen von klassischer Mechanik und Quantenmechanik im Komplementaritätsprinzip.

Bohrs komplementäre Beschreibung des mikrophysikalischen Geschehens stellt einen philosophisch zu untersuchenden Beitrag zum Verständnis der dialektisch widersprüchlichen *Subjekt-Objekt-Dialektik* dar und gestattet im Zusammenhang mit den *Heisenbergschen Unbestimmtheitsrelationen* und dem prinzipiellen *Welle-Teilchen-Dualismus* ein tieferes Eindringen in die Dialektik der Natur, als es die klassische Physik ermöglichte.

Bohr war davon überzeugt, daß mit dem *Komplementaritätsprinzip* ein weit über die Physik hinausweisendes Prinzip der Naturbeschreibung vorliegt.[40] Nirgends aber erwies sich bisher dieses Prinzip so fruchtbar wie in der Physik.

Observer", in: M. Bunge (Ed.), Quantum Theory and Reality, Berlin 1967, S. 7—44; K. R. Popper, Autobiography, in: P. A. Schilpp (Hrsg.), The Philosophy of Karl Popper, La Salle 1974, S. 71ff.

39 G. Petry, Grundlagen für eine einheitliche Welt- und Materietheorie, a. a. O., S. 427.

40 Diese Überzeugung teilte er mit vielen Physikern. W. Heisenberg schrieb ihm beispielsweise am 16. 1. 1959: „Jedenfalls müssen wir hoffen, daß sich diese Art von Denken, die sich in der Quantentheorie entwickelt hat, langsam auch über größere Kreise von Menschen ausweiten möge." (BSC 28,4.) Für C. F. v. Weizsäcker ist die Quantenmechanik „die noch nicht eingelöste Aufforderung zu einer Philosophie" (C. F. v. Weizsäcker, B. L. van der Waerden, Werner Heisenberg, München—Wien 1977, S. 28). Der Ausgangspunkt seiner „Zeitlogik", die er für eine fundamentale theoretische Voraussetzung seines Ansatzes zur „Einheit der Physik" hält (C. F. v. Weizsäcker, Die Einheit der Natur, München 1971, S. 219ff.), liegt beim Bohrschen Komplementaritätsprinzip.

4.5.1. Komplementaritätsprinzip als dialektische Aufhebung des Korrespondenzprinzips

Bohr war davon ausgegangen, daß der Weg zur Quantenmechanik und zur Quantenelektrodynamik über die *korrespondenzmäßigen* Orientierungen für die neuen, erst zu findenden Theorien im Rahmen der vorliegenden Theorien geebnet werden müsse. Konsequent hielt er an dem zutiefst dialektischen Gedanken fest, die Quantenmechanik müsse die klassische Mechanik innerhalb des ursprünglich inkonsistenten Atommodells ersetzen und aufbewahren (Korrespondenzgedanke). Nach der Herausbildung der nichtrelativistischen Quantenmechanik fand dieser Gedanke seinen adäquaten Ausdruck im *Komplementaritätsprinzip* (3.4.5.), das methodologisch als dialektische Aufhebung des *Korrespondenzprinzips* gelten kann.[41] Das Komplementaritätsprinzip widerspiegelt die *Dialektik des Erkenntnisprozesses*, der zur Quantenmechanik geführt hat; weist, wie die Einstein-Bohr-Debatte nahelegt, auf die Notwendigkeit der Berücksichtigung der *Subjekt-Objekt-Dialektik auf der Ebene der Interpretation von Resultaten des Erkenntnisprozesses* hin und zwingt zur Anerkennung *dialektischer Widersprüchlichkeit der Mikroobjekte*.

Mit dem Erfolg des Bohrschen Forschungsprogrammes auf der Grundlage des *Korrespondenzprinzips* ist definitiv nachgewiesen, daß die von Popper, Kuhn und Stegmüller gemeinsam vertretene Überzeugung, derzufolge „keine methodischen Brücken von einer Theorie zu einer anderen führen“[42], falsch ist. Zugleich aber erweist sich auch der tiefe Sinn dialektisch-materialistischer Wahrheitsauffassung für die Theoriendynamik innerhalb mathematisierter Wissenschaften.

Der Begriff der absoluten Wahrheit ist dort wissenschaftlich vor allem deshalb weiterhin sinnvoll, weil er ausweist, daß die Adäquatheit von Zusammenhängen in der objektiven Realität mit ihren theoretischen Abbildern nicht auf beliebigem Weg herstellbar ist. Für die Annäherung des Denkens an das Objekt existiert ein objektiver Grenzwert. Im Erkenntnisprozeß nähert man sich diesem Grenzwert über relative Wahrheiten, die zugleich dialektische Momente der absoluten Wahrheit sind.[43] Deshalb können auf der Grundlage wissenschaftlich bewährter, relativ abgeschlossener Theorien, wie etwa der klassischen Mechanik und der klassischen Elektrodynamik, methodisch-heuristische Prinzipien entwickelt werden, von denen ausgehend, sich allgemeinere Theorien gewinnen lassen. Die

[41] Dies ist in der dialektisch-materialistischen Literatur vielfach vermutet, bislang aber nicht durch entsprechende historische Aufarbeitung gezeigt worden. Siehe dazu beispielsweise die Beiträge von V. P. Chjutt und U. A. Radžabov in: Prinzip dopolnitel'nosti i materialističeskaja dialektika, Moskva 1976.

[42] J. Mittelstraß, Theorie und Empirie der Wissenschaftsforschung, in: C. Burrichter (Hrsg.), Grundlegung der historischen Wissenschaftsforschung, Basel—Stuttgart 1979, S. 84.

[43] Für K. Marx war seit Hegel klar: „Zur Wahrheit gehört nicht nur das Resultat, sondern auch der Weg.“ (K. Marx, Bemerkungen über die neueste preußische Zensurinstruktion, in: MEW, Bd. 1, S. 7.)

Freiheit methodischer Verallgemeinerungen aus den bewährten Theorien ist Moment des dialektisch verlaufenden Erkenntnisprozesses. Dieser darf bekanntlich nicht auf metaphysisch-mechanistisches Abbilden reduziert werden, sondern enthält immer auch Momente des Entwerfens. Die Adäquatheit der als dialektische Einheit von Abbildern und Entwürfen zu verstehenden theoretischen Erkenntnisse läßt sich nur an ihrer praktischen Bewährung überprüfen. Um aber zu neuen Erkenntnissen zu kommen, sind neben kreativen Ideen Weltbildvorstellungen von entscheidender Bedeutung, auf deren Grundlage wissenschaftliche Hypothesen und methodische Prinzipien formuliert werden.

Wir haben gesehen, daß Problemantinomien als dialektische Widersprüche auf der Ebene der subjektiven Dialektik das Erkenntnisinteresse von Physikern motiviert und die Herausbildung der nichtrelativistischen Quantenmechanik entscheidend gefördert haben. Den untersuchten Gesamtprozeß auf eine „Betonung des Widerspruchs im Begrifflichen“[44] zu reduzieren scheint aber philosophisch zu wenig. Natürlich sind die betrachteten Widersprüche alle im Begrifflichen aufgetaucht und haben damit nachdrücklich auf die dem metaphysisch mechanischen Denken unverständliche *Begrifflichkeit* der Physik aufmerksam gemacht. Wie aber die langen Auseinandersetzungen zum Welle-Teilchen-Dualismus zeigen, handelt es sich dabei in der Regel um mehr als lediglich um Probleme inadäquater Begriffe und der damit verbundenen scheinbaren Widersprüche. Entscheidende Erkenntnisfortschritte hat es gegeben, als man aufhörte, metaphysische Alternativentscheidungen zu suchen, als man — um mit Schrödinger zu sprechen — die Aussagen „verhält sich ‚in gewisser Beziehung so, als ob . . .‘ und in ‚gewisser Beziehung so, als ob . . .‘ . . . in klares Denken“ umzusetzen begann[45] und schließlich in einer spezifischen Formulierung des Komplementaritätsprinzips die Widersprüchlichkeit beider Konzepte zu einer Synthese führte.

Dazu stellte W. Pauli später fest: „Was mir in der Entwicklung, die im Jahre 1927 schließlich zur Aufstellung der heutigen Wellenmechanik führte, den größten Eindruck gemacht hat, ist die Tatsache, daß es in der Physik echte Gegensatzpaare gibt, wie Teilchen gegen Welle, Ort gegen Bewegungsgröße, Energie gegen Zeit, deren Gegensatz nur auf eine symmetrische Weise überwunden werden kann. Das bedeutet, daß nie ein Partner zugunsten des anderen ausgemerzt wird, sondern sie werden beide in eine neue Art von physikalischen Gesetzen übernommen, das den komplementären Charakter des Gegensatzes angemessen ausdrückt.“[46] In diesem Zusammenhang kam er auf Überlegungen zurück, die ihn 1919 zum Be-

[44] G. Holton, Thematische Analyse der Wissenschaft, Frankfurt a. M. 1981, S. 163. Siehe dazu auch: W. D. Kraeft/H. Vogel, Welle-Teilchen-Dualismus und dialektischer Widerspruch, in: DZfPh 3/1970, S. 341—346.

[45] Siehe dazu Fußnote 293 zu S. 176.

[46] W. Pauli, Die Materie (1955), in: W. Pauli, Aufsätze und Vorträge über Physik und Erkenntnistheorie, Braunschweig 1961, S. 8. Vgl. dazu auch die Äußerungen Paulis von 1926 in Fußnote 287 zu S. 175.

obachtbarkeitsprinzip geführt hatten. Er vermutete nun, daß auch die physikalischen Begriffe „Feld“ und „Körper“ komplementär sind.

Diese und ähnliche Hypothesen bzw. die obengenannten Erfahrungen physikalischer Theorienentwicklung generalisierend, kann man sagen, daß jedes in Form logisch widerspruchsfreier mathematischer Strukturen unterstellte metaphysische Weltbild irgendwann zu eng wird. Die Alternative dazu ist nicht der Verzicht auf Weltbilder überhaupt, sondern die radikale Erneuerung eines solchen Weltbildes durch ein dialektische Widersprüche einschließendes, in Übereinstimmung mit dem wissenschaftlichen Erkenntnisfortschritt ständig zu präzisierendes Weltbild. Die Konturen dafür sind in Engels „Dialektik der Natur“ vorgezeichnet.

Da wir weder mit Leibniz von prästabilisierter Harmonie zwischen Denken und Sein noch mit Hegel von deren Identität ausgehen können, haben wir keine andere Möglichkeit, über objektive dialektische Widersprüche der Natur etwas zu erfahren denn über die Analyse der Widersprüche des Erkenntnisprozesses und seiner Resultate.

Bei der Analyse der für unsere Untersuchung grundlegenden Problemantinomie von Kontinuität und Diskontinuität, ihrer Transformation in die Atomphysik, ihrer Untersetzung in die Problemantinomien der Mechanik und der Elektrodynamik und deren weiteren Untersetzungen hat sich erneut der tiefe Sinn einer Marxschen Feststellung über wissenschaftliche Theorienentwicklung gezeigt. Marx schrieb bereits 1859: „Die Wissenschaft . . . führt einzelne wohnliche Stockwerke des Gebäudes auf, bevor sie seinen Grundstein legt.“[47]

Mit der nichtrelativistischen Quantenmechanik wurde ein bedeutender Erkenntnisfortschritt bei der Lösung der in der Quantentheorie grundlegenden Problemantinomie von Kontinuität und Diskontinuität erzielt, die entsprechende Problemantinomie der Mechanik für den nichtrelativistischen Fall kann sogar als gelöst gelten. Um im Bilde zu bleiben: Die Quantentheoretiker arbeiten heute sowohl an den oberen Stockwerken dieses Theoriegebäudes als auch an seinem Fundament. Dabei aber haben sie es nicht nur mit den durch Problemantinomien angezeigten dialektischen Widersprüchen des Theorieentwicklungsprozesses zu tun, sondern inzwischen auch mit der dialektisch widersprüchlichen Komplementaritätskonzeption, die das *Resultat* der Lösung eines Widerspruchs im Erkenntnisprozeß ist. Aus der Theorie der materialistischen Dialektik aber kann man nicht den Zwang folgern, das Komplementaritätsprinzip in der von Bohr formulierten Form als den Endpunkt dialektisch-materialistischer Reflexionen über die nichtrelativistische Quantenmechanik anzusehen. Das Komplementaritätsprinzip ist in seiner Verquickung erkenntnistheoretisch-methodologischer und physikalischer Komponenten im Gegensatz zu Bohrs späten metaphysischen Festschreibungsversuchen für weitergehende philosophische und physikalische Überlegungen offen.

[47] K. Marx, Zur Kritik der Politischen Ökonomie, in: MEW, Bd. 13, Berlin 1961, S. 43.

Die Heisenbergschen Unbestimmtheitsrelationen dagegen müssen als *physikalische* Erkenntnisse innerhalb einer „abgeschlossenen Theorie" auch von jeder zukünftigen Modifikation der nichtrelativistischen Quantenmechanik erfüllt werden. Sie sind lediglich innerhalb philosophischer Interpretationen der Theorie verfügbar.

4.5.2. Subjekt-Objekt-Dialektik und objektive Gesetze

Der als Bedingung für Erkenntnis mindestens seit Kant und Hegel philosophisch reflektierte Zusammenschluß von erkennendem Subjekt und erkanntem Objekt, realisiert in der gegenständlichen Auseinandersetzung durch die messende Beobachtung im Experiment und die theoretische Aneignung des Objekts, spielte in den am mechanischen Materialismus orientierten philosophischen Reflexionen über die klassische Physik keine Rolle. Der mechanische Materialismus hatte die *Existenz* objektiver Gesetze hervorgehoben und den *Prozeß ihrer Erkenntnis* vernachlässigt. Es kam unter seinem Einfluß zu Vorstellungen über die Verdinglichung von Gesetzen. Derartige Vorstellungen wirkten auch noch bei führenden Physikern im 20. Jahrhundert.

Für Einstein beispielsweise waren Naturgesetze einfach „Feststellungen über Realität".[48] Für Planck kam vor aller Wissenschaft „der Glaube an eine vollkommene Gesetzlichkeit in allem Geschehen".[49] Diese Gesetzlichkeit käme uns nur deshalb nicht zum Bewußtsein, stellte er fest, „weil wir erstens nur über mangelnde Sinnesorgane bzw. Meßinstrumente verfügen, und weil wir zweitens bei der Erforschung eines Vorgangs immer zugleich einen Eingriff in seinen Verlauf machen". Während wir den ersten Mangel leicht durch Steigerung der Empfindlichkeit unserer Meßgeräte kompensieren könnten, wurde der zweite als wesentlich tiefer liegend erkannt. Strenggenommen sei es sogar verboten, „von einem ‚Vorgang' unabhängig von der Methode seiner Erforschung zu reden. Da wir das aber doch gerne tun wollen, so bleibt uns nichts übrig, als uns möglichst weit von ihm zu entfernen, ihn möglichst von außen zu betrachten. Dann wird seine Gesetzlichkeit immer besser hervortreten."[50]

Gerade das jedoch ist nach dem Bohrschen Komplementaritätsprinzip *nicht* zu erwarten. Es hat sich jedenfalls für die Quantenmechanik gezeigt, daß die materiell-gegenständlichen *Beobachtungsbedingungen* den Gebrauch eines bestimmten Begriffes nahelegen und zugleich für den komplementären Begriff die *Definitionsmöglichkeiten* in exakt angebbarer Weise einschränken. Damit aber ist die materiell-gegenständliche Einwirkung des erkennenden Subjekts auf das zu erkennende Objekt nicht völlig unabhängig von der ideell-theoretischen. Die

[48] A. Einstein, Physics and Reality, in: Ideas and Opinions, New York 1954, S. 294.
[49] M. Planck, Brief vom 19. 10. 1930 an N. Bohr, in: BSC 24,3.
[50] Ebenda.

jeder begrifflichen Fixierung inhärenten Idealisierungen sind keineswegs prinzipiell nur ideeller Natur. Der mit dem Komplementaritätsprinzip gegebene Zusammenhang der verschiedenen Komponenten der Erkenntnistätigkeiten von Subjekten und den Resultaten der Erkenntnistätigkeiten von Subjekten und den Resultaten dieser Tätigkeiten ist durch keine noch so große räumliche oder zeitliche Entfernung vom jeweiligen Objekt aufhebbar. All denen, die schon damals das Komplementaritätsprinzip vom Standpunkt undialektischer Realismusvarianten kritisierten, hat Bohr während seines ersten Aufenthaltes in der Sowjetunion 1934 in einem Vortrag in Leningrad erklärt: „Es ist traurig, daß man sich in der Physik mit solchen Dingen quälen muß und nicht einfach die wunderbaren Gesetze der Natur verfolgen kann.“[51] Die von Einstein und Planck vertretene Auffassung, daß man objektive Gesetze um so klarer erkennen könne, je konsequenter man die Subjekt-Objekt-Beziehungen trenne, schien Bohr unvereinbar mit den erkenntnistheoretisch-methodologischen Konsequenzen der nichtrelativistischen Quantenmechanik.

Da für die Objekte der klassischen Physik die Einwirkung des Meßgerätes auf die Eigenschaften des zu messenden Objektes praktisch vernachlässigbar waren, konnte man die klassischen Theorien *in erster Näherung* durchaus noch als eine vom Subjekt völlig unabhängige Objekttheorie ansehen. Das war angesichts der Problematik des Meßprozesses in der Mikrophysik und der komplizierten Interpretation der Größen des quantenmechanischen Formalismus nicht mehr möglich. Es mußte nun erst geprüft werden, inwiefern die Begriffe und Strukturen der Theorie über Entsprechungen in den Eigenschaften und Beziehungen der real existierenden Objekte verfügen. Dabei mußte das erkennende Subjekt in einer spezifischen Weise in die Erörterungen einbezogen werden. In der physikalischen Theorie verschärfte sich der den Philosophen bekannte Zwang, die *Resultate* des Erkenntnisprozesses nicht in der Isolation von diesem *Prozeß*, das Objektive nicht in der metaphysischen Trennung vom Subjektiven zu fassen, sondern die für jede erkenntnistheoretische Erörterung unverzichtbare Subjekt-Objekt-Dialektik in ihrer konkreten dialektischen Widersprüchlichkeit zu analysieren. Mit dem Komplementaritätsprinzip wurde mindestens auf der Ebene der die Beobachtung und das Experiment widerspiegelnden theoretischen Begriffe nun auch für die Physik klar, was die Philosophie bereits deutlich herausgearbeitet hatte: Das Subjekt vermag nur zu erkennen, indem es sich mit dem Objekt auseinandersetzt (materiell-gegenständlich und ideell-theoretisch). Die Subjekt-Objekt-Dialektik aber hebt die Frage nach der Quelle der Erkenntnis nicht auf und ist deshalb nicht identisch mit der Beziehung von Materie und Bewußtsein. Bei aller Kompliziertheit realer Subjekt-Objekt-Beziehungen bleibt die objektive Realität außerhalb und unabhängig von unserem Bewußtsein die Quelle unserer Erkenntnis, ist das Primat der Materie gegenüber dem Bewußtsein erkenntnistheoretisch absolut.

[51] Stenografische Mitschrift des Vortrages von N. Bohr vom 7. 5. 1934 vor der Akademie der Wissenschaften der UdSSR, S. 14, in: Niels Bohr Archiv Kopenhagen, MSS 13,5.

Die Quantenmechanik hat bislang in der Physik vernachlässigte erkenntnistheoretische Probleme mit aller Schärfe auf die Tagesordnung gesetzt. Der Beobachterstandpunkt gewann nun in Fortführung der mit der speziellen Relativitätstheorie begründeten Tradition zunehmend für die Arbeit des Theoretikers prinzipielle Bedeutung.

Der Physiker kann im Labor Versuchsbedingungen makrophysikalisch festlegen und damit Entscheidungen über die Verhaltensmöglichkeiten der Mikroobjekte treffen. — Registriert er beispielsweise Schwärzungs*punkte* einzelner Elektronen auf Photoplatten, kann er nicht gleichzeitig die Welleneigenschaften dieser Objekte untersuchen. Das Erkenntnissubjekt eliminiert also durch Festlegung makrophysikalischer Bedingungen bestimmte Klassen von Verhaltensmöglichkeiten der Objekte, die ohne diese Versuchsbedingungen weiterhin bestanden hätten. Dabei kommt es nicht so sehr darauf an, daß *der Physiker* Entscheidungen trifft. Es kommt vielmehr darauf an, welche *materiellen* makrophysikalischen *Bedingungen* für das potentielle Verhalten eines *materiellen Mikroobjektes* gesetzt sind. Nicht das mit Bewußtsein begabte Subjekt ist maßgebend, sondern die materiellen Versuchsbedingungen, die im Labor durch Entscheidungen des Physikers mit physikalischen Mitteln geschaffen bzw. kontrolliert werden können, die dagegen außerhalb des Labors unabhängig von den Entscheidungen der Physiker existieren.

Die Quantenmechanik gestattet die Berechnung der Versuchsausgänge bei Elektronen am einfachen und am Doppelspalt in Laborversuchen ebenso wie die Erklärung von Mikroprozessen und ihrer makrophysikalischen Folgen bei kosmischen Objekten. V. A. Fok hat deshalb vorgeschlagen, das Neue der Quantenmechanik nicht über die veränderten Subjekt-Objekt-Beziehungen zu charakterisieren, sondern die Relativität von Eigenschaften der Mikroobjekte gegenüber den Beobachtungsmitteln hervorzuheben.[52] Damit werden zweifelsohne subjektivistische Konsequenzen vermieden. Diese Position löst aber noch nicht die nach wie vor offene Frage nach der Stellung der Reduktion der Wellenfunktion im Rahmen einer ausstehenden quantenmechanischen Theorie des Meßprozesses.

Die bis heute fortbestehende Aktualität der Subjekt-Objekt-Dialektik für die philosophischen Reflexionen zur Quantenmechanik hängt also mit der Tatsache zusammen, daß diese Theorie auch in Kenntnis der realen Versuchsbedingungen das jeweilige Feld von objektiven *Verhaltensmöglichkeiten* erfaßt, welches durch die entsprechenden objektiven Wahrscheinlichkeiten für die Realisierung jeder einzelnen Möglichkeit charakterisiert ist. Vor allem darum rankten sich die Auseinandersetzungen um Grundlagenfragen der Quantentheorie zwischen Einstein und Bohr. In diesen Auseinandersetzungen konnte Einstein nicht davon abgebracht werden, daß mit der Quantenmechanik die für die weitere Physikentwicklung notwendige realistische Position aufgegeben wurde, während Bohr immer

[52] V. A. Fok, Über die Deutung der Quantenmechanik, in: Max-Planck-Festschrift, Berlin 1958, S. 177ff.

klarer die *Objektivität* seines Komplementaritätsstandpunktes betonte und jede dem Einsteinschen Realismus folgende Modifikation der Quantenmechanik für unmöglich hielt.

Dirac hat bereits 1930 in seinem Lehrbuch zur Quantenmechanik undialektische Realismuskonzeptionen kritisiert und sich dabei einer Argumentation bedient, welche im Hinblick auf die in 2.3. besprochene Unterscheidung von Logik und Dialektik sehr interessant ist. Er schilderte dort den Fortschritt der theoretischen Physik (Relativitätstheorie, Quantenmechanik) als einen Prozeß, in dem für die gesetzmäßigen Beziehungen mathematische Gleichungen formuliert werden, welche gegenüber immer allgemeineren Transformationen invariant bleiben. Dies sah er auch in philosophischer Hinsicht als eine außerordentlich befriedigende Entwicklung an, „denn sie läßt immer deutlicher erkennen, bis zu welchem Grade der Beobachter die Regelmäßigkeiten selbst schafft, die er in den Beobachtungen vorfindet, und wie gering andererseits die Willkür ist, die in den Naturgesetzen verbleibt".[53] Bei einer solchen Position waren *operationalistische* und *instrumentalistische* Deutungen der physikalischen Gesetze gleichermaßen *verboten.*

Bohr begründete mit der Feststellung, daß die quantenmechanische Wellenfunktion keine im Sinne der klassischen Physik objektivierbare Größe sei, die *objektive Notwendigkeit,* in der Quantenmechanik zwischen komplementären Phänomentypen über die Wahl der Meßinstrumente zu unterscheiden. Er lehnte sowohl die von *Dirac* diskutierte Wahl von seiten der „Natur" als auch die von *Heisenberg* diskutierte Wahl von seiten des Beobachters ab; „denn einerseits ist es kaum angängig, die Natur mit Willen im üblichen Sinne auszustatten, während es andererseits dem Beobachter sicher nicht möglich ist, die Vorgänge zu beeinflussen, die unter den von ihm geschaffenen Bedingungen ablaufen"[54]. Die Gesetzeskonzeption einer Theorie, welche das Verhalten atomarer Objekte in ihrer Wechselwirkung mit konkreten, klassisch beschriebenen Meßgeräten adäquat widerspiegeln soll, darf weder objektivistisch noch subjektivistisch sein. Das hat Bohr zunehmend klar erkannt. Er hat Pauli zwar zugegeben, daß es ein Trend der modernen Physik sei, dem Beobachtungsproblem verstärkt Aufmerksamkeit zu widmen und damit eine Brücke zu schlagen zwischen der Physik und anderen Gebieten unseres Wissens und unserer Interessen. Er hielt es aber für eine bedeutsame Errungenschaft der Physik, daß sie lehrt, wie man die *subjektiven Elemente* in der Beschreibung von Erfahrung eliminieren kann.[55]

Wir sehen — das sei nochmals betont — im Bohrschen Komplementaritätsprinzip eine Konsequenz *historisch gewordener* Begriffsbildung in der Quantenmechanik, zu der es — mindestens bis heute — keine praktikable Alternative zu geben scheint. Der rationale Gehalt des Hegelschen Hinweises auf die Begriff-

[53] P. A. M. Dirac, Die Prinzipien der Quantentheorie, Leipzig 1930; S. V.

[54] N. Bohr, Erkenntnistheoretische Probleme in der Atomphysik, in: P. A. Schilpp (Hrsg.), Albert Einstein als Philosoph und Naturforscher, a. a. O., S. 134, 135.

[55] Vgl. N. Bohr, Brief vom 2. 3. 1955 an W. Pauli, in: BSC 30,4.

lichkeit *jeder* Wissenschaft konnte für die Physik nicht in der Selbstbewegung von Begriffen deutlich werden, sondern nur in dem durch Experiment und messende Beobachtung *erzwungenen* Begriffswandel. Obgleich gerade das Bohrsche Komplementaritätsprinzip ein starkes Argument gegen die konventionalistische Behauptung von der Beliebigkeit wissenschaftlicher Begriffe liefert, darf die *relative* Eigenständigkeit physikalischer Theorienentwicklung (vom Rationalismus bis zur Autonomie überzogen) philosophisch nicht unterschätzt werden. Diese besagt — in Übereinstimmung mit dem Komplementaritätsprinzip —, daß Experiment und messende Beobachtung *allein* wissenschaftliche Begriffe *nicht* festzulegen vermögen.

4.5.3. Dialektische Widersprüchlichkeit der Natur

Der Prozeß der Herausbildung der nichtrelativistischen Quantenmechanik hat sich als ein Prozeß erwiesen, der dem Zwang zur Dialektik unterlag. Dieser Zwang fand auch seinen Niederschlag in den philosophischen Reflexionen der Physiker.

Selbstverständlich ist es Aufgabe der Philosophie, die *Theorie* der materialistischen Dialektik voranzubringen. Dies kann aber nicht mit Aussicht auf Erfolg geschehen, wenn dabei Prozesse wie der hier analysierte ignoriert werden und gleichzeitig die Aufgabe gestellt wird, Dialektik in die Wissenschaften zu tragen.[56] Es kommt darauf an, das am Beispiel der Herausbildung der nichtrelativistischen Quantenmechanik im Detail untersuchte und in anderen Bereichen weiter zu untersuchende Ringen von Wissenschaftlern um die ihrer Wissenschaft adäquaten Entwicklungsformen des dialektischen Denkens für die Theorie der Dialektik ebenso fruchtbar zu machen wie das Ringen der Philosophen.

Von allen am Prozeß der Herausbildung der Quantenmechanik beteiligten Physikern hat Bohr die tiefsten Einsichten in die Dialektik besessen, ohne daß er sich jemals systematisch mit der Theorie der Dialektik auseinandergesetzt hätte. Mit seiner Formulierung des Komplementaritätsprinzips hat er das dialektisch-materialistische Widerspruchsdenken herausgefordert. Sein Versuch, dieses Prinzip metaphysisch festzuschreiben, markiert die Grenzen spontan dialektischer Einsichten.

[56] In einigen philosophischen Arbeiten zur nichtrelativistischen Quantenmechanik von Philosophen aus Alma-Ata wird im Gegensatz zum erklärten konzeptionellen Anliegen zumeist praktisch demonstriert, daß man diese physikalische Theorie weder nach dem Vorbild des „Kapital" umgestalten kann noch daß es dafür zwingende Gründe gibt. Es bleibt daher bei der Feststellung, Einstein und Bohr hätten für das physikalische Denken dasselbe geleistet wie Hegel, Marx und Lenin für das „moderne logische Denken", nur wären sie eben philosophisch nicht so tief gewesen wie die Väter der Theorie der Dialektik (Z. M. Abdil'din (Hrsg.), Princip protivorečija v sovremennoj nauke, Alma-Ata 1975, S. 71ff.).
Die in den Ausführungen zur Quantenmechanik anzutreffenden Hinweise auf Formulierungen aus dem „Kapital" beinhalten in der Regel sehr fragwürdige Analogien und tragen daher kaum zum philosophischen Verständnis des jeweils behandelten Problems bei.

Wir wollen uns nun den durch das *Bohrsche Komplementaritätsprinzip* nahegelegten philosophischen Präzisierungen des *Engelsschen Konzepts der Naturdialektik* zuwenden. Die Quantenmechanik hat dieses Konzept vor allem über die Heisenbergschen Unbestimmtheitsrelationen und den Welle-Teilchen-Dualismus als bedeutsame heuristische Orientierung der Philosophie für die naturwissenschaftliche Forschung ausgewiesen.

In den genannten, logisch widerspruchsfrei formulierten mathematisierten physikalischen Erkenntnissen wird deutlich, wie problematisch die Beibehaltung der Begriffe der klassischen Physik auf der von der nichtrelativistischen Quantenmechanik untersuchten Objektebene ist. Die Begriffspaare Koordinate und Impuls, Energie und Zeit, Welle und Teilchen werden in der Quantenmechanik über das Bohrsche Komplementaritätsprinzip an die Subjekt-Objekt-Dialektik des Erkenntnisprozesses gebunden. Die *Beobachtung* eines Aspektes dieser dualen Eigenschaftspaare schränkt zugleich die *Definitionsmöglichkeit* für den anderen Aspekt ein. Die logisch widerspruchsfreie mathematisierte physikalische Theorie kann nicht unabhängig von dieser im Komplementaritätsprinzip zum Ausdruck kommenden Dialektik des Erkenntnisprozesses auf die von ihr untersuchten Objekte angewandt werden.

Da es, wie die bisherigen Diskussionen der Grundlagenprobleme der Quantenmechanik gezeigt haben, wahrscheinlich nicht möglich ist, ein Begriffssystem zu entwickeln, für das derartige Widersprüche vermieden werden können, bedeuten die Unbestimmtheitsrelationen und der von der Quantenmechanik vorausgesetzte Welle-Teilchen-Dualismus eine stärkere Annäherung an die dialektische Widersprüchlichkeit materieller Objekte als die von der klassischen Physik unterstellten Begriffe. Die Vorstellung von der dialektischen Widersprüchlichkeit aller materiellen Objekte stimmt mit dem hier betrachteten Theorieentwicklungsprozeß besser überein als die Vorstellung vom Ausschluß dialektischer Widersprüche in der objektiven Realität. Keines der Resultate des *physikalischen* Erkenntnisprozesses darf aber mit der *philosophischen* Erkenntnis von der Existenz objektiver dialektischer Widersprüche in der Natur verwechselt werden. Konsequent dialektisches Herangehen verbietet es, physikalische Erkenntnisse auf die Ebene allgemeiner philosophischer Aussagen zu heben. Die allgemeinen philosophischen Aussagen sind philosophische Verallgemeinerungen aus der Wissenschaftsentwicklung.[57] Deshalb verbot sich für uns die metaphysische Festschreibung des Komplementaritätsprinzips. Deshalb muß sich die dialektisch-materialistische Philosophie der konstruktiven philosophischen Aufarbeitung der komplementären Naturbeschreibung stellen, wie sie für die nichtrelativistische Quantenmechanik mindestens gegenwärtig unumgänglich zu sein scheint.

[57] Versuche, ohne philosophische Verallgemeinerung naturwissenschaftlicher Theorienentwicklung auf die dialektische Widersprüchlichkeit der Natur zu stoßen, weisen darauf hin, daß sich ihre Autoren nicht endgültig von der Auffassung frei machen konnten, die *Theorie* der materialistischen Dialektik als Beispielsammlung zu konstituieren.

In philosophischer Verallgemeinerung des Bohrschen Komplementaritätsprinzips gibt es *keine Möglichkeit, die dialektische Widersprüchlichkeit materieller Objekte in Isolation vom Prozeß ihrer Erkenntnis adäquat auszudrücken. Natur*dialektik läßt sich damit *nicht als eigenständige Ontologie* konstituieren; sie ist das Resultat dialektischer Verschmelzung von Ontologie und Erkenntnistheorie. Versuche der metaphysischen Negation der Engelsschen Naturdialektik stehen ebensowenig auf der Höhe des Marxschen Materialismus wie die metaphysische Trennung von Ontologie und Erkenntnistheorie. Was für die marxistisch-leninistische Philosophie in ihrer Gesamtheit gilt, erweist sich nun auch aus Gründen innerhalb der physikalischen Forschung für das Konzept der Naturdialektik als außerordentlich bedeutsam.

Mit Blick auf den *historischen Prozeß* der Herausbildung der nichtrelativistischen Quantenmechanik werden alle philosophischen Behauptungen als wissenschaftlich unseriös disqualifiziert, die davon ausgehen, diese oder jene widersprüchliche Eigenschaft der Materie auf der Ebene von Atomen und Molekülen hätte gar nicht anders sein können, als die schließlich von der physikalischen Forschung in der Quantenmechanik festgestellten Beziehungen besagen. Das Engelssche Konzept von der Dialektik der Natur mit seinem theoretischen Kern in der Behauptung von der Existenz objektiver dialektischer Widersprüche der Natur erweist seine heuristische Fruchtbarkeit nicht durch die spekulative Vorwegnahme naturwissenschaftlich zu erforschender Gesetzeszusammenhänge, sondern dadurch, daß es die Naturwissenschaftler darauf vorbereitet, beim Eindringen in Struktur-, Bewegungs- und Entwicklungsgesetze der Natur auf dialektisch widersprüchliche Beziehungen zu stoßen, in den *Resultaten* des Erkenntnisprozesses die Dialektik dieses *Prozesses* in spezifischer Weise gebrochen wiederzufinden und ständig gezwungen zu werden, von einmal gesicherten Erkenntnissen ausgehend, zu neuen, vollkommeneren Erkenntnissen überzugehen.

Lenin hat dies in Übereinstimmung mit den entsprechenden Feststellungen von Engels (insbesondere im „Anti-Dühring" und in der „Dialektik der Natur") auf die These gebracht: „Alle Grenzen in der Natur sind bedingt, relativ, beweglich, drücken das Näherkommen unseres Verstandes an die Erkenntnis der Materie aus, was aber nicht im mindesten beweist, daß die Natur, die Materie selbst nur ein Symbol, ein konventionelles Zeichen, d. h. ein Produkt unseres Verstandes sei."[58] F. Engels hatte zum Problem von Begriff und Realität, mit dem sich die

[58] W. I. Lenin, Materialismus und Empiriokritizismus, in: Werke, Bd. 14, Berlin 1968, S. 282, 283.
N. Bohr, der den „symbolischen Charakter" quantentheoretischer Begriffe verschiedentlich bis zum Verlust des philosophischen Materialismus überzogen hat, war sich auch dieses *Problems* bewußt, vermochte es aber nicht befriedigend zu lösen. In einem Brief vom 9. 5. 1928 an C. G. Darwin betonte er bereits: „I do not think it is possible to stress the symbolic character of the quantum theoretical methods too much . . . I am more and more convinced that we are in for a purely philosophical problem concerning the limitation of our most fundamental ideas which we must look in the face." (BSC 9,4.)

Quantentheoretiker später intensiv beschäftigen mußten, bereits 1897 festgestellt: „. . . der Begriff einer Sache und ihre Wirklichkeit, laufen nebeneinander wie zwei Asymptoten, sich stets einander nähernd und doch nie zusammentreffend. Dieser Unterschied beider ist eben der Unterschied, der es macht, daß der Begriff nicht ohne weiteres, unmittelbar, schon die Realität, und die Realität nicht unmittelbar ihr eigener Begriff ist. Deswegen, daß ein Begriff die wesentliche Natur des Begriffs hat, daß er also nicht ohne weiteres prima facie sich mit der Realität deckt, aus der er erst abstrahiert werden mußte, deswegen ist er immer noch mehr als eine Fiktion, es sei denn, Sie erklären alle Denkresultate für Fiktionen, weil die Wirklichkeit ihnen nur auf einem großen Umweg, und auch dann nur asymptotisch annähernd, entspricht.“[59]

Die Engelssche Feststellung behält ebenso wie die Leninsche, 1908 in Konfrontation mit dem „physikalischen Idealismus“ (der sich damals auf die Zerstörbarkeit des Atoms berief) formulierte These in der Auseinandersetzung mit der ausschließlich instrumentalistischen Deutung der Quantenmechanik und den Versuchen einer „realistischen Ergänzung“ dieser Theorie ihren Sinn.

In der vorliegenden Arbeit wurde der *materialistische Standpunkt* bei der Behandlung der Widerspruchsproblematik *vorausgesetzt*. Unter dieser Voraussetzung ging es für ein historisch und systematisch eng begrenztes Gebiet der physikalischen Forschung um die Untersuchung von Widersprüchen im Erkenntnisprozeß, in den wissenschaftlichen Theorien und in der objektiven Realität. Dabei hat sich gezeigt, daß die Widerspruchsproblematik trivialisiert wird, wenn man lediglich feststellt: *Logische Widersprüche* im Erkenntnisprozeß sind mit den Mitteln der Logik auffindbar, während alle nicht logisch widersprüchlich formulierten Widersprüche innerhalb der Dialektik zu behandeln sind.[60]

Über eine solche Auffassung war H. Poincaré schon hinaus. Er schrieb im Zusammenhang mit der Problematik der Widersprüche des *mathematischen* Kontinuums: „Der Verstand hat die Fähigkeit, Symbole zu schaffen, und dadurch konstruiert er das mathematische Kontinuum, welches nichts anderes ist als ein besonderes System von Symbolen. Seine Macht wird nur begrenzt durch die Notwendigkeit, Widersprüche zu vermeiden; aber der Verstand macht von dieser Fähigkeit nur Gebrauch, wenn die Erfahrung ihm dazu Veranlassung gibt.

In unserem Fall liegt diese Veranlassung in der Vorstellung des physikalischen Kontinuums, wie sie aus den groben Erfahrungen der Sinne abgeleitet wird. Aber diese Vorstellung führt zu einer Reihe von Widersprüchen, die man schrittweise beseitigen muß. Dadurch werden wir genötigt, ein System von Symbolen zu ersinnen, das immer verwickelter wird.“[61] Poincaré hatte ebenso wie Bohr die Ver-

[59] F. Engels Brief vom 12. 3. 1895 an C. Schmidt, in: MEW Bd. 39, Berlin 1973, S. 431.

[60] Dieser Standpunkt wird vertreten in: V. V. Borodkin, Problema protivorečija v materialističeskoj dialektike, Moskva 1982, S. 219ff.

[61] H. Poincaré, Wissenschaft und Hypothese, Leipzig 1904, S. 27, 28.

meidung *logischer* Widersprüche im Auge. Wir haben aber gesehen, daß die Vermeidung logischer Widersprüche bei der konsistenten Formulierung der nichtrelativistischen Quantenmechanik in Übereinstimmung mit dem von Poincaré vorgezeichneten Programm tief in die Problematik *dialektischer* Widersprüche führt.

Aus der philosophischen Untersuchung eines Theorieentwicklungsprozesses in der Physik ist dabei deutlich geworden, wie kompliziert bereits die *Feststellung* und die *begriffliche Fixierung* dialektischer Widersprüche innerhalb eines Forschungsprozesses ist. Um logische Widersprüche wirklich auszuschließen, sind nicht selten längere Forschungsarbeiten erforderlich. Der Ausschluß logischer Widersprüche aber besagt noch relativ wenig über den Grad der Annäherung an *objektiv dialektische Widersprüche.* Er besagt erst recht noch nichts für die begriffliche Fixierung objektiver dialektischer Widersprüche.

Wir haben einen Theorie*entwicklungs*prozeß mit der ihm eigenen *Dialektik kontinuierlicher und diskontinuierlicher Momente* philosophisch untersucht. Dabei wurde mit der Lösung dialektischer Widersprüche des Erkenntnisprozesses die jeweilige dialektische Synthese von These und Antithese der entsprechenden Problemantinomie vollzogen. Zugleich tauchte die Frage auf, ob eine solche Synthese im weiteren Erkenntnisfortschritt als These zu einer heute meist nur vage und hypothetisch zu formulierenden Antithese einer neuen Problemantinomie aufzufassen ist.

Die Auseinandersetzung mit der für die Quantentheorie grundlegenden Problemantinomie von *Kontinuität und Diskontinuität* hat uns zu der philosophischen Verallgemeinerung geführt, daß dieser Problemantinomie ein *objektiv dialektischer Widerspruch der Natur* zugrunde liegt. Dabei haben wir uns auch von den bis in die Antike zurückverfolgbaren Bemühungen von Philosophen, Mathematikern und Physikern um diese Problematik leiten lassen. Wegen der erkennbaren *wissenschaftlichen* Erkenntnisfortschritte sind wir davon ausgegangen, daß dieses Ringen um Wahrheit nicht nur Widersprüche auf der Ebene der Begriffe, also der subjektiven Dialektik, betrifft.

Indem die Abbildung des objektiven dialektischen Widerspruchs von Kontinuität und Diskontinuität in der in einem revolutionären Akt (dialektische Einheit von Kontinuität und Diskontinuität auf der Ebene physikalischer Theorieentwicklung) entstandenen nichtrelativistischen Quantenmechanik nicht mit einem objektiven Widerspruch der Natur selbst identifiziert wurde (ebenso wie man die naturwissenschaftlich erkannten Gesetze nicht mit den objektiven Gesetzen identifizieren kann), haben wir keinen prinzipiell unerkennbaren „dialektischen Widerspruch an sich“ konstatiert. Die Überzeugung, das Kantsche „Ding an sich“ auf der Ebene der objektiven dialektischen Widersprüche der Natur nicht zu neuem Leben erwecken zu müssen, entnehmen wir (wiederum in philosophischer Verallgemeinerung) dem historischen Material. Auch dieser hier philosophisch untersuchte Abschnitt physikalischer Theorieentwicklung weist mit Nachdruck darauf hin, daß die wissenschaftliche Forschung sich der dialektischen Widersprüchlichkeit ihrer Objekte ständig nähert.

4.6. Dialektische Widersprüchlichkeit von Kontinuität und Diskontinuität in der Einheit von Logischem und Historischem

In der Auseinandersetzung mit dem objektiven dialektischen Widerspruch von Kontinuität und Diskontinuität sowie der Widerspiegelung dieses Widerspruches auf der Ebene der subjektiven Dialektik kam es ab 1925 zu einem *revolutionären* Einschritt in die *Kontinuität* physikalischer Theorieentwicklung. Die tatsächliche Tragweite dieser Veränderungen wurde erst mit zunehmendem zeitlichem Abstand vom qualitativen Umschlagspunkt deutlich. Trotz aller *Diskontinuität*, die mit der nichtrelativistischen Quantenmechanik in die physikalische Theorieentwicklung getragen wurde, aber wäre es falsch, die neue physikalische Theorie im Sinne Poppers als Falsifikation der ihr historisch vorangehenden zu verstehen.

Die Quantenmechanik löst die klassische Mechanik nicht einfach ab, sie ersetzt sie nicht und ist auch nicht als deren logische Negation zu deuten; sie hat jedoch den Gültigkeitsbereich der klassischen Mechanik eingegrenzt. Innerhalb des nun genauer bekannten Gültigkeitsbereiches bleibt diese eine in ihrer Zuverlässigkeit nicht überbotene physikalische Theorie. Da die klassische Mechanik nicht nur im historisch-genetischen, sondern auch im systematischen Zusammenhang der Quantenmechanik Voraussetzung ist, läßt sich die analysierte wissenschaftliche Revolution philosophisch nicht anders denn in dialektischer Einheit und dialektischer Widersprüchlichkeit von *Kontinuität und Diskontinuität* fassen.

Während unsere Rekonstruktion der Herausbildung der nichtrelativistischen Quantenmechanik den Gedanken nahelegt, daß der Zuwachs an *Theoretizität* (Unterscheidung von Darstellungs- und Beobachtungsraum, Einführung des Hilbert-Raumes als mathematischer Darstellungsraum, Ersetzung physikalischer Größen durch Operatoren, Charakterisierung von Zuständen durch Vektoren im Hilbert-Raum) auf der Ebene physikalischer Begriffe und Prinzipien mit einem Zuwachs an *Historizität* einhergeht (dialektische Widersprüchlichkeit des Beobachtbarkeitsprinzips, Komplementaritätsprinzip als dialektische Aufhebung des Korrespondenzprinzips), sehen wir uns in der analytischen und konstruktivistischen Wissenschaftstheorie bzw. -philosophie mit der gegenteiligen Auffassung konfrontiert. Das Wiederaufleben undialektischer Realismusvarianten ist zumeist mit der Behauptung von der *Ahistorizität* mathematisierter Naturwissenschaften gekoppelt.

Wenn man auf solchem philosophisch-weltanschaulichen Hintergrund konstatiert, daß für physikalische Theorieentwicklung das „schließlich erreichbare Endergebnis feststeht“[62], kann Physikgeschichte bestenfalls noch als eine Sammlung mehr oder minder relevanter Geschichten aufgefaßt werden. Dann erscheinen konkret-historische Analysen der jeweiligen Erkenntnisbedingungen und des

[62] P. Mittelstaedt, Die Sprache der Physik, Mannheim 1972, S. 83.

entsprechenden Erkenntnis*prozesses* als wissenschaftlich irrelevant. Bedeutung haben eigentlich nur noch die logischen Analysen der Struktur wissenschaftlicher Theorien. In milderer Version dieses Gedankens wird aber auch verschiedentlich die historische Relevanz erkenntnistheoretisch-methodologischer Fragestellungen von Entdeckungszusammenhängen ausdrücklich anerkannt. J. Götschl faßt die „Reduktion der historischen Dimension in der Physik" in folgenden zwei Thesen zusammen:

„*These 1*: Jeder in sprachlich-begrifflicher Form repräsentierten Erkenntnis liegt ein in der historischen Dimension zu lokalisierendes Zeitintervall zugrunde, innerhalb dessen die für die Erkenntnisgewinnung relevanten Innovationsprozesse ablaufen. Die in diesem ‚historischen Intervall' auftretenden notwendigen und hinreichenden Komponenten treten auf sprachlich begrifflicher Erkenntnisebene nicht mehr explizit auf. (Hierher gehören sprachliche wie auch nichtsprachliche Komponenten, z. B. die die deskriptiven und nicht-deskriptiven (normativen) Begriffe erzeugenden Innovations- bzw. Sozialisationsprozesse.)

These 2: Die innerhalb eines solchen ‚historischen Intervalls' ablaufenden Innovationsprozesse unterliegen hinsichtlich ihrer historischen Bedingtheit einer systematischen Reduktion: der Zunahme an Theoretizität (verstanden im weitesten Sinne, wie z. B. Erhaltungssätze, Invarianz, Kovarianz usw.) entspricht eine korrespondierende Abnahme an Historizität."[63]

Das für die Herausbildung der nichtrelativistischen Quantenmechanik entscheidende Zeitintervall wurde von uns auf die Zeit zwischen 1913 und 1927 eingeschränkt. Die während dieses Zeitintervalls ablaufenden Innovationsprozesse sind, wie wir gesehen haben, nur verständlich, wenn man neben den charakteristischen Diskontinuitäten auch die sehr viel weiter in die Geschichte des physikalischen, des mathematischen und des philosophischen Denkens zurückreichenden Traditionen berücksichtigt, den historischen Erkenntnisprozeß also in seiner dialektischen Widersprüchlichkeit von Kontinuität und Diskontinuität faßt. Dann allerdings kann man nicht übersehen, daß für die Quantentheorie die Genesis physikalischer Erkenntnisse auf der Ebene fertiger Theorien und Methoden, insbesondere auf der Ebene von Prinzipien und Begriffen, Spuren hinterläßt, die nicht in Übereinstimmung mit der in These 2 behaupteten „systematischen Reduktion" zu bringen sind. Damit wird zugleich der zweite Teil von These 1 relativiert. Richtig bleibt die Behauptung, daß Sozialisationsprozesse bei der Fixierung der Erkenntnisresultate nicht mehr auftreten.

Die Auffassung von der *Historizität* der Physikentwicklung ist von einigen Physikhistorikern, welche von anderen theoretischen Voraussetzungen ausgegangen sind, als sie hier unterstellt wurden, bis zum Verlust des Begriffes *objektiver* Wahrheit getrieben worden. Wir haben gesehen, daß es keinen Grund gibt, die

[63] J. Götschl, Zur theoretischen Grundlegung einer historischen Wissenschaftsforschung, in: C. Burrichter (Hrsg.), Grundlegung der historischen Wissenschaftsforschung, Basel—Stuttgart 1979, S. 171.

Herausbildung der nichtrelativistischen Quantenmechanik in kulturhistorischer Perspektive in O. Spenglers „Untergang des Abendlandes“ einzuschreiben oder philosophisch mit E. Husserl als Moment der „Krisis der europäischen Wissenschaften“ oder gar mit H. Dingler als „Zusammenbruch der Wissenschaft“ zu deuten.[64] Wer das versucht, mystifiziert die Physikgeschichte letztlich ebenso wie die entsprechenden Versuche, das Neue der Quantenmechanik als Ausdruck eines Generationskonfliktes innerhalb einer in Freudismus entarteten Wissenschaftspsychologie zu interpretieren.[65] Den Gedanken E. Schrödingers von der „Milieubedingtheit“ der Naturwissenschaften, der Einbettung jeder naturwissenschaftlichen Forschung in einen bestimmten „Kulturkreis“ bzw. in den „Zeitgeist“[66] wissenschaftshistorisch zu verfolgen ist gewiß reizvoll. Ob er dazu beitragen kann, die nichtrelativistische Mechanik als *notwendigen* Schritt bei der adäquaten Widerspiegelung objektiver Naturdialektik innerhalb mathematisierter naturwissenschaftlicher Theorien zu verstehen, muß allerdings bezweifelt werden.

Die Einbettung des physikalischen Theorieentwicklungsprozesses, der zur nichtrelativistischen Quantenmechanik geführt hat, in die gesellschaftlichen Entwicklungsprozesse des analysierten Zeitabschnittes erschließt sich weder über doppelte Determiniertheit des Erkenntnisprozesses noch über die in großer Varianzbreite angebotenen Modelle des „Externalismus“ oder des „Internalismus“ der Wissenschaftsentwicklung. Je feiner das zeitliche Raster wissenschaftshistorischer Analysen naturwissenschaftlicher Theorieentwicklung, um so komplizierter wird es, die historisch-materialistischen Dimensionen im Detail zu verfolgen. Die Konzentration auf dialektisch-materialistische Fragestellungen ist keine Kapitulation vor den Schwierigkeiten dieses Problems, sondern die notwendige Voraussetzung weiteren philosophischen Erkenntnisfortschritts bei der Analyse physikalischer Theorieentwicklung.

Wir haben gesehen, daß sich die historisch-materialistischen Dimensionen des analysierten Erkenntnisprozesses — wie einleitend vermutet — über die den physikalischen Erkenntnisfortschritt flankierenden weltanschaulichen, erkenntnistheoretischen und methodologischen Diskussionen erschließen und dabei die Notwendigkeit besteht, den engen zeitlichen Rahmen zu sprengen. Dann läßt sich zeigen, daß die Naturwissenschaften Weltanschauung *nicht* zunehmend entwerten.[67] Weil aber die Beziehungen zwischen den naturwissenschaftlichen Forschungsprogrammen, -methoden und den Resultaten dieser Forschungen zur Weltanschauung im 20. Jahrhundert weitaus komplizierter sind als etwa im

[64] Vgl. P. Forman, Weimar Culture, Causality and Quantum Theory, 1918—1927: Adaptation by German Physicists and Mathematicians to Hostile Intellectual Environment, in: Historical Studies in the Physical Sciences, Bd. 3, Philadelphia 1971, S. 1—115.

[65] Vgl. L. S. Feuer, Einstein and the Generation of Science, New York 1974.

[66] Vgl. E. Schrödinger, Über Indeterminismus in der Physik. Ist die Naturwissenschaft milieubedingt?, Leipzig 1932.

[67] Vgl. H. Lübbe, Philosophie nach der Aufklärung, Düsseldorf 1980.

17. und 18. Jahrhundert, ist es heute dringlicher denn je, die Vielfalt der Vermittlungsglieder zwischen weltanschaulichen Grundprinzipien, naturwissenschaftlichen Erkenntnissen, Hypothesen und Methoden im Detail zu analysieren.

Lakatos ist durchaus zuzustimmen, wenn er fordert, naturwissenschaftliche Forschungsprogramme nicht zu Weltanschauungen zu machen.[68] Das entbindet den Philosophen aber nicht von der Verpflichtung, die in konkreten Forschungsprogrammen enthaltenen weltanschaulichen, erkenntnistheoretischen und methodologischen Voraussetzungen und Implikationen aufzuklären. Die Maßstäbe für wissenschaftliche Rationalität können sicherlich nicht à la Kuhn wissenschaftssoziologisch von einer „scientific community" festgelegt werden. Sie lassen sich aber, wie nicht zuletzt die nichtrelativistische Quantenmechanik nachhaltig unterstrichen hat, ganz gewiß auch nicht ahistorisch an ein undialektisches Realismusverständnis binden. Dem Irrationalitätsvorwurf kann man wirkungsvoll nur dann entgehen, wenn man aus der Analyse wissenschaftlicher Revolutionen zu einem *historischen* Rationalitätskonzept kommt. Das aber bedeutet *Einschluß der Theorie der materialistischen Dialektik in die Wissenschaftsforschung*.

Der Physiker B. d'Espagnat hat hervorgehoben, daß Physiker und Philosophen im Ausdruck ihres Denkens sehr unklar sein können und zugleich betont: „Was die einen wie die anderen an Vernünftigem und wahrhaft Neuem bringen, ist meist seinem Wesen nach völlig einfach."[69] Bei aller bis heute anhaltenden Polemik in den Diskussionen über die Grundlagenfragen der nichtrelativistischen Quantenmechanik und zur Problematik dialektischer Widersprüche werden mit dieser physikalischen und dieser philosophischen Theorie zwei Punkte innerhalb der Wissenschaftsentwicklung markiert, an denen Physiker und Philosophen „Vernünftiges" und „wahrhaft Neues" gebracht haben, das „seinem Wesen nach" tatsächlich „völlig einfach" ist. Es bleibt nun Sache des Lesers dieser Monographie, zu beurteilen, ob es *inhaltlich* berechtigt ist, die Meinung von dialektischen Materialisten innerhalb zeitgenössischer galileischer Dialoge zur Quantenmechanik dem Simplicio in den Mund zu legen.[70]

Der von uns gewählte theoretische und methodische Zugang zu den philosophischen Problemen der Quantenmechanik verfolgte aber selbstverständlich weit anspruchsvollere Ziele als die Auseinandersetzung mit Auffassungen, denen zu-

[68] Vgl. I. Lakatos, Falsifikation und die Methodologie wissenschaftlicher Forschungsprogramme, a. a. O., S. 150.

[69] B. d'Espagnat, Conceptual Foundations of Quantum Mechanics, London 1976, S. XXIII.

[70] Dies geschieht in: J. M. Jauch, Die Wirklichkeit der Quanten, München 1973. C. F. v. Weizsäcker hat das im Vorwort zur deutschen Ausgabe ausdrücklich gebilligt. Um mehr Verständnis ist B. d'Espagnat bemüht. Ihn kann augenblicklich keine der philosophischen Positionen zur Quantenmechanik befriedigen. Im dialektisch-materialistischen Widerspruchskonzept sieht er zwar Ansatzpunkte zu weiterer Überlegung, lehnt es aber letztlich als „naiven Anthropomorphismus" ab (B. d'Espagnat, Conceptual Foundations of Quantum Mechanics, a. a. O., S. XXX).

folge der dialektische Materialismus inkompetent sei, wenn es um die Physikentwicklung des 20. Jahrhunderts geht. Letztlich sollten am Beispiel einer konkreten wissenschaftshistorischen Untersuchung die Frage nach den adäquaten philosophischen Voraussetzungen dieser Forschungsrichtung sowie die Möglichkeiten und Grenzen historischer Untersuchungen für die systematische Forschung erörtert werden.

Wenn man Prozesse wie den hier untersuchten als *Entwicklungs*prozeß verstehen kann, dann ist es legitim, wissenschaftshistorische Forschung schließlich bis zur Erkenntnis von Gesetzen der Wissenschaftsentwicklung zu treiben. Damit würde dann letztlich die Frage konstruktiv beantwortet, *ob* und *was* man aus der Wissenschaftsgeschichte für die gesellschaftlichen Erfordernissen verpflichtete Planung zukünftiger Wissenschaftsentwicklung lernen kann.

Wir haben im konkreten Fall eines abgeschlossenen Prozesses physikalischer Grundlagenforschung gesehen, daß bei aller Bedeutung der Gesetze auf der Objektebene (von der Physik zu erforschende objektive Gesetze) und der Gesetze auf der Subjektebene der Erkenntnis (von der Erkenntnistheorie zu erforschende objektive Gesetze des Erkenntnisprozesses) der *reale historische* Verlauf eines auf Erkenntniszuwachs gerichteten Forschungsprozesses nicht zuletzt von den an diesem Prozeß beteiligten *Forscherpersönlichkeiten* abhängt. Historische Untersuchungen wie die vorliegende liefern verallgemeinerungsfähiges und -würdiges Material zur Analyse des *wissenschaftlichen Schöpfertums.* Ausgehend vom erreichten Erkenntnisstand über den Erkenntnisprozeß als gesellschaftlichen Prozeß kommt es für uns zunehmend darauf an, die *gesellschaftlichen Bedingungen* zur Entfaltung *aller individuellen Fähigkeiten* genauer zu untersuchen. Über vertiefte Einsichten in die Theorie der Persönlichkeitsentwicklung sind die theoretischen Voraussetzungen bildungspolitischer, wissenschaftspolitischer und wissenschaftsorganisatorischer Maßnahmen eines optimalen Erkenntniszuwachses im Interesse des gesellschaftlichen Fortschritts weiter zu durchdenken. Die vorliegende Untersuchung kann dafür nicht mehr und nicht weniger sein als eine provokative Herausforderung.

Der pragmatische Zweck unserer wissenschaftshistorischen Untersuchungen läßt sich dahingehend bestimmen, dialektisch-materialistisches *Entwicklungs*denken als Kreativität forderndes und kreativitätsförderndes Denken zu demonstrieren. Damit wird Philosophie im Sinne der 11. Marxschen Feuerbachthese nicht auf der Ebene der Theorie belassen, sondern als Aufforderung zum Handeln begriffen. Das bedeutet für die aktuelle Forschung, neue weitreichende Ideen und Konzepte auf der Grundlage gesicherter wissenschaftlicher Erkenntnisse zu entwickeln, Forschungsprogramme zu entwerfen und dem wissenschaftlichen Meinungsstreit auszusetzen, vor allem aber mit höchstem persönlichem und gesellschaftlichem Engagement abzuarbeiten.

Während die bloß *bekannte* Geschichte als Geschichte der Sieger nahelegt, das Vergangene entweder nostalgisch zu bewahren oder aber aktuell völlig zu ignorieren, vermag die *erkannte* Geschichte in ihrer lebendigen Widersprüchlichkeit nicht nur bewunderndes Staunen zu provozieren, sondern auch das Erkenntnis-*interesse* zu motivieren und damit Erkenntnis*fortschritte* zu stimulieren.

In den philosophisch-weltanschaulichen Debatten um die Fortschrittsproblematik haben wir heute guten Grund, mit Nachdruck darauf zu verweisen, daß der Humanismus gebietet, den wissenschaftlich-technischen Fortschritt im Interesse des gesellschaftlichen Fortschritts zu beschleunigen. Im historischen Materialismus wird gezeigt, daß der gesellschaftliche Fortschritt in der Menschheitsgeschichte keine evolutionäre Fortschreibung des Vorhandenen, sondern ein über Kontinuität und Diskontinuität ablaufender Entwicklungsprozeß ist und die gesellschaftlichen Revolutionen die Lokomotiven der Geschichte sind. Es versteht sich, daß eine Natur, Gesellschaft und Denken umfassende wissenschaftliche Weltanschauung gegenüber den Entwicklungsprozessen in den Wissenschaften nicht gleichgültig bleiben kann. Was Schelling mehr als 100 Jahre vor der Quantenmechanik formulierte, bekommt angesichts der gegenwärtigen geistigen Auseinandersetzungen um den wissenschaftlich-technischen Fortschritt Dimensionen, die 1927 am Schluß des Szenariums jener von uns analysierten wissenschaftlichen Revolution kaum jemand ahnen konnte: „Zu glauben, daß die geistigen Veränderungen, die *Revolutionen der Wissenschaften* ... ohne Notwendigkeit seien, und nicht nach einem Gesetz, sondern durch Zufall entstehen, ist die höchste Barbarei.“

Personenregister

Sachregister

Papier | Fördert gute Waldnutzung
FSC® C083411

Kolibri 360 GmbH
Ferdinand-Jühlke-Straße 7
99095 Erfurt, Deutschland
produktsicherheit@kolibri360.de